普通高等教育"十一五"国家级规划教材（高职高专教育）

PUTONG
GAODENG JIAOYU
SHIYIWU
GUOJIAJI GUIHUA JIAOCAI

建筑设计

主　编　张建华
编　委　张克强　江海涛　解万玉
　　　　刘伟波　刘建军
主　审　张玉坤　黄　绳

U0309223

中国电力出版社
http://jc.cepp.com.cn

内 容 提 要

本书为普通高等教育"十一五"国家级规划教材（高职高专教育）。全书共分七章，主要内容包括：建筑概论；建筑历史基本知识；建筑设计的基本过程和方法；建筑设计中的空间组合；建筑设计中的形体塑造；建筑设计的综合性问题；典型民用建筑类型设计要点分析。本书紧紧围绕建筑设计这一中心，讲述了建筑设计的方法、要点及建筑设计中的综合问题，叙述了建筑设计中的空间组合、形体塑造等内容。全书内容论述深入浅出，系统科学，图文并茂，并且充实了大量实例来增加书的应用内容。

本书主要作为高职高专建筑装饰技术专业教材，也可作为培训教材或供相关专业人员参考。

图书在版编目（CIP）数据

建筑设计/张建华主编. —北京：中国电力出版社，2007.8
（2015.7 重印）
普通高等教育"十一五"国家级规划教材. 高职高专教育
ISBN 978 - 7 - 5083 - 5867 - 3

Ⅰ. 建…　　Ⅱ. 张…　　Ⅲ. 建筑设计－高等学校：技术学校－教材　Ⅳ. TU2

中国版本图书馆 CIP 数据核字（2007）第 098211 号

中国电力出版社出版、发行
（北京市东城区北京站西街 19 号 100005　http://jc.cepp.com.cn）
汇鑫印务有限公司印刷
各地新华书店经售

＊

2007 年 8 月第一版　　2015 年 7 月北京第四次印刷
787 毫米 × 1092 毫米　16 开本　25.75 印张　631 千字
定价 41.00 元（含 1CD）

前　言

　　本书是高等职业技术学院和高等专科学校建筑装饰工程技术、建筑设计技术及城镇规划等相关专业的教材，也可以作为从事建筑设计及相关专业技术人员的参考书。根据高等职业和高等专科教育的培养目标，结合其专业知识结构要求和课程体系的构成，将本书分为七章，建筑概论、建筑历史基本知识、建筑设计的基本过程和方法、建筑设计中的空间组合、建筑设计中的形体塑造、建筑设计的综合性问题和典型民用建筑类型设计要点分析。使学生通过本教材的学习，了解建筑设计的基本知识，理解建筑设计的基本原理，掌握一定的建筑设计的基本方法。各章内容既有一定的连贯性，又有一定的独立性，不同学校和专业可以根据自己的培养目标定位，完整使用和选择使用。

　　本书由山东建筑大学张建华担任主编，完成教材章节结构内容的设计审定及全部内容的统稿工作。第一章、第二章内容由山东建筑大学张建华组稿完成；第三章内容由山东建筑大学刘伟波组稿完成；第四章内容由山东建筑大学江海涛组稿完成；第五章内容由山东建筑大学张克强组稿完成；第六章内容由山东城市建设职业学院解万玉组稿完成；第七章内容由山东建筑大学刘建军组稿完成。

　　由于我们初步涉足高职教育，对于高职教育教材编写经验不足，如有不足不当之处，希望使用院校提出意见指正。

编　者

2007 年 6 月

目 录

第一章　建　筑　概　论

第一节　建筑的基本知识

一、建筑及建筑的范畴

人类的生存离不开"衣、食、住、行"，住就必须有相应的房屋，所以建造房屋是满足人类最基本生活需要的手段之一，这是人类最原始的建筑活动的基本动因。中国古代把建造房屋以及从事其他土木工程的活动统称为"营建"、"营造"。"建筑"一词是从日语引入汉语的，它是一个多义词。既表示建筑工程的营造活动，同时又表示这种活动的成果——建筑物，也是某个时期、某种风格建筑物及其所体现的技术和艺术的总称。建筑又是建筑物与构筑物的通称。建筑物是供人们在其中生活、生产或从事其他活动的房屋或场所，如住宅（图1-1）、体育馆（图1-2）、教学楼、厂房等。构筑物则是人们不在其中生活、生产的建筑，如纪念碑（图1-3）、凯旋门、水塔、大坝、电视塔、桥梁（图1-4）、烟囱等。

图1-1　某住宅

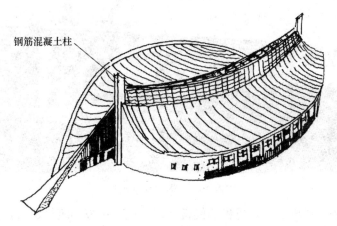

图1-2　日本国家体育馆

建筑的产生和发展与社会的生产方式、生活方式、思想意识，民族的风俗习惯、文化传统等密切相关，同时又受到地理、气候等自然条件的制约。

图1-3 朝鲜千里马纪念碑

图1-4 南京长江大桥

原始人为了躲避风雨、防止野兽的侵害，用石块、树枝构筑巢、穴，开始了人类最原始的建筑活动。

随着人类生产力水平的提高，社会产生了阶级的分化。出现了供统治阶级使用的宫殿、庄园、庙宇、陵墓等不同功能的建筑类型。物质生产的发展也相应出现了手工作坊、工场，一直发展到现代化的大工厂。经济发展促使产生了商品交换，随之出现了店铺、钱庄直至现代化的大商场、银行等。人们之间的交往也越来越广泛，出现了驿站、码头，直至发展为现代化的旅馆、酒店、车站、港口、机场、地铁等。物质生活的不断丰富，促进了人类精神文明和科学技术的发展，就出现了书院、私塾直至现代化的学校、科研建筑等。

随着社会物质文明、精神文明的不断发展，建筑的类型日益丰富。建筑技术不断提高，新材料、新设备的应用为建筑艺术造型带来更广阔的天地，建筑形象也发生了巨大的变化。

但总的来说，古往今来人们从事建筑的最终目的就是为了获取一种人为的空间环境，以供人们从事各种活动之用。这种空间有别于自然的环境，它需要耗费大量的人力、物力、时间才能获得。一般来讲，建筑物的建成，可以为人们带来一个具有遮掩功能的内部空间。它有长、宽、高三个维度的尺寸，能在一定程度上防止气候变化的影响，并保证满足人们各种活动的空间与氛围的要求。人们可以在里面从事学习、工作、休息、娱乐等各种活动（图1-5），同时也带来一个新的外部空间环境。它可以和周围的树木、道路、围墙组成院落，也可以和其他房屋一起形成街道、村镇或城市（图1-6）。

图1-5　内部空间示意图

图1-6　外部空间示意图

一个建筑可以包含有各种不同的内部空间形式，同时它又被包含在周围的外部空间环境之中，所以建筑正是以它所形成的各种内部的和外部的空间，为人们的生活创造了各种各样的空间环境（图1-7）、（图1-8）。

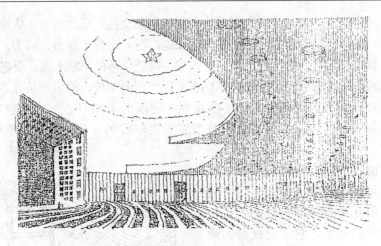

图 1-7　人民大会堂室内

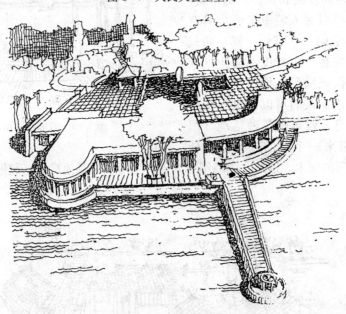

图 1-8　天津水上公园

二、建筑的分类与分级

(一) 建筑的分类

1. 按建筑的使用功能分

(1) 民用建筑:

1) 居住建筑: 如住宅、公寓、宿舍、别墅等。

2) 公共建筑: 包括办公建筑、文教建筑、体育建筑、观演建筑、医疗建筑、托幼建筑、交通建筑、旅馆建筑、展览建筑、商业建筑、电信建筑、园林建筑、纪念性建筑等多种类型。

(2) 工业建筑: 包括生产用房屋和生产辅助用房屋。如各类生产厂房、动力输送建筑、仓库等。

(3) 农业建筑: 包括种植、养殖、储存等用房及农业机械用房。如畜舍、温室、粮库等。

2. 按建筑层数分

按建筑层数划分如表 1-1 所示。

表 1-1　　　　　　　　　　　　按建筑层数划分的建筑类型

名　称	公　共　建　筑	住　宅　建　筑	
非高层建筑	建筑物总高度在 24m 以下	低层	1～3 层
		多层	4～6 层
		中高层	7～9 层
高层建筑	建筑物总高度在 24m 以上，100m 以下。（单层厂房除外）	10 层（含 10 层）以上	
超高层建筑	建筑物总高度在 100m 以上		

注　建筑高度指室外地坪到建筑主体檐口或女儿墙的高度。

（二）建筑的分级

不同的建筑物对质量标准的要求不同，现行规范是按建筑物的耐久年限和耐火程度进行分级的。

1. 按建筑物的耐久年限分级

按主体结构确定的建筑物耐久年限分级，见表 1-2。

表 1-2　　　　　　　　　　　　建筑物耐久年限分级

级别	耐久年限（年）	适用范围	级别	耐久年限（年）	适用范围
一	>100	重要建筑和高层建筑	三	25～50	次要建筑
二	50～100	一般性建筑	四	<15	临时性建筑

2. 按建筑物的耐火等级分级

对于一般的工业与民用建筑，其耐火等级是根据建筑构件的燃烧性能和耐火极限确定的，共分四级，见表 1-3。

表 1-3　　　　　　　　　　　　建筑物的耐火等级

燃烧性能和耐火极限（小时）　　构件名称	耐　火　等　级			
	一　级	二　级	三　级	四　级
承重墙和楼梯间的墙	非燃烧体 3.00	非燃烧体 2.50	非燃烧体 2.50	难燃烧体 0.50
多层房屋的柱	非燃烧体 3.00	非燃烧体 2.50	非燃烧体 2.50	难燃烧体 0.50
单层房屋的柱	非燃烧体 2.50	非燃烧体 2.00	非燃烧体 2.00	燃烧体
梁	非燃烧体 2.00	非燃烧体 1.50	非燃烧体 1.00	难燃烧体 0.50
楼　板	非燃烧体 1.50	非燃烧体 1.00	非燃烧体 0.50	难燃烧体 0.25

续表

燃烧性能和耐火极限（小时） 构件名称	耐 火 等 级			
	一 级	二 级	三 级	四 级
吊顶（包括吊顶格栅）	非燃烧体 0.25	难燃烧体 0.25	难燃烧体 0.15	燃烧体
屋顶承重构件	非燃烧体 1.50	非燃烧体 0.50	燃烧体	燃烧体
疏散楼梯	非燃烧体 1.50	非燃烧体 1.00	非燃烧体 1.00	燃烧体
框架填充墙	非燃烧体 1.00	非燃烧体 0.50	非燃烧体 0.50	难燃烧体 0.25
隔 墙	非燃烧体 1.00	非燃烧体 0.50	难燃烧体 0.50	难燃烧体 0.25
防 火 墙	非燃烧体 4.00	非燃烧体 4.00	非燃烧体 4.00	非燃烧体 4.00

三、建筑的性质及特点

建筑不同于一般的工程，它有其特殊的性质和特点。

（一）建筑文化受自然条件的制约

自然条件对于建筑结构、建筑形式、建筑布局、建筑材料都有重大的影响。尤其在劳动生产力低下的古代这种限制更为明显。人类一开始建筑活动，就尽可能地适应自然条件，就近利用天然建筑材料，创造最合理的建筑形式。如不同地区盛产的不同材料带来不同的结构体系。古希腊由于当地石料丰富，创造了石梁柱结构体系，形成灿烂的古希腊建筑文化；东亚、南亚地区盛产木材，因而就形成了以我国木构架建筑为代表的东方木构建筑；而在两河流域的巴比伦和亚述地区，由于当地富有黏土，导致砖结构的发展，形成了砖拱券结构的建筑（图1-9）。

 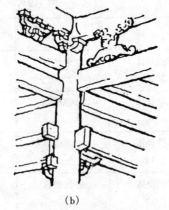 

(a) 　　　　　　　　　　　(b) 　　　　　　　　　　　(c)

图 1-9 不同的建筑结构

（a）一些地区以石材为骨架；（b）一些地区以木材为骨架；（c）一些地区采用砖拱券结构

此外，地区气候的差异更会直接影响到建筑的内部空间布置和外部形象。如多雨雪地区屋顶较陡峭，而干燥地区屋顶较平缓；寒冷地区建筑较封闭，而潮湿闷热地区建筑较开敞（图1-10）。

（a）

（b）

（c）

（d）

图1-10　各式建筑的屋顶

（a）多雨地区屋顶陡峭；（b）干燥地区屋顶平缓；（c）寒冷地区建筑封闭；（d）闷热地区建筑开敞

建筑与周围自然环境结合，则形成了丰富多彩的景观特色。如山区建筑与水乡建筑就会表现出不同的风貌（图1-11）。

（二）建筑的社会性质

建筑活动的产品——建筑单体、建筑群以及城市是社会物质文明、精神文明的集中体现。建筑始终在社会生活中占有十分重要的地位。

建筑服务的对象不仅是自然的人，而且也是社会的人；建筑不仅要满足人们物质上的要求，而且要满足其精神上的要求。因此，社会生产力和生产关系的变化，政治、文化、宗教、生活习惯等的变化都密切影响着当时的建筑技术和艺术。如埃及吉萨金字塔群（图1-12），它是古埃及奴隶主的陵墓，其中最大的一座库富金字塔高146m，正方形底座边长230多米，全部用规则的石块砌成。建造这样巨大的建筑在原始社会是不可想象的，只有在奴隶社会才可能提供那样大量而集中的劳动力。数十万奴隶轮番工作了30多年，修建了人

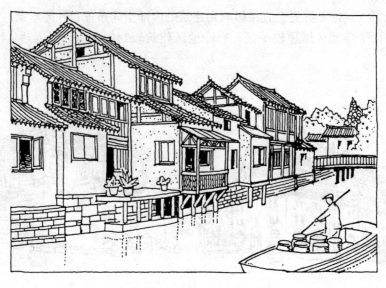

图 1-11　江苏苏州沿河民居

类历史上最宏伟的纪念性建筑。在一望无垠的沙漠上耸立的金字塔，用它简洁、巨大的四棱锥的几何形象体现着古埃及劳动人民卓越的起重、运输和施工技术，对建筑艺术的深刻理解，以及他们利用和改造自然的雄壮魄力。同时它又是皇权的象征，表现着皇帝的"神性"，深刻地反映了奴隶社会的生产关系。

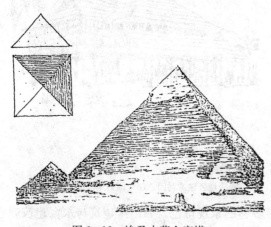

图 1-12　埃及吉萨金字塔

北京故宫是中国封建社会的代表性建筑之一。在利用建筑群来烘托皇帝的崇高与神圣方面，达到了登峰造极的地步。一进进院落、一座座厅堂都围绕着一条明确的南北向中轴线进行布局，形成大大小小的若干院落。四周围有高高的宫墙。主要采用木构架结构体系，使用金、朱、黄等最高贵的颜色，屋顶也采用不同的形制。它豪华高贵、庄严宏伟、壁垒森严、等级分明。作为封建社会的最高统治中心，它生动地反映出当时社会的阶级关系，君君臣臣、父父子子的清规戒律及伦理关系。

同时也说明了中国封建时期生产力发展的缓慢及对建筑的限制。建筑绝大多数采用天然材料，沿用了几千年的木构架结构形式没有多大变化（图 1-13）。

现代建筑的产生和发展是由建筑物成为商品和技术的发展提供了可用机械大规模生产等社会条件所造成的。如美国芝加哥西尔斯大厦，是美国近现代资本主义社会的超高层建筑。高 443m，共 110 层，是美国最高的塔式摩天楼。建筑使用了钢材、玻璃、混凝土等多种现代建筑材料，采用了先进的束筒结构体系，并使用了当时各种最先进的电器设备。大厦中安装了 102 部电梯解决垂直交通问题。大厦的建成充分体现了现代资本主义国家高度发达的技术、经济现状，是一种综合实力的标榜与体现（图 1-14）。

以上这些实例充分说明了社会生产力的发展及生产关系的变化是建筑发展的不可或缺的

因素。

除此以外，建筑作为一种具有艺术性的产品，自然会受到社会思想潮流的影响。因此，对建筑发展的原因、过程和规律的研究绝不能离开社会条件，不能不涉及社会科学的许多问题。

社会思想意识、民族文化特征对建筑也具有重大的影响。在阶级社会中，建筑总是为统治阶级服务的。统治阶级的思想意识总是居于主导地位的。无论在西方、东方，建筑作为统治阶级的物质财富和精神财富，必然会受到这种思想意识的影响。尤其在我国长期的封建统治中表现的更是淋漓尽致。如屋顶的样式按等

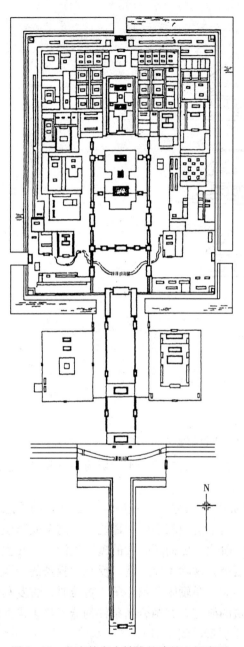

图 1-13　北京故宫中轴线的建筑空间序列

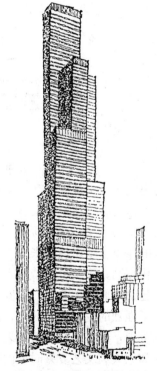

图 1-14　美国西尔斯大厦

级由高到低排列如下：重檐庑殿顶、重檐歇山顶、单檐庑殿顶、单檐歇山顶、悬山顶、攒尖顶、硬山顶、卷棚顶、单坡顶（图 1-15）。前四种样式规格较高，常用于皇家宫殿等级别较高的建筑，一般百姓不能随意使用，否则有越规犯上之嫌。而后几种样式规格较低，一般用于园林建筑或民间建筑。如故宫中的太和殿则是形制最高的建筑，不仅面阔间数最大为 11 间，屋顶为重檐庑殿顶，且台阶上的雕刻图案为龙凤纹样。皇帝为真龙天子，皇族至尊至贵，龙凤纹样只能用来象征皇帝和皇族。此外，就是建筑上的装饰彩画也有等级之分。如和玺彩画等级最高，仅用于宫殿、坛庙等主要建筑部分。旋子彩画用于一般的官衙、宫殿等。

苏式彩画等级最低，一般用于民间住宅、园林等。

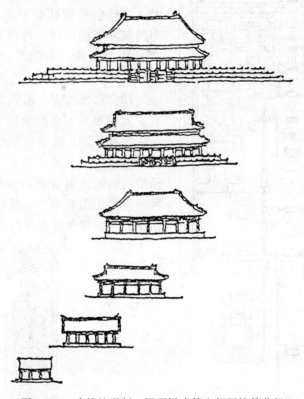

图 1-15 建筑的形制、屋顶样式等也都要按等分级

　　人类历史上每一次社会制度的变革，常常伴随着激烈曲折的思想意识的斗争和文化艺术潮流的变化，这也会给建筑的发展带来巨大的影响。

　　14 世纪起，欧洲新兴资产阶级为巩固和发展资本主义生产关系展开了建立新的思想文化上层建筑的斗争。新思想主张人文主义，矛头直指中世纪教会的封建统治。这个变革激发了普遍的文化高潮，建筑也随着进入了一个崭新的阶段，面向新时代的现实生活。人文主义的艺术家、建筑师们对古希腊、古罗马文化推崇至极，这除了反封建、反神学教条的动因之外，还掺入了强烈的爱国主义因素，回忆古代的伟大，激励眼前的斗争。古希腊、古罗马建筑重新受到重视，建筑师们开始热衷于对古典建筑的研究，并结合新条件创造了许多优秀的建筑作品，如意大利文艺复兴时期的代表作品圆厅别墅（图 1-16）。

　　在体现建筑的社会性方面，纪念性建筑是一个很好的载体，它能集中地表现出时代和社会的思想意识特点，记载着建造者对某些重大事件、重要人物的评价和态度。如罗马弟度凯旋门，外形方整厚重，高大的女儿墙上是一组奔驰的战车，炫耀帝国的强大（图 1-17）。再如威海甲午海战馆，为再现甲午战争这一中外著名的历史事件，表现参战卫国官兵浴血奋战、不畏牺牲的高度爱国主义精神，以象征主义手法使建筑形象犹如相互穿插、撞击的船体，当风起云涌时，形成一种惊天地、泣鬼神的悲壮气氛（图 1-18）。

　　宗教对人类的思想意识影响也很大，给世界各地区、各民族的建筑都带来较大的影响。它力图通过符合教义的建筑形象来表现宗教意识，统治人们的思想（图 1-19）。

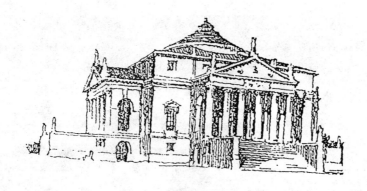

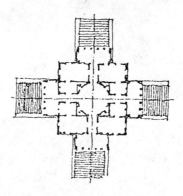

图 1-16 意大利圆厅别墅

图 1-17 罗马弟度凯旋门

（三）建筑的技术与艺术的双重性

建筑是一个庞大的工程，需要大量的人力、物力才能实现。一幢大楼要用成百上千吨的
钢材、水泥、砖石、沙子、铝合金、木材、油漆等多种建材；还要几百、几千人同时施工；

图 1-18　威海甲午海战馆

(a)　　　　　　　　　　(b)　　　　　　　　　　(c)

图 1-19　宗教对建筑的影响

(a) 基督教堂—俄罗斯；(b) 佛教石塔—古印度；(c) 清真寺—埃及

耗费一年甚至几年的时间；同时还需要结构、给排水、暖通、供电等多个工种的配合（图 1-20）。

　　就建筑的工程技术性质而言，建筑师总是在建筑技术所提供的可行性条件的前提下进行艺术创作的，因为建筑艺术创作不能超越当时技术上的可能性和技术经济的合理性。埃及金

一幢装配式壁板住宅可住66户。大约需要：钢材75t,水泥350t,木材200m³

它需吊装各种材料和预制构件,它们的总重量可达1700t。平均500kg/m²,同时还需要由灰土工、油漆工、木工、水暖工、电工等许多工种配合施工

在施工以前,要经过设计,合理地安排居室、厨房等房间。墙板、楼板、基础等承受重量的部分都要经过仔细计算

图1-20　建筑的技术说明

字塔如果没有几何知识、测量知识和运输巨石的技术手段是无法建成的。现代科学技术的发展,新的建筑材料、施工机械以及结构技术、设备技术的进步,使现代建筑可以向地下、高空、海洋发展,而且为建筑形象的创作带来了更大的灵活性。

但是,建筑又是反映一定时代人们的审美观念和社会艺术思潮的艺术品,有很强的艺术性,在这一点上和其他工程技术不同。所以说建筑是技术与艺术相结合的产物。就其艺术性来讲必须要研究建筑的形式美的规律与特征及建筑美学理论,空间和实体所构成的艺术形象,包括建筑的构图、比例、尺度、色彩、质感和空间感,以及建筑的装饰、绘画、花纹和雕刻以至庭院、家具陈设等。建筑艺术主要通过视觉给人以美的感受,能唤起人们的某种感情。德国文学家歌德把建筑比喻为"凝固的音乐",它能创造出庄严、雄伟、明朗、幽静等各种气氛,使人产生崇敬、欢快、压抑等情绪。天安门广场及午门前的广场,这两组建筑群形成的空间,它们都会使人感到宏伟庄重,但午门的庄重中带有压抑感,而天安门广场则显得既庄重又开朗(图1-21)。

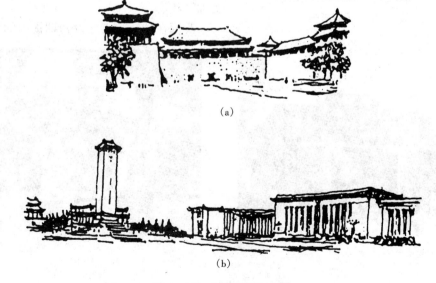

(a)

(b)

图1-21　建筑的艺术表现
(a)北京故宫午门；(b)天安门广场

　　不同民族和地区的文化特征在一定的条件下，在建筑、雕刻、绘画等艺术形式上都有所体现，常会形成统一的艺术风格。如在西方古建筑中，雕刻几乎是建筑上不可分割的部分（图1-22）。

图1-22　古希腊建筑山花雕刻

　　在我国传统建筑中也常用雕刻、彩画表现形式（图1-23）。还运用匾额、楹联等形式强调建筑的主题（图1-24）。这充分体现了建筑与文学艺术之间的密切联系。

图1-23　天花彩画

　　建筑正是以它的形体、空间给人以精神上的感受，满足人们一定的审美要求。同时它又具有实用价值。它既是一种物质产品，又是一种艺术创造。

　　（四）建筑受经济因素制约

　　建筑不可能脱离社会的经济状况，它总是体现出当时当地的经济水平。如我国唐代建筑规模大、用料大、较厚重、大屋顶出挑深远、多为直线条、形象较硬朗，充分显示出唐代天下一统、国富民安、财力雄厚的经济现状。而宋朝朝廷昏庸，经济衰退，建筑用料小、屋顶出挑变小变轻，采用了柔和的曲线，建筑整体更加轻巧。

　　我国在社会主义建设初期提出的建设方针

(a)

(b)

图1-24　建筑中匾额的运用

(a) 浙江乌镇大门题字；(b) 徽州民居的楹联牌匾

是"适用、经济、在条件允许下注意美观"。这说明建筑不能脱离国民经济发展的水平,不能盲目追求高标准。经济因素不仅指建筑造价,还要考虑到经常性的维护费用和一定时期投资回收的综合经济效益。

随着我国国民经济的提高,物质积累的增多,现在,建筑技术、材料、设备、装修水平越来越高,建筑内部设施越来越齐全,环境越来越舒适,服务越来越周到。这些都必须由相应的经济基础作保障才可能实现。尽管目前经济水平提高很多,但在建筑设计中仍然要受到经济因素的制约。

四、建筑设计与室内设计的关系

绝大多数建筑主要是给人们提供能满足一定使用要求的室内空间和室外空间环境。而室内空间的形状、大小、高矮、装饰、色彩、灯光等都会影响建筑使用的效果。所以室内与建筑是密切相关、相辅相成的。

室内设计原先是建筑设计中的一方面内容,后来随专业分工的细化,室内设计从建筑设计中分化出来,成为依托于建筑学的一门相对独立的学科,与建筑学成为姊妹学科。室内设计主要研究室内的艺术处理、空间利用、装饰手法和装修技术及家具等问题。

因此,学习有关建筑及建筑设计的知识对室内专业的同学是有一定帮助的。

第二节 建筑设计的若干基本概念

公元前1世纪古罗马的建筑师维特鲁威在"建筑十书"中就提出了"实用、坚固、美观"为构成建筑的三要素。直到今天,尽管不同时代的建筑有不同的风格特征,但建筑的基本构成要素依然包含这几个方面:建筑的功能(实用)、建筑的物质技术条件(坚固)、建筑的形象与空间(美观)。此外,现代建筑中越来越重视建筑空间、建筑环境的重要性。

一、建筑的功能

建筑功能即房屋的使用要求,它体现了建筑的目的性。例如,建设工厂是为了生产;修建住宅是为了居住;建造剧院是为了文化娱乐的需要。因此,满足生产、居住和娱乐的要求就分别是工业建筑、住宅建筑和剧院建筑的功能要求。

虽然各种类型的建筑可以满足人们不同的使用要求,但都应首先满足人们最基本的功能要求。

(一)满足人体各种基本活动尺度的要求

人在各种各样的建筑空间中活动时,都是由各种最基本的行为单元构成的,这些行为单元的尺度与建筑空间密切相关。为了能设计出符合人使用的舒适的活动空间,我们必须首先熟悉一些人体活动的基本尺度(图1-25)。

同时还应了解一些常用家具、卫生设备及人在使用这些家具、设备时各种行为单元的尺寸,以便为建筑室内空间设计提供正确的依据(图1-26、图1-27)。

此外,还要了解建筑空间与人体的基本尺度、行为单元的关系。如在幼儿园设计中活动室可根据活动需要灵活布置,建筑尺度如楼梯、门窗、家具等要符合幼儿身材的特点(图1-28)。同样属于学校建筑的小学、中学、大学的使用对象的人体尺度与相应的活动也有着明显的差别;残疾人的活动往往还要借助于器械和设备的帮助,对于活动空间尺度有着特殊的要求,这些都是我们需要了解和注意的。

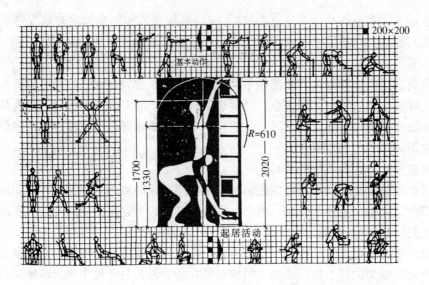

图 1-25 人体活动的基本尺度

（二）符合使用过程及特点的要求

人们在各种类型的建筑中活动时，常常是按照一定的顺序或路线进行的。如一个便于使用的火车站，要充分考虑上、下车旅客的活动顺序，才能合理地安排如售票厅、入口大厅、候车室、进站口、出站口、行包房等各部分之间的关系。使旅客顺利上下车，不走冤枉路，不造成拥挤堵塞。做到人货分流，上下车旅客分流，从而秩序井然，提高使用效率（图1-29）。

各种建筑的用途不同，在使用上要解决的主要矛盾不同，所以有各自的特点。如图书馆建筑的借、还书及藏书的管理；影剧院建筑的视听效果的要求，它们都直接影响着建筑的使用功能。

在工业建筑中，一般情况下厂房的大小、高度并不是取决于人的要求，而是取决于生产工艺、设备的要求。建筑的使用功能也是以产品加工工艺流程确定的。这是工业建筑设计中必须解决的功能问题。

（三）满足人的生理要求

主要包括人在使用时对建筑的朝向、通风、采光、照明、保温、隔热、隔声等方面的要求，它们都是满足人们生活、生产的必需条件，是衡量建筑是否舒适的基本标准（图1-30）。

随着技术水平的提高，建筑满足人的生理要求的可能性会日益增大，如改进材料的各种物理性能，使用机械辅助通风，集中空调等。

（四）满足人的心理要求

建筑除要最大限度满足人对舒适度的要求的同时，还应考虑人的心理要求。除空间的形状、大小、高矮要合理以外，室内的布置、装饰等也应有所考虑，以满足人们在不同的情绪心态之下对于空间环境气氛的心理要求。如幼儿园设计要符合幼儿活泼好动的个性，除室内布置体现出灵活性外，建筑室外环境要布置绿化，并设置一些可供儿童玩耍的场地（图1-31）；娱乐建筑应该创造活跃且具有一定刺激性的环境氛围；休疗养建筑要体现一点幽静、亲切的建筑性格等等。

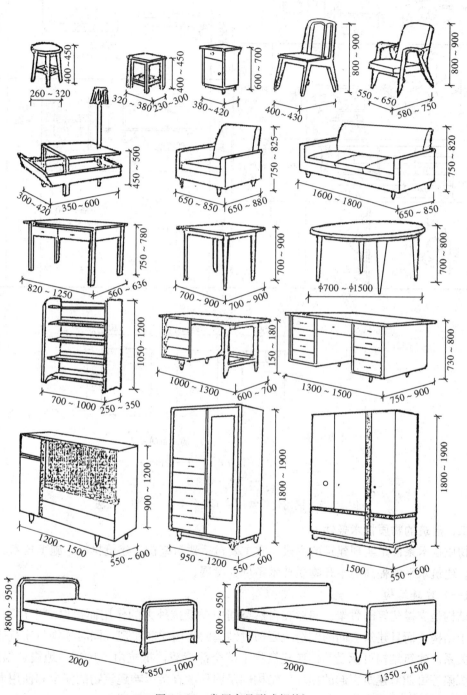

图 1-26 常用家具形式规格

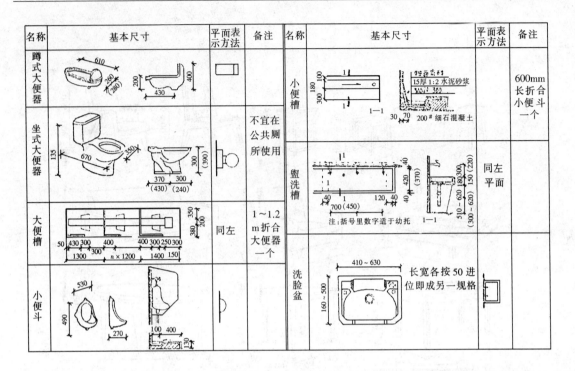

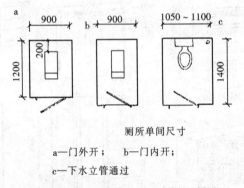

厕所单间尺寸

a—门外开；　　b—门内开；

c—下水立管通过

图 1-27　民用建筑常用卫生设备类型、规格、做法

二、建筑的物质技术条件

物质技术条件是实现建筑的手段。它主要包括建筑结构、建筑材料、施工技术、建筑设备等。建筑水平的提高离不开物质技术条件的发展。

（一）建筑结构

结构是支撑建筑的骨架。房屋在自然空间中要抵抗外力的作用而得以"生存"，首先要依赖于结构，而且建筑空间的创造也要通过结构的运用才能实现，同时结构与建筑造型也有密切关系。建筑结构可承受并传递建筑物上的全部荷载，抵抗由于风雪、地震、温度变化、土壤沉陷等可能对建筑引起的损坏。结构的坚固程度直接影响建筑物的安全和使用寿命。合理选择建筑结构形式会带来与众不同、造型新颖的建筑形象（图 1-32）。

柱、梁板和拱券结构是人类最早采用的两种结构形式。由于受天然材料的限制，在古代不可能取得很大的空间。出现了钢和钢筋混凝土后，梁和拱的跨度大大增加。现在它们仍然是常采用的结构形式。①埃及神庙中的石材梁板由于受弯能力较差，间跨较小，柱子很密；

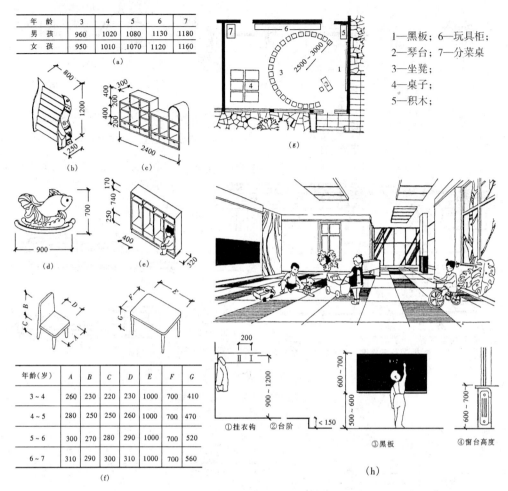

图1-28　建筑空间与幼儿基本尺度的关系

（a）幼儿身高尺度（设身高为 H）；（b）书架；（c）玩具柜；（d）木马；（e）衣柜；

（f）幼儿桌椅尺度；（g）活动室平面布置形式；（h）室内设施

②我国古代的砖拱券结构，砖块砌成弧形拱状，利用挤压力代替梁的作用；③人民大会堂中央大厅的钢筋混凝土梁板结构；④近代某室内游泳池的钢筋混凝土拱（图1-33）。目前大量采用的仍是由钢筋混凝土梁、柱组成的框架结构体系（图1-34）。

随着新材料、新技术的出现及人们对结构受力原理的深入了解，人们能对结构的受力进行分析和计算，相继出现了桁架、刚架及悬挑结构（图1-35）。悬挑结构利用力的平衡作用，只在一侧设支点，可以取得更为灵活的空间（图1-36）。刚架结构把梁和柱连接成一个整体，可以得到比一般梁跨度更大的空间（图1-37）。

人们还根据自然界中生物的合理结构发掘出了如壳体、悬索、折板、充气等多种多样的结构形式（图1-38）。

此外，建筑师还可以发挥充分的想象力，运用力学原理创造出各种新颖的结构形式。如抛物线索网结构（图1-39）、拱壳结构（图1-40）、索膜结构（图1-41）形成的自由开放式大空间。

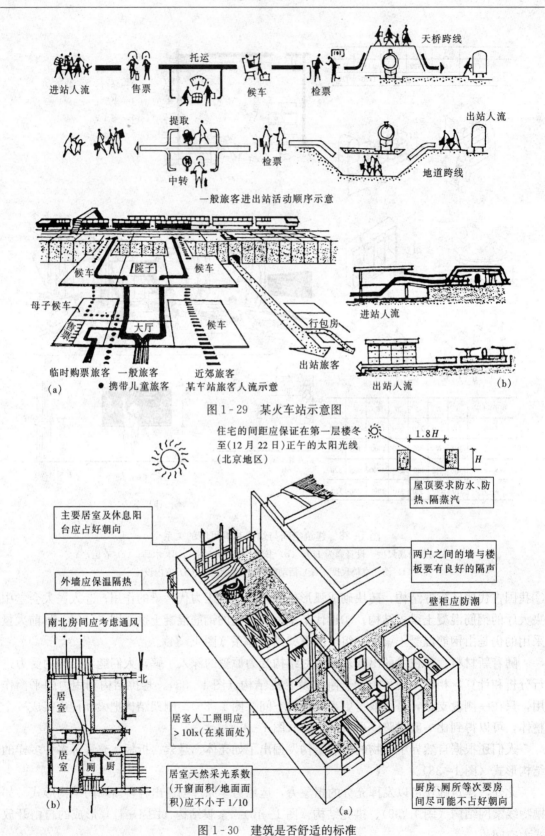

图 1-29　某火车站示意图

图 1-30　建筑是否舒适的标准

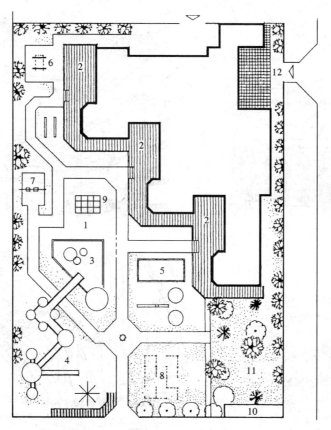

图 1-31　托儿所、幼儿园场地布置

1—公共活动场地；2—班组活动场地；3—涉水池；4—综合游戏设施；
5—砂坑；6—浪船；7—秋千；8—尼龙绳网迷宫；9—攀登架；10—动
物房；11—植物园；12—杂物院

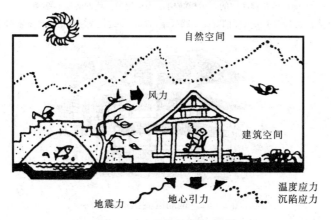

图 1-32　建筑结构与荷载

（二）建筑材料

在建筑结构中我们就可以看到建筑材料对结构的发展有着非常重要的意义。砖的使用使得拱券结构得到发展；钢和水泥的出现促进了高层框架结构和大跨度空间结构的发展；高强纤维材料则使充气结构和索膜结构得以实现。

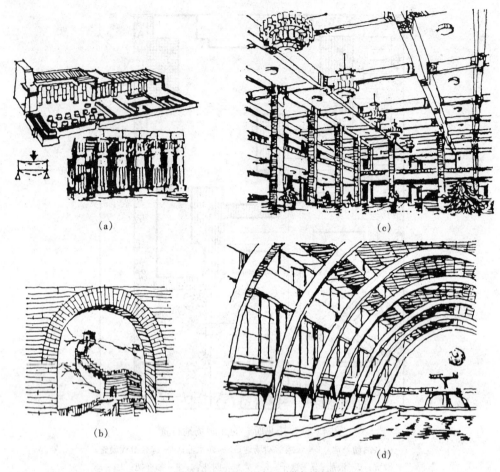

图 1-33　柱、梁板和拱券结构

（a）埃及神庙中的石梁板结构；（b）我国古代的砖拱券结构；

（c）人民大会堂中央大厅的混凝土梁板结构；（d）近代某室内游泳池的混凝土拱

图 1-34　钢筋混凝土框架结构

　　材料对于建筑的室内外装修和构造处理也很重要。如玻璃解决了建筑的采光问题，油毡等防水卷材解决了屋面防水问题，各种饰面板材使建筑装修施工更方便，装饰效果更美观。

　　建筑材料基本可分为天然材料和非天然材料两大类。各种材料有着不同的性能。为了在建筑中合理地使用，做到"材尽其用"，首先要了解建筑对材料的要求及各种材料的特性（图 1-42）。

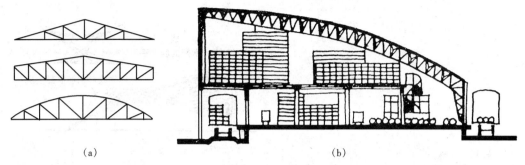

图 1 - 35 桁架结构

(a) 三角形、梯形、弧形桁架；(b) 曲线形桁架

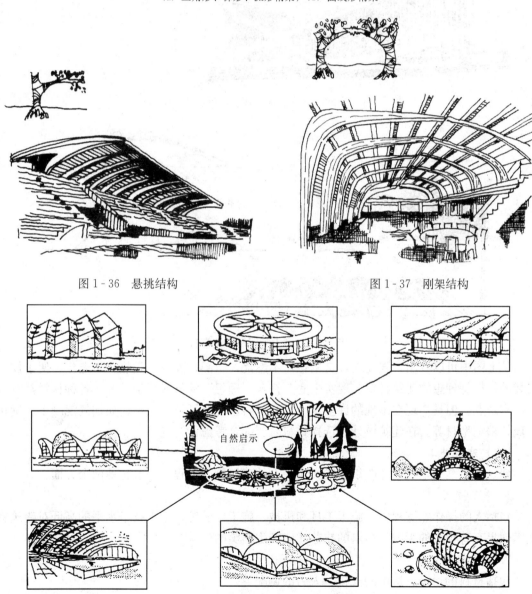

图 1 - 36 悬挑结构   图 1 - 37 刚架结构

图 1 - 38 根据自然启示发掘的多种结构形式

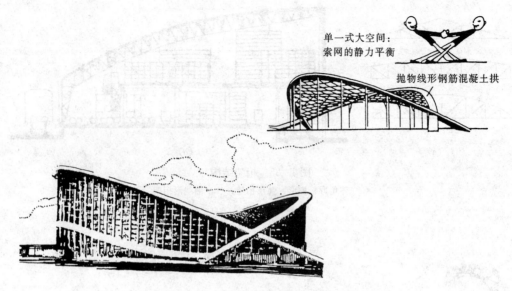

单一式大空间：
索网的静力平衡

抛物线形钢筋混凝土拱

图 1-39　美国北加罗林那雷里竞技馆

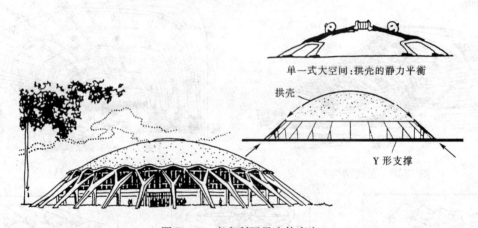

单一式大空间：拱壳的静力平衡

拱壳

Y 形支撑

图 1-40　意大利罗马小体育宫

从上图中可以看出，强度大，自重轻，不燃烧，防潮，隔声，隔热，不老化，便于加工安装的材料是理想的建筑材料。现实中完全符合"理想"的材料几乎没有，各种材料都有其优点和缺点。但是，现在出现的许多新型复合材料性能有了很大改善，如加气混凝土、钢化玻璃、塑钢型材等。在建筑设计中选择材料时要综合考虑。

（三）建筑施工

建筑施工是把建筑设计图纸变成实实在在的建筑物的过程。一般包括两个方面：

1. 施工技术

包括人的操作熟练程度、施工工具和机械、施工方法等。施工技术水平的高低对建筑物艺术效果有着很大的影响。精湛的技艺才能产生精美的建筑。

2. 施工组织

包括材料的运输、进度的安排、人力的调配等。

由于建筑的体量庞大，类型繁多，而且又具有不同的艺术创作特点，自古以来建筑施工一直依靠大量人力，处于手工、半手工操作状态。到 20 世纪初，新建筑运动兴起，建筑才

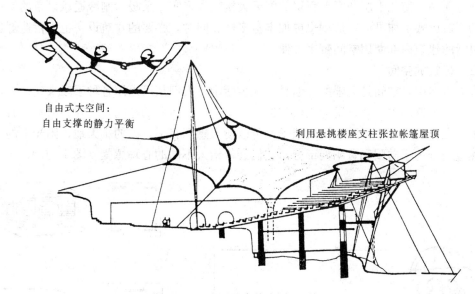

自由式大空间：
自由支撑的静力平衡

利用悬挑楼座支柱张拉帐篷屋顶

图 1-41 法国温吉德半露天剧场

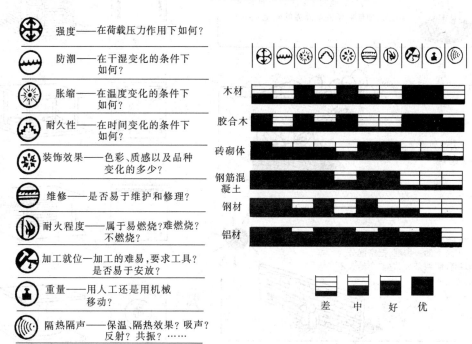

强度——在荷载压力作用下如何？

防潮——在干湿变化的条件下如何？

胀缩——在温度变化的条件下如何？

耐久性——在时间变化的条件下如何？

装饰效果——色彩、质感以及品种变化的多少？

维修——是否易于维护和修理？

耐火程度——属于易燃烧？难燃烧？不燃烧？

加工就位——加工的难易，要求工具？是否易于安放？

重量——用人工还是用机械移动？

隔热隔声——保温、隔热效果？吸声？反射？共振？……

木材									
胶合木									
砖砌体									
钢筋混凝土									
钢材									
铝材									

差 中 好 优

图 1-42 几种材料特性的比较

开始了机械化、工厂化和装配化的进程。这大大提高了建筑施工的速度，降低了工人劳动强度。

建筑设计中的一切意图和设想，最终都要在施工中受到检验。因此，设计工作者要经常深入现场，以便与施工单位协调，共同解决施工中的问题。

（四）建筑设备

先进的建筑设备也为建筑的发展提供了更多的可能性。如电梯的应用解决了高层建筑的垂直交通问题，使几十层乃至上百层的摩天大楼变为现实；采暖与制冷通风设备的使用，使建筑的开窗形式更加灵活，造型也更加丰富多样。同时，必要的建筑设备也为营造舒适、高效、灵活的建筑内部使用空间带来方便。

三、建筑的空间

在大自然中，空间是无限的。但是，在生活中，人们却可以用各种手段来获得满足需要的空间。一把遮阳伞在夏日里为人们制造了一个凉爽、休憩的空间，与外界的喧闹有了一定的分隔；在自然环境中，铺上一块毯子，可以使人感到有了自己的小天地；阳光下的一片墙把自然空间分为了向阳和背阴两部分，它们会带给人不同的心理感受（图1-43）。

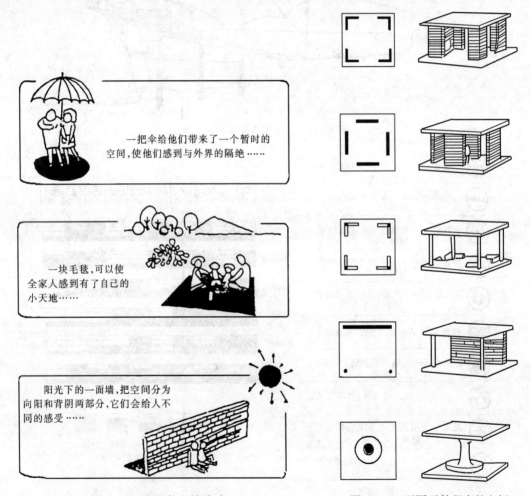

图1-43 空间与人的关系   图1-44 不同开敞程度的空间

空间就是容器，它是和外在实体相对存在的。人们对空间的感受是借助实体而得到的。人们常用围合或分隔的不同方法来取得自己所需要的空间。各种不同形式的空间可以使人产生不同的感受。

建筑对人来讲，具有使用价值的不是围成空间的实体的壳，而是空间本身。

建筑空间是一种人为的空间。人们建造建筑物的目的就是取得满足使用要求的建筑空间。包括由墙、地、屋顶、门窗等围成建筑的内部空间；建筑物与建筑物之间，建筑物与周围环境中的道路、广场、绿地、山、水等形成的建筑的外部空间。建筑正是以它所提供的各种空间而满足人们生活、生产的需要。

初次接触建筑设计的人往往容易从建筑的造型去观察、评价建筑，而忽视对建筑空间的感受。对空间的认识需要充分发挥想象能力，要能与建筑的平面功能、立面造型结合起来。不同的平面形式可以派生出不同形式的造型和空间。由此我们也可以看出不同的处理手法，可形成封闭和开敞程度不同的建筑空间（图1-44）。要想获得合乎使用的建筑空间，就要充分考虑建筑的功能要求，结构技术、材料设备的影响，人对建筑空间的审美要求等问题。

（一）建筑空间与功能的关系

建筑的功能要求以及人在建筑中的活动方式决定着建筑空间的大小、形状、数量及其组织形式。

1. 建筑空间的大小与形状

一栋建筑往往是由若干个房间组成的，每个房间就是基本的使用单元。它的形状、大小要满足使用的基本要求。一般在设计中，要首先确定空间的平面形状与大小。就平面形状而言，最常用的就是矩形平面，其优点是结构相对简单，易于布置家具或设备，面积利用率高等（图1-45）。

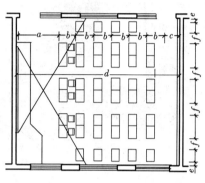

图1-45 教室布置

此外也有利用圆形、半圆形、三角形、六角形、梯形以及一些不规则形状的平面形式。

空间的大小则要根据使用人数、家具及人的活动行为单元的尺寸来确定。如剧场中观众厅平面的大小和形状是由观众数量、座位排列方式、视线和音质设计要求等诸多因素的综合来确定（图1-46）。

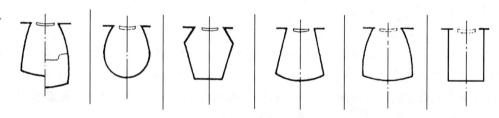

图1-46 剧场中观众厅平面的大小和形状

在建筑设计中要根据具体情况来采用合理的平面形式及大小。

空间高度方向的形状与高矮尺寸也是确定空间形状的重要方面。一般多采用矩形空间，但在公共建筑中一些重要空间的设计，如门厅、中庭、观众厅等，其剖面形状的确定是非常重要的设计内容。如美国亚特兰大桃树中心广场旅馆中庭，是建筑空间中引人注目的焦点——趣味中心（图1-47）。

2. 建筑空间的一般分类方式

如何把每个单一空间组织起来，成为一幢完整的建筑，重要依据就是根据人在建筑中的活动规律要求。在建筑设计中，为了有助于设计上分析思考问题，我们常常有着不同的考虑前提，空间的分类随前提条件不同，分类的结果也有所不同。

（1）从便于组织空间的角度上考虑问题，我们可以将建筑空间划分为以下两种：

1）使用空间与交通空间。

图 1-47　美国亚特兰大桃树中心广场旅馆中庭

如办公楼中，大厅、过厅、走廊、楼电梯间等均为交通空间。要求路线便捷、人流通畅、疏散及时。办公室为使用空间，要求安静稳定，而且能合理地布置办公家具等。

2）主导性空间与从属性空间。

如影剧院中的观众厅为主导空间，而休息厅、门厅等为从属性空间。从属空间应根据与主导空间的关系而围绕主导空间适当布置。

（2）从便于功能分区的角度上考虑问题，我们可以将建筑空间划分为以下三种：

1）公共性空间与私密性空间。

如旅馆建筑中，大堂、商店、餐厅、中庭、娱乐用房等为公共空间。客房为私密性空间。这些不同性质的空间应适当分开，公共活动空间应交通方便，便于寻找。而私密区应比较隐蔽，避免大量的人流穿行。

2）洁净性空间与污染性空间。

如食堂厨房的熟食备餐间和副食初加工间；旅馆之中的餐厅与卫生间；医院的手术室和医疗垃圾处理间等等。

3）安静性空间与吵闹性空间。

如办公楼的办公区和空调设备间；文化馆的文学创作室与戏曲排练厅；体育馆之中的广播电视转播室和比赛大厅等等。

3. 常见的几种功能空间排列方式

（1）并列关系方式。各空间的功能相同或近似，彼此在使用时没有依存关系，如办公楼、宿舍楼、教学楼等（图 1-48）。

（2）序列关系方式。各空间在使用过程中，有明确的先后顺序。以便合理地组织人流，进行有序的活动。如候车楼、展览馆等（图 1-49）。

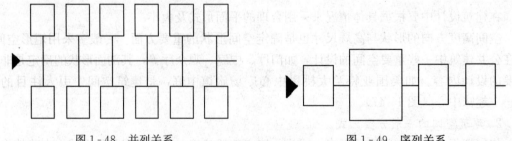

图 1-48　并列关系　　　　　　　　　图 1-49　序列关系

（3）主从关系方式。各空间在功能上既有相互依存又有明显的隶属关系，如图书馆的流通大厅与各阅览室、书库的关系（图 1-50）。

（4）综合关系方式。大多数建筑常是以某种形式为主，同时又兼有其他形式存在，如住宅楼中各单元为并列关系，而各单元内部则表现为以起居室为中心的主从关系（图 1-51）。

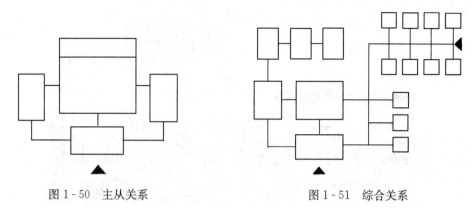

图1-50　主从关系　　　　　　　　　　　图1-51　综合关系

在建筑设计中根据功能需要组织空间是必要的，但在满足功能条件下，采用不同的结构形式及空间处理的手法，仍可表现出不同的建筑形象和性格。

（二）建筑空间与结构的关系

建筑的功能要求是多种多样的。不同的功能要求都需要有相应的结构方法来提供与功能相适应的空间形式。如房间小且变化小就可以采用砖混结构体系（图1-52）。

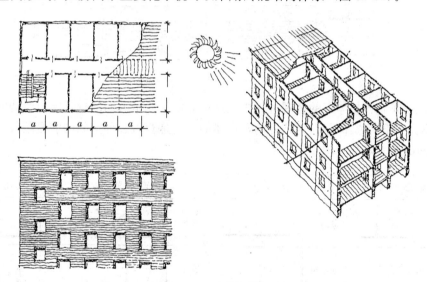

图1-52　砖混结构体系

为适应灵活分隔空间的需要，可以采用框架承重的结构体系（图1-53）。

为求得巨大的室内空间，则必须采用大跨度结构（图1-54）。

建筑的空间与建筑的功能、结构、形象都是密切相关的。此外，在建筑艺术性方面也有多种空间处理的手法。

（三）建筑空间的形式变化

建筑空间的存在形式是丰富变化的，同时不同的空间形式的性格特征也不尽相同。建筑设计人员对建筑空间艺术的驾御能力是保障建筑使用功能、影响其艺术表现力的一个十分重要的关键因素。

1. 空间的限定

抽象的空间是广阔无垠的，因而也是虚无的。特定的空间是通过一定的介质加以限定得

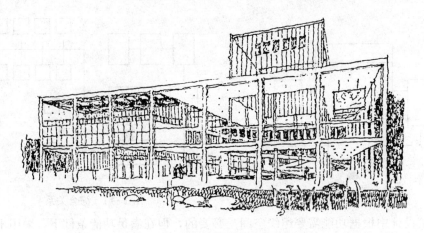

图 1-53　布鲁塞尔博览会加拿大馆

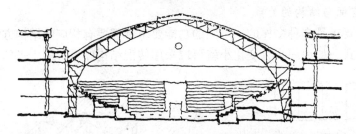

图 1-54　北京体育馆比赛厅横剖面

以实现的，在我们容易体察的客观世界中，这种介质往往是人们的视觉能力所能够感受的实体。所以说，空间和实体是互为依存的，实体的限定是获得各种空间的前提条件，而且会带来空间不同的艺术效果（图 1-55）。

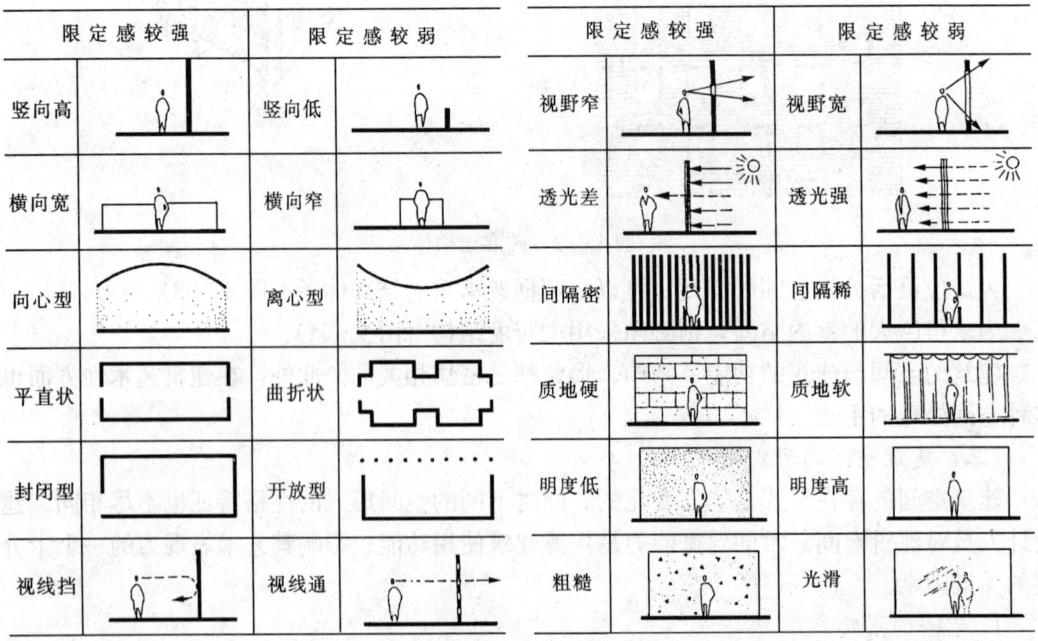

限 定 感 较 强		限 定 感 较 弱		限 定 感 较 强		限 定 感 较 弱	
竖向高		竖向低		视野窄		视野宽	
横向宽		横向窄		透光差		透光强	
向心型		离心型		间隔密		间隔稀	
平直状		曲折状		质地硬		质地软	
封闭型		开放型		明度低		明度高	
视线挡		视线通		粗糙		光滑	

图 1-55　空间与实体的限定

（1）垂直要素的限定。

建筑中的柱子是最常用的垂直线要素，限定的空间界限模糊，通透感强，既分又合，融为一体（图1-56）。通过墙、柱等垂直构件的围合形成空间（图1-57）。一栋建筑也可看作是一个面，它和周围的建筑之间围合限定出城市空间（图1-58）。

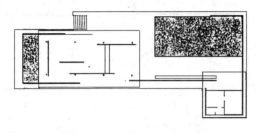

图1-57 巴塞罗那国际博览会德国馆（1929）

（2）水平要素限定。

通过顶面或地面等不同形状、高度和材质对空间进行限定，以取得水平界面的变化和不同的空间效果

图1-56 柱子的运用

（图1-59），底面凹凸限定。居室的地面局部下沉，两侧栏杆以及地面材料的变化，形成一个更为安定和亲切的空间（图1-60）。某加油站的顶面延伸，限定了一个供人加油的空间（图1-61）。

图1-58 加拿大多伦多市政厅

（3）各要素的综合限定。

空间是一个整体，在大多数情况下，是通过水平和垂直等各种要素的综合运用，以取得特定的空间效果。具体处理手法多种多样。如在某建筑入口大厅室内空间设计中，运用多种手法限定出各种不同使用功能的空间（图1-62）。

2．空间的组合

连接——两个相互分离的空间由一个过渡空间相连接（图1-63）。

接触——两空间之间的视觉与空间联系程度取决于分隔要素的特点（图1-64）。

包容——大空间中包含着小空间，两空间产生视觉与空间上的连续性（图1-65）。

相交——两个空间的一部分重叠而成公共空间，并保持各自的界限和完整（图1-66）。

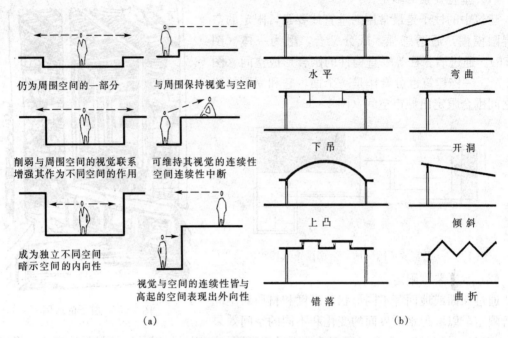

图 1-59 不同的顶面或底面对空间的限定

(a) 不同底面的空间限定感；(b) 不同顶面的空间限定感

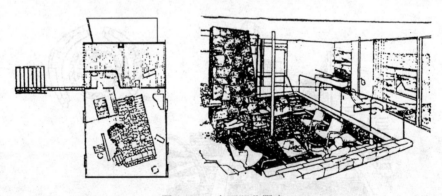

图 1-60 底面凹凸限定

3. 空间的围合与通透

围合与通透是处理两个或多个相邻空间关系的常用手法。围合性越强，空间越封闭，反之越开敞。其为塑造建筑空间艺术的表现提供了灵活的手段。日本熊本市某幼儿园活动室，采用整面墙的隔断式推拉门，室内外连成一片（图 1-67）。

4. 空间的穿插与贯通

界面在水平方向的穿插、延伸，可以为空间的划分带来更多的灵活性，增加空间的层次感和流动感。空间穿插中的交接部分，可处理成不同的形式。如贝聿铭设计的美国华盛顿国家美术馆东馆，在以三角形为母体的巨大空间内，以不同高度的通廊造成强烈的空间穿插，丰富了空间的变化（图 1-68）。

空间的贯通是指根据建筑功能和审美的要求，对空间在垂直方向所做的处理。如北京昆

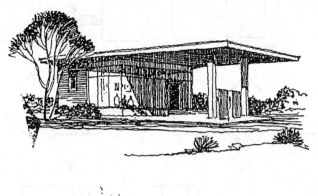

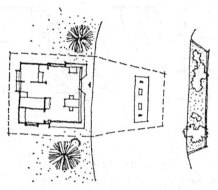

图 1-61　北京某加油站

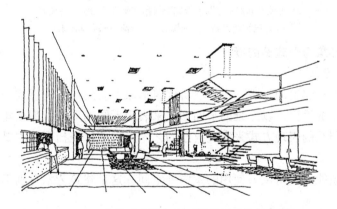

图 1-62　多种手法限定出不同使用功能的空间

仑饭店餐饮街，利用斜坡形玻璃顶和挑台，形成一个上下贯通的流动空间（图 1-69）。

5. 空间的导向与序列

空间导向是指通过暗示、引导、夸张等建筑处理手法，把人流引向某一方向或空间，从而保证人在建筑中的有序活动。墙面、地面、屋顶、柱子、门洞、楼梯、台阶、花坛、灯具等都可作为空间导向的手段（图 1-70）。

空间序列处理是保证建筑空间艺术在丰富的变化中取得和谐统一的重要手段。尤其是以群体组合为特征的中国古代建筑，用序列处理把时间与空间交织在一起，使建筑成为四度空间艺术。

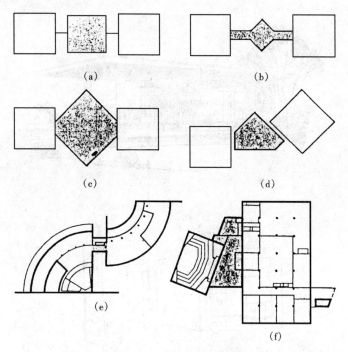

图 1-63 连接实例

（a）过渡空间与它所联系的空间在形式、尺寸上完全相同，构成重复的空间系列；

（b）过渡空间与它所联系的空间在形式和尺寸上不同，强调其自身的联系作用；

（c）过渡空间大于它所联系的空间而将它们组织在周围，成为整体的主导空间；

（d）过渡空间的形式与方位完全根据其所联系的空间特征而定；

（e）巴黎澳大利亚大使馆；（f）台湾中原大学图书馆

四、建筑的形象与形式美的概念

（一）建筑的形象

建筑形象指的是建筑的外观，换句话讲建筑形象即为建筑的观感或美观问题。绘画主要是利用线条和色彩的手段，以二维的平面形式来表现不同的形象，那么建筑形象则是通过客观实在的多维参照系的表现方式来实现自己的艺术追求的，概括下来主要是通过下列手段来表达的。

空间——建筑能形成可供人使用的室内外空间，这是建筑艺术有别于其他造型艺术最本质的特点。

实体——是获得建筑的手段，从本质上讲，它属于建筑空间的副产品，与建筑空间是相对存在的，主要由线、面、体组成。

色彩、质感——建筑上各种不同的材料表现出不同的色彩和质感。色彩方面如人造材料的明快纯净与自然材料的柔和沉稳；质感方面如金属、玻璃材料的光滑透明，砖石材料的敦厚粗糙。色彩、质感的变化在建筑上被广泛运用，就是为了获得优美、有特色的建筑艺术形象。

光影——建筑一般处在自然的环境中。当受太阳光照射时，光线和阴影能够加强建筑形体凹凸起伏的感觉，形成有韵律的变化，从而增添建筑形象的艺术表现力。

从古至今许多优秀的建筑师正是巧妙地运用了这些建筑表现手段，创造了许许多多优美

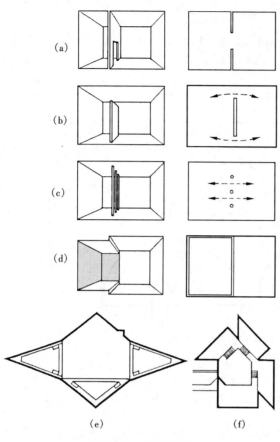

图 1-64 接触实例

(a) 靠实体分割，各空间独立性强，分割面上开洞程度影响空间感；

(b) 在单一空间里设置独立分割面，两空间隔而不断；

(c) 线状柱列分割两空间有很强的视觉和空间连续性，其通透程度与柱子的数目有关；

(d) 以地面标高、顶棚高度或墙面的不同处理构成两个有区别而又相连续的空间；

(e) 迦登格罗芙水晶教堂；

(f) 约翰逊庄园陈列室

的建筑形象。

（二）形式美的概念

建筑形象客观地说并不单纯是形式美观的问题，如前所述还要涉及到社会思想意识、民族习俗、文化传统等各方面的因素。但是作为一个良好的建筑形象，它首先应该是美观的。这就要符合建筑形式美的一些基本的规律。古今中外的建筑，尽管在形式处理方面有很大的差别，但凡属优秀的建筑作品，必然遵循一个共同的准则——多样统一。这就是建筑形式美的法则。即在统一中求变化，在变化中求统一。

1. 以简单的几何形状求统一

美学研究认为，简单、稳定的几何形状可以引起人的美感。因此，特别推崇像圆、三角形、正方形等这些基本的几何形状，认为它们是完整、自然的象征，具有抽象的一致性。

2. 重点与一般

自然界中，植物的干与枝，花与叶，动物的躯干与四肢都呈现出一种主与从的差异。它们正是凭借着这种差异的对立，才成为一种统一协调的有机整体。因此，在一个有机统一的整体中，各组成部分是不可能不加区分而一律对待的。它们应当有重点与一般的差别；有核心与外围组织的差别。否则，各要素平均分布，同等对待，即使排列得整整齐齐，很有秩序，也难免会流于松散，单调而失去统一性。所以在建筑形象处理时要注意突出重点，即在设计中充分利用功能特点，有意识地突出其中的某个部分，并以此为重点，而使其他部分处于从属地位，这样可以达到主从分明，完整统一。

3. 均衡与稳定

处于地球引力场内的一切物体，都摆脱不了地球引力——重力的影响，人类的建筑活动从某种意义上讲就是与重力作斗争的产物。存在决定意识，也决定着人们的审美观念。在古代，人们崇拜重力，并从与重力作斗争的实践中逐渐地形成了一整套与重力有联系的审美观念，这就是均衡与稳定。

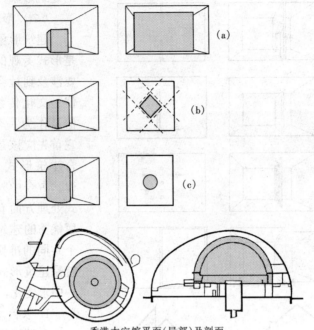

香港太空馆平面(局部)及剖面

图 1-65 包容实例

(a) 两空间的尺寸应有明显差别，差别大包容感强，反之包容感弱；

(b) 大小空间的形状相同而方位不同，产生第二网格，使小空间有较大吸引力，构成有对比有动态的剩余空间；

(c) 大小空间不同形体的对比，表示两者不同功能，或象征小空间具有特殊的意义

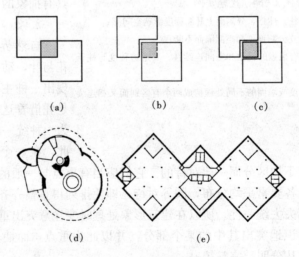

图 1-66 相交实例

(a) 两空间保持各自的形状，重叠部分为两空间所共有；

(b) 重叠部分与其中一个空间合为一体，成为完整的空间，另一空间为次要和从属的；

(c) 重叠部分自成一个独立部分，成为两空间的连接空间；

(d) 弗里德曼住宅；

(e) 北京机械部情报所资料楼

　　人们从自然现象中意识到一切物体要想保持均衡与稳定，就必须具备一定的条件，如像山那样上小下大；像树那样下粗上细，并向四周对应分权；像人那样具有左右对称的体形；像鸟那样具有保持均衡的双翼等。此外人类还通过建筑实践证实了上述的均衡与稳定的原则，并认为凡是符合这些原则的，不仅在实际上是安全的，而且在视觉上也是舒服的。于是，人们在建造建筑时都力求符合均衡与稳定的原则。

图 1-67　日本熊本市某幼儿园

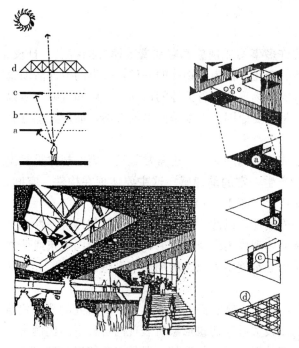

图 1-68　美国华盛顿国家美术馆东馆

图 1-69　北京昆仑饭店餐饮街

　　4. 对比与微差

　　就建筑来讲，它的内容主要是功能，建筑形式必然要反映功能的特点，而功能本身就包含有很多差异性，反映在建筑形式上也必然会呈现出各种各样的差异。对比与微差所研究的正是如何利用这些差异性来求得建筑形式的完美统一。

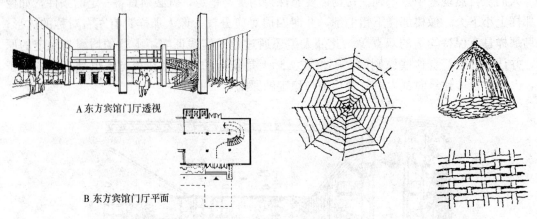

A 东方宾馆门厅透视

B 东方宾馆门厅平面

图 1-70　东方宾馆　　　　　　　　　图 1-71　渐变、起伏和交错

对比指的是要素之间显著的差异。对比可以借彼此之间的烘托陪衬来突出各自的特点以求得变化，从而达到强调和夸张的效果。对比需要一定的前提，即对比的双方总是要针对某一共同的因素或方面进行比较。如形状的对比（方与圆）；方向的对比（水平与垂直、纵向与横向）；材料质感的对比（光滑与粗糙、轻盈与厚重）；色彩的对比（冷色与暖色）；还有光影的对比（明与暗）；虚实的对比等。

微差指各要素之间不显著的差异。借彼此之间的连续性来求得和谐，容易使人感到统一和完整。

5. 韵律

韵律是指韵味与节律现象。自然界中的许多事物或现象都存在着节律性的特点，日夜、四季的轮回，都有着规律性的重复和有秩序的变化。作为生物体的一种，人类的生理活动也有着明显的生物节律现象，同时对于有节律的事物现象有着天性的认同。音乐和诗歌之所以能够打动人的心灵，其中的韵味与节律现象是重要原因，例如乐曲中的节奏，能使人感觉到明显的韵律感。

建筑中的许多部分，或因功能的需要，或因结构的布置，也常常是按一定的规律重复出现的，如窗子、阳台、柱子等的重复，都会产生一定的韵律感。这主要体现在构件、空间、形体的连续重复、有规律的渐变、起伏和交错上（图 1-71）。

韵律具有极其明显的条理性、重复性和连续性，以此，既可以加强建筑整体统一性，又可以取得丰富多彩的变化。韵律美在建筑中的体现极为广泛、普遍，不论是中国建筑或西方建筑，也不论是古代建筑或现代建筑，几乎处处都能给人以美的韵律节奏感。

6. 比例与尺度

（1）比例。任何物体都存在着三个方向——长、宽、高的度量。比例所研究的就是建筑的各种大小、高矮、宽窄、厚薄、深浅等的比较关系。建筑形象所表现的各种不同比例常与建筑的功能要求、技术条件、审美观点有密切关系。良好的比例一般是指建筑形象的总体以及各部分之间，在长、宽、高各度量之间具有一定的和谐关系。

西方建筑学家常用几何分析法来探索建筑的比例关系。如巴黎凯旋门，建筑的整体外轮廓为一正方形，立面上若干个控制点分别与几个同心圆或正方形相重合，因而它的比例一般人认为是严谨的（图 1-72）。

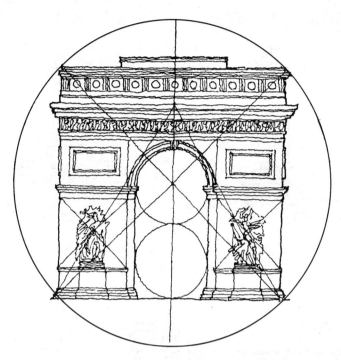

图 1-72　巴黎凯旋门

　　应该指出的是以不同的材料所建造的建筑造型的比例是不同的。以我国古代木构架建筑与西方古典石结构建筑比较，木梁的抗弯能力较强，因而开间可以大一些，柱间比例较开阔，而石梁跨越能力较差，因而开间小，形成的比例较狭窄，看上去柱子排列较密（图1-73）。

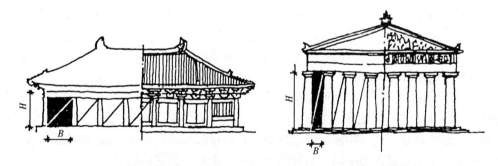

图 1-73　我国古代木构架建筑与西方古典石结构建筑比较

　　（2）尺度。指的是建筑物的整体或局部与人之间在度量上的制约关系。这两者如果统一，建筑形象就可以正确反映出建筑物的真实大小，如果不统一，建筑形象就会歪曲建筑物的真实大小。如人民英雄纪念碑采用了我国传统的石碑形式，但并没有将它们简单的放大，而是仔细地处理了尺度问题——基座采用两重栏杆，加大碑身比例，因而显示了它的实际尺寸。而颐和园万寿山昆明湖碑，作为园林中的建筑小品，要有亲切感，因而抬高底座，减小碑身，使其感觉比实际尺寸小（图1-74）。

　　建筑中有一些构件由于是人经常接触或使用的关系，所以其基本尺寸必须符合人体工学的要求，如踏步一般为 150mm 高，窗台、栏杆 900mm 左右高。人们熟悉它们的尺寸大小，因此会起到参照物的作用，人们会通过它们来感觉出建筑物的高矮大小（图 1-75）。

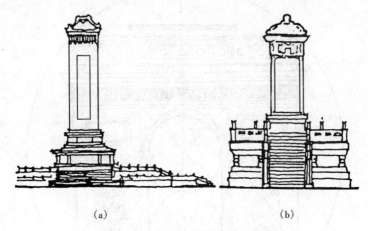

（a）　　　　　　　　　　　　（b）

图 1-74　建筑尺度——碑

（a）天安门人民英雄纪念碑；（b）颐和园万寿山昆明湖碑

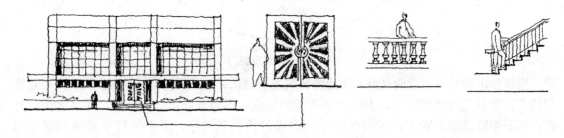

图 1-75　符合人体工学的建筑构件基本尺寸

在建筑设计中，一般要真实地反映建筑物的大小，否则会使人产生错觉。但在特殊情况下也可以利用改变建筑物的尺度感而取得一定的艺术效果。

上述建筑形式美的基本法则，是在长期的建筑活动实践中总结和积累的，它对建筑艺术创作有着重要的指导意义。

以上对建筑的功能、技术和形象作了讲述，但更重要的是在设计实践中如何处理好三者之间的关系。功能要求是建筑的主要目的，材料结构等物质技术条件是达到目的的手段，建筑形象则是综合表现形式。功能居于主导地位，对建筑的结构和形象起决定作用，而结构等物质技术条件是实现建筑的手段，建筑的功能和形象要受到它的制约。

五、建筑与环境

建筑的主要目的就是以其所形成的各种室内外空间，为人们的不同活动提供多种多样的场所环境。因而，人、建筑、环境是不可分割的整体。这里谈到的环境包括建筑围合的内部空间环境、建筑所处的外围空间环境和自然环境。如在一个不大的天井内，人工与自然、室内与室外充分融合，营造出一个充满生机的生活空间（图 1-76）。苏州水街，枕河人家，临水为居，舟楫为行，充满了浓郁的江南生活气息，体现了水乡建筑环境与众不同的美（图1-77）。

建筑环境所包含的内容是多方面的，在建筑设计中要具体问题具体分析，从人的生产、

图 1 - 76　天井的环境布置

图 1 - 77　苏州水街

生活要求出发，从整体环境着手，统筹考虑问题，才能做到建筑、人、环境的和谐统一。尤其是在科学技术飞速发展，人口急剧膨胀的今天，自然环境的人为破坏已经给人类敲响了警钟。1999 年在北京召开的国际建筑师大会发表的《北京宪章》中指出，建筑环境要走生态、可持续发展之路，将对自然环境的影响降到最小，既满足当代人的需要，又不对子孙后代构成危害。

　　总之，本节对建筑的功能、技术、形象及空间作了分别简述，也指出三者是相辅相成的。在建筑设计中要正确处理好三者的关系。功能要求是建筑的主要目的，材料结构等物质技术条件是达到目的的手段和保证，而建筑形象、空间则是其最终的综合表现形式。三者是辩证统一的关系。一个好的建筑必定是三个方面都处理得非常得体而又优秀的建筑。

第三节　建筑设计的主要内容与基本原则

一、建筑设计的内容和特点

（一）内容

建筑设计的过程内容一般应包括方案设计、初步设计和施工图设计三大部分。方案设计是建筑设计的第一个阶段，担负着确立建筑的设计思想、意图，并将其形象化的任务，它对整个建筑设计过程所起的作用是开创性和指导性的；初步设计与施工图设计则是在此基础上逐步落实其经济、技术、材料等物质要求，是将设计意图逐步转化成真实建筑物的重要筹划阶段。

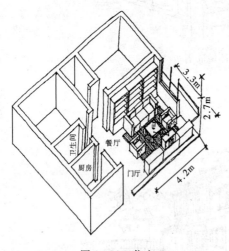

图 1-78　住宅

（二）特点

建筑设计与其他设计相比有下列特点。

1. 综合性强

建筑设计是一项综合性很强的工作，它涉及的知识面很广。建筑类型众多，如小学生上课，医生看病，演员演出，工人生产等等都和我们的设计有关。这就要求我们要特别注意培养自己的观察能力、分析解决问题的能力及独立工作的能力，如图 1-78 所示住宅。

2. 知识和技巧

正如一个作家如果不熟知语法，没有写作技巧，就写不出好文章一样。建筑设计也需要知识和技巧两方面的准备。没有广泛的基础知识，就没有进行设计的基础，而没有一定的技巧，就无法将设计资料、理论知识转变为有机形体空间，做出实用、安全经济、美观的建筑设计。

3. 对象的推敲

建筑设计中各种矛盾的解决，设计意图的实现，最后都将表现为图纸上的具体形象。比如一个小学校的设计，教室的长宽形状是否合用，与走廊的联系是否方便，结构的布置是否合理，乃至楼梯的布置、门窗的大小等等，所有这些问题的决定都离不开具体的形象的推敲（图 1-79）。建筑设计不仅是逻辑推理的过程，更重要的是形象的推敲过程。

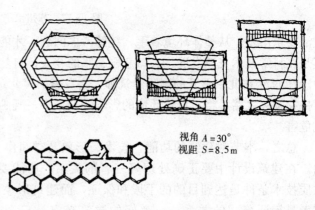

视角 $A = 30°$
视距 $S = 8.5m$

图 1-79　某教学楼

4. 外围知识的积累

建筑设计和人们的社会生活息息相关,广泛的知识面会对建筑设计有很大的帮助。要注意观察周围的生活,留意它们和建筑的关系,从中可以学习到许多对建筑设计有益的活的知识。建筑艺术修养需要长期的积累和大量的感性认识作为基础。它与其他艺术有许多互通的规律,在学习中多涉猎各种艺术形式,对提高建筑艺术素养是十分有益的。

二、建筑设计的基本原则

尽管不同类型的建筑在设计的要求上存在着千差万别,但是,它们仍然存在着若干方面的共同要求,也就必须要遵循以下的基本原则。

(一)首先满足功能使用要求的原则

建筑功能要求包括:满足实际使用的物质功能和满足人们观感、感受的精神功能。在一般性民用建筑中,物质使用功能占主导地位,精神功能居第二位(图1-80)。而对于园林、纪念性、宗教建筑等,它们的精神功能却是主导性的。

要使建筑功能达到适用,就应对设计对象有深入的了解,掌握它的使用要求、特征、艺术处理手法及未来发展趋势等。

建筑的功能要求也不是一成不变的,它会随着社会的发展、人们文化

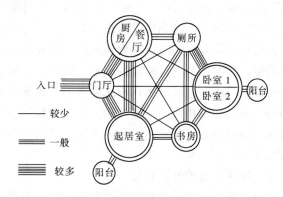

图1-80 住宅功能关系框图

生活水平的提高、建设环境、民族风格、地方风俗的不同而变化,因而建筑设计必须随机应变,灵活运用。

(二)优先采用合理先进的技术措施的原则

要使设计的建筑成为现实,就要根据建筑用途及规模,选用相应的建筑材料和结构类型,也应和当地施工技术力量相符合。

选择合理、先进的技术措施,采用新材料、新工艺、新结构等,有利于建筑形象、空间、风格的创新,促进建筑的发展。

(三)遵循造型美观的原则

建筑的体型、轮廓、比例、质感、色彩、与周围建筑环境的关系、室内空间的变化等无不给人以精神享受。建筑形象要取得简洁、美观、和谐、大方的效果,应与建筑的性质相吻合,与周围环境相协调,同时也应反映出不同地区与民族的文化传统、情趣格调、审美观念。

(四)处理好与环境的关系并符合规划要求的原则

单体建筑是建筑群体的一部分,必须与环境协调,与规划要求符合。因此,在设计单体建筑时要了解规划要求和建设地点的环境状况,以便使新设计的建筑与之相互呼应,以取得和谐丰富的环境效果。

(五)具有良好的经济性的原则

建造房屋是一项"大兴土木"的工程,要耗费大量的人力、物力,在我国经济还不是很

发达的今天，更应注意建筑经济效能的合理，要具有较好的性价比。

在建筑设计的实际运作中，以上原则斟酌衡量的程度是相对的，思考处理问题的方法是多种多样的，不应该是简单教条的。比如，在形式与功能的处理方面，大致可归纳为"先功能后形式"和"先形式后功能"两大类。

一般来说，建筑方案设计的过程大致可分为任务分析、方案构思和方案完善三个阶段，其顺序过程不是单向的、一次性的，需要多次循环往复才能完成。"先功能后形式"和"先形式后功能"两种设计方法均遵循这一过程，即经过前期任务分析阶段，对设计对象的功能环境有了一个比较全面而深入的了解之后，才开始方案的构思，然后逐步完善，直到完成。两者的最大差别主要体现为方案构思的切入点与侧重点的不同。"先功能"是从重点研究建筑的功能需求为起点，由平面图设计着手，当确立比较完善的平面功能关系之后，再据此转化成空间形象。这样直接"生成"的建筑造型可能是不完美的，为了进一步完善反过来要对平面作相应的调整，直到满意为止。"先形式"则是从建筑的体型环境入手进行方案的设计构思，以重点研究空间与造型为切入点。当确立一个比较满意的形体关系后，再反过来填充完善功能，并对体型进行相应的调整。如此循环往复，直到满意为止。进入设计反复选择与认定和调整的中间过程以后，考虑问题的方式就没有什么区别了。在实际的设计工作中，上述两种方法是相辅相成的。当从形式入手时要注意以功能调整形式；而当从功能着手时，则同时迅速地构想着可能产生的形象效果。最后，在两种方法的交替探索中找到一条完美的途径（图 1 - 81）。

三、建筑设计的性质特征

建筑方案设计的性质特征可以概括为五个方面，即创作性、综合性、双重性、过程性和社会性。

（一）创作性

所谓创作是与制作相对而言的。制作是指因循一定的操作技法，按部就班地造物活动，其特点是行为的可重复性和可模仿性，如工业产品的制作等。而创作属于创新创造范畴，依靠的是主体丰富的想象力和灵活开放的思维方式，其目的是以不断地创新来完善和发展其工作对象的内在功能或外在形式，这些是重复、模仿等制作行为所不能替代的。

建筑设计的创作性是人（设计者与使用者）及建筑（设计对象）的特点属性所共同要求的。一方面，建筑师面对的是多种多样的建筑功能和千差万别的地段环境，必须表现出充分的灵活开发性才能够解决具体的矛盾与问题；另一方面，人们对建筑形象和建筑环境有着高品质和多样性的要求，只有依赖建筑师的创新意识和创造能力才能够把属纯物质层次的材料设备点化成为具有一定象征意义和情趣格调的建筑。

建筑设计要求创作主体具有丰富的想象力和较高的审美能力、灵活开发的思维方式以及勇于克服困难的决心与毅力。在学习中应注意创新意识与创作能力的培养。

（二）综合性

建筑设计是一门综合性学科，除了建筑学外，它还涉及结构、材料、经济、社会、文化、环境、心理等众多学科内容。另外，建筑本身所具有的类型也是多种多样的，如此纷杂多样的功能要求不可能通过有限的课程设计训练——认识、理解并掌握，因此，掌握一套行之有效的学习和工作方法是非常重要的。

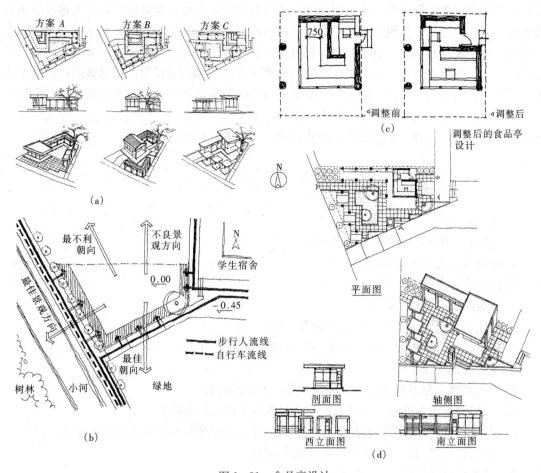

图 1-81　食品亭设计

（a）食品亭设计；（b）食品亭设计用地环境分析；（c）调整前后的示意图；（d）调整后的食品亭设计

（三）双重性

与其他学科相比较，思维方式的双重性是建筑设计的突出特点。建筑设计过程可以概括为分析研究——构思设计——分析选择——再构思设计如此循环发展的过程，建筑师在每一个"分析"阶段所运用的主要是分析概括、总结归纳、决策选择等基本的逻辑思维方式，以此确立设计与选择的基础依据；而在各构思阶段，建筑师主要运用的则是形象思维，即借助于个人丰富的想象力和创造力把逻辑分析的结果发挥表达成为具体的图式的工程语言——三维乃至四维空间形态。因此，建筑设计的学习训练必须兼顾逻辑思维和形象思维两个方面，不可偏废。

（四）过程性

人们认识事物都需要一个由浅入深循序渐进的过程。对于建筑设计学习也需要一个相当的过程：需要科学、全面地分析调研，深入大胆地思考想象；需要在广泛论证的基础上优化选择方案；需要不断地推敲、修改、发展和完善。整个过程中的每一步都是不可缺少的，只有如此，才能保障设计方案的科学性、合理性与可行性。

（五）社会性

尽管不同建筑师的作品有着不同的风格特点，从中反映出建筑师个人的价值取向与审美爱好，并由此成为建筑个性的重要组成部分；尽管建筑业主往往是以经济效益为建设的重要乃至唯一目的，但是，建筑从来都不是私人的收藏品，因为不管是私人住宅还是公共建筑，从它破土动工之日起就已具有了广泛的社会性，它已成为城市空间环境的一部分，人们无论喜欢与否都必须与之共处，它对人们的影响是客观实在的和不可回避的。建筑的社会性要求建筑师的创作活动既不能像画家那样只满足于自我陶醉而随心所欲，也不能像开发商那样唯利是图。必须综合平衡建筑的社会效益、经济效益与个性特色三者的关系，努力寻找一个可行的结合点，只有这样，才能创作出尊重环境、关怀人性的优秀作品。

思　考　题

1. 什么是建筑？它包括哪些内容？
2. 建筑的产生和发展的动因与条件是什么？
3. 建筑的分类方式有哪些种？
4. 建筑的分级方式有哪些种？
5. 建筑的根本属性是什么？
6. 为什么说建筑具有技术与艺术的双重性？
7. 建筑设计与室内设计具有什么关系内容？
8. 什么是建筑功能？
9. 建筑必须注意的物质技术条件包含哪些方面的内容？
10. 空间对于建筑的意义是什么？它是靠哪些手段来形成的？
11. 建筑设计所涉及的环境包括哪些方面？环境对于建筑的产生具有哪些影响？
12. 建筑设计必须注意解决好哪些主要的问题？
13. 建筑设计具有哪些方面的性质特征？

第二章　建筑历史基本知识

第一节　中国古代建筑基本知识

一、中国古代建筑概论

中国作为四大文明古国之一，其古代文化在世界上有着显著的地位。中国的古代建筑作为一个独特的体系，在世界建筑史上占有一席之地。

我国古代森林资源丰富，人们就地取材用木材建造房屋，经几千年发展形成了独树一帜的木构架建筑体系（图2-1）。

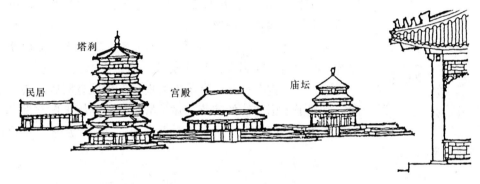

图2-1　独树一帜的我国古代木构架建筑体系

这个体系无论从建筑单体还是群体组合，乃至城市布局，都有非常完善的形制和做法，而且是影响范围最广、延续年代最久的一个体系（图2-2）。

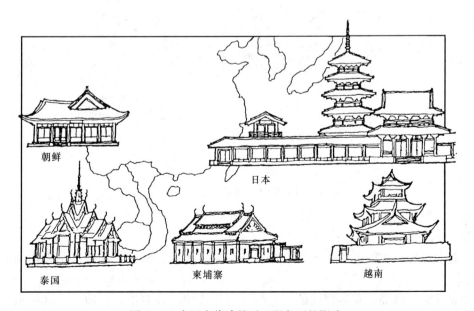

图2-2　中国古代建筑对亚洲各国的影响

　　这些都说明，我国古代劳动人民的聪明才智以及建筑在技术与艺术上都达到了很高的水准。学习先人们的宝贵经验，对我们深入了解中国文化的精髓，提高我们的建筑审美意识及设计水平都具有启发和借鉴的作用。

图 2-3　浙江余姚
河姆渡村遗址
木建筑榫卯

（一）中国古代建筑的发展及演变

　　我国古代建筑主要经历了原始社会、奴隶社会和封建社会三个历史阶段，其中封建社会是形成我国古典建筑的主要历史时期。

　　从已发现的文献记载来看，我国古代建筑的发展与演变可追溯到上古之时。全国众多地区也发现了六、七千年前氏族社会时期的建筑遗址。主要有两种形式：一种是长江流域多水地区的干阑式建筑；另一种是黄河流域的木骨泥墙房屋。浙江余姚河姆渡村发掘的距今六、七千年以前新石器时代的建筑遗址中，有大量带卯榫的建筑构件（图 2-3）。陕西西安半坡村原始社会村落遗址，可以看出最早的木构架建筑的雏形（图 2-4）。

　　河南偃师二里头遗址是距今 4000 多年前奴隶社会初期夏朝的都城，有大型宫殿和中小型建筑数十座。有夯土台基，柱列整齐，开间统一，木构架技术已有了较大提高。周围有回廊环绕，南面开门，反映了中国传统的院落式建筑群组合已开始走向定型。河南安阳殷墟遗址是奴隶社会大发展时期商朝的都城，从遗址中可以看出木构架建筑形式已初步形成（图 2-5）。

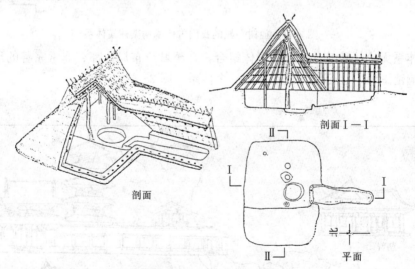

剖面 I－I

剖面

图 2-4　西安半坡村遗址

　　瓦的发明是西周在建筑上的突出成就（图 2-6）。

1. 秦汉时期

　　在这个时期，我国古代建筑无论在城市布局、建筑规模还是建造技术方面都有了很大发展。

　　秦都咸阳的布局是有独创性的，它摒弃了传统的城郭制度，在渭水南北建造了许多离宫。又堆土造山，修上林苑，反映了秦始皇统一天下、穷奢极欲的野心。

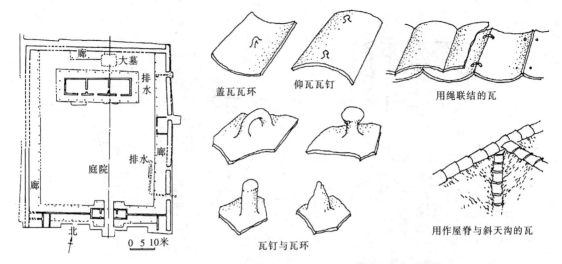

图 2-5 河南偃师二里头
二号宫殿遗址平面

图 2-6 陕西岐山凤雏村遗址出土西周瓦

现存的阿房宫遗址在一个很大的土台上，虽然当时的建筑已不存在，但仍能看出其规模之宏大。秦时修建的万里长城是人类历史上的一大奇迹，也足以显示了秦的实力及秦始皇穷兵黩武的个性。

秦时，砖已广泛应用。至汉，砖石建筑和拱券结构有了很大发展。从出土的画像砖、明器、石阙上都可看出木构架建筑渐趋成熟。已有了完整的廊院和楼阁，建筑有屋顶、屋身和台基三部分，与后代的建筑非常相似，并形成了抬梁式和穿斗式两种主要木结构。作为中国古代木构架建筑显著特点之一的斗拱，在汉代已普遍使用，这在东汉明器中所表示的房屋结构及四川东汉高颐墓阙中可见一斑（图 2-7），说明我国古代建筑的许多主要特征在汉代都已形成。

2. 魏、晋、南北朝（220～589 年）

在这 300 多年间，战乱不断，社会生产力的发展比较缓慢，在建筑上缺乏创造和革新，而主要是继承和运用汉代的成就。但是，由于佛教的传入促使了佛教建筑的发展，高层佛塔出现了，并带来了印度、中亚一带的雕刻和绘画艺术，不仅使我国的石窟、寺庙、壁画、佛像等有了巨大发展，而且也影响到了建筑艺术，使汉代比较质朴的建筑风格变得更为成熟（图 2-8）。

这个时期最突出的建筑类型是佛寺、佛塔和石窟。先后开凿了山西大同云岗石窟、河南洛阳龙门石窟。

北魏时建造的河南登封嵩岳寺塔，为 15 层密檐砖塔，平面为 12 边形，是我国现存最早的佛塔（图 2-9）。同时也出现了楼阁式木塔（洛阳永宁寺木塔）和单层塔。

我国自然山水式风景园林在秦汉时开始兴起，到魏晋南北朝时有重大的发展。除帝王苑囿外，还有不少官僚贵族的私园。园中开池引水，堆土为山，植林聚石，构筑楼阁屋宇，摹仿自然山水风景，使之再现于有限空间内的造园手法已普遍采用。

3. 隋朝（581～618 年）

隋统一中国，结束了长期战乱和南北分裂的局面，为封建社会经济、文化的进一步发展创造了条件。但历时较短，建筑上主要成就是修建大兴城和洛阳城，开南北大运河，修长城

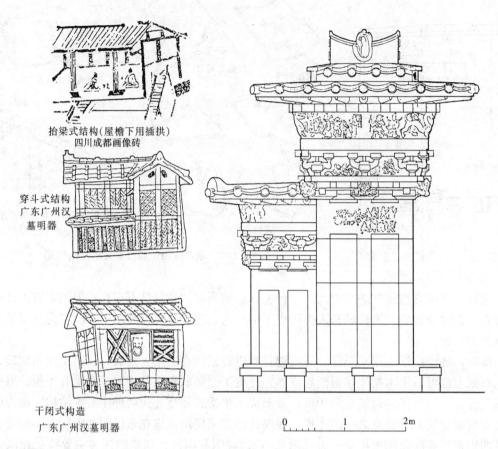

抬梁式结构（屋檐下用插拱）
四川成都画像砖

穿斗式结构
广东广州汉
墓明器

干阑式构造
广东广州汉墓明器

0   1   2m

图 2-7 斗拱结构

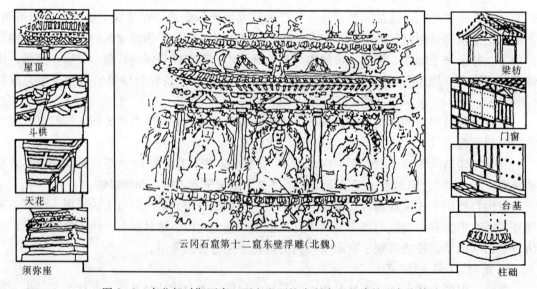

屋顶

斗拱

天花

须弥座

云冈石窟第十二窟东壁浮雕（北魏）

梁枋

门窗

台基

柱础

图 2-8 南北朝时期石窟、石室和石柱中所表现的建筑形象和构造

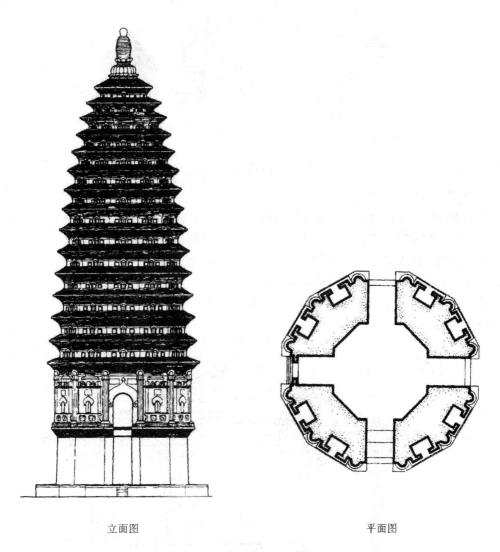

立面图　　　　　　　　　　　　　　　平面图

图2-9　河南登封嵩岳寺塔立面

等。留下的建筑物有著名的河北赵县安济桥（赵州桥）（图2-10）。它是世界上最早的敞肩拱桥，由匠人李春负责建造，跨度达37m，在技术、造型上都达到了很高的水平。再就是山东历城神通寺四门塔（图2-11）。

图2-10　河北赵县安济桥（赵州桥）

四门塔

图 2-11　山东历城神通寺四门塔平面

4. 唐朝（618～907 年）

唐朝为我国封建社会经济文化发展的高潮时期。建筑技术和艺术有着巨大发展和提高，是我国古代建筑发展的成熟时期。从现存的五台山南禅寺正殿和佛光寺大殿（图 2-12）来看，当时木构架特别是斗拱部分构件形制及用料都已规格化，说明当时可能已有了用材制度，也反映了唐代建筑艺术加工和结构的统一。斗拱的结构作用极其鲜明，没有纯粹的装饰性构件，达到了力与美的统一。色调简洁明快，屋顶舒展平远，门窗朴实无华，给人以庄重大方的印象。

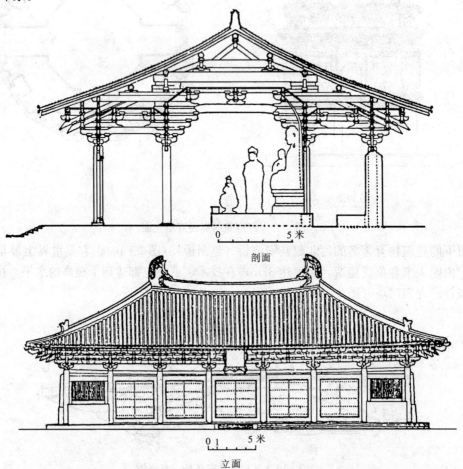

0　　　　5 米

剖面

0 1　　5 米

立面

图 2-12　山西五台佛光寺大殿

5. 五代十国（907～960 年）

这个时期连年战乱，农民起义不断。著名的建筑只有江南的苏州虎丘云岩寺塔、杭州保俶塔等。

6. 宋（960～1279 年）

这个时期主要是总结了隋唐以来的建筑成就，木构架建筑采用了古典的模数制，编著了《营造法式》，由政府颁布，作为用材及建筑预算定额的标准。这是我国古代最完整的建筑技术书籍，作者李诫。书中规定把"材"作为造屋的尺度标准，木构架建筑的用料尺寸分成八等，按屋宇的大小、主次量屋用"材"，"材"一经选定，木构架部件的尺寸都整套按规定而来，不仅设计省时，工料估算有统一标准，施工也方便。

手工业水平的提高带来建筑及装修的发展。可以看出建筑体量与屋顶组合较前更为复杂多样。屋顶运用了曲线型，并有起翘，整个建筑更显得秀丽、轻盈（图 2-13）。

7. 辽（947～1125 年）

山西应县佛宫寺释迦塔（辽代 1056 年建）（图 2-14），是我国现存唯一的最古老且最完整的木塔。塔身平面为八角形，高 9 层，67.31m。结构稳定性很好，虽经多次地震，仍旧安然无恙。这充分表明了我国古代建筑已达到了很高的技术水平。

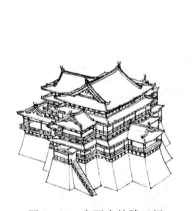

图 2-13 宋画中的滕王阁

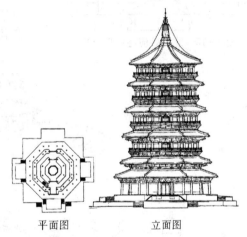

平面图　　　　　　立面图

图 2-14 山西应县佛宫寺释迦塔

8. 元（1271～1368 年）

元代经济发展停滞不前，建筑的发展也是缓慢的。藏传佛教进入内地，藏传佛塔成了我国佛塔的重要类型之一。如北京西四妙应寺白塔（图 2-15）。

9. 明（1368～1694 年）

汉族地主阶级夺取政权后，采用各种发展生产的措施，使社会经济得到迅速恢复和发展。建筑成果主要表现为：砖已普遍用于民居砌墙，并大量应用空斗墙；琉璃面砖、瓦应用更加广泛；木结构中斗拱的结构作用减小，而装饰作用加强，有的斗拱非常繁密；建筑群的布置更为成熟，如天坛在烘托封建统治者祭天时的神圣、崇高气氛方面达到了非常高超的水准（图 2-16）。

北京故宫的布局也是明代形成的，清代又作重修与补充。其布局严格对称、轴线明确、主次分明，是我国古代建筑优秀作品之一（图 2-17）。

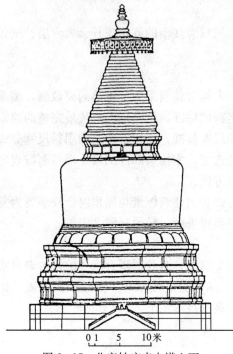

图2-15　北京妙应寺白塔立面

10. 清（1636~1911 年）

建筑大体上是因袭明代传统，建筑活动主要有下列方面：

园林建筑达到鼎盛，先后修建了颐和园、承德避暑山庄、圆明园等皇家园林及江南多处私家园林；藏传佛教建筑兴盛，建造了拉萨布达拉宫及承德外八庙，这些佛寺造型多样，打破了我国佛寺传统的、单一的程式化处理，创造了丰富多彩的建筑形式。

明、清时期的建筑，又一次形成了我国古代建筑的高潮，有不少完好地保存到现在。

21 世纪，新的功能使用要求及新的建筑材料、技术，促使建筑形式发生了巨大的改变，但是，古代建筑中的某些设计方法，尤其是一些优秀的建筑实例，对我们研究现代建筑的民族风格、文化传统仍有重大意义，我们对历史文化遗产要有扬弃的继承。

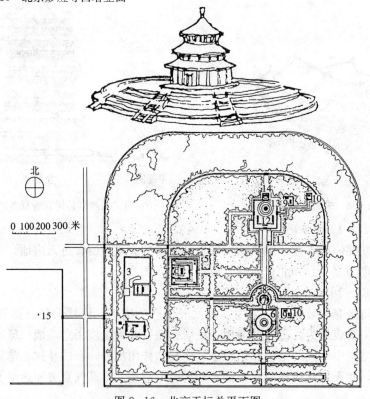

图2-16　北京天坛总平面图

1—坛西门；2—西天门；3—神乐署；4—牺牲所；5—斋宫；6—圜丘；

7—皇穹宇；8—成贞门；9—神厨神库；10—宰牲亭；11—具服台；

12—祈年门；13—祈年殿；14—皇乾殿；15—先农坛

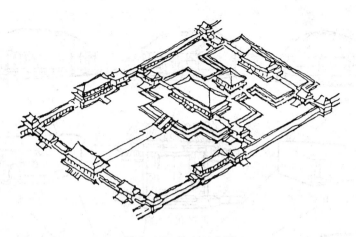

图 2-17 故宫三大殿

（二）中国古代建筑的地域特色及民族风格

中国是一个地域辽阔的多民族国家，从北到南，从东到西，自然条件差别很大。不同地区的劳动人民在长期的生产、生活实践中，根据当地的气候、材料等情况按自己的需要建造房屋，形成了各地区不同的地方特色（图 2-18，图 2-19）。

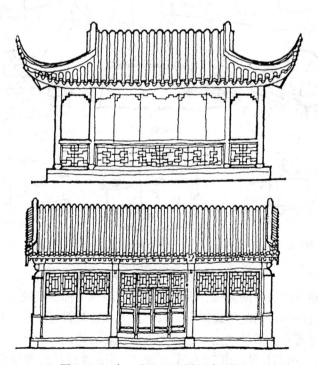

图 2-18 南、北地区不同的建筑外形

此外，不同的宗教和文化艺术传统，在建筑上也表现出不同的民族风格，它又和地方特色是相结合的（图 2-20）。

我国古代建筑内容丰富多彩，成就辉煌，都是劳动人民智慧的结晶和长期的建筑实践经验创造的。但由于长期的封建统治，劳动人民地位低下，使用的房屋都是非常简陋的。而为

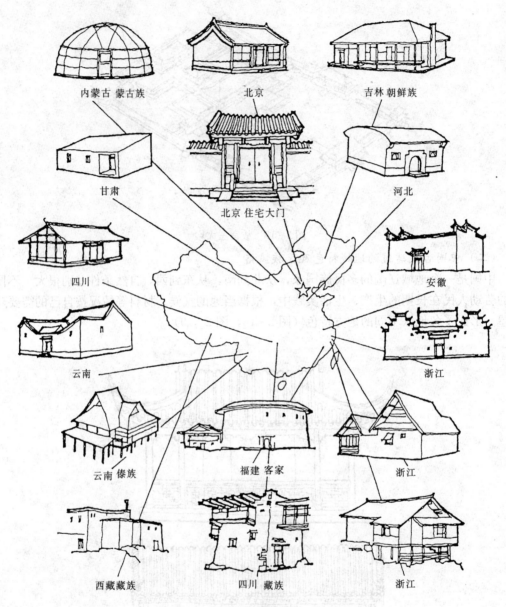

内蒙古 蒙古族　　　北京　　　吉林 朝鲜族

甘肃

北京 住宅大门　　　河北

四川　　　　　　　　　　　安徽

云南　　　　　　　　　　　浙江

云南 傣族　　　福建 客家　　　浙江

西藏藏族　　　四川 藏族　　　浙江

图 2-19 我国不同民族和地区的住宅外形

上层达官贵族、统治阶级服务的宫殿、庙宇、陵墓、园林等都是规模宏大、用料考究、施工精湛、装饰华丽，反映出严格的等级制度。以故宫太和殿与普通民宅比较，太和殿是供天子登基、颁布重要政令等重大活动之用，是故宫中最主要的建筑。它形制最高，坐落在三层汉白玉须弥座上，宽 63m，11 间，由 72 根十几米高、1m 多直径的贵重木料支架而成，采用重檐庑殿顶，红墙黄琉璃瓦，色彩鲜丽，雕梁画栋，金碧辉煌，充分反映出帝王至高无上的皇权及奢华的生活。而普通的民宅，宽约十几米，用料尺寸小，柱径约二十多厘米，青砖灰瓦，屋顶为简单的卷棚顶，装饰朴素，用色灰暗。与太和殿的鲜明对比，反映了我国古代建筑的等级差别（图 2-21）。

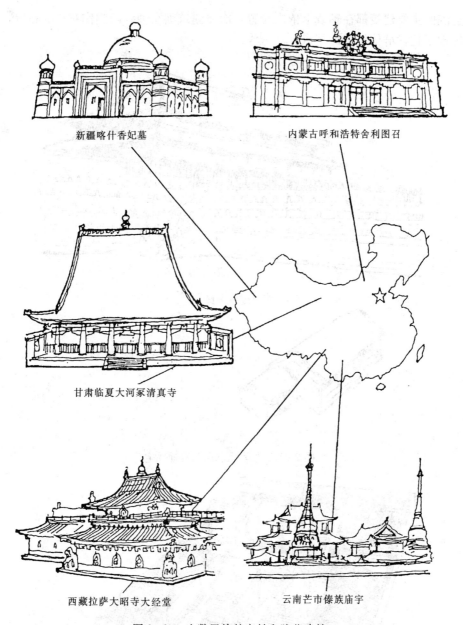

新疆喀什香妃墓

内蒙古呼和浩特舍利图召

甘肃临夏大河家清真寺

西藏拉萨大昭寺大经堂

云南芒市傣族庙宇

图 2-20　少数民族的宗教和陵墓建筑

二、中国古代建筑的基本特征

（一）建筑群体布局的特征

中国古代建筑如宫殿、陵墓、坛庙、住宅、佛寺等都是由多个单体建筑组合起来的建筑群体。主要是运用院落的组合手法来组织各空间，人们对建筑的感受也只有进入到各个院落才能真正体会到，所以庭院是中国古代建筑群体布局的灵魂。这种建筑群体的布局除了受地形和气候条件影响或特殊功能要求外，大体都有共同的组合原则，即以庭院为中心，四周布置屋宇、廊子、围墙，建筑都面向庭院开设门窗。由此围合成内向性封闭空间，它能营造出宁静、安全、洁净的生活环境，并能防御自然或人为的侵袭。

规模较大的建筑群则由若干个院落组成，如四合院（图 2-22），前后有一条明确的中轴线，各进院的主要建筑都在轴线上依次布置，次要建筑则在轴线两侧作对称的布置，北京故宫充分体现了这种群体组合的特点。

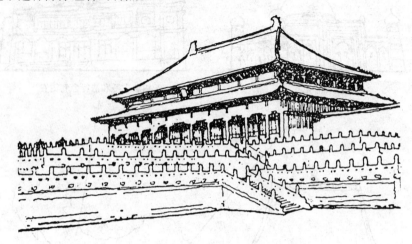

故宫太和殿

普通民宅

图 2-21　故宫太和殿与普通民宅

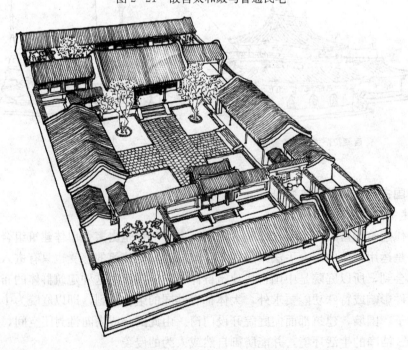

图 2-22　北京四合院住宅

（二）建筑造型的特征

中国古代建筑造型上区别于其他地域建筑的主要特征是三段式，即具有屋顶、屋身、台基三部分。其中大屋顶是最具代表性的。此外，各部分的形象、装饰、色彩等也独成一统。这些都是由建筑的功能、结构手段及艺术审美观念等多方面结合而形成的（图2-23）。

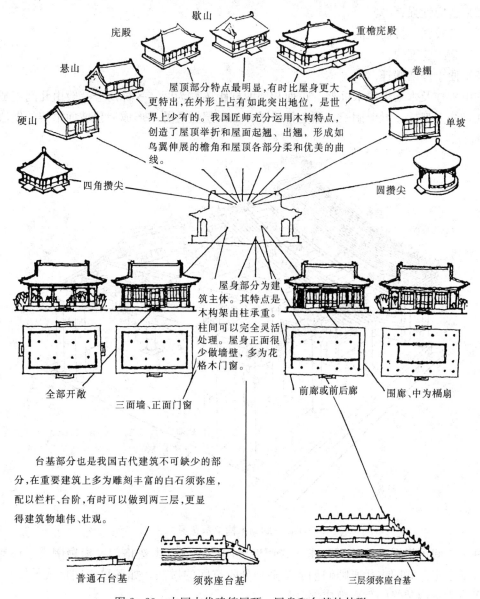

图2-23　中国古代建筑屋顶、屋身和台基的外形

中国古代建筑屋顶部分特点最明显，在造型上占有十分突出的地位。各种屋顶充分运用木结构的特点，由直线、曲线形成了起翘、出翘，就像鸟的翅膀一样舒展优美。

屋身部分是建筑主体。其特点是木构架由木柱支撑，形成框架结构，柱子之间可封闭、可开敞，进行灵活处理，正面一般做花格木门窗扇，其他三面做墙壁。

台基部分也是我国古代建筑不可或缺的部分，它兼有实用、装饰的功能。普通建筑台基一般为青石或砖，比较低矮，没有雕饰。规格较高的建筑采用汉白玉须弥座，雕刻讲究，线脚丰富，配以栏杆、台阶，有的甚至做到三层，使建筑显得雄伟、庄重。

（三）建筑结构的特征

中国古代建筑最主要的结构特征就是木构架的结构体系。它有下列优点：

（1）取材方便；

（2）适应性强；

（3）有较强的抗震性能；

（4）施工速度快；

（5）便于修缮搬迁。

它由木柱及木梁组成木框架。正面相邻两柱距离称为间，一栋房子一般由几间组成。础上立柱，柱上架梁，梁上搁檩，檩上排椽子，如此层层叠叠，形成屋顶坡面举架的做法（图2-24）。

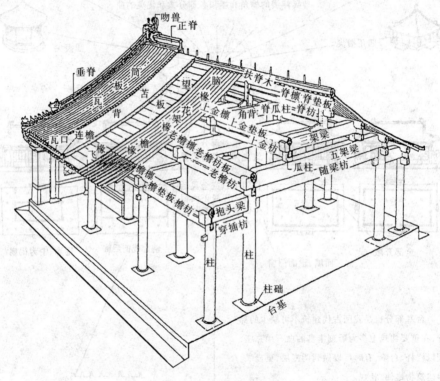

图 2-24　木构架示意图

柱子之间可根据具体使用要求，或用墙壁围合，或以木花格门、窗扇围合，或完全开敞，灵活限定。我国古代匠师们创造了多种分隔空间的做法，如各种不同形式的罩、屏风、隔扇等成为室内装修的重要组成部分。

在屋顶、屋身的过渡部分，有一种我国古代建筑特有的结构构件——斗拱。它是由水平放置的方形斗、升和矩形的拱以及斜置的昂组成的。用来支撑出挑深远的屋檐，并将荷载传递到柱子上（图2-25）。它还有一定的装饰作用，并作为封建社会中等级制度的象征和重要建筑的尺度衡量标准。早期的斗拱主要是具有结构功能，到明、清时期结构功能减少，装饰功能突出。

我国传统建筑的木构架体系是由柱、梁、檩等构件形成框架来承受各种荷载，而墙并不

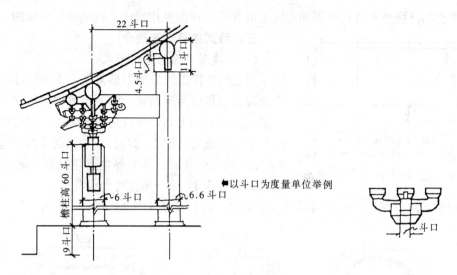

图 2-25　斗拱的构造

承重，只起维护、分隔作用，因此民间有"墙倒屋不塌"的说法，形象地说明了它的特点。

（四）建筑装饰及色彩运用的特征

中国古代建筑除利用梁枋、斗拱、檩椽等结构构件经过艺术加工而发挥其装饰作用外，绝大多数的装饰细部也都具有实用作用（图 2-26）。此外还综合运用了我国工艺美术、绘画、雕刻、书法等方面的艺术形式，如额枋上的匾额、柱子上的楹联、门窗上的棂格等，都是丰富多彩，变化无穷，具有我国浓厚的传统的民族风格。

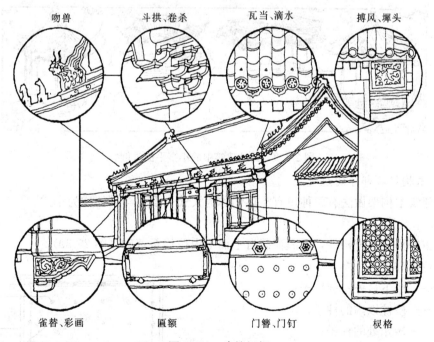

图 2-26　建筑细部

色彩的运用也是我国古代建筑最显著的特征之一。如宫殿庙宇中用黄色琉璃瓦顶、红色屋身、白色台基，檐下部分用蓝、绿、金色，各部分轮廓分明，使建筑更加显得富丽堂皇。

建筑上用色如此强烈丰富且得到如此完美的效果，在世界建筑史上也是独树一帜的。

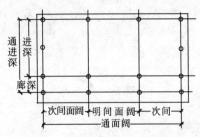
图2-27　建筑的平面形式——矩形

三、清式建筑做法简介

（一）建筑平面的常见形式

建筑的平面形式以矩形最常见。正面两柱间距离称为面阔，总长度为通面阔。侧面距离称为进深。四根柱子围成的空间称为间，建筑规模的大小，就可以间的多少及大小来确定（图2-27）。一般民居或次要建筑多用3间、5间，而宫殿、庙宇等主要建筑有5间、7间、9间，最多可为11间，如故宫太和殿。

平面形状除矩形外，还有用圆形、十字形、正方形等（图2-28）。

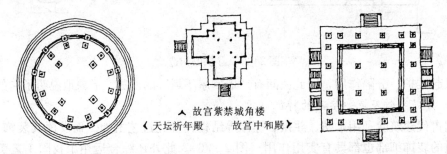

〈天坛祈年殿　　故宫中和殿〉
故宫紫禁城角楼

图2-28　建筑的平面形式——圆形、十字形、正方形

园林建筑的形式更加活泼多样，有六角形、八角形、扇形等（图2-29）。

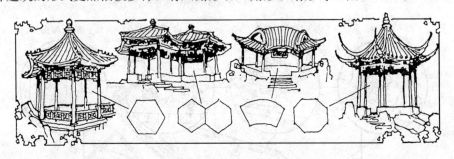
图2-29　园林建筑中的小亭平面举例

（二）木构架各部分的组成

清式建筑木构架做法有两种，有斗拱的称为大式；没有斗拱的称为小式。

1. 柱

柱为主要垂直承重构件，屋面荷载自上而下由柱传至基础（图2-30）。

依部位可分为：

檐柱——檐下最外一列柱子；

金柱——檐柱以内的柱子；

角柱——转角处的柱子；

中柱——在纵中轴线上，不在山墙内，上面顶着屋脊的柱子；

山柱——山墙正中一直到屋脊的柱子；

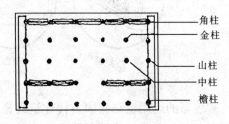
图2-30　柱平面

童柱（瓜柱）——立在梁上，下不着地，作用与柱相同的短柱。

檐柱、金柱、中柱等的断面大多为圆形，柱体平直，仅在上端作圆角小卷杀。童柱断面梭形，又称瓜柱。

2. 间架

间架是木构架的基本构成单位。间架的各部分组成及名称如图（图 2-31）。

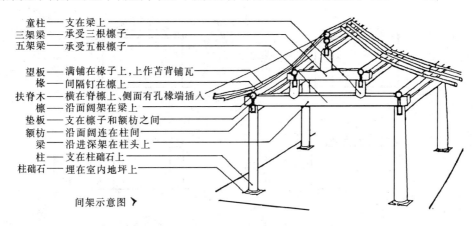

童柱——支在梁上
三架梁——承受三根檩子
五架梁——承受五根檩子
望板——满铺在椽子上、上作苫背铺瓦
椽——间隔钉在檩上
扶脊木——横在脊檩上、侧面有孔椽端插入
檩——沿面阔架在梁上
垫板——支在檩子和额枋之间
额枋——沿面阔连在柱间
梁——沿进深架在柱头上
柱——支在柱础石上
柱础石——埋在室内地坪上

间架示意图 ➤

图 2-31　间架的组成

间架的梁架大小，是以承受檩条的数量来区分的，三檩即三架，五檩即五架，较大的殿宇可以做到十九架。如图（图 2-32）所示各间架示意图。

3. 举架

举架是中国传统建筑确定屋顶曲面曲度的方法。这种曲线是由于檩的高度逐层加大而形成的，以利于屋面排水和檐下采光。檩之间的水平距离叫步架，清式各步架距离相等。五檩举架称为五举、七举（五举即举高为步架的 5/10，七举为 7/10 类推）（图 2-33）。七檩举架为五举、七举、九举；九檩举架为五举、六五举、七五举、九举。飞椽为三五举，出檐在七檩举架中为 3/10 柱高。飞椽是为了加大屋檐出挑的长度，并起排水溜远作用的。它的一端是斜的，直接做在椽子上，坡度比下面的椽子更为平缓。

4. 各种屋顶的做法（图 2-34）

（1）庑殿顶

（2）歇山顶

（3）悬山顶

（4）硬山顶

（5）攒尖顶

（6）单坡顶

5. 檐角的起翘和出翘

我国古代建筑屋檐的转角处，四周微微翘起，叫做"起翘"。屋顶的平面也不是标准的矩形，而是四周向外撇的曲线，叫做"出翘"。"起翘"和"出翘"都是用角梁和翼角椽子处理而成的（图 2-35）。角梁是屋顶转角处的斜梁，它的两端搁置在檩上。角梁有两层，上称仔角梁，下称老角梁，它们的关系如同飞椽与椽子的关系。但角梁用材要比椽子大的多，为了使它们的上皮取平，以便铺望板。所以便将靠近角梁的椽子逐次抬高，在这些被抬高的椽

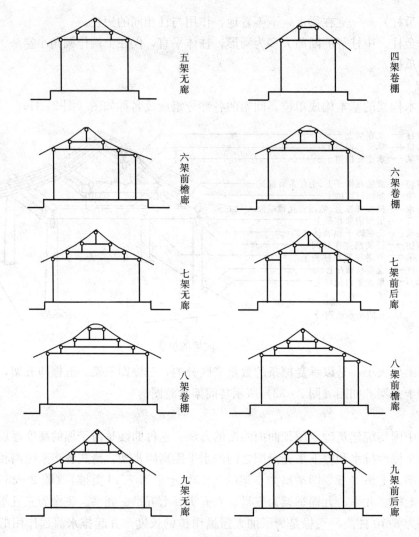

图 2-32　各种间架示意图

子下面垫一块固定在檩上的三角形木头，叫做枕头木。上刻有放置椽子的凹槽，同时这些椽子也逐渐改变角度，向角梁靠拢，因而形成"起翘"。角梁的长度又比椽子长得多，转角部分的椽子在改变角度的同时也逐渐加长，因而形成"出翘"。

6. 斗拱

（1）斗拱的作用。斗拱是中国传统木构架体系建筑中独有的构件，它主要用于柱顶、额枋和屋檐或构架间的过渡部分。其作用是支撑上部挑出的屋檐，将其重量直接或间接地传到柱子上。唐宋时，它同梁、枋结合为一体，还成为保持木构架整体性的结构层的一部分。明清以后，斗拱的结构作用蜕化，成了在柱网和屋顶构架间主要起装饰作用的构件。斗还是建筑尺度的标准。

（2）斗拱的种类。斗拱由于位置不同有柱头科、平身科、角科三种（图2-36）。

（3）斗拱的构造。清式斗拱每一组称为一攒，一般斗拱是由下列主要的构件组成（图2-37）。斗拱的出踩——踩数指斗拱组中横拱的道数。由于支撑距离不同，出挑深远有别，有简单的"一斗三升"，也有较复杂的形式（图2-38）。"一斗三升"里外各加一层拱，就增

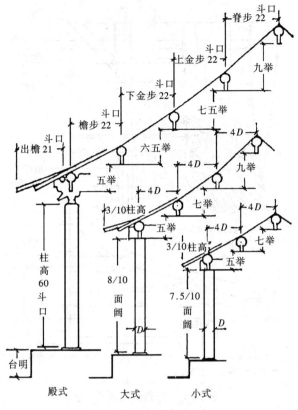

图 2-33 清式建筑举架

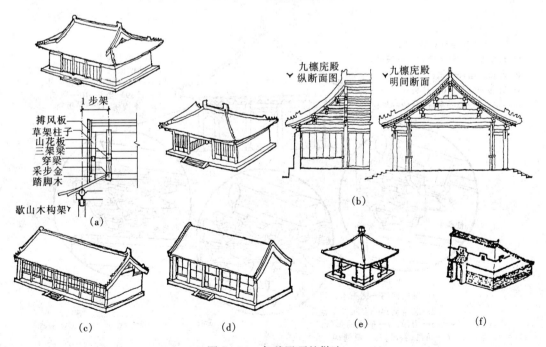

图 2-34 各种屋顶的做法

（a）庑殿顶；（b）歇山顶；（c）悬山顶；（d）硬山顶；（e）攒尖顶；（f）单坡顶

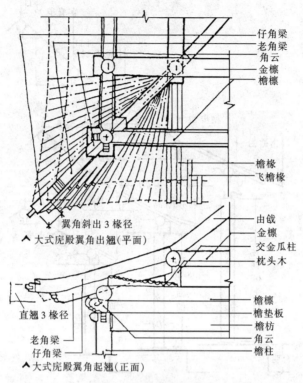

仔角梁
老角梁
角云
金檩
檐檩

檐椽
飞檐椽

翼角斜出 3 椽径
△ 大式庑殿翼角出翘(平面)

由戗
金檩
交金瓜柱
枕头木

檐檩
檐垫板
檐枋
角云
檐柱

直翘 3 椽径
老角梁
仔角梁
△ 大式庑殿翼角起翘(正面)

图 2-35　檐角的起翘和出翘

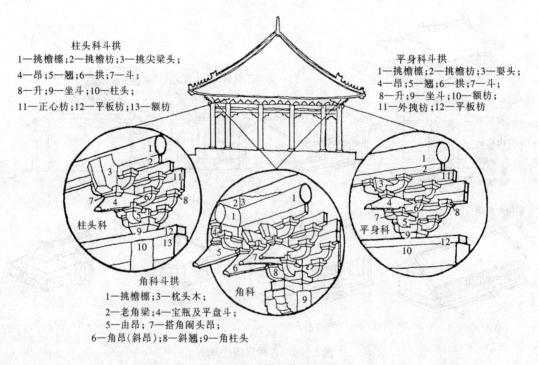

柱头科斗拱
1—挑檐檩;2—挑檐枋;3—挑尖梁头;
4—昂,5—翘;6—拱;7—斗;
8—升;9—坐斗;10—柱头;
11—正心枋;12—平板枋;13—额枋

平身科斗拱
1—挑檐檩;2—挑檐枋;3—耍头;
4—昂,5—翘;6—拱;7—斗;
8—升;9—坐斗;10—额枋;
11—外拽枋;12—平板枋

柱头科

角科

平身科

角科斗拱
1—挑檐檩;3—枕头木;
2—老角梁;4—宝瓶及平盘斗;
5—由昂;7—搭角闹头昂;
6—角昂(斜昂);8—斜翘;9—角柱头

图 2-36　斗拱的作用和类型

加了一段支承距离，叫做"出踩"，多了两踩，成为三踩斗拱。较复杂的斗拱有五踩、七踩、直至十一踩。

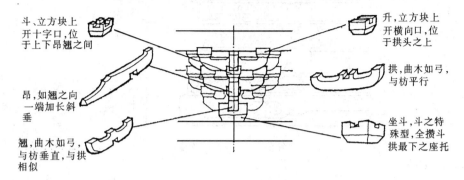

图2-37　斗拱的主要构件

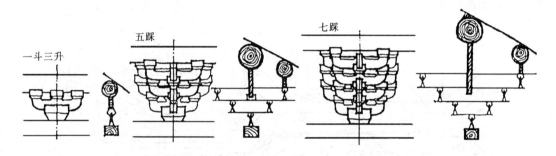

图2-38　平身科斗拱（正面）和出踩示意（剖面）

7. 梁

梁是建筑中的水平受力构件，常支承于两柱顶端或其他梁枋上。依部位不同有大梁、抱头梁、角梁、顺梁、扒梁、采步金梁等。

8. 枋

枋为水平承重及联系构件，断面及尺度常相差较大。有额枋、檐枋、平板枋、柱头枋、随梁枋等。

（三）石作与瓦作

1. 台基

台基是整个建筑物的基础部分，最早是为了御潮防水高出地面而筑台，后来又赋予了外观及等级制度的象征意义，其构造是四面砌砖墙或条石，里面填土夯实，上面再铺砖的台子。建筑的通面阔和通进深尺寸决定后，再加下檐出挑，即可得到台基的平面尺寸。普通台基高度为檐柱高的$15/100 \sim 20/100$。

级别较高和较重要的建筑物台基用须弥座，它是一种带有雕刻图案及线脚的石台基。内填碎石及土，外包条石。一般只用一层，特别隆重的殿堂可用三层，如北京故宫太和殿。清代官式须弥座按比例分为51份。自上而下由上枋（9份）、皮条线（1份）、上枭（6份）、皮条线（1份）、束腰（8份）、皮条线（1份）、下枭（6份）、皮条线（1份）、下枋（8份）、圭脚（10份）组成。表面饰以卷草、莲瓣、联珠、如意头等。一般用青灰石，高级的用汉白玉雕成（图2-39）。

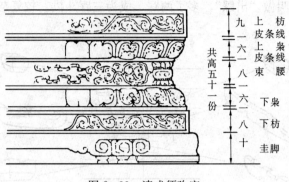

图 2 - 39　清式须弥座

2. 踏道

用以解决具有高度差的交通设施形式大致可分为阶梯形与斜坡式两种。使用材料主要有砖、石等（图 2 - 40）。

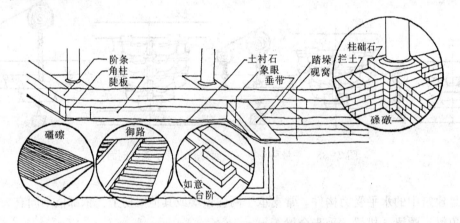

图 2 - 40　阶梯形和斜坡两种踏道

在踏步两旁置垂带石的叫垂带踏步，一般布置在明间的阶下，且垂带石中线与明间檐柱中线重合。踏跺宽 1~1.5 尺，厚 0.3~0.4 尺。垂带石尺寸同阶条石，侧面下部的三角形部分称象眼处，用砖、石平砌或置立放的陡板石。隆重的建筑在两踏道之间设御路，它是一块长度与垂带石相同的石条，宽度为长的 3/7，上刻龙凤、云纹等，故又称龙凤石。

不用垂带石只用踏跺的做法称为"如意踏步"，一般用于住宅或园林建筑。它的形式比较自由，有的将踏面自下而上逐层缩小，或用天然石块堆砌成不规则形状。

坡道（礓磜）是以砖石露棱侧砌的斜坡道，可以防滑，一般用于室外（图 2 - 40）。

3. 栏杆

大型建筑物的台基很高，为安全起见，在台基四周做石栏杆。先在台基或地面置地栿，再在上立望柱，望柱之间放栏板（图 2 - 41）。

如台阶两旁有栏杆，地栿就放在垂带上，栏板也做成斜形，结束处多用抱鼓石支托望柱。

清式石栏杆有下列特点：

二望柱间只用一块栏板；栏板都采用勾阑形式；望柱头的变化很多，柱身相对缩短；栏杆结束处都用抱鼓石，比例较长；栏板用整石砌成，以榫嵌插在望柱和地栿内；栏板装饰极

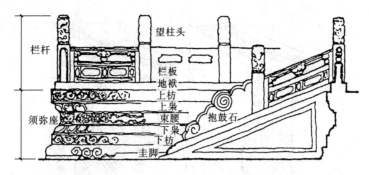

图 2-41　须弥座台基栏杆

少用人物或写生花，大多素平或仅刻简单的海棠纹。

4. 墙壁

中国古代木构架建筑都是由柱子承重，墙壁是不承重的，只是起围护作用。一般墙较厚，将柱子完全包在墙内，但室内柱子处墙做成八字形，露出柱子的一部分称为柱门（图 2-42），作用是使木料能够通风防腐。

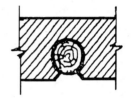

图 2-42　柱门

（1）山墙。山墙位于建筑两端，除硬山建筑外，均止于檐下。硬山山墙立面可分为裙肩、上身和山尖三部分（图 2-43）。墙的下段称为裙肩，为檐柱高的 1/3 厚。角部用角柱石。裙肩与角柱石之间砌清水砖墙，上有腰线石。上身高为檐柱的 2/3，厚度较裙肩略收进 3～4 分。两侧近檐口处置挑檐石（或用砖叠砌），使其上皮与檐枋下皮平齐。山尖上端用拔檐砖 2 道和搏风板，搏风板端部做成搏缝头式样。在大式的硬山墙上，搏风上做一排瓦檐称排山勾滴。再上即是披水和瓦垄。硬山墙的侧面（即建筑的正立面方向）要出垛子，在拔檐上部嵌放一块带有雕刻图案的戗檐砖，称为墀头。

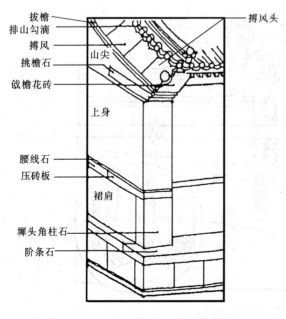

图 2-43　山墙

（2）檐墙。由地面直抵檐下。多用于庑殿和歇山建筑的外墙，悬山与硬山建筑一般只用于后檐。墙体厚度较山墙略薄，外观分裙肩和上身两部分，做法基本同山墙。若墙上露出梁头或斗拱，则将墙的上端做成斜面或曲线形，称为签肩，其下再做拔檐线脚一道。若不露明，则在墙头砌叠涩、菱角牙子、枭混线、砖檐等，直达瓦头之下，这种做法叫封护檐（图 2-44）。

5. 屋顶瓦作

屋顶瓦作也分为大式、小式两类。大式的特点是用筒瓦骑缝，脊上有兽吻等装饰。而小式没有兽吻（图 2-45）。

屋脊是屋顶上不同坡面的交界处，主要作用是防漏。它是由各种不同形状

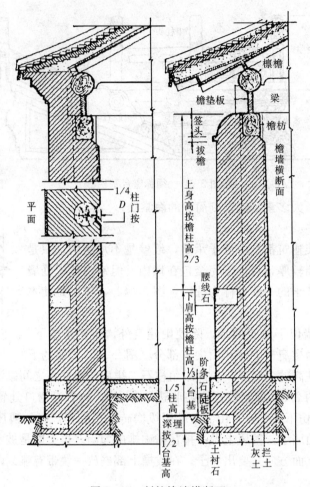

图 2-44 封护檐墙横断面

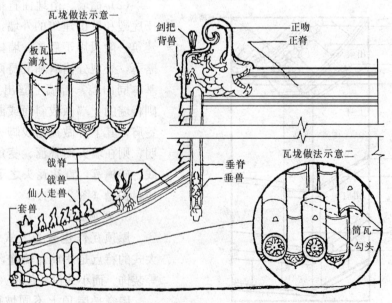

图 2-45 歇山屋顶琉璃瓦作件

的瓦件拼砌而成的，上有线脚，端部有装饰。这些富有装饰性的瓦件都有保护木构架或起固定的作用。在北方最常见的是清水脊。它的端部以30°～45°的斜度起翘（称为鼻子），下面有雕花的鼻盘、扒头、圭脚等。另一种是皮条脊，即取消清水脊的鼻子与鼻盘，另在端部加一勾头。在民居中卷棚顶也多被采用（图2-46），顶部使用特制的折腰板瓦和罗锅盖瓦，南方称黄瓜环瓦。也有以抹灰代替的。

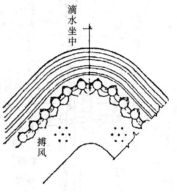

图2-46　卷棚排山勾滴

瓦分筒瓦、板瓦和蝴蝶瓦。筒、板瓦多用于宫殿、官署、庙宇等高级建筑中，尤其是琉璃材料规格较高，多用于皇室建筑。筒瓦最外末端一块叫勾头，板瓦的最外一块是滴水。蝴蝶瓦民间使用较广泛，如图2-47所示为各种民居屋顶瓦作。

（a）蝴蝶瓦全部仰铺，不留缝。

（b）蝴蝶瓦全部仰铺，缝上抹灰。

（c）蝴蝶瓦全部仰铺，缝上盖小筒瓦。

（d）蝴蝶瓦一仰一合铺设。

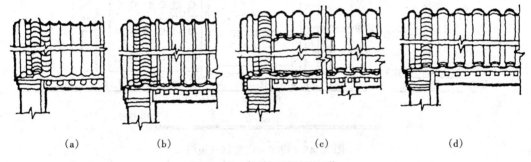

| (a) | (b) | (c) | (d) |

图2-47　各种民居屋顶瓦作

（四）装修

装修可分为外檐装修和内檐装修。前者在室外如走廊的栏杆、檐下的挂落和对外的门窗等。后者在室内，如各种隔断、罩、天花、藻井等。

1. 门窗做法

（1）大门。最常见的是板门（图2-48）。由于结构和构造上的需要，门扇周围须用横槛及抱框。门框和抱框之间镶上叫余塞板的木板，在上槛、中槛之间镶的木板叫走马板。门扇上下有轴，下轴立在下槛下面的门枕石上。门枕石露在外面的部分常雕刻成抱鼓石或其他形状，上轴穿在连楹的两个洞里。连楹是一条横木，用门簪固定在中槛朝里的一面，门簪外露部分做成六角形，富有装饰趣味。

（2）隔扇。可作对外的门窗，也可作内部的隔断。周围也要用抱框和上、下槛，有横披的还要设中槛。一般每开间设隔扇四樘。花心又称隔心，是隔扇上透光通气部分，也是重点装饰所在。可做成方、菱花、卐（万字不回头）、冰纹等各种图案，称为棂子，可作为裱糊窗户纸或安装玻璃的骨架（图2-49）。

作窗的称槛窗。先在槛墙上置榻板，板长按开间面阔减1/2柱径，宽1.5柱径，厚为宽的1/4。其他构造与隔扇门相仿。

隔扇门、槛窗大多用于宫殿、庙宇及高级住宅。

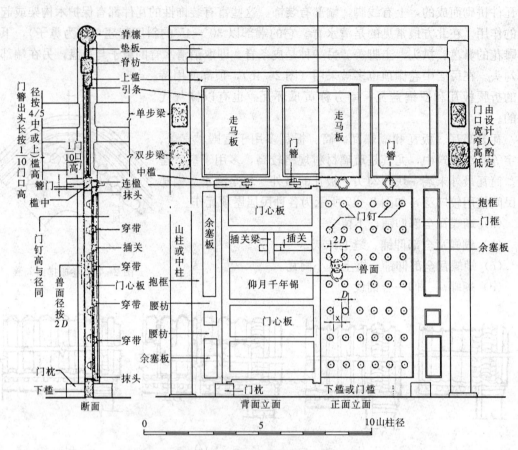

图 2-48　清式大门装修（板门）

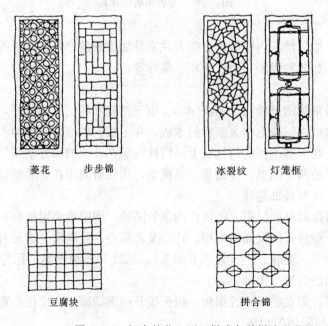

图 2-49　门窗的花心可以做成各种样式和花纹

（3）支摘窗。多用于住宅及次要建筑上。窗下为槛墙，墙上置榻板，并树抱框承上槛，但无风槛。分内外两层，每层又分上、下两段。外层上段可支起，下段可摘下。内层固定不能支摘，但上段可用纱窗透风，下段多装玻璃（图2-50）。

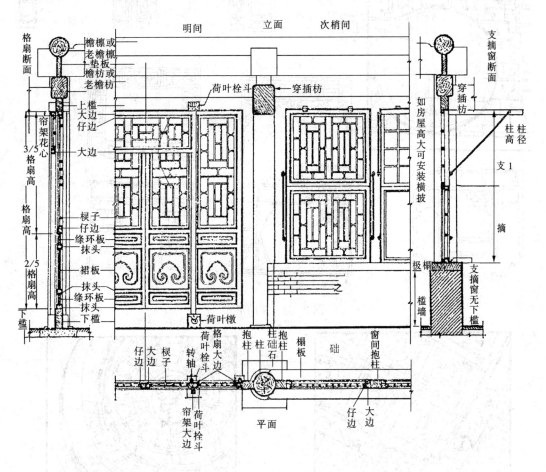

图2-50　清式外檐装修

2. 罩的做法

罩是分隔室内空间的装修做法，就是在柱子之间做上各种形式的木花格或雕刻，使得两边的空间即连通又分隔，常用在较大规模的住宅或殿堂中（图2-51）。

3. 天花、藻井做法

天花即现代建筑中的吊顶或顶棚，主要是为了不露出建筑的梁架，取得完整美观的室内效果。宫殿庙宇等大型建筑中的天花做法是用木龙骨做成方格，称为支条，上置木板称为天花板，在支条和天花板上都有富丽堂皇的彩画。如北京故宫保和殿天花（图2-52）。一般民居的天花则用竹、高粱杆等轻材料作框架，然后糊纸。

藻井是高级的天花，用在最尊贵的建筑中。一般建筑的顶棚是不许用藻井的。藻井是顶棚走向上凹进的部分，形状有方形、八角形、圆形、矩形等，多用斗拱和非常精美的雕刻组成，上绘各式图形，是我国古代建筑中重点的室内装饰，如北京天坛皇穹宇藻井（图2-53）。

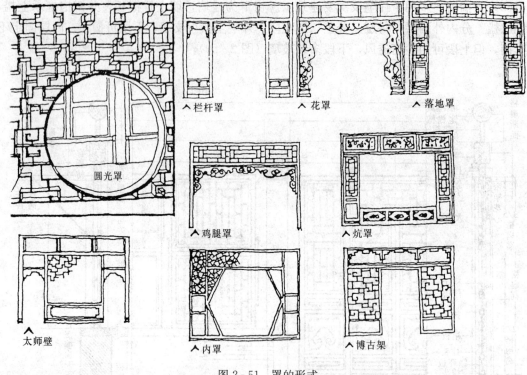

栏杆罩　　　　花罩　　　　落地罩

鸡腿罩　　　　炕罩

太师壁　　　　内罩　　　　博古架

图 2-51　罩的形式

图 2-52　北京故宫保和殿天花

图 2-53　北京天坛皇穹宇藻井

（五）彩画

中国古代建筑工程中为了装饰和保护木构部分，在建筑的某些部位绘制粉彩图案和图画。清式彩画重点在檐下，主要做在梁枋上。挑檐桁和下面的大小额枋都分五段，两端称"箍头"，稍中称"藻头"，中间称"枋心"。根据图案，用色的差别，清式彩画大体可分为三类。

1. 和玺彩画

用在主要宫殿，以龙为主要题材。藻头作∑形，在箍头、藻头、枋心上都画龙。色彩和内容是间隔变化的，如大额枋上画龙，相应的小额枋上画锦，前者蓝底，后者绿底；又如明间蓝底画龙，间隔的次间绿底则画锦。和玺彩画中金龙和玺使用大量沥粉贴金，最为富丽（图2-54）。

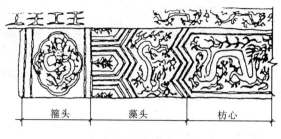

图2-54 和玺彩画示意

2. 旋子彩画

以在藻头上画旋子得名，枋心上画龙、锦、西番莲，或只在素地上压黑线，称一字枋心。清代旋子和旋心都简化成圆形，趋向定型化，着重构图变化和旋子的组合，以适应大小额枋高度不同的要求（图2-55）。

3. 苏式彩画

从江南的包袱彩画演变而来。布局上与和玺彩画、旋子彩画不同之处是在檩、垫板、枋三构件上相当于枋心处，统一画一很大的画心和"包袱"。苏式彩画又称"园林彩画"，形式活泼，内容丰富。箍头有两条垂直联珠，中间图案多为连续卐纹、回纹和寿字纹样。包袱内皮周圈以"烟云"素色退晕，内涂浅色底子，上画山水、人物、翎毛、花卉等图案。在箍头和包袱皮之间常有各式装饰纹样，如扇画、椭圆形等各种几何图形的"集锦"又称什锦合子（图2-56）。

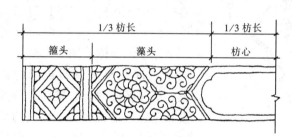

图2-55 旋子彩画示意

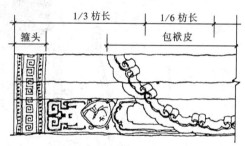

图2-56 苏式彩画示意

第二节 西方古典建筑基本知识

古代希腊、罗马时期，创造了一种以石梁柱为基本构件的建筑形式，后经过文艺复兴运动及古典主义时期的进一步发展，一直延续到20世纪初，在世界上成为一种具有历史传统的建筑体系，即西方古典建筑。它对欧洲及世界许多地区的建筑发展曾产生过巨大的影响，在世界建筑史中占有非常重要的地位。

一、原始社会的建筑

原始社会生产力低下，建筑非常简单，人类主要是穴居或巢居。到原始社会晚期，有些地区已使用青铜器和铁器加工木石。如保存完整的英国威尔特郡索尔兹伯里环状列石，沿周围立起的石梁柱秩序井然，明显地表现出作为一种人工创造物的性格特征（图2-57）。

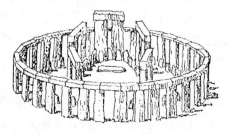

图2-57 环状列石

二、奴隶制社会的建筑

人类大规模的建筑活动是从奴隶制社会开始的。这时期内，一些建筑物的形制、一些结构和施工技术、一些建筑艺术形式和手法以及关于各种类型的建筑物的基本观念和设计原理，从很原始的状态中发展出来，达到相当高的水平。其中尤以埃及、叙利亚、巴比伦、波斯、希腊和罗马的建筑成就比较高。

（一）古代埃及的建筑

埃及是世界上最古老的国家之一，在这里产生了人类第一批巨大的纪念性建筑物。

古埃及建筑史有三个主要时期：第一，古王国时期，作为皇帝陵墓的庞大的金字塔就是这个时期建造的。第二，中王国时期，从皇帝的祀庙脱胎出来神庙的基本形制。第三，新王国时期，最重要的建筑物是力求神秘和威压气氛的神庙。建筑受到西亚的影响。

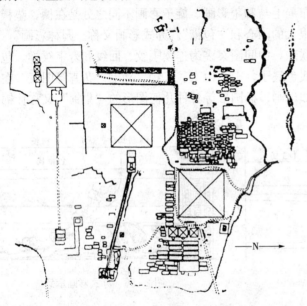

图2-58 埃及吉萨金字塔群

石头是埃及主要的自然材料，所以大量的建筑就用石材建造了。公元前三千纪中叶，在尼罗河三角洲的吉萨（Giza）建造了3座相邻的石头的大金字塔，分别是库富（Kufu）金字塔、哈弗拉（Khafra）金字塔、门卡乌拉（Menkaura）金字塔，形成一个完整的群体（图2-58）。它们是古埃及金字塔最成熟的代表，都是精确的正方锥体，形式极其单纯。塔很高大，最大的是库富金字塔，高146.6m，底边长230.35m。都是用淡黄色石灰石块砌筑的，外面贴一层磨光的灰白色石灰石板。所用的石块很大，有达到6m多长的，重达几十吨的大石块。古埃及人在长期治理尼罗河的水利建设中发展了几何学、测量学，创造了起重运输机械，使得金字塔的方位和水平非常准确，几何形体非常精确，误差几乎等于零。

神庙的形制在中王国定型。在一条纵轴线上依次排列高大的门、围柱式院落、大殿和一串密室（图2-59）。从柱廊经大殿到密室，顶棚逐层渐低，地面逐层升高，侧墙逐层内收，空间因而逐层缩小。新王国时期的卡纳克阿蒙神庙（图2-60），总长366m，宽110m，前后一共造了6道大门。大殿内部净宽103m，进深52m，密排着134棵巨大的柱子。柱间净空小于柱径，用这样密集的、粗壮的柱子，是有意制造神秘的、压抑的效果，从而使人产生崇拜感。

（二）古希腊的建筑

公元前8世纪起在巴尔干半岛、小亚细亚两岸和爱琴海的岛屿上建立了很多小奴隶制城邦国家，如雅典、斯巴达、科林斯、奥林匹亚等，他们之间的政治、经济、文化关系十分密切，总称为古代希腊（图2-61）。古希腊是欧洲文化的摇篮。优越的自然条件，频繁的海上

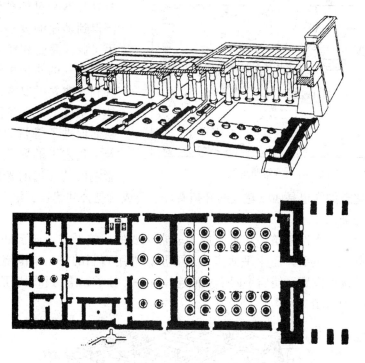

图 2-59 卡纳克的宏斯庙的平面和轴测图

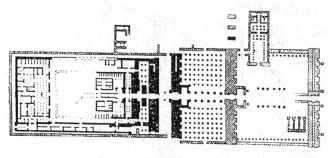

平面图

图 2-60 卡纳克阿蒙神庙大殿平面图和剖面图

图 2-61　古希腊地图

贸易及不断对外扩张，使希腊的经济得到迅速的发展。同时许多从事手工业、商业和航海业的自由平民在同贵族的斗争中取得了相当大的胜利，建立了奴隶制的民主共和政体，制订了一些有利于平民的立法。从而促进了希腊的哲学、自然科学及文化艺术的繁荣，创造了对后世影响极其深远的光辉灿烂的希腊文化。古希腊的建筑同样也是西欧建筑的开拓者，主要成就是公共建筑、纪念性建筑和建筑群的艺术形式的完美。

　　庙宇作为公共纪念性建筑，在希腊成为非常主要的建筑形式。庙宇处于圣地活动的中心，所以它的外观很重要。庙宇平面多为长方形，外用石制的柱、梁围绕长方形的建筑主体，形成一圈连续的围廊，使庙宇四个立面连续统一。柱子、梁枋和两坡顶的山花，共同构成建筑的主要立面（图 2-62）。

图 2-62　希腊的石制梁、柱结构

　　雅典卫城建于公元前 5 世纪，当时希腊人打败了波斯人的入侵，民主政治、经济和文化都达到了高峰。为了赞美雅典，纪念反侵略战争的伟大胜利和炫耀它的霸主地位，雅典进行了大规模的建设，重点就是重修雅典卫城。目的是把卫城建成全希腊的宗教和文化中心，吸引各地的人前来，以繁荣雅典，并感谢守护神雅典娜（图 2-63）。

　　雅典卫城建造在雅典城中央一个不大的山冈上，是祀奉雅典守护神雅典娜的地方，每年举行一次祭祀活动。卫城总体布局自由活泼，顺应地势安排。为了同时照顾山上山下的观赏，主要建筑物贴近西、北、南三边。供奉雅典娜的帕提农神庙是卫城中最主要的建筑，位于卫城最高处，平面为四周围廊式，它是希腊本土最大的多立克柱式庙宇，代表着古希腊多立克柱式的最高成就，形制最隆重，全用白大理石砌成，山花及檐壁上满是雕刻（图

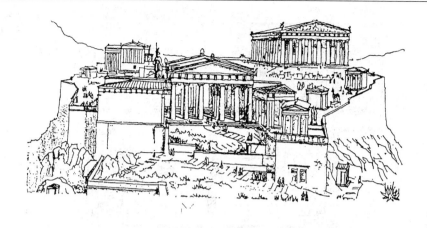

图 2-63　雅典卫城

2-64）。伊瑞克提翁神庙——伊瑞克提翁是传说中的雅典人的始祖，他的这座庙是爱奥尼克式的（图 2-65）。在南立面一大片封闭的石墙西端造了女郎柱廊，用 6 个端庄闲雅的女郎雕像做柱子。它的各个立面变化很大，体形复杂，但却构图完整均衡。它是古典盛期爱奥尼克柱式的代表。

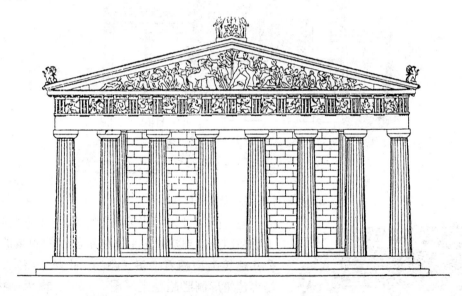

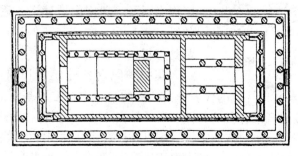

图 2-64　帕提农立面及平面

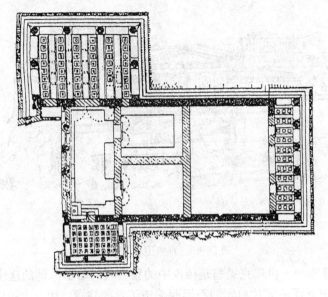

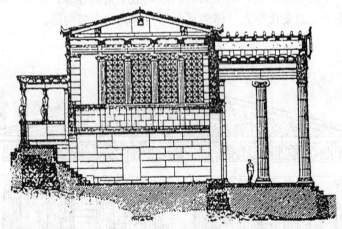

图 2-65 伊瑞克提翁庙平面和剖面

图 2-66 希腊的露天剧场

公元前 4 世纪后半叶，奴隶制经济的发展使手工业和商业达到空前水平，建筑创作的领域扩大了，公共建筑类型随着增多。剧场、市场、浴室、运动场等建筑形制已趋稳定（图 2-66）。露天剧场观众席作半圆形，利用山坡建造，逐排升高，以放射形的纵过道为主，顺应圆弧的过道为辅，视线和交通都处理得相当合理。

集中式纪念性建筑物以雅典的奖杯亭为代表（图 2-67）。它是早期科林斯柱式的代表作。圆形的亭子立在方形基座上。圆锥形顶子之上是卷草组成的架子，放置音乐赛会的奖杯。亭子是实心的，6 棵科林斯式的倚柱。

雅典的中心广场周围除了建有庙宇、圣坛以外还有用柱廊围成的敞廊（图 2-68），以长条形的居多。这是公布法令的地方，后来也用于商业活动，成为当时城市公共活动的中心。有许多敞廊是两层的，采用叠柱式，即下层用比较粗壮质朴的多立克柱式，上层用比较修颀

华丽的爱奥尼克式。长时期里，希腊建筑艺术的种种
改进，都集中在柱子、额枋和檐部这些构件的形式、
比例和相互组合的艺术处理上，最终形成了一定的格
式，叫做"柱式"（图2-69）。

柱式是西方古典建筑最基本的组成部分。希腊时
期有三种柱式，各种柱式的性格特点主要是通过不同
的造型比例和雕刻线脚的变化体现出来的（图2-70）。
古希腊雕刻家费地说："再没有比人类形体更完善的
了，因此我们把人的形体赋予我们的神灵。"古希腊
对人体美的重视和赞赏在柱式的造型中具有明显的反
映，刚劲、粗壮的多立克柱式象征着男性的体态和性
格，爱奥尼柱式则以其柔和秀丽表现了女性的体态和
性格。西西里岛的奥林匹亚宙斯神庙，在多立克柱列
之间设置了一排高达8m的男像雕刻柱，他们体态雄
伟，手臂弯曲到头部的姿态，用力地支撑着上面的厚
重檐部，发达的肌肉证明了他们的力量（图2-71）。
雅典卫城的依瑞克先神庙的女郎柱廊，它用6个女像
支撑檐部，她们的体态轻盈，双手下垂，重量似乎只
落在一条腿上，另一条腿膝头微曲，宁静地支撑起上
部的荷载，形象娴雅秀美（图2-72）。

古希腊的"柱式"后来被罗马人继承，随罗马建
筑而影响欧洲乃至全世界的建筑。

图2-67　雅典的奖杯亭

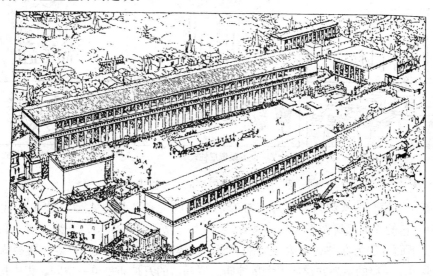

图2-68　阿索斯中心广场

（三）古罗马的建筑

公元前3世纪罗马征服了全意大利，后又不断向外扩张，统治了地中海周边地区。公元
前30年起罗马成了强大的军事帝国。古罗马继承了古希腊晚期、小亚细亚、叙利亚、埃及

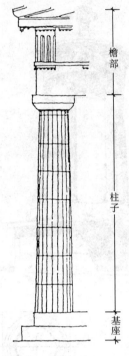

图 2-69 希腊建筑中的柱式

的建筑成就，并把它们推向前进，达到了奴隶制时代建筑的最高峰。为了炫耀帝国的强大和侵略战争的胜利，修建了许多豪华的宫殿、庙宇及雄伟的凯旋门、记功柱，君士坦丁凯旋门（图 2-73），立面方形，高高的基座和女儿墙，3 开间的券柱式，中间 1 间券洞高大宽阔，两侧的开间比较小，券洞矮，上面设浮雕，女儿墙上刻铭文。图拉真广场（图 2-74）是皇帝崇拜的代表性建筑群，广场上修建有凯旋门、巴西利卡、高高的记功柱、庙宇等各种建筑物。

罗马贵族生活奢华，在全国兴建了大量的公共建筑，如浴室、斗兽场、剧场等供他们享乐。卡瑞卡拉浴场（图 2-75），主体建筑很宏大，长 216m，宽 122m，采用十字拱和券拱技术，结构十分出色。功能很完善，各种大厅联系紧凑。空间序列组织有序，冷水浴、温水浴、热水浴三个大厅串联在中央轴线上，辅助性房间组成横轴线和次要的纵轴线。不同的拱顶和穹顶又造成空间形状的变化，内部空间流通贯穿，空间在建筑艺术中的作用大大提高了。

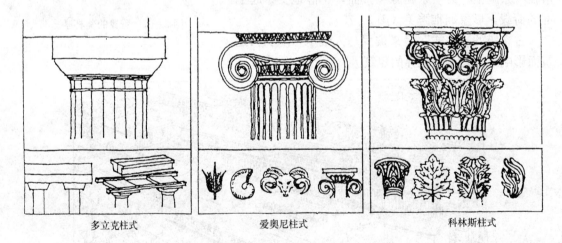

多立克柱式　　　　　　　爱奥尼柱式　　　　　　　科林斯柱式

图 2-70 希腊时期的三种柱式

从功能、规模、技术和艺术各方面来看，罗马的大角斗场是古罗马建筑的代表作之一（图 2-76），它的平面呈椭圆形，可容纳 5~8 万人。立面高 48.5m，分为 4 层，利用叠柱式水平划分。下面 3 层为券柱式，第 4 层是实墙，整体感强，显得宏伟壮观，震撼人心。

罗马继承了希腊的宗教并建造了大量神庙。罗马城的万神庙是单一空间、集中构图的建筑物的代表，也是罗马穹顶技术的最高代表。有一种宗教的神秘、宁谧气氛（图 2-77），其穹顶直径达 43.3m，高也是 43.3m，用砖、混凝土建造，中央开直径 8.9m 的采光圆洞，光线漫射进来。平面为圆形大殿与方形门廊的结合。门廊用 8 棵科林斯柱式，山花和檐头有雕刻。万神庙的内部艺术处理也非常成功，单纯几何形状的空间明确而和谐，十分完整，浑然一体。

图 2-71　奥林匹亚宙斯神庙
　　的男像雕刻柱

图 2-72　雅典卫城依瑞克先
　　神庙的女郎柱廊

图 2-73　君士坦丁凯旋门

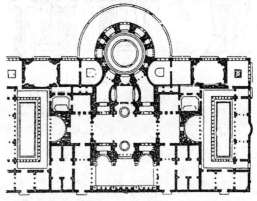

图 2-75　卡瑞卡拉大浴场

图 2-74　图拉真广场内景复原

图 2-76　罗马大斗兽场

以上这些优秀的建筑得益于古罗马先进的技术和材料。由天然火山灰和石头、碎石合成的混凝土的出现是古罗马券拱结构发展的良好材料。它凝结力强、坚固不透水，并可浇注成各种形状。

罗马人继承了希腊的柱式，并发展形成了罗马五柱式（图 2-78）。与希腊柱式相比，罗马柱式比例中，柱子更为细长，线脚装饰也趋向复杂。同时为了解决柱式同券拱结构的矛盾，经长期实践的结果，产生了后来被称为券柱式的组合。图 2-79 所示为某剧场局部，做法是在墙上或墩子上贴装饰性的柱式，柱础、柱身、檐部都具备。把券洞套在柱式的开间里。券脚和券面都用柱式的线脚装饰，取得一致。柱子和檐部等保持原有的比例，但开间放大。柱子凸出于墙面约 3/4 个柱径。对多层建筑则采用券柱式的组合。底层用塔斯干或多立克柱式，二层用爱奥尼柱式，三层用科林斯柱式，四层则用科林斯的壁柱，如斗兽场。

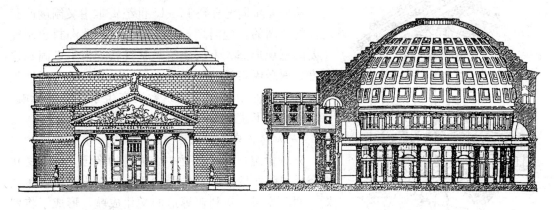

图 2-77　万神庙平面、立面、剖面

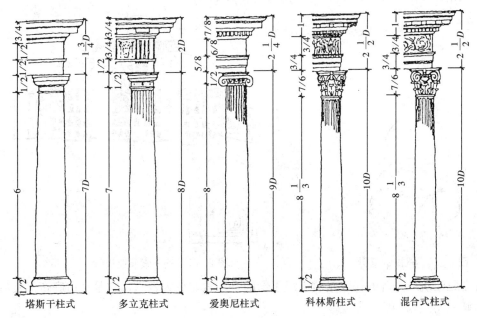

塔斯干柱式　　　多立克柱式　　　爱奥尼柱式　　　科林斯柱式　　　混合式柱式

图 2-78　罗马五柱式

　　这个时期，由于建筑业很发达，建筑学的著作也应运而生。维特鲁威编写的《建筑十书》共分十卷，总结了希腊、罗马建筑实践的经验，提出建筑的三要素是"实用、坚固、美观"，并对建筑学进行了系统的论述，对希腊、罗马时期的柱式进行了深入的研究。

　　古罗马辉煌的建筑成就对以后欧洲、美洲甚至全世界的建筑都产生了极其深远的影响。

图 2-79　罗马人把发券和
柱式结合起来——某剧场片断

三、欧洲中世纪建筑

从公元 4 世纪直到 14～15 世纪资本主义制度萌芽之前的欧洲的封建时期被称为中世纪。欧洲封建制度主要的意识形态、上层建筑是基督教。为了巩固封建制度，教会用宗教迷信愚弄人民，压制科学和理性思维。这对欧洲中世纪的建筑发展产生了很深的影响，宗教建筑成了建筑成就的最高代表。

（一）拜占庭的建筑

5～6 世纪，拜占庭是一个强盛的帝国，它的文化世俗性很强，继承了古希腊、罗马的文化并汲取了波斯、两河流域、叙利亚等地的文化成就，形成了将罗马建筑与东方经验相结合的独特的体系——在方形平面上盖穹顶，由帆拱、鼓座、穹顶构成的结构方式和艺术形式（图 2-80，帆拱示意图）。为在方形平面上盖穹顶，两种几何形状之间的承接过渡问题由帆拱解决。做法是在 4 个柱墩上，沿方形平面的四边发券，在 4 个券之间砌筑以方形平面对角线为直径的穹顶，水平切口与 4 个发券之间所余下的 4 个角上的球面三角形部分称为帆拱。

图 2-80　帆拱示意图　　　　　图 2-81　圣·索菲亚教堂

拜占庭建筑最光辉的代表是君士坦丁堡的圣·索菲亚大教堂，它是拜占庭帝国极盛时期的纪念碑（图 2-81）。

（二）哥特式建筑

12～15 世纪西欧主要以法国主教堂为代表的哥特式建筑。12 世纪起，封建统治逐渐被城市和王权削弱，在以巴黎为中心的法国王室领地，城市主教堂取代了修道院的教堂而占了主导地位。它们已不再是纯粹的宗教建筑物，而成了城市公共生活的中心，市民文化渗透到教堂建筑中去，变得世俗化了。

哥特式教堂结构主要采用了十字拱、骨架券、两圆心尖拱、尖券等做法和利用飞扶壁抵挡拱的侧推力（图2-82）。

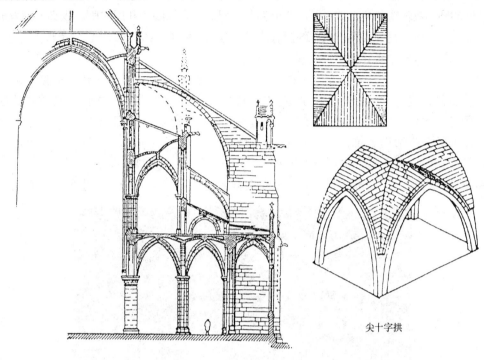

尖十字拱

图2-82 巴黎圣母院剖面

哥特式教堂的内部空间处理强调了向上升腾的动势。中厅一般又窄又长，导向祭坛的动势很强。中厅很高，拱券尖尖，骨架券从柱墩上散射出来，非常挺拔，体现了对"天国"向往的宗教情绪及工匠们对精湛技艺的自豪（图2-83）。

图2-83 哥特式教堂内部空间

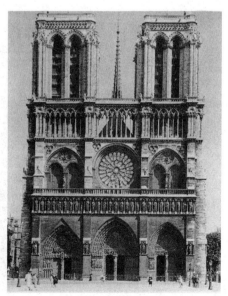

图2-84 巴黎圣母院

　　哥特式教堂的外部造型处理立面的典型构图是，一对塔夹着中厅的山墙，垂直地分为三部分。山墙檐部的栏杆及大门洞上一排放置雕像的龛将三部分横向联系起来。中央用很大的镶嵌着彩色玻璃的圆形玫瑰窗象征天堂。下部3个尖券门洞上都有周圈的几层线脚，线脚上刻着成串的圣像。塔上耸立着很高的尖顶，但有的没有造成，有的倒塌了（图2-84，巴黎圣母院）。

（三）意大利的中世纪建筑

　　意大利的中世纪建筑是独立发展的，地方特色很强，并保留了许多传统风格，也受到伊斯兰文化及拜占庭文化的影响。比萨主教堂的钟塔和洗礼堂是意大利中世纪最重要的建筑群之一（图2-85）。主教堂是拉丁十字式的，中厅用木桁架，侧廊用十字拱。正立面高约32m，有4层空券廊作装饰。钟塔即比萨斜塔在主教堂圣坛东南20多米，圆形，直径约16m，高55m，分为8层。在建造时塔身便开始倾斜，现已倾斜较大。

　　威尼斯的总督府是欧洲中世纪最美丽的建筑物之一（图2-86），其主要成就在南、西两

图2-85　比萨主教堂

图2-86　威尼斯总督府

个立面的构图。立面高约 25m，分为三层。底层是券廊，圆柱粗壮有力，最上层的高度约占整个高度的 1/2，除了相距很远的几个窗子之外，全是实墙面，用白色和玫瑰色大理石片贴成斜方格的席纹图案，没有砌筑感，因而重量感较弱。这种处理受到伊斯兰建筑的影响。第二层券廊起了上下两层间的过渡作用，柱子多而细，较底层封闭，券是尖的或火焰式的，也带有伊斯兰建筑风味。这两个立面的构图极富有创造性，给人感觉既端庄又活泼；既淳朴又华丽，是建筑艺术中的瑰宝。

四、欧洲资本主义萌芽时期的建筑

14 世纪欧洲资本主义的萌芽从意大利开始。资本主义同封建主义制度在政治、思想文化、宗教等各个领域进行了激烈的斗争。以意大利为中心的思想文化领域中的反封建、反宗教神学的运动被称为"文艺复兴运动"，随后波及到法国、英国、西班牙及整个欧洲。

（一）意大利文艺复兴建筑

"文艺复兴"运动新思想的核心是肯定人生，焕发人们对生活的热情，争取个人在现实世界中的发展，后被称为"人文主义"。反对当时的宗教神学，重新认识到古典文化的价值，掀起了追寻、学习和研究古典文化遗产的热潮。建筑也是如此，积极地向古罗马的建筑学习。标志着意大利文艺复兴建筑开始的是佛罗伦萨主教堂的穹顶。主教堂是中世纪末期开始建造的，但穹顶由于技术困难拖到 15 世纪才建造。设计师是伯鲁乃列斯基，他潜心研究罗马的拱券技术，制订了详细的结构和施工方案，还设计了施工用的垂直运输机械。在结构上为了使穹顶更加突出，下面砌了 12m 高的一段鼓座，墙厚达 4.9m。为了减小侧推力，穹顶轮廓采用矢形，并用骨架券结构，这些都借鉴了古罗马的经验及部分哥特式建筑的经验。佛罗伦萨主教堂的穹顶是世界最大的穹顶之一。它的结构和构造的精致远远超过了古罗马和拜占庭的。它被认为是意大利文艺复兴建筑的第一个作品，是新文艺运动的报春花（图 2-87）。

伯鲁乃列斯基设计的佛罗伦萨的伯齐礼拜堂也是 15 世纪前半叶很有代表性的建筑物。它的形制借鉴了拜占庭的。正中一个直径 10.9m 的穹顶，左右各有一段筒形拱同大穹顶一起覆盖一间长方形的大厅。后面一个小穹顶覆盖着圣坛。前面一个小穹顶在门前柱廊正中开间上。正面柱廊 5 开间，中央 1 间较宽发一个大券，把柱廊分为两半。这种突出中央的做法在文艺复兴建筑中比较流行（图 2-88）。

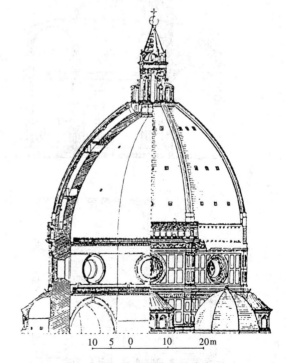

图 2-87　佛罗伦萨主教堂穹顶

16 世纪上半叶，由于法国、西班牙的入侵，人民的反抗情绪十分高涨，勾起了对古罗马的怀念。在建筑领域，大大增长了测绘研究古罗马遗迹的兴趣，罗马柱式被广泛、严格地应用。建筑追求雄伟、刚强、纪念碑式的风格；轴线构图，集中式构图经常被用来塑造庄严肃穆的建筑形象。纪念性风格的典型代表是由伯拉孟特设计的罗马的坦比哀多（图2-89）。这是一座集中式的圆形建筑物，周围一圈多立克式的柱廊。集中式的形体、饱满的穹顶、圆柱形的神堂和鼓座，使它的体积感很强。

文艺复兴时期，建筑物还逐渐摆脱了孤立的单个设计，而注意到建筑群的完整性。建造了大量的广场建筑群，比较有代表性的有圣马克广场（图2-90）、圣彼得广场（图2-91）。圣马克广场是

巴齐礼拜堂

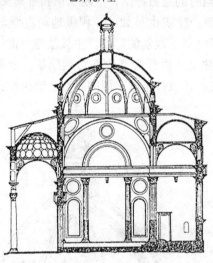

图2-89　坦比哀多

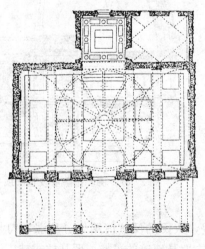

图2-88　巴齐礼拜堂平面与剖面

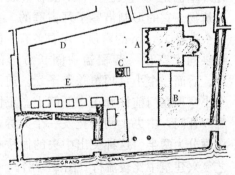

图2-90　威尼斯圣马克广场

A—圣马克主教堂；B—总督府；C—钟楼；D—旧市政大厦；E—新市政大厦；F—图书馆

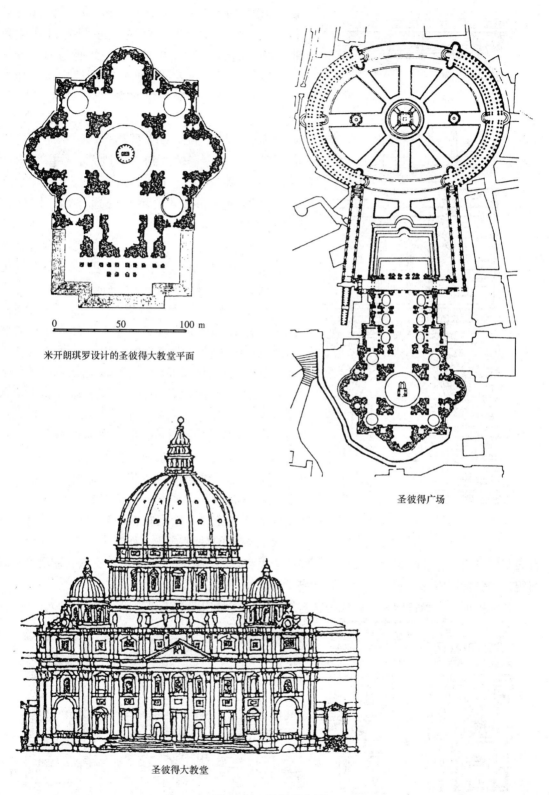

米开朗琪罗设计的圣彼得大教堂平面

0　　　50　　　100 m

圣彼得广场

圣彼得大教堂

图 2-91　圣彼得广场

图 2-92　美狄奇府邸立面局部

威尼斯的中心广场，由大广场和小广场两部分组成。大广场是梯形的，东西向，东端是 11 世纪建造的拜占庭式的圣马克主教堂，北侧是旧市政大厦，南侧为新市政大厦，西端有一两层建筑物将新、旧两个市政大厦连接起来。小广场南北向与大广场垂直，东侧为紧挨圣马克主教堂的总督府，西侧为图书馆与新市政大厦相连，南端向大运河口开敞。大小广场轴线相交的地方有一座方形的高塔。空间变化非常丰富，除了举行节日庆会之外，只供游览和散步，不起交通作用，被称为"欧洲最漂亮的客厅"。

位于罗马圣彼得广场上的圣彼得大教堂是意大利文艺复兴最伟大的纪念碑，它集中了 16 世纪意大利建筑、结构和施工的最高成就，历时 100 多年，经数任罗马最优秀的建筑大师如伯拉孟特、拉斐尔、米开朗琪罗等主持才得以完成。它的建造过程反映了全欧洲重大的历史事件及文艺复兴运动的特点和曲折复杂（图 2-91 圣彼得广场总平面）。平面基本为希腊十字式，支承穹顶的 4 个墩子很大。正立面为 9 开间的柱廊。穹顶直径 41.9m，顶点高 123.4m，穹顶外部采光塔上十字架顶端高 137.8m，是罗马城的最高点。

文艺复兴时期世俗建筑类型增加，修建了大量的豪华的府邸，平面一般为带内院的方形，临街立面整齐庄严，造型在古典建筑的基础上发展出灵活多样的处理方法。如立面分层，粗石与细石墙面的处理，叠柱的应用，券柱式，双柱，拱廊，粉刷，隔石等变化，使建筑呈现出崭新面貌，如美狄奇府邸（图 2-92）、圆厅别墅等。

各种拱顶、券廊特别是柱式成为文艺复兴时期建筑构图的主要手段（图 2-93）。

图 2-93　各种拱顶、券廊、柱

　　文艺复兴时期是艺术巨匠辈出的时代，如伯拉孟特、维尼奥拉、阿尔伯蒂、帕拉第奥、米开朗基罗等。他们在繁荣的创作中总结了许多建筑理论。1485年阿尔伯蒂出版的《论建筑》是一部完整的建筑理论著作，是对当时流行的古典建筑的比例、柱式以及城市规划理论和经验的总结。此后帕拉第奥发表的《建筑四书》系统地总结了古典建筑的经验和他本人的观点，对欧洲建筑界影响很大。帕拉第奥的建筑作品表现了手法主义的特征，并形成了具有鲜明特色的帕拉第奥券柱式母题（图2-94）。

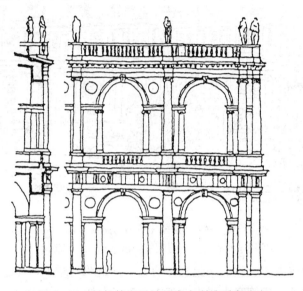

图2-94　帕拉第奥设计的意大利维晋察法庭

　　文艺复兴后期17世纪，意大利的建筑现象十分复杂，由于突破了欧洲古典的、文艺复兴的和后来古典主义的"常规"，所以被称为"巴洛克"式建筑。其特点是外形自由，追求动态，喜好富丽的装饰和雕刻以及强烈的色彩，常用穿插的曲面和椭圆形空间。"巴洛克"一词是"畸形的珍珠"的意思。代表作有维尼奥拉设计的罗马耶酥会教堂（图2-95）。

图2-95　罗马耶酥会教堂

（二）法国古典主义建筑

与意大利巴洛克建筑同时，17世纪法国的古典主义建筑成了欧洲建筑发展的又一个主流，古典主义建筑造型严谨，普遍应用古典柱式，内部装饰丰富多彩。主要建筑类型是规模巨大、造型雄伟的宫廷建筑和纪念性的广场建筑群。

早期古典主义建筑代表作品有巴黎卢浮宫的东立面和凡尔赛宫（图2-96）。

图2-96　法国建筑师为路易十四
扩建了长达400m的凡尔赛宫（1661~1756年）

晚期古典主义建筑中国家性的、纪念性的大型建筑明显减少，代之以大量舒适的城市住宅和乡村别墅。当时著名建筑有南锡市的市中心广场及协和广场。南锡中心广场群是由三个广场串联组成的，北头是椭圆形的王室广场，南头是长方形的路易十五广场，中间由一个狭长的跑马广场连接。南北总长450m，按纵轴线对称排列布置。王室广场的北边是长官府，它两侧伸出半圆形的券廊，南端连接跑马广场两侧的房屋。跑马广场和路易十五广场之间有一道河，沿广场的轴线筑着30多米宽的坝，坝两侧也有建筑物，北头是一座凯旋门。路易十五广场的南端是市政厅，其他三面都有建筑物。有一条东西向的大道穿过广场，形成横轴线，在纵横轴线的交点上安着路易十五的立像。广场不再是封闭的了（图2-97）。

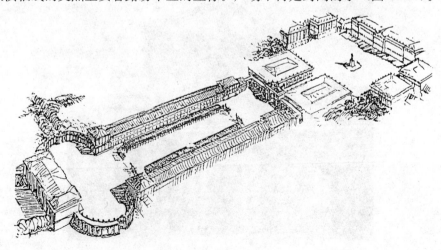

图2-97　南锡中心广场群

1671 年，法国巴黎成立了皇家建筑学院，学习和研究古典建筑。直到 19 世纪，以柱式为基础的古典建筑形式一直在欧洲建筑中占据绝对统治地位。但是一些建筑师过于热衷建筑造型的几何比例和数学关系，把它们当作金科玉律，追求所谓永恒的美，发展为僵硬的古典主义和学院派，走上了形式主义的道路。

法国在古典主义之后出现了洛可可风格，主要特点是逍遥自在的生活趣味，讲究安享逸乐。在建筑上洛可可风格在建筑外部表现比较少，主要是表现在室内装饰上，追求优雅、别致、轻松的格调。

（三）欧洲 16~19 世纪末的其他建筑思潮概观

16~18 世纪，在欧洲其他一些国家，英、德、西班牙、俄罗斯等多多少少都在追随意大利文艺复兴和法国的古典主义建筑。英国的圣·保罗大教堂是英国宗教的中心教堂，同时吸取了文艺复兴、法国古典主义、哥特式等风格（图 2-98）。

图 2-98　英国圣·保罗教堂

图 2-99　巴黎万神庙

建筑创作中的复古思潮是指从 18 世纪 60 年代到 19 世纪末在欧美流行着的古典复兴、浪漫主义与折衷主义。

古典复兴受到当时启蒙运动的影响，他们的核心是资产阶级的人性论，"自由"、"平等"、"博爱"，唤起了人们对古希腊幽美典雅的艺术及古罗马雄伟壮丽艺术的怀念。古典复兴在法国大体是以罗马式样为主，而在英国、德国则以希腊式样较多。如巴黎万神庙（图 2-99），平面是希腊十字式的，结构非常地轻，墙薄，柱子细；正立面柱廊有 6 棵柱子，直接采用古罗马庙宇正面的构图。

拿破仑帝国时代，在巴黎建造的星形广场凯旋门也是罗马帝国建筑式样，追求外观上的雄伟、壮丽（图 2-100）。

图 2-100　巴黎星形广场凯旋门

德国的古典复兴建筑代表作是柏林宫廷剧院（图 2 - 101）。

图 2 - 101　柏林宫廷剧院

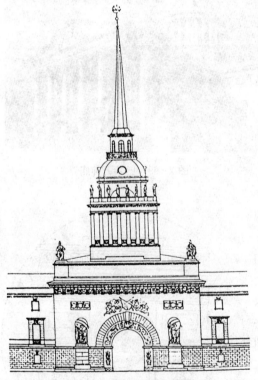

图 2 - 102　彼得堡新海军部大厦

俄国的古典复兴受法国古典主义的影响，代表作品有彼得堡新海军部大厦（图 2 - 102）。

18 世纪中叶以后，美国引入了法国的启蒙主义思想，于是在建筑中兴起了罗马复兴。如华盛顿美国国会大厦（图 2 - 103），大穹顶和鼓座仿照巴黎万神庙而较之更加丰满雄伟，大厦形体变化有致。雪白的大厦坐落在广阔的绿地中，很典雅、壮丽。

浪漫主义始于 18 世纪下半叶的英国。浪漫主义要求发扬个性自由、提倡自然天性。浪漫主义的建筑常常以哥特风格出现，所以又称之为哥特复兴。代表作品是英国国会大厦（图 2 - 104）。

折衷主义是 19 世纪上半叶至 20 世纪初在欧美一些国家流行的一种建筑风格。模仿历史上各种建筑风格或自由组合各种建筑形式，不讲求固定的法式，只讲求比例均衡，注重纯形式美。代表作品是巴黎歌剧院（图 2 - 105）。剧院立面模仿意大利晚期巴洛克建筑风格，并掺进了繁琐的雕饰。折衷主义建筑思潮依然是保守的，没有按照当时不断出现的新建筑材料和新建筑技术去创造与之相适应的新建筑形式。

在半封建半殖民地的旧中国，随着各帝国主义的入侵，在上海、天津、青岛等城市中，也曾建造过一批西方古典形式的建筑物，如银行、海关大楼等（图 2 - 106，上海汇丰银行）。

西方古典建筑作为世界建筑遗产中的一个重要组成部分，对今天的建筑理论及设计仍有借鉴意义。

图 2 - 104　英国国会大厦, 1836～1868

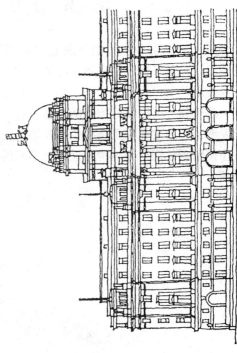

图 2 - 106　英资上海汇丰银行(1923 年建)

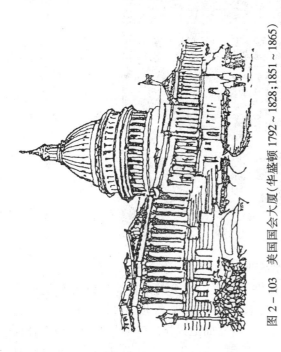

图 2 - 103　美国国会大厦(华盛顿 1792～1828;1851～1865)

图 2 - 105　巴黎歌剧院

第三节　世界现代建筑发展状况

19世纪末叶，资本主义的不断发展促使建筑科学有了很大的进步。新材料、新技术、新设备的出现导致了谋求解决建筑功能、技术与艺术之间矛盾的"新建筑"运动。

铁和玻璃的利用为建筑带来了全新的形象。1833年出现了第一个完全以铁架和玻璃构成的巨大建筑物——巴黎植物园的温室。后来铁架结构向框架结构过渡，框架结构最初在美国得到发展，它的主要特点是以生铁框架代替承重墙。如芝加哥家庭保险公司的十层大厦便是第一座按照现代钢框架结构原理建造起来的高层建筑（图2-107），它的外形还保持着古典的比例。

图2-107　芝加哥家庭保险公司大厦，1883～1885

19世纪后半叶，工业博览会给建筑的创造提供了很好的机会与条件。1851年建造的伦敦"水晶宫"展览馆开辟了建筑形式的新纪元。它长度达563m，宽度为124.4m，共5跨。外形为一简单阶梯的长方体，并有一个垂直的拱顶，各立面上只显出铁架与玻璃，没有任何多余的装饰，完全表现了工业生产的机械本能。采用装配式施工方法，总共用了不到9个月的时间便完工，在当时轰动一时，但已于1936年毁于火灾（图2-108）。

图 2-108　英国水晶宫

1889 年为巴黎世博会建造的埃菲尔铁塔又是一座令世人震惊的建筑。铁塔是在名为埃菲尔（G. Eiffel）的工程师领导下建成的一座高达 328m 的铁架结构。内部设 4 部水力升降机，充分显示了资本主义初期工业生产的力量（图 2-109）。

一、欧洲新建筑运动的探索

19 世纪末，以美、德、英、法为代表的资本主义国家生产急剧地发展，技术飞速地进步，而建筑作为物质生产的一部分，也要适应社会发展的要求。它迅速摆脱了旧技术的限制，摸索着新的材料和结构，特别是钢和钢筋混凝土的广泛应用，促使在建筑形式上开始摒弃古典建筑的约束，掀起了创新的运动。

欧洲真正在建筑创新运动中有较大影响的是工艺美术运动、新艺术运动、维也纳学派与分离派、德意志制造联盟等。

图 2-109　巴黎埃菲尔铁塔

（一）工艺美术运动

19 世纪 50 年代在英国出现的"工艺美术运动"受小资产阶级浪漫主义哲学思想的影响，反对粗制滥造的机器制品，追求手工艺的效果与自然材料的美。在建筑上则主张建造"田园式"的住宅来摆脱古典建筑规整但不一定适用，庄重但不自然的形式的约束。如肯特郡的"红屋"就是这一风格的代表作品。"红屋"平面根据功能需要布置成 L 形，它用本地产的红砖建造，不加粉饰，大胆摒弃了传统贴面的装饰，表现出材料本身的质感，这种将功能、材料与艺术造型相结合的尝试，对后来新建筑运动有一定的启发（图 2-110）。

（二）新艺术运动

19 世纪 80 年代新艺术运动出现于比利时的布鲁塞尔。其目的是想解决建筑和工艺品的艺术风格问题，反对历史的形式，想创造出一种能适应工业时代精神的简化装饰。新艺术运动的装饰主题是模仿自然界生长繁茂的草木形状的曲线，如墙面、家具、栏杆、窗棂的装饰等均采用草木曲线。由于铁便于弯曲成型，所以装饰中大量应用了铁件。新艺术派的建筑特征主要表现在室内，外形一般较简洁。典型例子如布鲁塞尔都灵路12号住宅（图2-111）。

图2-110　红屋，英国肯特，1859~1860

图2-111　布鲁塞尔都灵路12号住宅

（三）奥地利与芬兰的探索

在新艺术运动的影响下，奥地利形成了以瓦格纳（Otto Wagner）为首的维也纳学派。1895年他发表了《现代建筑》（Moderne Architektur）一书，指出了新结构、新材料必然导致新形式的出现。代表作有维也纳的邮政储蓄银行（图2-112），在这座银行的大厅里，线条简洁，去除所有装饰，充分发挥钢材和玻璃现代材料的特性来为现代结构理论服务。

图2-112　维也纳邮政储蓄银行，1905

维也纳的另一位建筑师路斯（Adolf Lous）是对建筑理论有独到见解的人。他反对装饰，主张建筑以实用为主，认为建筑"不是依靠装饰而是以形体自身之美为美"，他甚至极端地认为"装饰就是罪恶"。其代表作品是1910年在维也纳建造的斯坦纳住宅（图2-113），建筑外部完全没有装饰，他强调建筑物的比例，墙面和窗子的关系，要求成为基本立方体的组合，完全不同于折衷主义的建筑形式。

在探求新建筑的运动中，芬兰的著名建筑师老沙里宁（Eliel Saarinen）所设计的赫尔辛基火车站是非常杰出的。它形体简洁，灵活的空间组合，为芬兰现代建筑的发展开辟了道路（图 2 - 114）。

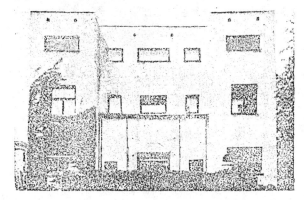

图 2 - 113　维也纳，斯坦纳住宅，1910

图 2 - 114　赫尔辛基火车站

二、美国的芝加哥学派与高层建筑

19 世纪 70 年代在美国兴起了芝加哥学派，它是现代建筑在美国的奠基者。由于城市人口的增加，用地变得紧张，尤其是 1873 年发生的芝加哥大火，促使在市中心区内有限的土地上建造尽可能多的房屋成为迫切的问题，于是现代高层建筑便开始在芝加哥出现，"芝加哥学派"也就应运而生。它的主要贡献是创造了高层金属框架结构和箱形基础。在建筑造型上趋向简洁与创造独特的风格。代表作品是马葵特大厦（图 2 - 115），这是一座 90 年代芝加哥典型的高层办公大楼，正立面非常简洁，较大的窗子与窗间墙整齐排列，形成韵律感。内部是大空间柱网，可按使用要求灵活自由分隔，充分体现了框架结构的优点。电梯集中设置在建筑中间部位。

沙利文（Louis Henry Sullivan）是芝加哥学派的一位代表人物。他最早提出了"形式追随功能"的观点，为功能主义的建筑设计思想开辟了道路。其代表作品是 1899～1904 年建造的芝加哥百货公司大厦（图 2 - 116），它的立面采用了典型的"芝加哥横长窗"形式的网格式处理手法。

芝加哥学派在 19 世纪建筑探新运动中起着一定的进步作用。一是突出了功能在建筑设计中的

图 2 - 115　芝加哥，马葵特大厦，1894

主要地位，明确了功能与形式的主从关系；二是探讨了新技术在高层建筑中的应用；三是建筑形象反映了新技术的特点，简洁的立面符合于新时代工业化的精神。

图2-116　芝加哥百货公司大厦　　　　　　图2-117　巴黎富兰克林路25号公寓，1903

三、钢筋混凝土的应用为新建筑运动提供了先进的手段

钢筋混凝土的出现和在建筑上的应用是现代建筑技术发展中的一项重大成果。新建筑运动之初它几乎成了一切新建筑的标志，一直到今天在建筑上仍发挥着重大的作用。

早在古罗马时代的建筑中，就有天然混凝土的结构方法，但在中世纪失传了。真正的混凝土与钢筋混凝土是近代的产物。它的广泛应用是在1890年以后，首先在法国与美国得到发展。由于钢筋混凝土框架结构中，墙体不承重，因而内部空间可以灵活分隔。开窗比较自由。于是不仅可以建造更高、跨度更大的建筑，同时也带来了不同于传统砖石结构的建筑外貌（图2-117巴黎富兰克林路25号公寓）。一座8层钢筋混凝土框架结构，框架间填以墙板，这样就形成了简洁大方的外部造型，没有额外的装饰。显示了钢筋混凝土的艺术表现力。

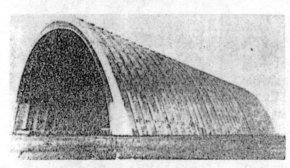

图2-118　法国奥利飞船库，1916

混凝土的可塑性也为建造适合各种要求的空间提供了可能性。法国奥利飞船库，它是抛物线型的钢筋混凝土拱顶，跨度达96m，高度为58.5m。拱肋间有规律地布置着采光玻璃，具有别致的装饰效果（图2-118）。

四、德意志制造联盟

德国19世纪末的工业水平超过了英、法老牌的资本主义国家。为了使德国的商品能够在国外市场上和英国抗衡，1907年由企业家、艺术家、技术人员等组成了全国性的"德意志制造联盟"，其目的在于提高工业制品的质量以求达到国际水平。在德意志制造联盟里有许多著名的建筑师，接受了英国、美国等新建筑运动的思想，认识到建筑必须和工业结合这一方向。著名建筑师贝伦斯（Peter Behrens）以工业建筑为基地来发展真正符合功能与结构

特征的建筑。1909 年他为柏林德国通用电气公司设计的透平机制造车间与机械车间，造型
简洁，摒弃了任何附加的装饰，成为现代
建筑的雏形（图 2 - 119）。因为机器制造过
程需要充足的采光，故在柱墩间开了大玻璃
窗。屋顶采用三铰拱结构，内部避免了柱
子，为生产所需的大空间创造了条件。侧立
面山墙的轮廓与多边形大跨度钢屋架相一
致。它被称为第一座真正的"现代建筑"，
是现代建筑史上的一个里程碑。

图 2 - 119　德国通用电气公司透平机车间

　　贝伦斯不仅对现代建筑有一定的贡献，
而且还培养了许多著名的现代建筑大师。
如格罗皮乌斯（Walter Gropius）、密斯·
凡·德·罗（Ludwig Mies van der Rohe）、
勒·柯布西耶（Le Corbusier）等，都先后在贝伦斯的建筑事务所工作过。他们从贝伦斯那里
得到许多教益，为他们后来的发展奠定了基础。如格罗皮乌斯和梅耶（Adolf Meyer）于 1911
年设计的法古斯工厂，就是在贝伦斯建筑思想的启发下设计的（图 2 - 120）。这座建筑造型简
洁、轻快、透明，表现了现代建筑的特征。

图 2 - 120　法古斯工厂

五、新建筑运动的高潮，现代建筑及其代表人物

　　第一次世界大战后的初期，虽然在许
多欧洲国家及美国，复古主义建筑仍相当
流行，尤其是许多纪念性建筑、政府机构、
大银行、大保险公司仍然应用古典柱式。
但总的来说，由于战后欧洲的经济、政治
和社会思想状况对于建筑学领域的改革创
新是有利的。一是战后初期欧洲各国的经
济困难状况促进了建筑中讲求实用的倾向，
抑制了片面追求形式浮华的复古主义作法；
二是工业和科学技术的迅速发展带来了更
多的新的建筑类型，要求建筑师突破陈规；
三是大战结束后社会思想意识各个领域内
都出现许多新学说和新思潮，思想异常活
跃。建筑界也是思潮澎湃。新观点、新方
案、新流派层出不穷。战后初期影响较大
的有表现派、风格派、构成派。德国、法
国、荷兰、俄国是这些流派活跃的地区。原是美术方面的派别，对建筑产生的影响主要体现
在造型风格方面。

　　表现派——产生于德国、奥地利。表现主义者认为艺术的任务在于表现个人的主观感受
和体验。代表作是德国建筑师孟德尔松（Erie Mendelsohn）1920 年建成的德国波茨坦市爱

因斯坦天文台（图2-121）。用混凝土和砖塑造的这样一座混混沌沌的带有流线型的体形，上面开着不规则的窗洞，墙面上还有一些莫名其妙的突起。整个建筑造型奇特，难以言状，表现出一种神秘莫测的气氛。

图2-121　爱因斯坦天文台

风格派——1917年产生于荷兰。主要观点认为最好的艺术就是基本几何形象的组合和构图。其代表作品是里特维德设计的荷兰乌德勒支的一所住宅（图2-122）。这是一个由简单的立方体，光光的板片，横竖线条和大片玻璃错落穿插组成的建筑。

构成派——第一次大战前后，俄国有些青年艺术家也把抽象几何形体组成的空间当作绘画和雕刻的内容。他们的作品，特别是雕刻很像工程结构物，被称为构成派。代表作如塔特林设计的第三国际纪念碑（图2-123）。它的立面采用了典型的"芝加哥横长窗"形式的网格式处理手法。构成派与风格派都热衷于几何形体、空间和色彩的构成效果，有很多共同之处。

乌德勒支住宅

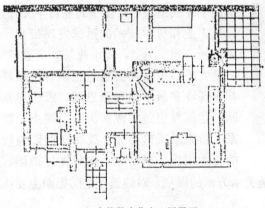

乌德勒支住宅一层平面

图2-122　乌德勒支住宅一层平面

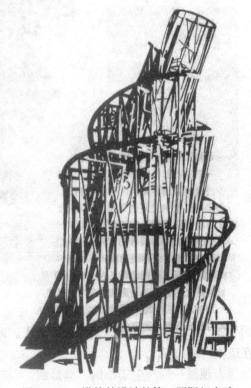

图2-123　塔特林设计的第三国际纪念碑

以上这三种流派作为独立的流派存在的时间虽不长，但他们对现代建筑的发展却产生过程度不同的影响。

新建筑运动真正走向高潮是第一次世界大战后 20 世纪 20 年代至 30 年代，建筑发展中存在的各种矛盾激化了，创造新建筑的历史任务摆在建筑师面前，于是一批思想敏锐而且具有一定建筑经验的年轻建筑师，提出了比较系统而彻底的建筑改革主张。其主要观点是：强调建筑随时代发展变化，现代建筑应同工业化时代的条件相适应；呼吁建筑师要注意研究和解决实用功能和经济问题，担负起自己的社会责任；积极采用新材料和新结构，促进建筑技术革新；主张摆脱历史上建筑样式的束缚，放手创造新形式的建筑；主张借鉴传统的建筑美学原理，创造工业时代的建筑新风格。"现代主义"建筑思潮形成了。德国的格罗皮乌斯、密斯·凡·德·罗、法国的勒·柯布西耶和美国的赖特是这些人中的突出代表。

（一）格罗皮乌斯与"包豪斯"学派

格罗皮乌斯（Walter Gropius 1883~1969 年，德国）是"新建筑运动"的奠基人和领导人之一，也是一位建筑教育家。早年在柏林建筑师 P·贝伦斯的建筑事务所任职，曾任德国魏玛工艺美术学校包豪斯的校长，这所学校是专门培养建筑和工业日用品设计人才的学校。后到美国任哈佛大学教授、建筑系主任，主要从事建筑教育工作。

早期与梅耶合作设计的法古斯工厂是第一次世界大战前最先进的建筑。而他最具有代表性的作品是包豪斯新校舍（图 2-124），校舍为一综合性建筑，由几个功能不同的部分组成。校舍的设计体现了格罗皮乌斯提倡的重视功能、技术和经济效益，艺术和技术相结合等原则。有下述特点：①校舍的形体和空间布局自由，按功能分区，又按使用关系而相互连接；

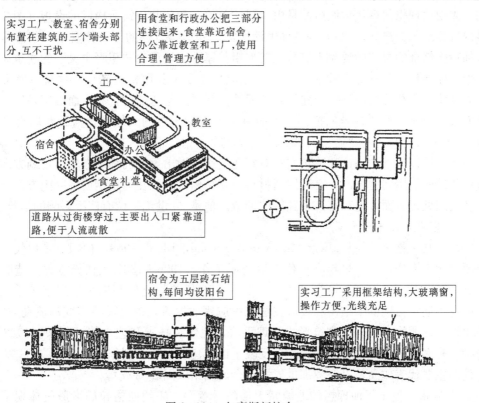

图 2-124 包豪斯新校舍

②根据各部分功能选择不同的材料、结构形式，赋予不同的艺术形象。造型上采取不对称构图和对比统一的手法。各部分简洁的形体组合得当，大小高低错落有致，实墙和透明的玻璃虚实相间，生动活泼。

包豪斯校舍是现代建筑史上的一个重要里程碑。它的设计布局、构图手法和建筑处理技巧等在以后的现代建筑中被广泛运用。

格罗皮乌斯积极提倡建筑设计与工艺的统一，艺术与技术的结合，讲究功能、技术和经济效益三位一体。主张用机械化大量生产建筑构件和预制装配的建筑方法，并把大量光线引进室内。

（二）勒·柯布西耶

勒·柯布西耶（Le Corbusier 1887~1965 年，法国）是现代建筑运动的激进分子和主将，也是 20 世纪最重要的建筑大师之一。1920 年起，他发表了一系列鼓吹建筑创新的文章，后来汇集出版《走向新建筑》一书。他主张建筑应走工业化的道路，创造表现新时代精神的新建筑。在建筑形式方面受立体主义流派的影响，他赞美简单的几何形体，同时他又强调建筑的艺术性和浪漫性。总的看来，他在前期表现出更多理性主义，后期表现出更多的浪漫主义。他的很多主张首先表现在他从事最多的住宅建筑设计中，认为"住房是居住的机器"。最能体现其"新建筑的五个特点"的建筑是 1926 年设计的萨伏伊别墅（图 2-125）。这五个特点是：①底层的独立支柱；②屋顶花园；③自由的平面；④横向长窗；⑤自由的立面。这些都是由于采用框架结构，墙体不再承重以后产生的建筑特点。

他设计的马赛公寓大楼（1952 年建成）是一座综合性的，有各种生活福利设施的高层住宅。体现他理想的现代化城市就是由"居住单位"和公共建筑所构成的设想（图 2-125）。大楼内可容纳 337 户共 1600 人的各种生活所需。外形是方整的立方体盒子，墙体是脱模以后不加粉刷修饰的粗糙的混凝土墙面，造型粗犷厚重。被称为"粗野主义"的建筑风格。

他后期的作品——朗香教堂（1955 年建成）体现了其风格的转变。这是一座形象独特并具有神秘的象征性的小型宗教建筑。平面墙体几乎全是弯曲的，有一面墙还是倾斜的，上面开着大大小小、形状各异的窗洞。上面有一个像帽子似的大屋顶，柯布西耶自己解释是"一种聆听上帝声音的听觉器官"，采用了象征性的手法（图 2-126）。

柯布西耶以自己的理论和建筑实践对新建筑运动做出重大功绩。在城市规划方面，在研究现代建筑的实用问题方面，在运用新材料、新结构特别是在运用钢筋混凝土方面，在建筑表现和空间处理方面，他都有许多独特的创造。他是 20 世纪一位有广泛影响的建筑家。

（三）密斯·凡·德·罗

密斯·凡·德·罗（Ludwig Mies van der Rohe，1886~1969，德国）是现代主义建筑最重要的代表人物之一。早年在贝伦斯事物所工作，1926~1932 年任德意志制造联盟第一副主席，1930~1932 年任包豪斯校长，1938~1958 任芝加哥伊利诺工学院建筑系主任。主要贡献在于通过对钢框架结构和玻璃在建筑中应用的探索，提出灵活多变的流动空间理论，创造出简洁、明快而精确的建筑形式处理手法，把建筑技术和艺术统一起来。1928 年提出了"少就是多"的建筑处理原则，充分反映了他的建筑观点和创作特色。

他的主要代表作品是巴塞罗那世界博览会德国馆（图 2-127）。

1919 年密斯提出了他理想的玻璃摩天楼的示意图。纽约西格拉姆大厦就体现了他的审美观。主体建筑 38 层，高 158m，柱网整齐，直上直下，外形极为简单。窗棂的外皮贴工字

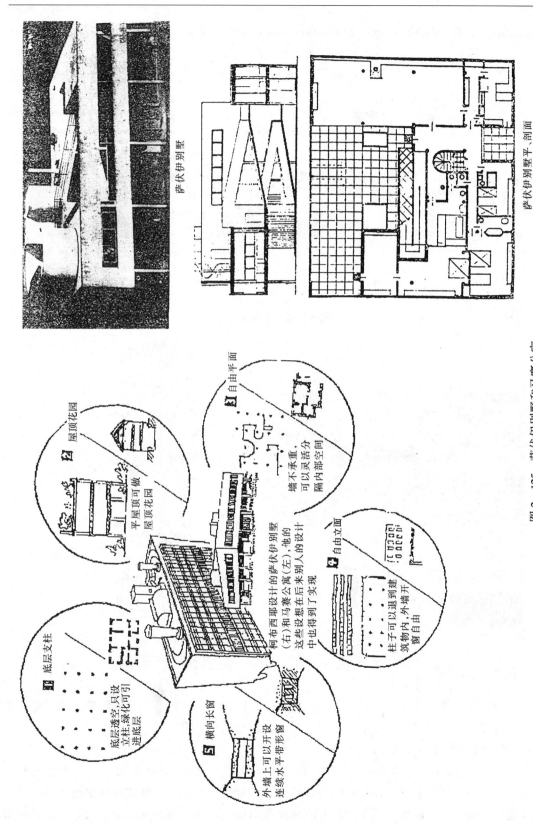

萨伏伊别墅

萨伏伊别墅平、剖面

图2－125　萨伏伊别墅和马赛公寓

断面的钢质型材，显得挺拔向上，格调高雅，与众不同（图 2-128）。

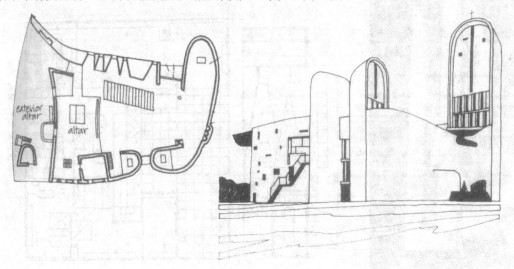

图 2-126　朗香教堂

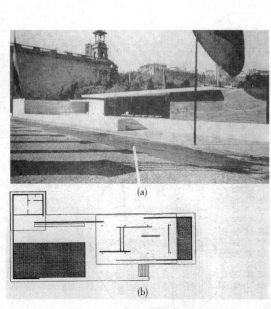

图 2-127　巴塞罗那世界博览会德国馆
(a) 外观；(b) 平面

图 2-128　纽约西格拉姆大厦

密斯·凡·德·罗是一位对现代建筑产生广泛影响的具有独特风格的建筑大师。他的钢与玻璃的建筑为在现代建筑中把技术与艺术统一起来做出了成功的榜样。

（四）赖特和他的有机建筑论

赖特（Frank Loyol Wright，1869~1959 年，美国）是 20 世纪美国的一位著名的建筑大师，在世界上享有盛誉。他设计的许多建筑受到普遍的赞扬，是现代建筑中的瑰宝。他对现代建筑影响很大，但他的建筑思想和欧洲新建筑运动有明显的差别，他走的是一条独特的道路。他以提倡"有机建筑论"而闻名于世，强调建筑的自然属性，建筑要从属于自然环

境，像从地里长出来，迎着太阳的植
物。基于这种理论他的早期作品"草原
式住宅"对现代建筑产生了很大的影
响。罗伯茨住宅（1907 年）是赖特
"草原式住宅"的代表作之一（图 2 -
129）。它布局自由灵活，造型活泼新
颖，重叠的水平形体有韵律地交错着，
坡顶出挑很大，与大自然融为整体。

图 2 - 129　罗伯茨住宅

1936 年他设计的"流水别墅"
（Kaufmann House on the Waterfall）
是一座别具匠心，构思巧妙的建筑艺术品。这是为富豪考夫曼设计建造的别墅，建筑坐落在
地形起伏、林木繁茂的一个小瀑布的上面，共三层。一层为起居室、餐厅、厨房等，二层以上
为卧室。利用钢筋混凝土结构的悬挑能力，上下两层宽大的平台一纵一横，像是从山上长出来
的巨石。后面几道竖向高起的石墙与前面平台取得构图上的均衡感，同时又形成了方向、色
彩、质感、光影的对比。这种自由灵活的组合，可以让人们在不同的角度看到各种丰富多变的
体形轮廓（图 2 - 130）。1959 年建成的古根汉姆博物馆是赖特最后的杰作（图 2 - 131），展览主

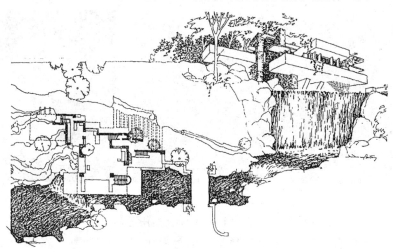

图 2 - 130　流水别墅

图 2 - 131　纽约古根汉姆博物馆

要部分是一个很大的螺旋形建筑，中央是
一个高约 30m，上面覆盖巨大玻璃穹顶的
通天中庭，周围有盘旋而上的坡道式展廊，
向上逐渐加宽，层层外挑。建筑外形比较
封闭，尺度较大，与周围环境有些格格不
入。这座建筑在功能、造型上都遭到一些
非议，但赖特始终坚持个人的观点。赖特
是 20 世纪建筑界的一个浪漫主义者和田园
诗人，他的建筑作品是建筑史上的一笔珍
贵财富。

六、现代建筑的多元化发展

第二次世界大战后的 50~60 年代，由于恢复、重建的需要，"现代主义"设计原则得到普及和发展。各先进工业国家的经济逐渐上升，技术迅速发展，现代主义建筑在世界广为传播，新一代建筑师要求突破现代主义的信条，提出建筑可以而且应该有超越功能和技术的考虑，可以施用装饰，也应该有地方特色等新主张。于是现代建筑进入了最活跃时期，出现了多样发展的趋势。此时由于接纳了来自各国的现代主义建筑大师，使美国成为该时期现代建筑繁荣之地。主要建筑流派有下列几个方面：

（一）讲求技术精美的倾向

讲求技术精美的倾向是 20 世纪 40 年代末至 50 年代下半期占主导地位的设计思潮倾向。这种倾向的特点是全部用钢和玻璃来建造，构造与施工非常精确，内部没有或很少有柱子，外形纯净透明，清晰地反映着建筑的材料、结构与它的内部空间。最先流行于美国，在设计方法上属于比较"重理"的。主要代表人物是密斯·凡·德·罗，他所设计的具有纯净、透明与施工精确特点的钢和玻璃方盒子建筑是这一倾向的代表性建筑。如范斯沃斯住宅（图 2-132），用 8 根钢柱支撑一片地板和一片屋顶的玻璃盒子，只有中间的卫生间、设备间封闭外，其他部分全为开敞空间。但因其缺乏对使用者心理需求的保证，使生活其中的人感到不便。

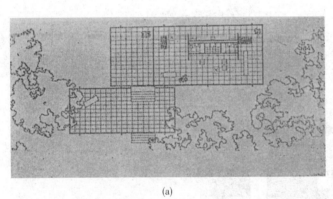

(a)　　　　　　　　　　　　　　　　　　（b）

图 2-132　范斯沃斯住宅
（a）平面；（b）外观

西柏林新国家美术馆，1968 年建成，是密斯生前最后的作品。为了给这个玻璃盒子以明显的结构特征，屋顶上的井字形屋架由 8 根不是放在房屋角上，而是放在 4 个边上的柱子支承。柱子与梁接头的地方完全按力学分析那样精简为一个小圆球，讲求技术上的精美可谓达到了顶点（图 2-133）。

此外，美国还有 SOM 事物所、小沙里宁等都推行过这种风格。如小沙里宁设计的通用汽车技术中心。用钢和隔热玻璃建造，平面规整，外形简洁，但较密斯的玻璃盒子更为成熟、丰富、精致与接近人情（图 2-134）。

以钢和玻璃的"纯净形式"为特征的讲求技术精美的倾向到 20 世纪 60 年代末开始降温。

（二）"粗野主义"倾向

"粗野主义"倾向（也被称为"野性主义"倾向）是 20 世纪 50 年代下半期到 60 年代中

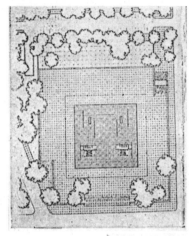

图 2-133　西柏林新国家美术馆

图 2-134　通用汽车技术中心

期喧噪一时的建筑设计倾向。主要代表人物有法国的勒·柯布西耶，美国的鲁道夫，英国的史密森夫妇、斯特林，日本的丹下健三、前川国男等。主要特点是采用毛糙的混凝土，不加装饰，将夸大的、沉稳的构件冷酷粗鲁地组合在一起。如柯布西耶设计，1956 年建造的印度昌迪加尔法院（图 2-135）。外墙面脱模后不加修饰的粗糙的混凝土保留着模板的印痕和水迹。巨大的向上翻起的钢筋混凝土的顶蓬及入口处三个超尺度的高大的柱墩，使造型沉重粗犷。加之墙壁上大大小小不同形状的孔洞及红、黄、蓝、白等鲜艳的色块，给建筑带来了怪诞粗野的情调。再如丹下健三设计的日本仓敷市厅舍（图2-136），鲁道夫设计的1963年建成的耶鲁大学建筑与艺术系大楼（图2-137），也都强调粗大的混凝土横梁。尤其是像"灯心绒"似的混凝土墙面给人以粗而不野之感。

　　总的来说"粗野主义"在欧洲比较流行，在日本也相当活跃。在60年代下半期逐渐销声匿迹。

图2-135　印度昌迪加尔法院

图2-136　日本仓敷市厅舍

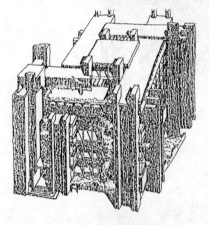

图2-137　耶鲁大学建筑艺术系馆

（三）"典雅主义"倾向

　　"典雅主义"倾向（又称为"新古典主义"倾向）与"粗野主义"同时期，但主要是在美国流行的流派。运用传统的美学法则来使现代的建筑材料、结构技术与简洁的形体产生规整、端庄与典雅的庄严感。主要代表人物为美国的约翰逊（P. Johnson）、斯东（E. D. Stone）、雅马萨基（M. Yamasaki）等。如由斯东设计，1955年建成的美国在新德里的大使馆，主体呈长方形，建在一个大平台上，房屋四周是一圈两层高的布有镀金钢柱的柱廊。柱廊后面是用预制陶土块拼制成的在节点处盖以光辉夺目的金色圆钉装饰的白色的漏窗式幕墙，幕墙后面还有玻璃墙，屋顶是中空的双层屋顶，用以隔热，建筑外观端庄典雅、金碧辉煌，成功体现了当时美国想在国际上显示出既富有又技术先进的形象。此建筑1961年获得了美国的AIA奖（图2-138）。

图2-138　美国新德里大使馆

　　美籍日裔建筑师雅马萨基主张创造"亲切与文雅"的建筑。他为美国韦恩州立大学设计的麦格拉格纪念会议中心，曾获AIA奖。它于1959年建成，是一个两层的房子，当中是一个有玻璃顶棚的，贯通两层的内廊式大厅。屋面是折板结构，外廊采用了与折板结构一致的尖璇，形式典雅、尺度宜人（图2-139）。

图2-139 麦格拉格纪念会议中心

自此以后，雅马萨基在创造"典雅主义"风格中特别倾向于尖璇。1973年纽约世界贸易中心的底层处理也是尖璇。钢柱与窗过梁形成空腹桁架，底下9层开间加大，采用哥特式连续尖券的造型。可惜2001年9月世贸大厦被毁（图2-140）。

"典雅主义"倾向在某些方面很像讲求技术精美的倾向。一个是讲求钢和玻璃结构在形式上的精美，而"典雅主义"则是讲求钢筋混凝土梁柱在形式上的精美。"典雅主义"倾向在20世纪60年代下半期以后开始降温，但时至今日仍时有出现。

（四）"高技术派"倾向

20世纪60年代出现的"高技术派"倾向，不仅在建筑中坚持采用新技术、新材料，而且极力鼓吹表现新技术的新的美学观。如"机器美学"和"技术美学"。它的主要特点是主张用最新的材料，如高强钢、硬铝、塑料等；采用玻璃幕墙；特别注重对结构与设备的处理，或袒露结构系统，或暴露各种设备、管道

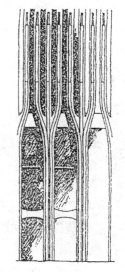

图2-140 纽约世界贸易中心底部细部处理

等。如日本山梨文化会馆，丹下健三设计，1967年建成。它的基本结构是一个垂直方向的圆形交通塔，内为电梯、楼梯和各种服务性设施。各种活动窗与办公室像是一座座桥似的，或像是抽屉那样架在距离25m的从圆塔挑出来的大托架上（图2-141）。

"高技术派"倾向中最轰动的作品是1977年在巴黎建成的蓬皮杜国家艺术与文化中心，由皮阿诺（Renzo Piano）和罗杰斯（Richard Rogers）设计。钢结构的结构体系与构件几乎全部暴露，连设备也全部暴露。各种管道按用途涂成红、黄、蓝、绿等颜色，非常醒目。面向广场的主立面上悬挂着几条圆筒形透明有机玻璃的巨型管子，曲折的里面是自动扶梯，几条水平向的是多层的外走廊。他打破了一般所认为的凡是文化建筑就应该有典雅的外貌，安静的环境和使人肃然起敬的气氛等概念。从广场以至内部的展品全部是开放的。结构、设备全是暴露的，就像一个化工厂。它在建造过程中与建成之后一直是人们议论的中心。有的人

认为它体量过大，风格同周围环境不相称，暴露的设备与文化建筑格调不符等（图2-142）。

图2-141　日本山梨文化会馆　　　　　　图2-142　巴黎蓬皮杜国家艺术与文化中心

（五）讲究"人情化"与地方性的倾向

讲究"人情化"与地方性的倾向最先活跃于北欧，它是20世纪20年代的"理性主义"设计原则结合北欧的地方性与民族性习惯的发展。芬兰的阿尔托被认为是北欧"人情化"与地方性的代表。日本及中东地区的建筑师在探索自己的地方性方面也作了许多尝试。这种风格常常采用传统的地方材料，强调建筑体量与人体尺度的关系，主张在造型上化整为零，处

图2-143　珊纳特赛罗镇中心主楼

理的"柔和些"或"多样些"，并注意继承民族传统。由阿尔托设计的1955年建成的珊纳特赛罗镇中心的主楼，采用传统的坡顶形式并创造性运用地方材料——砖、木。造型上不局限于直线和直角，而使用了斜线。巧妙利用地形而使空间布局有层次、有变化，与自然环境密切配合，布局上不让人一目了然，而是使人逐步发现。尺度与人体尺度相配合，整个建筑看上去既富有变化又比较朴素，亲切宜人（图2-143）。

1962年建成的，由阿尔托设计的奥地利的奥尔夫斯贝格文化中心，基地不大而内容丰富。阿尔托的处理是将建筑化整为零的方法，把会议厅与几个讲堂分解开，一个个直截了当地暴露出来，避免了庞然大物之感。其形式不仅反映着内容，并富有明快的节奏感（图2-144）。

"地方性"自50年代末在日本很流行。以丹下健三为代表的一些建筑师对于创造日本的现代建筑很感兴趣，并进行有益的尝试。如由丹下健三设计，1958年建成的日本香川县厅舍（图2-145）。众多的小梁支撑着横向通长的构件，使人联想起日本传统木构建筑的轻巧踪影。

（六）讲求"个性"与"象征的倾向"

活跃于20世纪50年代末，到60年代很盛行。其动机和"人情化"与"地方性"一样，是对两次世界大战之间的"现代建筑"在建筑风格上只允许千篇一律的、客观的"共性"的

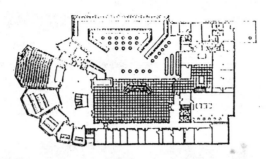

图 2-144　奥尔夫斯贝格文化中心

反抗。旨在使建筑具有与众不同的个性和特征，给人留下难忘的印象。讲求"个性"与"象征"的倾向在建筑形式上变化多端。究其手法，大致有下列三种：

1. 运用几何形体构成的手法

利用几何形体来构成建筑平面与形体，强调形态构成所表现的形式美，用以"突破"现代主义建筑的千篇一律的单调感。战后的赖特是这种风格的一个代表。在他的流水别墅中就倾向于"抓住"几何形体作为构图的母题，然后整幢房屋围绕着它发展。古根汉姆美术馆是赖特"抓住"与"戏弄"的一个代表。在这里反复出现的是圆形与圆体，以及圆体与方体的对比。

普顿斯大楼，1955 年，是赖特利用水平线、垂直线与突出的棱角形相互穿插与交错来体现他早就设想过的"千层摩天楼"（图 2-146）。

由华裔美籍著名建筑师贝聿铭设计的华盛顿国家美术馆东馆也是一座非常有个性的成功地运用几何形体的建筑。平面为适应地形分为两个三角形，以钢筋混凝土塑造的两个三角形形体，几何感、雕塑感很强，同时又具有完整的统一性。

2. 运用抽象的象征的手法的倾向

在追求"个性"与"象征"中有人是运用抽象的象征来达到目的的。勒·柯布西耶在朗香教堂设计中成功地运用了抽象"象征"的手法。墙体沉重而封闭，暗示它是一个安全的庇护所；卷曲的墙末端挺拔上升，有如指向上天；东西长廊开敞，意味着对广大朝圣者的欢迎等，各种手法都强烈营造出了神秘的宗教色彩。

图 2-145   日本香川县厅舍   图 2-146   普顿斯大楼

德国建筑师夏隆（Hans Scharoun）设计的，1963 年建成的柏林爱乐音乐厅也是抽象"象征"风格的著名作品。设计意图是将其设计成一座"里面充满音乐"的"音乐的容器"。外墙像张在共鸣箱外的薄壁一样，看上去像一件大乐器（图 2-147）。

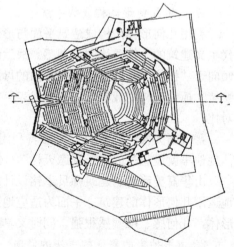

图 2-147   德国柏林爱乐音乐厅

3. 运用具体的"象征手法的倾向"

这种倾向受到自然界中的各种事物形象的启发。代表性作品如小沙里宁设计的纽约肯尼迪机场候机楼和伍重设计的悉尼歌剧院。纽约肯尼迪机场候机楼，建筑外形像展翅欲飞的大鸟，动势很强（图2-148）。悉尼歌剧院，壳体的造型既像海滩上的贝壳，又如扬帆远航的船，与周围海的环境结合的天衣无缝，已成为悉尼市甚至是澳大利亚的象征（图2-149）。

上述种种倾向虽形形色色，但究其根源，都可以追溯到"现代建筑"，也可以说是"现代建筑"的继续与发展，旨在突破"国际式"的建筑风格，不仅要重视技术，也重视艺术、人的感情需要、地方文化传统等各方面。在60～80年代出现了"后现代主义"建筑的思潮。

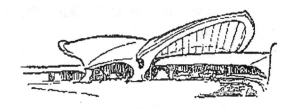

图2-148　纽约肯尼迪机场候机楼

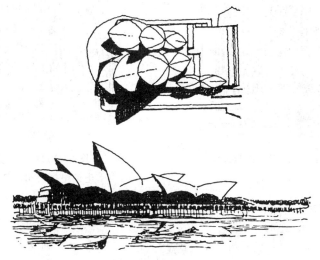

图2-149　悉尼歌剧院

（七）"后现代主义"建筑思潮

20世纪60年代以来在美国和西欧出现的反对或修正"现代主义"建筑的思潮，认为现代主义建筑已经过时和死亡。主要特征是："文脉主义"、"隐喻主义"和"装饰主义"。在建筑艺术处理上重新提倡复古主义和折衷主义，主张将互不相容的建筑元件不分主次地并列，追求复杂性和矛盾性，重视建筑的装饰性。主要代表人物是文丘里、格雷夫斯、约翰逊等。如美国费城老年人公寓（图2-150），1963年文丘里设计，正立面上开了一面尺度特大的扇

图2-150　美国费城老年人公寓，后现代主义
建筑代表作，1960～1963年

形窗户，后来效法者颇多。波特兰市政大厦（图2-151），格雷夫斯设计，1982年建成。它将古典主义的符号——壁柱、柱头、拱心石等加以变形、夸张。美国电话电报公司总部大楼（图2-152），1984年，由约翰逊设计。采用古典主义的三段式构图，顶部山花及底部基座处理受到古典建筑的影响。

图 2-151　波特兰市政大厦

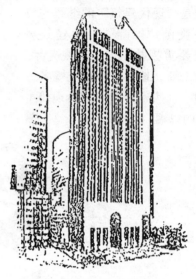

图 2-152　纽约美国
电话电报公司总部大楼

图 2-153　洛杉矶迪斯尼音乐厅

（八）"解构主义"思潮

20世纪80年代后期，西方建筑界又出现了一种新思潮——"解构主义"建筑，它不同于"结构是确定的统一整体"的结构主义，而是采用扭曲、错位、变形的手法，使建筑物显得偶然、无序、奇险、松散，造成似乎已经失稳的态势。如盖里设计的迪斯尼音乐厅（图2-153），看似无规则的扭曲的形体散乱地堆积在一起；屈米设计的拉维莱特公园（图2-154）。

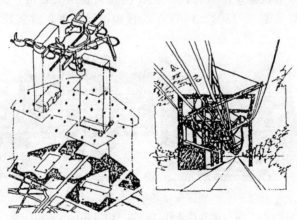

图 2-154　巴黎拉维莱特公园

（九）"生态建筑"的探索

近现代建筑发展至近二百多年，许多建筑师为了适应社会的需求，从建筑的功能、技术、艺术等各方面进行了大量的探索和实践，形成并发展了现代建筑的体系。但是，人类社会还是要不断进步和发展的，如今摆在面前的是 21 世纪建筑应如何发展。在工业革命以后，人类利用自然、改造自然，取得了骄人的成绩，但也为此付出了高昂的代价：人口爆炸，农田被吞噬，空气、水和土地资源日见退化，能源短缺，环境祸患正威胁着人类。1999 年在北京召开的国际建筑师大会《北京宪章》中指出，"人类尚未揭开地球生态系统的谜底，生态危机却到了千钧一发的关头。用历史的眼光看，我们并不拥有自身所居住的世界，仅仅是从子孙处借得，暂为保管罢了。我们将把怎样的城市和乡村交给他们？建筑师如何通过人居环境建设为人类的生存和繁衍做出自身的贡献？"这是摆在全球建筑师面前的重大的课题。所以 21 世纪建筑研究的主题是生态建筑与可持续发展建筑的策略。

其实"现代主义建筑运动"中就有多位建筑师表达了尊重自然的、朴素的、注重生态的建筑观。如赖特的"有机建筑论"，阿尔托的"地方性"建筑等。现在世界各国的建筑师，像印度的柯利亚、马来西亚的杨经文、意大利的伦佐·皮亚诺、美国的诺曼·福斯特、理查德·罗杰斯等都在探讨生态建筑方面有突出贡献。如杨经文设计的新加坡展览塔，这是一个综合性的高层建筑，立面设计插入凹进的平台空间和向室内开敞的空中庭院。出挑遮阳板和斜坡道通向各楼层，绿色植物沿坡道攀援。屋顶覆盖着太阳能集热板，并有收集雨水装置，污水经过滤后存入屋顶水池，用于浇灌植物和冲洗卫生洁具。通过植物调节气候，调整角度的遮阳板与主导风向平行的导风墙把凉风引入中庭及室内，可降低空调使用，达到节能目的（图 2 - 155）。

图 2 - 155 新加坡展览塔楼   图 2 - 156 德国柏林国会大厦

由诺曼·福斯特设计的德国柏林国会大厦，其造型上最大的特点是具有采光、通风、参观等多种功能的大玻璃穹顶及下垂的倒玻璃锥体（图 2 - 156）。综合来讲，为达到生态平衡，我们必须要考虑下面几方面问题：自然光源的利用；自然通风系统；能源与环保；地下蓄水层的循环利用。

我国近几年也在生态建筑方面做了一些尝试，如清华大学建筑设计研究院办公楼（图 2 - 157），济南高等交通专科学校图书馆等。利用南向的一个体积较大的绿化边与中庭，起到调节内部温度、湿度的作用，称之为"热缓冲中庭"，西向主入口处采用防晒墙与架空层，有效解决夏天挡西晒，冬季挡西北风的问题；采用遮阳板系统调节自然光线及日晒；利用太阳能节电，体现出一种健康、和谐、充满生机的"绿色精神"。

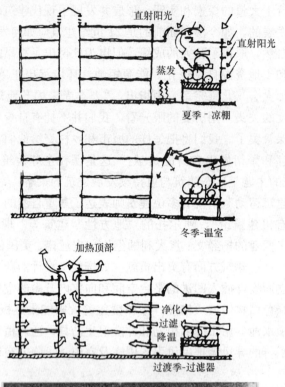

图 2-157 清华大学建筑设计研究院办公楼

思 考 题

1. 中国古代建筑发展形成了哪一种独特的建筑体系？长江与黄河流域分别产生了两种什么样建筑结构形式？

2. 为什么说中国古代建筑在群体空间处理方面取得了巨大的成就？

3. 中国古代建筑的地域性特征体现在哪些方面？

4. 中国古代建筑的主要造型特征体现在哪些方面？

5. 中国古代建筑的主要结构技术成就有哪些？

6. 中国古代建筑中结构、构造、装饰构件的有机统一性是如何体现的？

7. 中国古代建筑屋顶具有哪些常见的形式？它们的屋面曲线和翼角起翘是通过什么结构构造方式来实现的？

8. 中国古代建筑中石作、木作、瓦作分别是指建筑的哪些构成部分？

9. 古代埃及、希腊与罗马建筑分别在哪些方面取得了典型的成就？列举出其经典建筑代表作品。

10. 罗马人在希腊柱式的基础上创造了哪五种柱式？与希腊柱式比较罗马柱式有什么样的发展变化？

11. 哥特式建筑的结构技术成就体现在哪些方面？

12. 文艺复兴时期的经典建筑成就在哪些方面？其代表建筑有哪些？

13. 列举出柱式在西方古典建筑形态构成中的作用与种类？

14. 洛可可风格对建筑设计的影响体现在什么方面？具体上又具有什么特征？

15. 西方现代建筑早期发展的代表作品是哪些建筑？早期产生的理论口号有哪些？我们应该如何看待这些现象？

16. 包豪斯学派有哪些理论成就与建筑实践？

17. 现代建筑早期公认的四位大师的理论贡献与代表作品分别是什么？

18. 现代建筑后期出现了哪些多元化发展的倾向？

19. 举例说明后现代主义建筑思潮的理论倾向、代表人物和作品？

20. 生态观念对建筑设计产生了哪些影响？

第三章　建筑设计的基本过程和方法

第一节　建筑设计的基本程序过程

一、建筑设计与建造的关系及基本程序内容

古代人类从事居所建设之时，由于房屋的功能单一、形式简单、构造简易，因而可以将脑中的设计意图直接付诸实践，建成可以蔽风遮雨的生活住所。建筑技术和社会分工比较单纯，建筑设计和建筑施工还没有形成明确界限，于是施工的组织者和指挥者往往也就是设计者。

近代，随着社会生活功能的日趋复杂，人们对建筑的要求也随之提高。建筑设计再也不是一个简单的形象，单靠大脑的思索已不能完全把握整个建筑的合理性，无法有效地指导施工建设。表达设计思维的视觉媒介应运而生，用以把头脑中的设计意图表达出来并据以施工，建筑设计和建筑施工逐渐分离开来。

现代，随着社会的发展和科学技术的进步，建筑所包含的内容、所要解决的问题越来越复杂，涉及的相关学科越来越多，加上建筑物往往要在很短时期内竣工使用，客观上需要更为细致的社会分工，这就促使建筑设计逐渐成为一门独立的分支学科。现代建筑设计已经不再是营造大师领导的卓越工匠的创作，而是属于一个独立的专业人员队伍——设计事务所或设计院的主要工作。建筑设计与建筑施工的专业分离，使得建筑设计的视觉表达媒介——建筑图纸或模型更显示出其重要价值，建筑图纸或模型成为建筑设计人员与施工人员沟通的主要桥梁，因而设计表达也成为建筑领域重要的研究对象。

建筑设计是一种需要有预见性的工作，要预见到拟建建筑物可能发生的各种问题，这种预见往往是随着设计过程的进展而逐步清晰、深化的。为了使建筑设计顺利进行、少走弯路，在众多矛盾和问题中，先考虑什么，后考虑什么，大体上要有个程序。根据长期实践得出的经验，设计工作的着重点常是从宏观到微观，从整体到局部、从大处到细节、从功能体型到具体构造逐步深入的。通常，实现一项基本建设项目应经过如下过程：项目建议书——描述对拟建项目的初步设想，如基建项目的内容、选址、规模、建设必要性、可行性、获利预测等等；项目可行性研究报告——由投资者或经济师对项目的市场情况、工程建设条件、投资规模、项目定位、技术可行性、原材料来源等进行调查、预测、分析，并做出投资决策的结论；建设立项——一旦认为项目可行，投资者或业主则要将项目申报国家计划部门及规划部门；建筑策划——即不仅依赖于经验和规范，并借助于现代科技手段，以调查为基础对项目的设计依据进行论证，并最终制订设计任务书；建筑设计——根据设计任务书的要求和可行的工程技术条件，进行建筑专业设计、结构专业设计、设备专业设计，以及经济投入概预算的技术工作；建筑施工——根据建筑设计图纸，进行工程建设投标、施工组织设计、建筑施工、建设监理、竣工验收等工作。

在完成以上建设程序之后，建设项目才可以投入正常使用和运营。在整个基建过程之中，建筑设计起着承上启下的重要作用，它对前期确立的目标及要求进行具体落实，提出建筑的初步意图，协调解决设计过程之中各专业反馈回来的矛盾问题，同时又通过图纸及说明

文件指导建筑施工。建筑设计的过程一般可分为四个阶段：设计前的准备阶段、方案设计阶段、初步设计阶段及施工图设计阶段。每一阶段的工作总是在前一阶段工作的基础上进行，并将前一阶段制订的原则深化完善。

建筑方案设计是在熟悉设计任务书、明确设计要求的前提下，综合考虑建筑功能、空间、造型、环境、结构、材料等问题，做出较合理的方案的过程；初步设计是在方案设计的基础上，进一步深入推敲、深入研究、完善方案，并解决各工种间的技术协调问题，初步考虑结构布置、设备系统及工程概算的过程；施工图设计是绘制满足施工要求的建筑、结构、设备专业的全套图纸，并编制工程说明书、结构计算书及设计预算书。此外，一般在大型、比较复杂的工程项目设计中还有技术设计阶段，而对于一般的项目则可省略，把这个阶段的一部分工作纳入初步设计阶段，并称"扩大初步设计"，另一部分工作则留待施工图设计阶段进行。

二、建筑设计全过程的各个工作阶段

（一）设计前期阶段

设计者在动手设计之前，首先要了解并掌握各种有关的外部条件和客观情况：①自然条件，包括地形、气候、地质、自然环境等；②城市规划对建筑物的要求，包括用地范围的建筑红线、建筑物高度和容积率的控制等；③城市的人工环境，包括交通、供水、排水、供电、供燃气、通信等各种条件和情况；④使用者对拟建建筑物的要求，特别是对建筑物所应具备的各项使用内容的要求；⑤对工程经济估算依据和所能提供的资金、材料施工技术和装备等；以及可能影响工程的其他客观因素。在设计前期阶段，除了搜集资料之外，设计者也常协助建设者做一些应由咨询单位做的工作，诸如确定计划任务书，进行一些可行性研究，提出地形测量和工程勘察的要求，以及落实某些建设条件等。

（二）方案设计阶段

建筑设计的全过程以方案设计为基础和立足点。方案设计是整个设计中带有决策性质的工作，方案的好坏将决定建筑设计整体的优劣。方案设计阶段设计文件内容包括：设计说明书、投资估算、设计图纸（平面图、立面图、剖面图、透视图或鸟瞰图），必要时还应附有计算机视觉模拟和模型。

其中，总平面设计说明书应对总体方案构思意图作详尽的文字阐述，并应列出相应技术经济指标表（包括总用地面积；总建筑面积；建筑占地面积；各主要建筑物的名称、层数、高度；建筑密度；容积率；道路广场铺砌面积；绿化面积；绿化率；必要时或有条件情况下计算场地初平土方工程量等）。总平面设计图纸应标明：用地范围的区域位置；用地红线范围（各角点测量坐标值、场地现状标高、地形地貌及其他现状情况反映）；用地与周围环境情况反映（如用地外围城市道路；市政工程管线设施；原有建筑物、构筑物、四邻拟建建筑及原有古树名木、历史文化遗址保护等）。总平面布局包括：其功能分区、总体布置及空间组合的考虑；道路广场布置；场地主要出入口车流、人流的交通组织分析（并应说明按规定计算的停车泊位数和实际布置的停车泊位数量）；以及其他反映方案特性的有关分析；消防、人防、绿化等全面考虑。

建筑设计说明书包括：设计依据及设计要求（计划任务书或上级主管部门下达的立项批文、项目可行性研究报告批文、合资协议书批文等，红线图或土地使用批准文件，城市规划、人防等部门对建筑提供的设计要求，建设单位签发的设计委托书及使用要求，可作为设计依据的其他有关文件）；建筑设计的内容和范围（简述建筑地点及其周围环境、交通条件以及建筑用地的有关情况，如用地大小、形状及地形地貌，水文地质、供水、供电、供气、绿化、朝向等情况）；方案设计所依据的技术准则，如建筑类别、防火等级、抗震烈度、人防等级的确定和建筑及装修标准等；设计构思和方案特点，包括功能分区，交通组织，防火设计和安全疏散，自然环境条件和周围环境的利用，日照、自然通风、采光，建筑空间的处理，立面造型，结构选型和柱网选择等；垂直交通设施，包括自动扶梯和电梯的选型、数量及功能划分；设计相关的各种技术处理措施，如关于节能、防排水等方面的必要说明，在具有特殊要求的项目情况下还要对音响、温、湿度等作专门说明；有关技术经济指标及参数，如建筑总面积和各功能分区的面积，层高和建筑总高度。其他如住宅中的户型、户室比、每户建筑面积和使用面积，旅馆建筑中不同标准的客房间数、床位数等。

建筑设计图纸主要包括平面图、立面图、剖面图和透视图。平面图包括底层平面及其他主要使用层平面；立面图包括各个方向的立面，有时也可以根据项目的环境和造型特点选绘有代表性的主要立面；剖面图往往表达空间关系比较复杂的部位。透视图或鸟瞰图视需要而定。

（三）初步设计阶段

在初步设计阶段，各专业应对本专业内容的设计方案或重大技术问题的解决方案进行综合技术经济分析，论证技术上的适用性、可靠性和经济上的合理性，并将其主要内容写进本专业初步设计说明书中；设计总负责人对工程项目的总体设计在设计总说明中予以论述（一般民用项目由建筑设计专业人员担任项目设计总负责人）。为编制初步设计文件，应进行必要的内部作业，有关的计算书、计算机辅助设计的计算资料、方案比较资料、内部作业草图、编制概算所依据的补充资料等，均须妥善保存，以备核查。

初步设计文件根据设计任务书进行编制，由设计说明书（包括设计总说明和各专业的设计说明书）、设计图纸、主要设备及材料表和工程概算书等部分组成。其编排顺序为：封面、扉页、初步设计文件目录、设计说明书、图纸、主要设备及材料表、工程概算书。初步设计文件的深度应满足以下条件：符合已审定的设计方案；能据以确定土地征用范围；能据以准备主要设备及材料；应提供工程设计概算，作为审批确定项目投资的依据；能据以进行施工图设计；能据以进行施工准备。

（四）施工图设计阶段

施工图通过图纸把设计者的意图和全部的设计结果表达出来，作为施工承建单位施工制作的依据，这一阶段是设计工作和施工工作的桥梁。施工图不仅要解决各个细部的构造方式和具体做法，还要从艺术上处理细部与整体的相互关系，包括思路上、逻辑上的统一性以及造型上、风格上、比例和尺度上的协调等。

施工图设计应根据已批准的初步设计进行编制，内容以图纸为主，应包括：封面、图纸目录、设计说明、基本图纸、详细图纸、工程预算书等。施工图设计文件一般以子项为编排单位。各专业的工程计算书（包括计算机辅助设计的计算资料）应经校审签字后，整理归档。施工图设计文件的深度应达到能据以编制施工图预算，安排材料、设备订货和非标准设备的制作，进行施工和安装，以及进行工程验收。

第二节 建 筑 方 案 设 计

一、建筑方案设计工作的基本性质及其方法和过程

（一）建筑方案设计工作的基本性质

建筑方案设计工作是建筑设计的最初阶段，为初步设计、施工图设计奠定了基础，是具有创造性的一个最关键的环节。分析下来，建筑方案设计工作性质具有以下五个方面的特点，即创造性、综合性、双重性、过程性和社会性。

第一，建筑设计是一种创造性的思维活动，建筑功能、地段环境及主观需求千变万化，只有依赖建筑师的创新意识和创造能力，才能灵活解决具体的矛盾和问题，把所有的条件、要求、可能性等物化成为建筑形象，因而培养创新意识与创作能力尤为重要。

第二，建筑设计是一门综合性学科，是一项很繁复的、综合性很强的工作。除了建筑学自身以外，还涉及结构、材料、经济、社会、文化、环境、行为、心理等众多学科，同时建筑类型也是多种多样的，从而决定了建筑师的工作如同乐队指挥一般要照顾到方方面面的角色特点。

第三，建筑设计思维活动具有双重性，是逻辑思维和形象思维的有机结合。建筑设计思维过程表现为"分析研究——构思设计——分析选择——再构思设计……"的螺旋式上升过程，在每一"分析"阶段（包括前期的条件、环境、经济分析研究和各阶段的优化分析选择）所运用的主要是分析概括、总结归纳、决策选择等基本的逻辑思维的方式；而在各"构思设计"阶段，主要运用的则是跳跃式的形象思维方式。

第四，建筑设计思维活动是一个由浅入深循序渐进的过程。在整个设计过程中，始终要科学、全面地分析调研，深入大胆地思考想象，需要在广泛论证的基础上选择和优化方案，需要不厌其烦地推敲、修改、发展和完善。

第五，建筑设计必须综合平衡建筑的社会效益、经济效益与个性特色三者的关系，在设计过程中需要把握种种关系，满足各个方面的要求，统一地物化为尊重环境，关怀人性的建筑空间与立体形象。

（二）建筑方案设计的基本方法和过程

建筑方案设计的过程大致可以划分为任务分析、方案构思和方案完善三个阶段，其顺序过程不是单向的一次性的，而是多次循环往复形成的螺旋式上升过程。

建筑方案设计带有一种艺术性的、形象思维的性质，设计方法是多种多样的。大体说来，其基本方法可以归纳为"先功能后形式"和"先形式后功能"两大类，两者的最大差别主要体现为方案构思的切入点与侧重点的不同，前者为常用设计方法。这两种方法是对立统一的关系，针对不同的设计项目特点各有侧重，建筑师往往是在两种方式的交替探索中最终找到一条最佳的方法途径。

"先功能"是以平面设计为起点，重点研究建筑的功能需求，当确立比较完善的平面关系之后再据此转化成空间形象。它的基本过程就是：熟悉两个内容，即设计任务书和地形图；安排基地，确定总体形态；由功能关系分析图，一边确定面积大小，一边在基地上作调整；作比较方案，并最终确定一个；确定方案后，画图或做模型，还要写说明文本。相比而言从功能平面入手更易把握和提高设计效率，适于初学者，不足之处是可能会对建筑形象的

创造性发挥产生一定程度上的制约。

"先形式"则是从建筑的体型、环境入手重点研究空间与造型,当确立一个比较满意的形体关系后,再相应完善功能,如此反复深入。这种方法有利于自由发挥想象力与创造力而创造富有新意的空间形象,对设计者的设计功底和经验要求较高,不适于初学者。对于一位成熟的建筑师,所谓"先形式"的同时,建筑的功能处理与空间关系问题已经无形之中完成在自己的脑海中了。

二、建筑方案设计的任务分析

设计要求主要是以建筑设计任务书形式出现的,主要内容包括:建造目的、空间内容、建设规模,具体的基地情况,造价和技术经济要求等。任务分析作为建筑设计的第一阶段工作,其目的就是通过对设计要求、地段环境、经济因素和相关规范资料等重要内容的了解和系统地分析研究,为方案设计确立科学的依据。

(一)内在条件的分析

1. 功能空间的要求

方案设计首先是如何把握功能,如何满足使用要求。各功能空间是相互依托密切关联的,它们依据特定的内在关系共同构成一个有机整体。这种内在关系可以借助于功能关系框图来进行分析,把逻辑思维转换成图示思维。从功能分区开始,把若干房间按功能内容相近归类成几个区,分析这几个区的配置关系;功能分区格局确定后,就可进一步分析每个功能区域内各个房间的关系,主次、内外、闹静、洁污、功能要求的联系紧密与松散程度等。

建筑的各功能空间都有明确的功能需求,我们应对各个主要空间进行必要的分析研究,包括体量大小、基本设施要求、位置关系、空间属性等。按比例制作各主要房间的房间面积图形,了解各房间的朝向、通风、采光、日照等要求以及各房间的空间高度要求等。

2. 形式特点要求

不同类型的建筑有着不同的性格特点,如居住建筑亲切宜人,而公共建筑庄重大方;此外使用者的个性特点和要求各不相同。因此,我们必须准确地分析和把握建筑的类型特点及使用者的个性特点,才能创作出符合人们审美观念、经济适用的优秀建筑作品。

(二)环境条件和经济技术条件的分析

1. 环境条件

环境条件是建筑设计的客观依据,主要包括地段环境、人文环境和城市规划设计条件。外部环境条件的调查分析是展开设计的必备过程,必须根据任务书要求和具体基地地形图等进行理性分析,从而理出设计的若干可能及其设计基本思路。

(1)地段环境及人文环境。地段环境包括:①地段的大小、形状、地形地貌;②地区气候,如北方地区建筑设计常集中布局、形体相对封闭以利于避寒,南方地区通常平面舒展、形象通透以通风纳凉;③与邻近建筑的关系,分析周边建筑物的特定条件(平面形状、层数、风格等)后而运用呼应、对位等手法,使得空间有机结合;④道路交通,根据道路性质与基地的城市区位可分析出车、人流的主次及方向,以便确定场地出入口;⑤景观朝向,根据朝向、景观条件分析确定主要空间的定位;其他条件还有地质条件、城市方位、市政设施等。

人文环境包括城市文脉、地方风貌特色(文化风俗、历史名胜、地方建筑)等,建筑设计必须因地制宜地确定平面布局方式(集中式或分散式)及塑造地域特色。

（2）城市规划要求的设计条件

城市规划管理部门从城市总体规划的角度出发，对各个建设用地的建筑设计具有一定的要求及限制条件，通常包括：①建筑高度控制，根据限高来确定建筑层高及层数；②容积率，即地面以上总建筑面积与总用地面积之比，用来限制总建筑面积；③建筑密度，即首层建筑面积与总用地面积的百分比，控制建筑用地不超过一定范围，而保证留有合理的绿化、道路、入口广场用地；④建筑后退红线限定，为了满足所临城市道路（或邻建筑）的交通、市政、防火、日照及景观要求，限定建筑物后退用地红线的距离；⑤交通出入口位置，规划及交通管理部门根据城市道路交通系统情况，规定用地机动车出入口及人流出入口的位置；⑥绿地率，即绿化面积与总用地面积之比，是该用地的最小绿化指标；⑦停车量要求，用地内的停车位总量，是该建筑的最小停车量指标。

2. 经济技术因素

经济技术因素是指建设者所能提供用于建设的实际经济条件与可行的技术水平，是除功能环境之外影响建筑设计的第三大因素。一个优秀的建筑师，总是在经济工程技术方面经过严格的训练而拥有扎实的功底。建筑的工程技术问题大体包括结构设计、建筑设备技术（水、电、暖）等，建筑师不仅要注意形式美的处理问题，更须注意结构技术和施工技术等诸方面的合理性的问题，熟练应用各种结构选型而使空间布局灵活，并应有能力解决各工种之间的协调问题，在实际的建筑设计中运用自如。

（三）调研和搜集资料

学会搜集并使用相关资料，借鉴前人实践经验并掌握相关规范制度，是学好建筑设计的必由之路。资料的搜集调研可以在第一阶段一次性完成，也可以穿插于设计之中分阶段进行。

1. 实例调研

调研实例的选择应本着性质相同、内容相近、规模相当、方便实施并体现多样性的原则，调研的内容包括一般技术性了解，如对相关类型建筑设计构思、总体布局、平面组织和空间形体的了解调查，以及对实际使用管理情况的调查。最终调研的成果应汇总整理，形成图文并茂、较为系统的参考资料库。在实例调研过程中，建筑师要如同文艺工作者体验生活一般，亲身感受体验一下在这种建筑中的生活、工作、娱乐等功能活动要求及其相应的使用空间特点。

2. 资料搜集

相关资料的搜集包括规范性资料和优秀设计图文资料两个方面。

建筑设计规范是建筑设计过程中具有法律意义的强制性条文，必须熟悉掌握并严格遵守。对我们影响最大的设计规范有消防规范、日照规范和交通规范等。资料搜集工作的第一步就是收集一些规范性的资料，如教室及实验室的大小和要求，阶梯教室的要求，专门化教室（如语音等）的要求，走廊的宽度、建筑的层高、室外场地等的种种要求。只有摸清这些基本的规范性的要求，才能行之有效地做出合理适用的建筑设计方案来。

优秀设计图文资料的搜集工作，不仅要搜集与本设计类型相同的资料，而且要搜集不同类型的建筑实例。搜集实例资料的目的是作为分析研究的素材，经过"粗阅"和"精研"，分析它们的规模、功能、总体、细部、造型等等，做好类比工作，分析为什么如此处理和有何优缺点等。此外还要搜集基本的"工具性"资料，如学校建筑中的教室尺寸、课桌椅尺寸、走道的宽度、空间净高等各种规定。

三、建筑方案设计的构思、比较与选择

（一）方案的立意和构思

建筑设计是一种创作活动，需要进行立意与构思作为方案设计的指导原则。立意与构思相辅相成，立意是目标而构思是手段，两者必须在设计初始阶段共同发挥作用。

动手设计之前充分发挥想象力，在设计者原有知识与经验的基础上，结合具体设计项目进行条件分析，对其进行深入地理解，从中捕捉创作灵感，然后产生一个综合的"思路"，这个过程叫做"立意"。设计立意分为基本和高级两个层次，前者是以满足最基本的建筑功能、环境条件而指导设计为目的；后者则在此基础上通过对设计对象深层意义的理解与把握，谋求把设计推向一个更高的境界水平。

对于初学者而言，设计立意的现实可行性尤为重要，不应强求定位于高级层次。一个好的构思绝非玩弄手法，而是设计者对创作对象的环境、功能、形式、技术、经济等方面深入综合的提炼成果，是以独特的、富有表现力的建筑语言来表达立意，完成从概念萌发到物化为建筑形象的过程。

（二）方案构思的方法和过程

方案构思是方案设计过程中至关重要的一个环节。方案构思借助于人们形象思维的能力，通过图示的方式，把设计理念物化为具体的建筑形态。而形象思维方式不是单一的、固定不变的，而是开放的、多样的和发散的。因此，具体方案构思的切入点必然是多种多样的，可以从功能入手，从环境入手，也可以从结构及经济技术入手，其中从功能入手较适于初学者。

1. 从具体功能特点入手进行方案构思

从具体功能特点入手往往是进行方案构思的主要突破口之一，方案设计全过程基本可以概括为：熟悉设计的"任务书"和地形图；安排基地，确定总体形态；根据功能关系分析图进行功能分区、明确流线，根据流线关系，做出几种组合的可能性判断；作多种比较草图方案，并最终确定一个优选的方案；画正式方案图并撰写说明文本，必要时还要做模型。

方案设计的起步是场地设计，场地设计内容包括出入口选择和场地规划。场地出入口是外部空间进入场地的通道，场地的入口一般应迎合各主要人流方向，应符合内部功能、城市规划的要求，并与周边环境因素构成对位关系。场地规划是进行建筑方案设计之前先要解决的问题，只有解决好"图"（建筑物）与"底"（室外场地）的关系，包括两者间的空间位置、尺寸大小，才能为进入单体设计打下基础。当拿到地形图后，应估算用地面积，并把用地面积与建筑面积进行比较，按照合适的建筑密度决定所设计的建筑首层面积，同时要依据消防、日照等规范要求合理安排道路、停车场及绿化等的布置。如图书馆场地布局中应重点处理好各种功能的分区和组合，喧闹与安静用房应明确分开并适当分隔；从场地规划上妥善组织人、车流线和停车场地，人流量大且集散较集中的用房应有独立的对外出入口；根据使用要求合理布置各种广场、庭院、活动场地等室外空间及绿化、小品等设施，创造丰富、美观的休息和活动环境（图3-1）。建筑的平面形状应根据地段的形态因势利导，如当地段有一斜边时，建筑沿斜边的平面形式可能与斜边平行，也可能采用锯齿状；当建筑用地是一平地时，建筑平面组合可采用适合于平地的同层布局形式，如庭院布局等；而当用地是一坡地时，建筑设计可能利用地形采用错层设计以平衡高差的方式等。用地紧张的情况下宜采用集中式的平面组合形式，如内廊式、单元式等；用地宽松的情况下可以采用松散式的平面组合

形式，如庭园式、院落式或开敞式等。

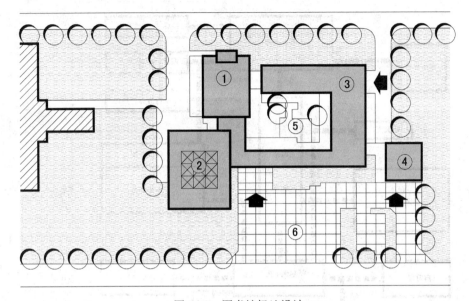

图 3-1 图书馆场地设计

1—书库区；2—阅览区；3—研究、办公；4—报告厅；5—内庭院；6—入口广场

平面设计一般最主要的任务就是解决好建筑物各种使用部分的功能关系和空间关系，其中需要处理的首要矛盾就是功能分区问题。这里所讲的功能分区就是将各种空间或房间按照使用要求上、相互间联系的密切程度、相互间可能存在的不利影响等因素，将其组合成不同的基本功能体块，并使各功能体块间既有必要的联系，又有必要的隔离，做到"内外有别"和"干扰分区"。所谓"内外有别"即内部工作区与对外开放活动区之间的明确区域划分，平面布局中常将内部工作用房置于建筑总体的后部或侧翼，如图书馆建筑中专业工作用房、行政管理用房及辅助皆属于内部用房区域，而阅览室、自习室、多功能厅皆属于对外开放服务区域。所谓"干扰分区"就是解决好各项活动进行时相互干扰的隔绝问题，如在图书馆建筑设计中我们常将活动用房相对集中布置而形成"动、静"两区：行政管理室、专业工作室、阅览室、自习室属"静区"，展览厅、多功能厅属"动区"，平面布局上"动、静"两区依次远离相邻交通干道和噪音源，既满足了静区防噪声要求又便于动区人流疏散（图 3-2）。功能分区的分隔与联系主要体现在主次、内外及动静等关系上，在设计中常常利用插入中性空间、楼层分层处理或者在总体上直接脱开进行功能区分。主与次的差别反映在位置、朝向、通风采光条件和交通联系等问题上，主要使用部分一般处于显要的位置，次要使用部分布置在次要位置；内部使用和对外服务部分既联系方便，又不可相互混杂，以避免相互影响，对外部分靠近交通枢纽；动与静相分离，使不同使用空间有不同的要求，避免相互干扰。流线是联系各功能分区的纽带，功能分区之间的联系与分隔以此为依据，设计中必须区分各功能空间人流特点，做到流线简捷明了，并据此做出空间的布局安排。如图书馆建筑中各种活动人员的流动方式各不相同：阅览空间——分散而无序；观演空间——集中而有序，紧邻门厅，必要时设单独出入口，以最短捷的流线集散；内部管理、专业工作——分散而无序，创造便于自由选择活动项目的流线，减少人流迂回带来的干扰；展览空间——分散而有序（图 3-3）。

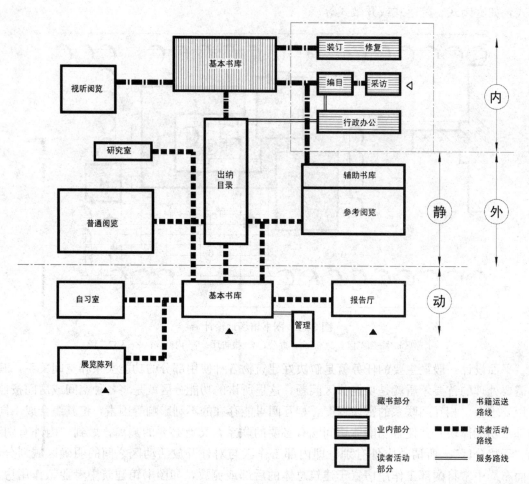

图 3-2 功能分区示意图

在场地规划已确定了建筑平面的基本范围，而且内部条件分析也明确了若干功能分区和流线组织之后，就需要在地形图上确定各功能分区在平面上的具体定位。将各房间安排到各自相应的功能区域中去，将功能关系图式由无面积限量的逻辑关系图式转化为具有具体面积限量关系的初步图面，并依据功能的差别与联系对同一功能区域内的若干房间进行再分区；依据任务书规定的面积指标，以及各房间自身使用上对空间形态及尺寸的要求，通过选择合理的结构方案，即通过开间的模数化调整房间的面积和形状；调整基本功能（如采光、通风、楼梯、走道、室内外关系等）及空间的秩序；在平面关系基本完成的基础上，结合剖面和屋顶设计把建筑"立"起来，进行空间和形体的塑造（图 3-4）。

通过对设计任务书提出的功能进行深入透彻的分析理解，并产生独特的认识，往往能够缔造独创性设计意念和构思。现代建筑大师——密斯设计的巴塞罗那国际博览会德国馆，由于功能上的突破与创新而成为近现代建筑史上的一个杰作。空间序列是展示性建筑的主要组织形式，即把各个展示空间按照一定的顺序依次排列起来，以确保观众舒适顺畅地进行参观浏览。一般参观路线是固定的和唯一的，这在很大程度上制约了参观者自由选择浏览路线的可能。在德国馆的设计中，基于能让人们进行自由选择这一思想，创造出具有自由序列特点的"流动空间"，给人以耳目一新的感受（图 3-5）。同样是展示建筑，出自另一位现代建筑

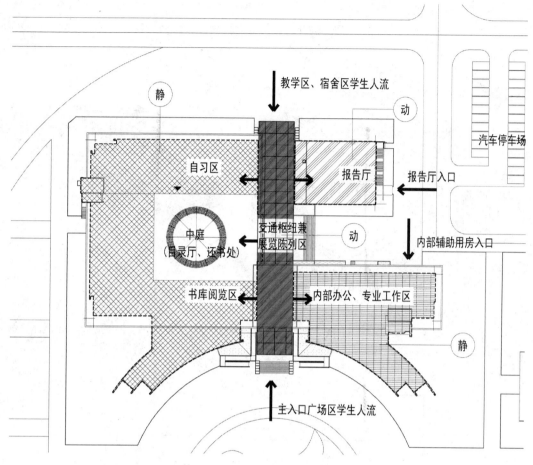

图 3-3　图书馆功能分区

大师——赖特之手的纽约古根汉姆博物馆却有着完全不同的构思重点。由于用地紧张，该建筑只能建为多层，参观路线势必会因分层而打断。对此，设计者创造性地把展示空间部分取消了"层"的空间概念，而设计为一个环绕圆形中庭缓慢旋转上升的连续空间，其展品就布置在连续上升的坡道侧墙之上，观众沿着坡道边走边看，保证了参观路线的连续与流畅，并使其建筑造型别具一格。由于建筑师的设计立意从"沿着坡道观展"这一独特的功能性理念出发，该建筑设计表现出与众不同的设计思想和形象，成为 20 世纪建筑设计的精品（图 3-6）。

2. 从其他切入点（环境特点、造型特点等）入手进行方案构思

除了从功能入手进行构思外，依据具体设计项目的环境特点、造型特点等因素也可以成为设计构思可行的切入点与突破口。

富有个性特点的环境因素如地形地貌、景观朝向以及道路交通等均可成为方案构思的启发点和切入点。通过熟悉地形（包括地形形状、大小、朝向、交通及周围环境条件等），渐渐形成粗略的设计"轮廓"，依据具体环境特点按一定的功能关系粗略地勾勒出建筑形态，然后在意向性草图的基础上逐步细化而确定建筑平面，同时进行空间形态和造型设计。例如赖特设计的流水别墅在认识并利用环境方面也可以堪称为典范。该建筑建造于风景优美的自然环境之中溪流之上，四季溪水潺潺，树木浓密，两岸层层叠叠的巨大岩石构成其独特的地

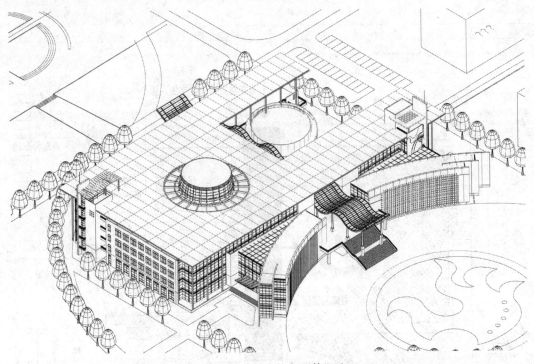

图 3-4 建筑空间与形体塑造

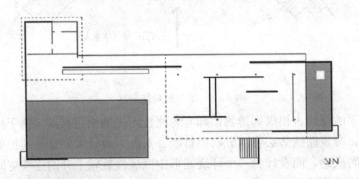

图 3-5 巴塞罗那国际博览会德国馆

形、地貌特点。赖特在处理建筑与景观的关系上,不仅考虑到了对景观利用的一面——使建筑的主要朝向与景观方向相一致,成为一个理想的观景点,而且有着增色环境的更高追

(a)　　　　　　　　　　　　(b)

图 3-6　纽约古根汉姆博物馆
(a) 博物馆外观；(b) 博物馆室内

求——将建筑置于溪流瀑布之上，为自然环境增添了一道新的风景。他利用地形高差，把建筑主入口设于一二层之间的高度上，这样不仅车辆可以直达，也与室内上下层叠有序、棱角分明的岩石形象有着显而易见的因果联系，真正体现了自己创立的有机建筑思想的精髓所在（图 3-7）。

图 3-7　流水别墅

在出自美籍华人建筑师贝聿铭之手的华盛顿美术馆东馆的方案构思中，地段环境尤其是地段形状起到了举足轻重的作用。该用地呈楔形，位于城市中心广场东西轴北侧，其楔底面对新古典主义式样的美国国家美术馆老馆（该建筑的东西向对称轴贯穿新馆用地）。在此，严谨对称的大环境与非规则的地段形状构成了尖锐的矛盾冲突。设计者紧紧把握住地段形状这一突出的特点，选择了两个三角形拼合的布局形式，使新建筑与周边环境关系处理得天衣无缝。其一，建筑平面形状与用地轮廓呈平行对应关系，形成建筑与地段环境的最直接有力的呼应；其二，将等腰三角形（两个三角形中的主体）与老馆置于同一轴线之上，并在其间设一过渡性圆形雕塑广场，从而确立了新老建筑之间的真正对话。由此而产生的雕塑般有力的体块形象、简洁明快的虚实变化使该建筑富有独特的个性和浓郁的时代感（图3-8）。

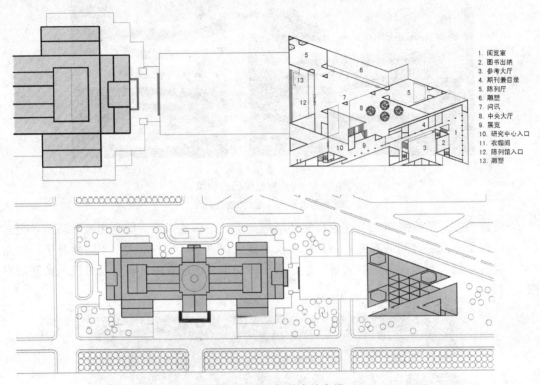

1. 阅览室
2. 图书出纳
3. 参考大厅
4. 期刊兼目录
5. 陈列厅
6. 雕塑
7. 问讯
8. 中央大厅
9. 展览
10. 研究中心入口
11. 衣帽间
12. 陈列馆入口
13. 雕塑

图3-8　华盛顿美术馆东馆

造型切入法常用于纪念性及标志性建筑等，要求建筑师对同类建筑有丰富的经验，初学者不易把握。南京的中山陵选址于紫金山上，陵南为平原，从陵园入口上去，高七十余米，水平距离七百米，气势磅礴，塑造了一代伟人陵墓的纪念性效果；同时，陵墓总体形态构思为"钟"形，喻意为警钟长鸣，告诫全国同胞"革命尚未成功、同志仍需努力"，表达了"唤起民众、将革命进行到底"的中山先生遗愿（图3-9）。丹麦建筑师伍重在建筑设计竞赛中获奖的悉尼歌剧院，其设计立意是对群帆归航的海港景象的模拟。建筑师把实际生活中一组组船帆飘动的港口风景定格化，由此建立起设计意象，从而获得栩栩如生的建筑形象，成为悉尼城市乃至澳大利亚国家的形象标志（图3-10）。

除此之外，其他如结构形式等也均可成为设计构思的切入点。西班牙建筑大师卡拉特拉瓦在加拿大多伦多的BCE画廊与遗迹广场设计中，设计意念在于追求完美精巧的大跨度屋顶结构形式。画廊是由倾斜和分叉的支柱组成，这些树形的支柱配置在画廊两侧的人行道上，支撑着屋顶的一系列曲线桁架，力学上十分合理并形成完美的顶棚图案，建筑整体形象轻盈而优雅（图3-11）。

（三）方案的比较和选择

多方案构思是建筑设计过程中不同价值取向的具体反映。由于影响建筑设计的客观因素众多，侧重点不同就会产生方案的不同，方案构思是一个过程而不是目的，成果只能是"相对意义"上的"最佳"方案，没有简单意义上的对错之分，而只有优劣层次之差别。

图 3-9　南京中山陵

图 3-10　悉尼歌剧院

图 3-11　BEC 广场画廊

为了实现方案的优化选择，应提出差别尽可能明显的多数量的方案，从多角度、多方位来审视建设项目的本质，把握环境的特点，通过有意识有目的地变换侧重点来实现方案在整体布局、形式组织以及造型设计上的多样性与丰富性。任何方案的提出都必须是在满足功能与环境要求基础之上的。只有多做方案，把可能形成的方案进行比较，最后确定其中的一个或是综合成一个最理想的方案。方案设计开始时最好有多于两个的概念设计，并从多种造型母题上去探索，多做形态设计；第一个方案往往不宜做得太深入，确定大局即可；做完第一个方案后，不要紧接着去做第二个方案，把第一种"思路"抑制起来然后会出现新的思路。

当完成多方案后，我们将展开对方案的分析比较，从中选择出理想的发展方案。比较和选择一个方案优劣的主要考查点在于：功能是否合理（包括结构、设备、造价等），环境是否协调（包括基地的利用是否合理，周围环境是否协调，城市规划要求是否满足等），造型是否美观等。也就是说，方案初期在把握"大关系"的基础上，要学会分析、判断将来做细部时是否会出现功能上的"方案性问题"。关于功能上的"方案性问题"的判断，大体可分为这几方面：首先是功能关系和体量上的，这是最重要的功能问题，如托儿所的几种布局形式中应采用第一种方式，这是因为托儿所入口应远离城市交通干道，建筑主要空间应尽量争取南向面宽，活动场地也应尽量布置在场地的南侧，以便于获得最大可能的自然光照，而其余三种布局方式显然都违背了这些基本的原则（图 3-12）；其次是空间氛围上的，包括室内

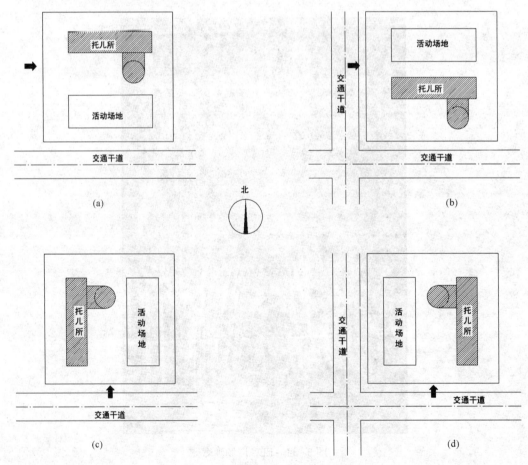

图 3-12 托儿所的几种布局形式

外的空间环境景观等问题，如位于大洋洲海滨的 Tjibaou 文化中心因其形式如水面上片片帆影而引人注目，但如将其环境变换为城市中则会因与周边的环境形态不协调而大煞风景（图3-13）；其三是结构技术的可行性问题，其中包括结构的、设备的、建筑物理的，如多功能厅等大空间应布置在上部、小空间应在底层，反之则底层梁过高而影响空间的使用（图3-14）；其四是有关城市规划和技术经济指标上的，包括建筑高度、退红线距离、容积率、建筑密度、绿化率、消防与道路等等。

图 3-13　Tjibaou 文化中心

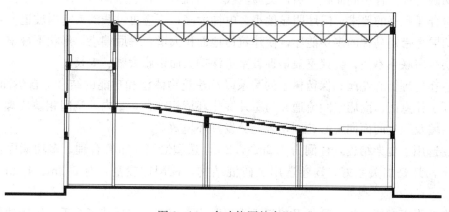

图 3-14　多功能厅的布置

下面以 1995 年《一级注册建筑师资格考试》的两份建筑设计与表达科目考卷（A 卷优秀，B 卷不及格）为例，依据上述几个方面的逻辑要求加以分析。考题为 150 人会议培训中心（北方城市），用地平坦，东、北、南三侧均有城市现状道路，其中东侧道路为较主要的干道，南侧为一次要干道；北侧隔一小路有已建成的招待所一幢，招待所西侧有四层住宅一幢，用地西南方向有四层办公楼；用地与其东侧主要干道之间有一街心花园；用地内东南角处有需要保留的树木两棵；要求进行无障碍设计（图 3-15）。

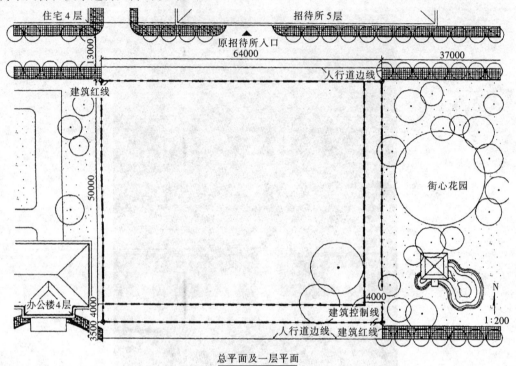

总平面及一层平面

图 3-15 城市次干道

A 卷（图 3-16）建筑功能分区明确、紧凑，底层门厅、休息区、商店空间流通并与室外绿化环境相结合，西面办公管理自成一区，交通枢纽在中间，北面西区布置厨房，东区是餐厅，二楼南面是中、小会议室（兼培训教室），北面东区是多功能厅，西区是游艺室，动静分区明确合理，各房间面积恰当，交通流线清晰流畅。B 卷（图 3-17）平面各部分组成不完全符合任务书的要求，门厅明显偏小，电梯太多，不应再设残疾人室内坡道，自作主张设计了两层高带走马廊的多功能厅，使建筑占地面积大增，餐厅偏小、形状不规整、设在二层与一层厨房联系不便，会议室兼培训教室进深偏大而走廊太窄、太长。

A 卷在处理街心花园和保留树木的关系以及建筑物体型和功能的结合上自然而又协调；底层门厅、休息区、商店空间流通并与室外绿化环境相结合，室内外空间相映成趣。B 卷多功能厅后墙及卫生间面向街心花园，未充分发挥环境效益。

A 卷选用了框架结构，柱网为 7.2m×7.2m，选型恰当、布置合理；多功能厅在上，大餐厅在下，其叠加关系好。B 卷选用了砖混结构，柱网比较乱，有 3.3m、4.2m、4.5m、6m 等。

A 卷总平面布置合理，场地及建筑主入口距主干道交叉口保持了合乎《民用建筑设计通

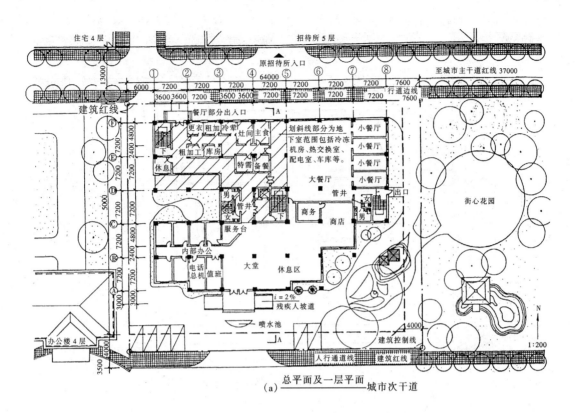

（a）总平面及一层平面／城市次干道

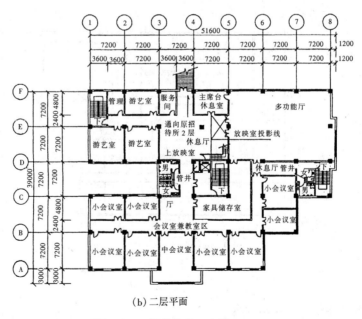

（b）二层平面

图 3-16　优秀答卷（A 卷）

则》规定的距离（大于 70m），和周围建筑保持了良好的日照和防火间距。B 卷总体布局一般，与周围原有建筑间距尚满足规范要求，但北面紧压红线，南向主入口距红线后退不足而影响回车。

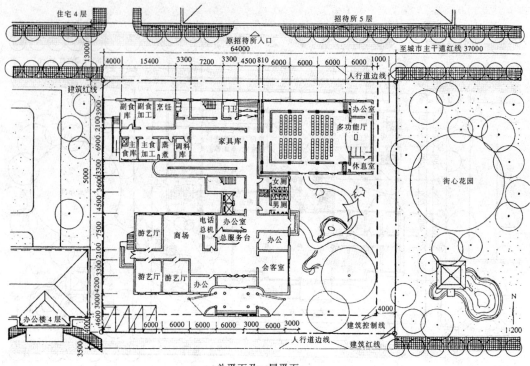

（a）总平面及一层平面

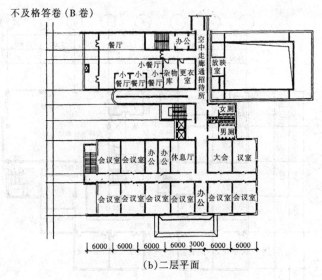

（b）二层平面

图 3 - 17　不及格答卷（B 卷）

四、方案的调整、优化与深入

经过比较选择出的最佳方案通常总体处在大想法、粗线条的层次上，还存在着方方面面尚未解决的问题。为了达到方案设计的最终要求，还要经过一个调整和深化的过程。方案调整阶段的主要任务是解决多方案分析、比较过程中所发现的矛盾与问题，并弥补设计缺项。对方案的调整应控制在适度的范围内，力求不影响和改变原有方案的整体布局和基本构思，并能进一步提升方案已有的优势水平。

（一）方案的调整、优化

方案的调整是综合性的调整，包括功能、技术以及造型问题。一般说来，平面问题多偏重于功能和技术，立面问题多偏重于造型方面。

1. 平面的调整

（1）根据总平面布置的要求完善平面关系。总平面布置包括城市道路连接，场地道路和停车场的考虑，绿化景观环境的合理安排，消防、日照等。要根据用地的性质和所处环境确定用地出入口的位置，并据用地规模和建筑功能及规模确定用地出入口的数量，一般建筑用地情况下，宜设置不少于两个不同方向通向城市道路的出入口，并应与主要人流呈迎合关系；用地内道路布置应结合总体布局、交通组织、建筑组合、绿化布置、消防疏散等进行综合分析而确定。应将各建筑物的出入口顺畅地连接起来，保证人流、车流顺畅安全；建筑物之间必须满足消防及日照间距等。如某小学场地布局方案调整、优化案例：其用地为一侧临街、地势北高南低、地形不规则的场地，要求布置教学、辅助、运动场及生物园地四大功能区；方案一将建筑组合成口字形，部分建筑平行等高线布置，教学用房朝向较好，但场地入口处空间局促、没有疏散缓冲用地，较短的距离是临街用房受到较大干扰，辅助用房的货物进出对教学区形成干扰；方案二对方案一进行了调整、优化，建筑物平行等高线布置造型灵活自然，教学楼和多功能厅均有良好朝向、干扰少而教学环境安静，校园入口处空间开阔、相关功能区域之间联系方便，南北向布置的运动场使用合理（图 3-18）。

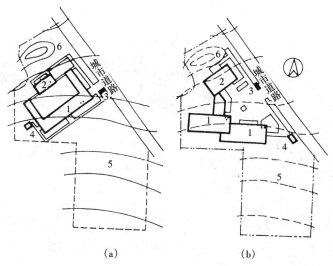

图 3-18　某小学场地布局的多方案比较

（a）方案一；（b）方案二

（2）从功能、环境景观等方面完善平面关系。功能上要注意查缺补漏，优化个体空间的设计并及时补充必要的辅助用房等。如以幼儿园活动室、教室、会议室为例来说明由于使用要求不同而导致的平面长宽比上的差别：活动室稍方一些、会议室稍长一些、教室介乎其中（图 3-19）。景观设计先要分析各空间部分的内容和关联，确定哪些空间需要良好的景观朝向，然后在平面布局时优先考虑并按景观设计要求进行完善工作。如餐饮建筑中餐饮部分往往需要考虑室内外空间的通透，引入优美的景观而形成较好的就餐环境（图 3-20）；注意建筑平面布局的"图"与"底"的关系，强调建筑所围合室外空间的完整性和丰富感；平面形

态与环境形成有机结合，常常运用顺应地形、平面对位等手法使设计平面与自然环境、周边
建筑平面形式形成有机联系（图3-21）。

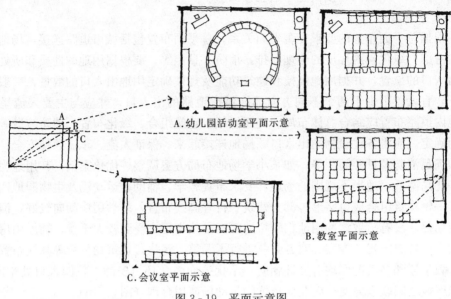

A.幼儿园活动室平面示意

B.教室平面示意

C.会议室平面示意

图 3-19　平面示意图

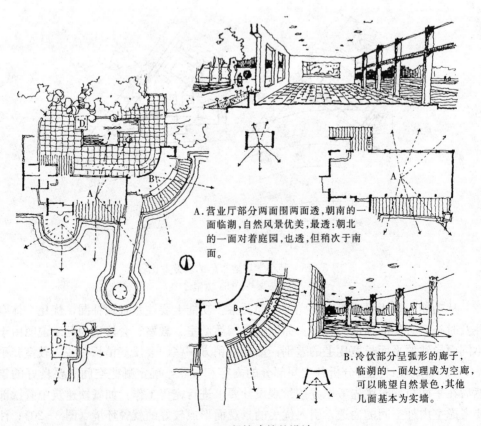

A.营业厅部分两面围两面透,朝南的一面临湖,自然风景优美,最透;朝北的一面对着庭园,也透,但稍次于南面。

B.冷饮部分呈弧形的廊子,临湖的一面处理成为空廊,可以眺望自然景色,其他几面基本为实墙。

图 3-20　餐饮建筑的设计

2. 剖面的调整

通过剖面设计可以深入研究空间的变化与利用，检查结构的合理性，以及为立面设计提供依据。

与在平面中运用墙体来围合分隔空间一样，在剖面上主要运用变化楼面形态的设计手法处理各层空间之间的关系，形成各空间的分隔、流通与穿插，结合不同空间的层高形成丰富的复合空间（图 3 - 22）；特别是对于起伏较大的地形，一般要因势利导，从剖面入手利用错层依山就势进行功能布局，以此决定平面关系，使建筑与环境能有机结合。通过剖面设计可以合理解决结构空间高度与使用空间的矛盾，检查

图 3 - 21　按地形成组团

结构的合理性，如结构选型、支撑体系、各层墙体上下对位、梯段净高是否合理等（图 3 - 23）。只有在剖面上合理确定了层高和室内外高差，才能得出建筑物竖向上的高度，而且立面细节的比例与尺度，如洞口尺寸、女儿墙顶、屋脊线等只能在剖面上加以研究确定。

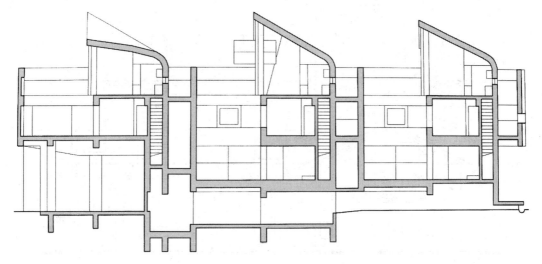

图 3 - 22　日本 NEXU 住宅

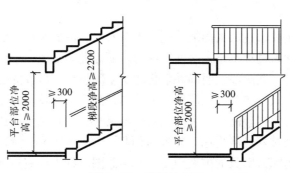

图 3 - 23　建筑的立面

3. 立面的调整

建筑的立面是建筑形象的主角，立面的调整可分为主要轮廓的调整和细部形象的调整两类。主要轮廓的调整，如建筑可以利用顶层的高低错落和屋顶形式的适当变化，形成比较丰

富的外轮廓（图 3-24）。立面细部形象的调整，主要是针对虚实关系差别和细部形象塑造等问题的解决，最终达到既变化又统一的效果。统一的手法有：寻求对位关系，减少窗的形式，局部如立面端部或楼梯间部位稍加窗型变化（图 3-25）；利用形状（门、窗、柱、墙）、尺寸（柱间距、开间等）的重复构成有规律形的连续印象，加强立面要素组合的韵律感（图 3-26）；利用母题、对位、材质色彩强调统一感，并突出形象重点的处理，如往往重点加强入口的地位等（图 3-27）。

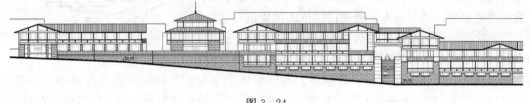

图 3-24

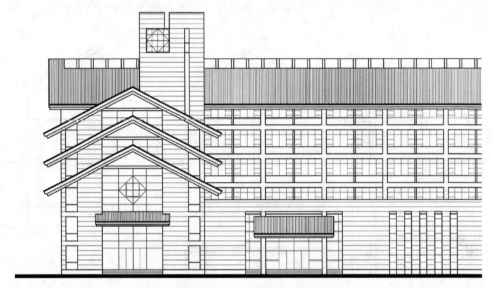

图 3-25　立面的局部变化

（二）方案的深入

方案的深化过程主要通过放大图纸比例，由粗及精、由面及点、从大到小、分层次分步骤进行，并且方案的深入过程不是一次性完成的，而需经历深入——调整——再深入——再调整的多次循环的过程。此阶段应明确并量化建筑空间设计、构件的位置、形状、大小及其相互关系，包括结构形式、建筑轴线尺寸、建筑内外高度、墙及柱宽度、屋顶结构及构造形式、门窗位置及大小、室内外高差、家具的布置与尺寸、台阶踏步、道路宽度以及室外平台大小等具体内容，以及技术经济指标，如建筑面积、容积率、绿化率等；并且应分别对平、立、剖及总图进行更为深入细致的推敲刻划，包括总图设计中的室外铺地、绿化组织、室外小品与陈设，平面设计中的家具造型、室内陈设与室内铺地，立面图设计中的墙面、门窗的划分形式、材料质感及色彩光影等。另附中华女子学院山东分院长清校区图书馆实施方案以供对照参考（图 3-28）。

在建筑方案细部设计中常见问题和处理手法有：①做方案必须符合任务书上既定的各种

图 3-26　局部立面

图 3-27　主次入口处理

要求，如总建筑面积一般应控制在±5％以内，不同大小房间层高问题，房间长宽比不宜大于 2 等；②建筑形象的细部也要确定下来，特别像主入口、屋顶天际线等重点处更要细致地推敲设计；③建筑的室外环境同样需要精心设计，主要包括道路（车行道、步行道、休闲性道路等），硬地（生活活动及休息、停车场地等），绿化（草地、林木、花卉、水池、假山等），小品（路灯、坐椅、废物箱、雕塑，台阶、护栏及其他标志物等）。建筑师应当熟悉各种有关规范，在建筑方案设计阶段，就要满足各种规范基本要求。

方案设计深化的最终成果一般以设计文本的形式出现，设计文本以设计图为主，文字为

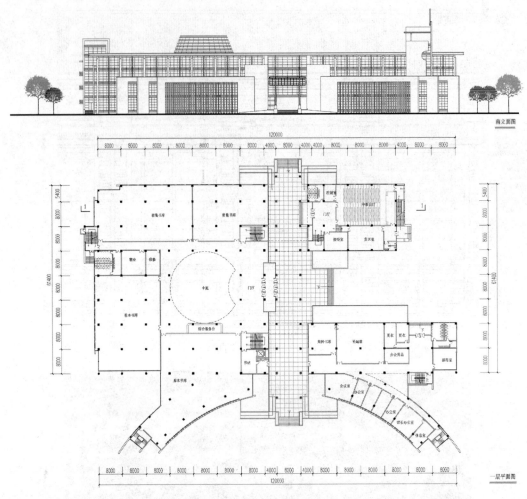

图 3-28　图书馆实施方案（一）

辅。文字部分内容一般包括：①项目基本情况。项目名称、建筑地点、规模、基地及其环境等。②设计构思。根据建筑的类型、性质和地点性撰写设计设想的说明，包括功能和造型上的创意。③建筑设计说明是文字部分的重点，必须全面地说明规划、总平面、建筑功能、技术、造型以及细节部分。④工程结构与设备意向性设计。方案设计中应当包括工程结构和设备技术的意向性说明，但仅在文字部分说明，不必绘图。⑤主要技术性指标，基地面积、总建筑面积、建筑占地面积、建筑密度、容积率、绿化率等。

五、建筑方案设计的表达

方案的表现是建筑方案设计的一个重要环节。依据目的性的不同，方案设计的图面表达分为两种类型：设计推敲性表现与展示性表现，前者是在设计过程中用于设计人员内部交流的，后者则是向业主和社会公众展示的建筑图纸。

（一）设计推敲性表现

推敲性表现是建筑师在各阶段构思过程中所进行的主要外在性工作，是建筑师形象思维活动的最直接、最真实的记录与展现。在绘图过程中，设计思维是主体，绘图只是一种辅助性的手段，用于记录设计思维成果，推敲设计构思，推动设计发展，为建筑师分析、判断、

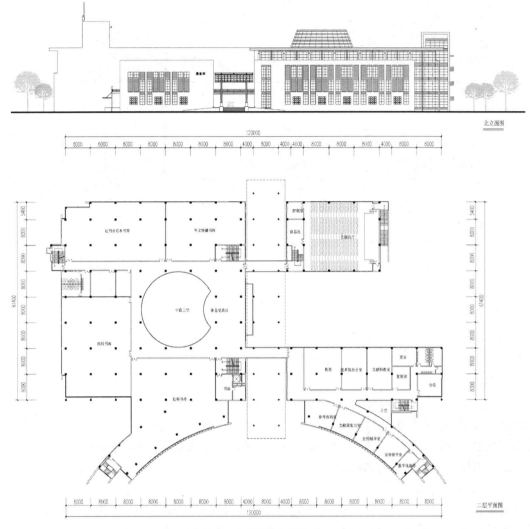

图 3-28　图书馆实施方案（二）

抉择方案构思确立了具体对象与依据。推敲性表现有如下几种形式。

　　1. 草图表现方式

　　草图表现是一种传统的，但也是被实践证明行之有效的推敲表现方法。在创作构思阶段以逻辑思维为主，设计者要针对设计任务书所给的内外条件进行快速分析。为了及时捕捉构思灵感，就要求思维清晰、动手迅速，往往以徒手粗线条（如软铅笔或炭笔）大量勾画构思草图，表达设计中的大关系而忽略细节的束缚，流畅的徒手作图可以加速刺激思维发散，大大提高设计效率。通常要用透明纸（拷贝纸）、软性铅笔（2B 以上）徒手画，用透明纸蒙在前一次草图的上面，要保留的部分描下来，而将改的部分重新画，反复地优化方案直到满意为止。另外注意要选用合适的比例做草图，这样有利于设计者方便地控制方案全局，必要时可备一把比例尺，以保持比例的相对准确性。

　　2. 其他表现方式

　　除了草图表现方式外，设计推敲性表现还包括草模表现、计算机模型表现方式等。草模表现指的是以方便的材料塑造简单的建筑模型，从而使设计者的构思更为真实、直观而具

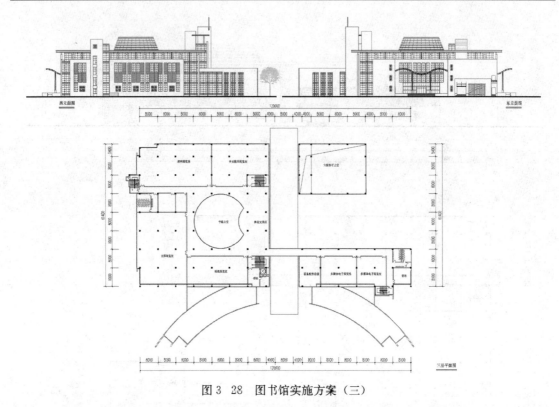

图 3 28 图书馆实施方案（三）

体，所以对空间造型的内部整体关系以及外部环境关系的表现能力尤为突出，但由于具体操作技术的限制使得细部的表现有一定难度。随着计算机技术的发展，计算机模型表现成为推敲性表现的一种新手段，计算机模型表现兼顾了草图和草模表现两者的优点，但硬件设备要求较高，操作技术也有相当的难度。

（二）展示性表现

展示性表现是指建筑师针对阶段性的讨论，尤其是最终成果汇报所进行的方案设计表现。是面向业主、管理部门和社会公众进行展示的建筑图纸，如仪器墨线图、用计算机绘制的正式方案图、彩色透视图等等，用于向业主汇报、供领导审批、与同行交流，具有完整明确、美观得体的特点。展示性表现应注意以下几点：

（1）绘制正式图前要准备充分，应完成全部设计工作并绘出正式底稿，包括所有注字、标题以及人、车、树等衬景。在绘制正式图时不再改动，以保障将全部力量放在提高图纸的质量上。

（2）图纸的表现方法很多，如铅笔线、墨线、颜色线、水墨或水彩渲染以及粉彩方法等，一般应根据设计的内容及特点，选择合适的表现方法。初学者须先掌握比较容易和基本的画法，以后再逐步去掌握复杂的难度大的画法，循序渐进地提高表现方法和水平。

（3）图面构图反映了设计者个人的专业素质、艺术修养、工作的条理性，应以表达清楚和美观悦目为原则。影响图面美观的因素很多，大致可包括：图面的疏密安排，图纸中各图形的位置均衡，图面主色调的选择，树木、人物、车辆、云彩、水面等衬景的配置，以及标题、注字的位置和大小等等，这些都应在事前有整体的考虑，或做出小的试样进行比较。在各种图面定稿之后，要通过适当增加与设计相关的内容或符号，以使版面饱满、完整。如对

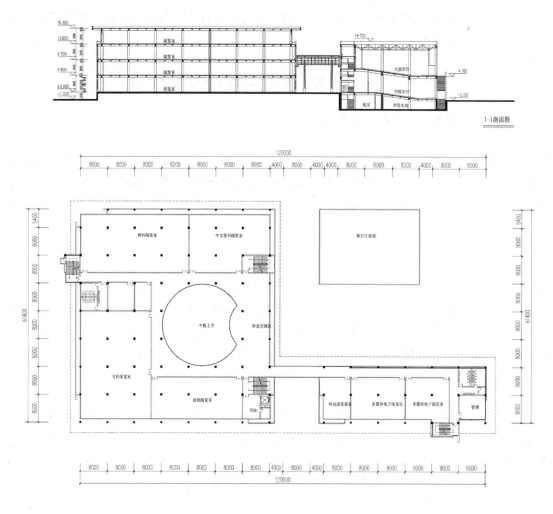

图 3 - 28　图书馆实施方案（四）

图 3 - 28　图书馆实施方案（五）

于一层平面的室外环境，可画上树木、道路、铺地、草坪等配景，接近平面图部分宜重点表现，越远离平面就逐渐淡化；在立面图和剖面图上加背景而衬托建筑尺度，改善版面效果；还可通过标题的字体设计与布局，或适当增加一点装饰符号，以弥补版面的缺陷并给图面带来活力。同时，注意图面效果的统一问题，避免衬景过碎过多、颜色缺呼应、标题字体的形式和大小不当等问题。

第三节　建筑施工图纸文件的设计与编制

一、建筑施工图的内容和有关规定

（一）施工图分类

施工图设计，主要是为满足工程施工中的各项具体技术要求，提供一切准确可靠的施工依据。它包括全套工程图纸和相配套的有关说明和工程概预算。施工图纸按工种分类，由建筑、结构、给排水、采暖通风和电气几个工种的图纸共同组成。各工种的图纸又分为基本图、详图两部分。

（二）建筑施工图内容及编排次序

建筑施工图是说明房屋建造的规模、尺寸、细部构造的图纸，主要表达了建筑的规划位置、外部造型、内部房间布置、室内外装修、细部构造及施工要求等内容。建筑施工图包括建筑平面图、立面图、剖面图以及施工详图、门窗表和材料做法说明等，工程图纸应按图纸内容的主次关系、逻辑关系有序排列。一般是总平面图、平面图、立面图、剖面图等基本图纸在前，详图在后；总体图在前，局部图在后；主要部分在前，次要部分在后；先施工的在前，后施工的在后。

（三）建筑施工图画法规定

为了统一房屋建筑制图规则、保证制图质量和提高制图效率，绘制施工图应熟悉有关的表示方法和规定，严格依据《房屋建筑制图统一标准》GB/T 50001—2001、《总图制图标准》GB/T 50103—2001、《建筑制图标准》GB/T 50104—2001 等规范，做到图面清晰、简明，符合设计、施工、存档的要求，适应工程建设的需要。

（四）建筑施工图绘制方法及步骤

1. 绘制施工图的目的和要求

施工图是根据投影绘制的，用图纸表明房屋建筑的设计及构造。只有熟练掌握图示原理和建筑构造，才能把设计意图和内容正确地表达出来，并通过施工图的绘制进一步认识房屋的构造、熟练绘图技能。

施工图设计要求投影正确、技术合理、表达清楚、尺寸齐全、线型粗细分明、字体工整以及图样布置紧凑、图面整洁等。

2. 绘制建筑施工图的步骤与方法

（1）确定绘制图纸的内容与数量。根据房屋的外形、层数、各层平面布置、内部构造及施工具体要求，全面规划绘制内容，图纸力求精而不漏。

根据图纸的具体要求和作用，选用合适的比例。在图幅大小许可的情况下，尽量保持各图之间的投影对位关系。或将同类型的、内容关系密切的图样，集中于一张或连续几张图纸上，以便对照查阅。并且还要对每张图幅的图样、图名、尺寸、文字说明及表格等内容进行合理布置，使得主次分明、清晰紧凑。

（2）绘制施工图的顺序，一般是按平面、立面、剖面、详图的顺序来进行的，但也可以画完平面图后再画剖面图，然后根据投影关系再画出正立面图等，再标注尺寸和书写文字说明。

先整体后局部，先画基本图再画详图；先骨架后细部，可以提高画图速度，避免返工；先画图后注字，一般先把图画完，最后注字，注字时先注尺寸，然后注文字说明。

（3）绘制施工图时，同一方向的大尺寸应一次量出，如立面垂直方向的尺寸，从地坪、各层楼地面直到檐口等；相等尺寸一次量出，如平面图上等宽的门窗洞口。描图上墨时，一般先下后上、先左后右，同类的线尽可能一次画完。

二、图纸目录及设计说明

（一）图纸目录

图纸目录用来说明该项工程是由哪几个工种的图纸组成的，各工种图纸的名称、图纸的张数和图纸编号的顺序，以便查找图纸，图纸目录上图号的编排顺序应与图纸一致（图 3-29）。

项　目				面　积		
档案号	图别	图号	图　样　名　称	图纸开幅	设计人	备　注
	建施	1	建筑设计说明　建筑做法说明	A2		
	建施	2	门窗表　门窗大样	A2		
	建施	3	总平面图	A2		
	建施	4	半地下室平面图	A2		
	建施	5	一层平面图	A2		
	建施	6	标准层平面图	A2		
	建施	7	六层平面图	A2		
	建施	8	阁楼层平面图	A2		
	建施	9	屋顶平面图	A2		
	建施	10	南立面图	A2		
	建施	11	北立面图	A2		
	建施	12	东立面图　西立面图	A2（加长）		
	建施	13	1-1剖面图　2-2剖面图	A2（加长）		
	建施	14	3-3剖面图	A2		
	建施	15	大样图	A2		
室　别	工程负责人		目录编号			

图 3-29　图纸目录表

（二）设计说明

设计说明是说明工程的概况和总的施工工艺及材料要求。内容包括工程设计依据（如建筑面积、造价以及有关的地质、水文、气象资料）；设计标准（建筑标准、结构荷载等级、抗震要求、采暖通风要求、照明标准）；施工要求和做法说明（施工技术及材料的要求等）。一般小型工程的设计说明不单独列出，可放在建筑施工图内（图 3-30）。

建筑设计说明

一、工程概况：
1. 本工程为××楼，一至六层均为住宅
2. 本设计采用砖混结构
3. 主要技术经济指标：总建筑面积：8006.8m²住宅层高2.8m 总高度：19.65m

二、设计依据：
1. 规划部门提供规划定点通知书
2. 经规划部门和甲方同意的方案设计
3. 相关规范和标准：
《建筑设计防火规范》(GBJ16—87)
《民用建筑设计通则》(JGJ37—87)
《住宅设计规范》(GB50096—1999)
《民用建筑节能设计标准》(采暖居住建筑部分)

三、建筑设计：
1. 设一层室内楼面相对标高为±0.000 相当于绝对标高122.60
2. 屋面防水等级按Ⅲ级设计，一道防水，具体要求见GB50207—94
3. 所有阳台在工程竣工之前均必须用单框双玻塑钢窗封闭，甲方自理

四、节能设计
各部分围护结构均做节能设计，达到节能要求，具体做法如下：
1. 外墙采用370mm厚粉煤灰蒸压砖，内侧抹NFA复合保温砂浆厚25mm
2. 屋面保温采用100mm厚增水珍珠岩保温块
3. 外窗采用保温和气密性优良的塑钢窗，单框双玻，空气层厚度＞12mm

建筑做法说明（选用 L96J002）

	编号	名 称	使用部位	备 注	适用条件
1. 散水	散2	混凝土水泥散水	全部	宽度1500	
2. 地面	地10	混凝土防潮地面	除注明外全部		防潮地下室地面
3. 楼面	楼24	陶瓷锦砖楼面	除注明外全部	垫层、面层取消	
	楼27	陶瓷锦砖防水楼面	卫生间 厨房		
4. 内墙	内墙6	混合砂浆抹面	除注明外全部	刷白色内墙涂料	砖墙
	内墙9	水泥砂浆抹面	地下室	刷白色内墙涂料	砖墙
	内墙31	瓷砖墙面	卫生间,厨房	白色面砖贴到顶	砖墙
5. 外墙	外墙23	涂料墙面	颜色位置详立面所注		砖墙
6. 踢脚	踢2	水泥砂浆踢脚	水泥楼地面处	高150	
7. 顶棚	棚3	抹灰顶棚	除注明外全部	刷白色内墙涂料	
	棚5	水泥砂浆顶棚	地下室,卫生间,厨房	刷白色内墙涂料	
	屋4	平瓦保温屋面	坡屋面		
	屋14	细石混凝土防水屋面	雨篷		
8. 屋面	屋27	卷材防水膨胀珍珠岩保温屋面	非上人屋面		
	屋46	铺地砖上人屋面	上人屋面	保温层改为100厚增水珍珠岩保温块	
9. 油漆	油漆18	木材面油漆	木门	颜色另定	
	油漆38	金属面油漆	管子 铁件	颜色另定	
10. 涂料	涂7	乳胶漆耐擦洗内墙涂料	见内墙和顶棚说明	白色	

图 3-30　建筑设计技术说明

三、总平面图

（一）形成和用途

总平面图表明一个工程的总体布局，是在新建房屋所在基地一定范围内的地形图上画出原有及拟建房屋外轮廓的水平投影图。建筑总平面图主要表达建筑基地的尺寸大小、地形、地貌，新建房屋的具体位置、朝向，平面尺寸和占地面积，新建房屋与原有建筑物、构筑物、道路、绿化等之间的水平关系，作为新建房屋定位、施工放线、土方施工以及施工总平面布置的依据。

（二）基本内容及图示特点

1. 基本内容

（1）表明总体布局，如用地范围、各建筑物及构筑物的位置、道路、管网的布置等。

（2）确定建筑物的平面位置。一般根据原有房屋或道路定位。修建成片住宅、较大的公共建筑物、工厂或地形较复杂时，用坐标确定房屋及道路转折点位置。

（3）标明建筑物首层地面、室外地坪、道路的绝对标高，地面坡度及雨水排除方向。

（4）用指北针表示房屋的朝向。有时用风向玫瑰图表示常年风向频率和风速。

（5）根据工程的需要，有时还有水、暖、电等管线总平面图、各种管线综合布置图、竖向设计图、道路纵横剖面图以及绿化布置图等。

2. 图示特点

根据国家《建筑制图标准》规定，总平面图应采用 1∶500、1∶1000、1∶2000 的比例绘制。总平面图上的房屋、道路、桥梁、绿化等内容都应符合规定的总平面图图例，如采用特殊图例则应列出并说明。

一般根据原有房屋或道路来对新建房屋进行定位，以米为单位标注出定位尺寸，标注到小数点后两位。为了保证在复杂地形中放线准确，总平面图中也常采用坐标来定位，常用的表示方法有标注测量坐标和建筑坐标两种。总平面图上应标注新建房屋的总长、总宽及与周围房屋、道路的间距尺寸，标注新建房屋室内地坪和室外地坪的绝对标高尺寸。用指北针或带有指北针的风向频率玫瑰图（简称风玫瑰）来表示新建房屋的朝向及该地区常年风向频率。总平面图应标注出图上各建筑物、构筑物的名称。

（三）绘图要点

了解工程性质、图纸比例尺，编写文字说明，熟悉图例。了解建设地段的地形，查看用地范围、建筑物的布置、四周环境、道路布置，当地形复杂时，要了解地形概貌。确定各新建房屋的室内外高差、道路标高、坡度以及地面排水组织。查看房屋与管线走向的关系，管线引入建筑物的具体位置。查找定位依据，新建建筑物根据已有的建筑或道路定位或者根据坐标定位并标注建筑坐标（图 3-31）。

四、平面图

（一）形成和用途

建筑平面图就是假想用一个水平剖切的方式，沿建筑的窗口（位于窗台稍高一点）的地方水平切开，这个切口下部的图形投影至所切的水平面上，从上往下看到的图形即为该房屋的平面图。

平面图主要表达房屋的平面形状、大小、房间的布局，墙、柱的位置、尺寸、材料和做法，楼梯和走廊的安排以及门窗的位置、类型等内容。施工过程中，放线、砌墙、安装门

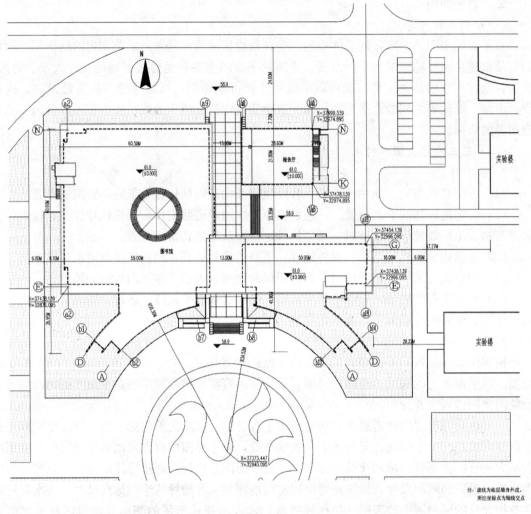

图 3 - 31

窗、做室内装修以及编制预算、备料等都要用到平面图。

（二）基本内容及图示特点

1．基本内容

根据房屋的层数不同，平面图由底层（一层）平面图、中间各层平面图、顶层平面图和屋顶平面图组成。如果中间各楼层平面布局相同，图名则为"×～×层平面图"或"标准层平面图"。当有些楼层的平面布局仅有某一局部（如卫生间）不同时，只需加画局部平面图。

（1）表明建筑物形状、内部的布置及朝向等。包括建筑物的平面形状，各种房间的布置及相互关系，入口、走道、楼梯的位置等。由外围看可以知道建筑的外形、总长、总宽以及面积，往内看可以看到内墙布置、楼梯间、卫生间、房间名称等。

（2）从平面图上还可以了解到开间尺寸、门窗位置、室内地面标高、门窗型号尺寸以及所用详图的符号等。

（3）表明建筑物的结构形式、主要建筑材料，综合反映其他各工种（工艺、水、暖、电）对土建的要求。

2. 图示特点

国家《建筑制图标准》规定，建筑平面图宜选用 1：50、1：100、1：200 的比例绘制；凡是被剖切到的墙、柱等截面轮廓线线型用粗实线（b），门扇的开启示意线用中粗实线（0.5b）。各层平面图中的楼梯、门窗、卫生设备等均采用《建筑制图标准》规定的图例表示。门窗还应编号，用 M、C 分别表示门窗的代号，后面的数字为门窗的编号。

凡是承重墙、柱子、梁等主要承重构件都应画出轴线来确定其位置。一般承重墙、柱及外墙编为主轴线，而非承重隔墙等编为附加轴线。两根轴线之间的附加轴线，应以分母表示前一轴线的编号，分子表示附加轴线的编号，编号宜用阿拉伯数字顺次编写，如：1/3 表示 3 号轴线后附加的第一根轴线，2/C 表示 C 号轴线后附加的第二根轴线。

建筑平面图上所注尺寸以毫米为单位，标高以米为单位。平面图上标注的尺寸有外部尺寸和内部尺寸两种。外部应标注三道尺寸，最外面一道是标注房屋的总尺寸，中间一道是标注开间和进深的轴线尺寸，最里一道是标注外墙门窗洞口等的细部尺寸。内部尺寸，应标注房屋内墙门窗洞、墙厚及与轴线的关系、门垛等细部尺寸。底层平面图中还应标注出室外台阶、散水等尺寸。平面图上应标注各层楼地面、楼梯休息平台面、台阶顶面、阳台顶面和室外地坪的相对标高。

此外，在底层平面图上应画出建筑剖面图的剖切符号及剖面图的编号，以便与剖面图对照查阅。在平面图中如果某个部位需要另见详图，需要用详图索引符号注明要画详图的位置、详图的编号及详图所在图纸的编号。平面图中各房间的用途宜用文字标出。平面图中一般附有门窗表，以便于订货和加工（图 3-32）。

编号	标准图门窗号	洞口尺寸宽×高	数　量						所选标准图图集号	备　注
			地下室	一层	标准层	六层	阁楼层	总计		
M1	PM—1021	1000×2100		8	32	8		48	L92J607	防盗门
M2	M2—57	900×2100		28	112	20	24	184	L92J601	木门
M3	M2—9	700×2100		16	64	16	8	104	L92J601	木门
M4		4200×2400		4	16	4		24		塑钢门　详大样
M5	M2—311	1160×2100			16	4		24	L92J601	木门　宽度改为1160
M6		1500×2200		4				4		智能控制门
M7	M2—13	800×2000	28					28	L92J601	木门
M8	PM—13	900×2100					8	8	L99J605	塑钢门
C1	TC—64	3000×1500		4	16	4		24	L99J605	塑钢窗
C2	TC—25	2100×1500		8	32	8		48	L99J605	塑钢窗
C3	TC—24	1800×1500		8	32	8		48	L99J605	塑钢窗
C4	TC—23	1500×1500		8	32	8		56	L99J605	塑钢窗
C5	TC—22	1200×1500		3	12	3		18	L99J605	塑钢窗
C6	仿 GC—01	900×1500			14	4	8	24		塑钢窗　详大样
C7	仿 GC—01	600×450	4	8	32	8		52	L99J605	塑钢窗　高度改为450

注：塑钢窗，框银白色
　　所有大样门窗制作安装前需现场校核尺寸。

图 3-32　门窗表

（三）绘图步骤

（1）定轴线，先定横向和纵向的最外两道轴线，再根据开间和进深尺寸定出各横向、纵向定位轴线。

（2）画墙身厚度和柱子轮廓线，定门窗洞位置，定门窗洞位置时，应从轴线往两边定窗间墙宽。

（3）画门窗、楼梯、台阶、散水、卫生间等细部。

（4）检查无误后去掉多余图线，按要求加粗加深线型。标注轴线、尺寸、门窗编号、剖切符号、局部详图索引号、图名、比例及其他文字说明（图3-33）。

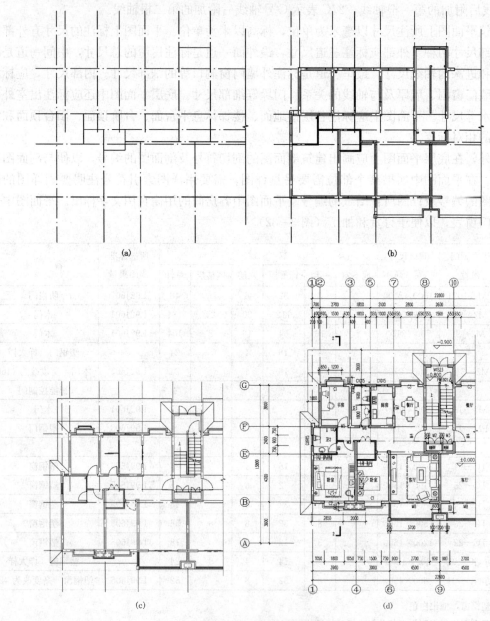

图3-33　平面绘图步骤

（a）第一步；（b）第二步；（c）第三步；（d）第四步

五、立面图

（一）形成和用途

建筑立面图是房屋不同方向立面的正投影图，即建筑物各侧面向与其平行的竖直平面作正投影所得到的侧视图。立面图表明了建筑的外貌，其按朝向分为南立面、北立面、东立面、西立面等。

（二）基本内容

1. 基本内容

（1）表明建筑外部造型、门窗位置及形式、台阶、雨篷、阳台、檐口、雨水管等的位置；表明建筑外墙面装饰面层的材料、颜色、做法等。

（2）用标高的形式标注出建筑室内外地坪，门、窗洞上下口，雨篷、屋檐口、屋面、女儿墙压顶面等的标高尺寸。

2. 图示特点

国家《建筑制图标准》规定，立面图绘图比例常采用 1：50、1：100、1：200。立面图上水平方向一般不标注尺寸，一般只画出两端墙的定位轴线及其编号。立面图线型，习惯上屋脊线和外轮廓线用粗实线（粗度 b），室外地坪线用特粗线（粗度约 1.4b）。轮廓线内可见的墙、门窗洞、窗台、阳台、雨篷、台阶花池等轮廓线用中粗线（0.5b），门窗格子线、栏杆、雨水管、墙面分格线、墙面装修注释引出线及标高符号都用细实线（0.35b）。标高符号一般画在图形外，各标高符号的 45°等腰直角三角形的顶点在同一条竖直线上。外墙面各部分装饰材料、具体做法和色彩等用指引线引出并用文字说明，也可以在工程做法说明表中给予说明。

（三）绘图步骤

（1）画墙身轴线、室内外地坪线、层高线等定位轴线。

（2）画屋脊线、外墙轮廓线、门窗洞。在合适的位置画上室外地坪线，从平面图中引出立面的长度，从剖面图中量出立面的高度以及各部位的相应位置；屋脊线由侧立面或剖面图投影到正立面图上得到。定外墙轮廓线时，如果平面图和正立面图画在同一张图纸上，则外墙轮廓线应由平面图的外墙外边线向上投影而得，根据高度尺寸画出屋面檐口线。门窗宽度应由平面图下方外墙的门窗宽投影得到。

（3）画门窗扇、檐口、雨篷、窗台、阳台、楼梯、花池、台阶、墙面分格线等细部。

（4）经检查无误后去掉多余的线条，按立面图的线型要求加粗加深线型。标注尺寸、图名、比例及其他文字说明（图 3-34）。

六、剖面图

（一）形成和用途

建筑剖面图就是假想用垂直于外墙轴线的垂直剖切方式将房屋剖开，移去一部分，对余下部分向垂直平面作正投影，从而得到的剖视图即为该建筑在某一切开处的剖面图。

剖面图用来表达房屋内部的分层情况、各部位的高度、房间的开间（或进深）；房屋各主要承重构件的位置及相互关系；各层的构造做法等内容。

（二）基本内容及图示特点

1. 基本内容

（1）表示建筑物各部位的高度。剖面图中用标高及尺寸线表明建筑总高、室内外地坪标

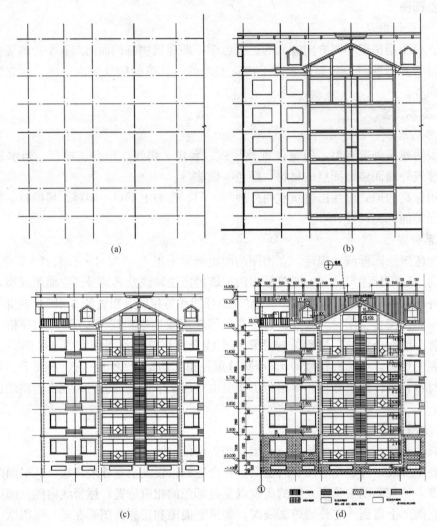

图 3-34　立面绘图步骤

（a）第一步；（b）第二步；（c）第三步；（d）第四步

高、各层标高、门窗及窗台高度等。

　　（2）表明建筑主要承重构件的相互关系，如各层梁、板的位置及其与墙柱的关系，屋顶的结构形式等。

　　（3）剖面图上还注明一些内部构造特征，如装修做法，楼、地面做法，屋面做法及构造，屋面坡度以及屋顶上女儿墙、烟囱等构造物的情形，对其所用材料等加以说明。

　　（4）剖面图中不能详细表达的地方，有时引出索引号另画详图表示。由于剖面图绘图比例较小，有些部位如窗台、过梁、檐口等节点不能详尽表达出来，可在剖面图中该部位画出详图索引标志，另用详图表达其细部构造、尺寸等。

　　2. 图示特点

　　剖切平面的位置常选择在房屋内部结构比较复杂及典型的部位，并通过门窗洞口的位置。剖切平面一般横向，必要时也可转折。剖面图的剖切符号应标注在底层平面图上，剖视方向宜向左、向上。剖面图一般不画基础的投影，而在基础墙部位用折断线断开。

剖面图的绘图比例常采用1∶50、1∶100、1∶200。图例和线型按《建筑制图标准》规定绘制，凡被剖切到的梁、板、墙体等轮廓用粗实线（b），未剖到的可见轮廓如门窗洞、踢脚线、楼梯栏杆、扶手等用中实线（0.5b），图例线、引出线、雨水管等用细实线（0.35b），室内外地坪线用加粗线（1.4b）。

剖面图应标注外部尺寸、内部尺寸和标高。沿外墙在竖直方向上标注三道外部尺寸，最外一道是室外地坪以上的总高尺寸，中间一道是层高尺寸，最里一道是门窗洞高度等细部尺寸；内部尺寸主要标注内墙窗洞、楼梯栏杆高度等尺寸。水平方向标注剖切平面剖切到的墙、柱及剖面图两端的轴线编号及轴线间的尺寸，以便与平面图对照。

剖面图中应标注出室内外地坪、各层楼面、楼梯平台面、屋面、檐口顶面和门窗洞上下口等部位的建筑标高。坡屋面、散水、排水沟、入口坡道等需要用坡度来表示倾斜的程度。

（三）绘图步骤

在画剖面图之前，要根据平面图中的剖切位置线和编号，分析所要画的剖面图哪些是剖到的，哪些是看到的。

（1）画墙身轴线、室内外地坪线和层高线等定位辅助线。

（2）画墙身、楼层、屋面线；定门窗、楼梯等位置。

（3）画门窗、楼梯、阳台、檐口、台阶、梁板、踢脚等细部。

（4）检查后去掉多余线条，按要求加深加粗线型。画标高符号、尺寸、图名、比例及其他文字说明（图3-35）。

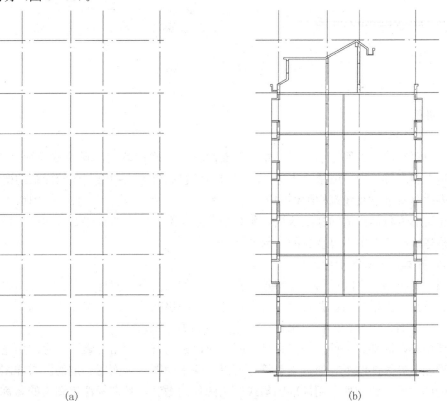

(a)   (b)

图3-35 剖面图绘图步骤（一）

(a) 第一步；(b) 第二步

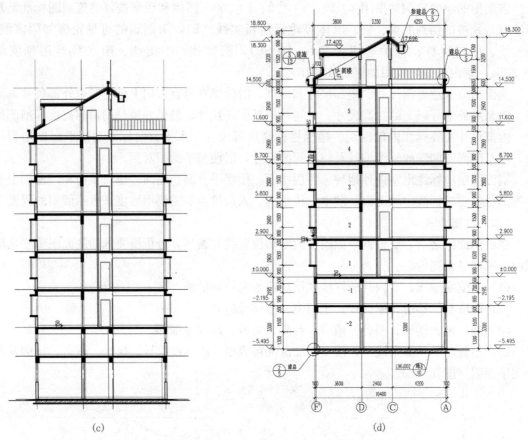

图 3 - 35 剖面图绘图步骤（二）

(c) 第三步；(d) 第四步

七、详图

（一）形成和用途

由于图幅有限、比例较小，平、立、剖面图不能明确地表达出局部的详细构造、尺寸、做法和施工要求等。为了清楚地表达这些构造，把它们放大比例绘制成较详细的图纸，用以详细地表达建筑节点及建筑构配件的形状、材料、尺寸及其做法等，称为详图或大样图。详图是各建筑部位具体构造的施工依据，所有平、立、剖面图上的具体做法和尺寸均以详图为准，它是建筑施工图中不可缺少的一部分。

（二）基本内容及图示特点

详图主要包括：房间详图，有特殊设备的房间如实验室、厨房、卫生间等用详图表明固定设备、埋件、沟槽等的位置及大小，有特殊装修的房间须绘出装修详图；局部构造及配件详图，墙身剖面、楼梯、门窗、阳台、雨篷、屋面等详图。

图纸中某一局部或构件，如需另见详图，应以索引符号索引。索引符号的用途是看图时便于查看相互有关的图纸，通过索引符号可以反映平面图、立面图、剖面图与详图、详图与详图之间的关系。详图如采用标准图集或通用图集的做法，只需标注出图集的名称、详图的编号或详图所在页码，不必画出详图。详图采用较大的比例绘制，在剖面详图中用图例表示材料的做法。

（三）外墙身剖面、楼梯、门窗详图

1. 外墙身剖面详图

外墙身剖面图与平面图相配合，作为砌墙、室内外装修、门窗立口、编制施工预算以及材料估算的重要依据。外墙身剖面详图常采用 1：20 的比例绘制，详细地表明了外墙身从防潮层至屋顶各主要节点的构造做法。墙身剖面图的主要内容包括（图 3-36）：

（1）表明墙的轴线编号、墙厚及其与轴线的关系。

（2）表明各层梁、板等构件的位置及其与墙身的关系，如进墙、靠墙、支承等情况。

（3）表明地面、各层楼面、屋面等构造，采用分层说明的方法标注其构造做法。

（4）表明室内外地坪、各层楼面、屋面、门窗洞上下口、檐口、墙顶面的标高及窗口、窗间墙、底层窗下墙、女儿墙等的高度。

（5）表明立面装修的要求，包括砖墙部位凹凸线脚、窗台、窗楣、雨篷、檐口、勒脚、散水的构造尺寸、材料和做法以及外墙、框架梁、楼板的连接关系，或用索引号引出做法详图。

（6）表明墙身的防水、防潮做法，如檐口、墙身、勒脚、散水、地下室的防潮、防水做法。

2. 楼梯详图

在一般建筑中通常采用预制或现浇的钢筋混凝土楼梯。楼梯主要由楼梯梯段、休息平台和扶手栏杆（或栏板）三部分组成。楼梯的构造比较复杂，在平面、剖面图中不易表达详尽，需要另画详图表示。楼梯详图主要表示楼梯的类型，平、剖面尺寸，结构形式及踏步、栏杆等装修做法。楼梯详图包括：楼梯平面图、楼梯剖面图和节点详图（踏步、栏杆、扶手等）。

（1）楼梯平面图。应标出楼梯间的轴线编号、开间和进深尺寸，楼地面和休息平台的标高，还须标出楼梯梯段的起步线位置、梯段的长度和宽度以及休息平台的宽度等尺寸。梯段长度尺寸标为：踏面数×踏面宽＝梯段长。楼梯平面图一般分层绘制，是在每层距地面 1 米以上沿水平方向剖切而画出的。剖切平面位于本层上行的第一梯段内，顶层平面图的剖切平面是在安全栏板之上。对于多层房屋每一层均应画一楼梯平面图，但相同的各层可绘制标准层平面图。楼梯平面图常采用 1：50 的比例绘制。

楼梯平面图绘图步骤：先画出楼梯间横向、纵向轴线，梯段宽度 a，平台深度 s，踏面宽度 b，梯井宽度 k，梯段长度 $L=b×(n-1)$，n 为台级步数；然后根据 b、L、n 用等分平行线间距离的方法画出踏面投影，画出墙、柱及门窗洞；最后画栏杆、走向线（箭头）。按要求加深线型，标注标高、尺寸、图名、比例等（图 3-37）。

（2）楼梯剖面图。楼梯剖面图主要表达房屋的层数、各楼层及休息平台的标高，楼梯的梯段数、步级数，构件的连接方式，楼梯栏杆的形式及高度，楼梯间窗沿的标高和尺寸等内容。楼梯剖面图中应标注室内外地面、休息平台面、楼面等的标高和梯段高度及扶手高度尺寸，以及被剖切到墙的墙段、门窗沿口、层高尺寸。水平方向应标注被剖切墙的轴线编号、轴线尺寸及中间平台宽、梯段长等尺寸。楼梯剖面图常采用 1：50 的比例绘制。

楼梯剖面图画步骤：先画轴线、地面、平台面、楼面线，定楼梯段和平台宽度；然后升高一级画楼梯坡度线，画踏步位置线；画墙身、梁、板、门窗洞、踏面和梯板厚度；最后按要求加深图线，标注标高、尺寸，画材料图例，图名、比例等（图 3-38）。

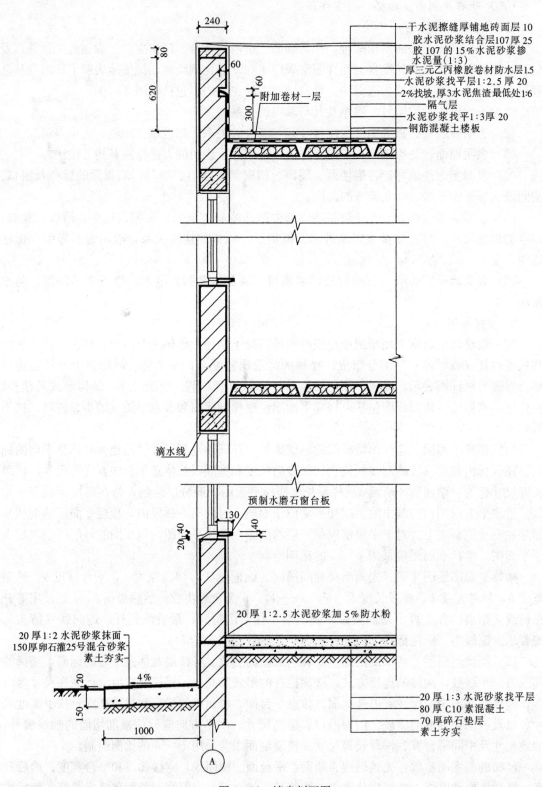

图 3-36　墙身剖面图

干水泥擦缝厚铺地砖面层10
胶水泥砂浆结合层107厚25
胶 107 的 15% 水泥砂浆掺
　水泥量(1:3)
厚三元乙丙橡胶卷材防水层1.5
水泥砂浆找平层1:2.5 厚 20
2%找坡,厚3水泥焦渣最低处1:6
隔气层
水泥砂浆找平1:3厚 20
钢筋混凝土楼板

附加卷材一层

滴水线

预制水磨石窗台板

20 厚 1:2.5 水泥砂浆加 5% 防水粉

20 厚 1:2 水泥砂浆抹面
150厚卵石灌25号混合砂浆
素土夯实

4%

20 厚 1:3 水泥砂浆找平层
80 厚 C10 素混凝土
70 厚碎石垫层
素土夯实

A

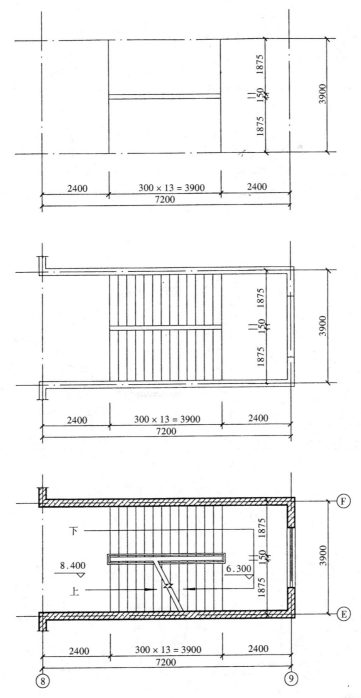

图 3-37　楼梯平面图

（3）节点详图。楼梯详图中除了要画出楼梯平面图、剖面图外，还应画出踏步、栏杆、扶手等节点详图。一般是在楼梯剖面图中标注出索引符号，再另画出详图。踏步详图表明了踏步的形状、大小，面层做法以及防滑条的位置、材料和做法；栏杆详图表明了栏杆的形状、材料和规格以及与梯段构件的连接情况；扶手详图表明了扶手的截面形状、尺寸、材料及与栏杆的连接情况。节点详图常采用 1：20 或更大的比例画出（图 3-39）。

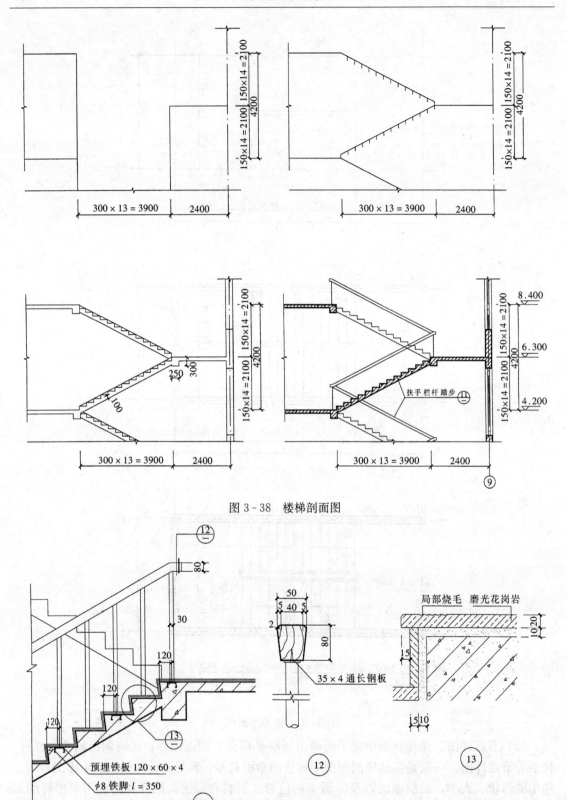

图 3 - 38　楼梯剖面图

图 3 - 39　楼梯节点详图

3. 门窗详图

在建筑平面图、立面图、剖面图中，由于绘图比例较小，须画出门窗详图。如果采用标准详图，不必另画详图，只须说明该详图所在标准图集中的编号即可。一般门窗由门窗框、门窗扇组成，门窗详图包括门窗立面图、节点大样图、五金表和文字说明等。

（1）门窗立面图。表示门窗的外形、开启方式、主要尺寸和详图索引标志等内容。立面图一般标注门窗洞口及门窗扇尺寸，立面图上应标注出各部位节点的剖切符号和索引标志，除了轮廓用粗实线外其余均用细实线绘制。施工图绘制中常用粗实线画窗樘，细线画扇和开启线，固定扇只画窗樘；标注三道尺寸线：洞口尺寸，制作总尺寸与安装尺寸，分樘尺寸，弧形窗或转折窗的洞口尺寸应标注展开尺寸。通常采用1：50、1：20的比例绘制（图3-40）。

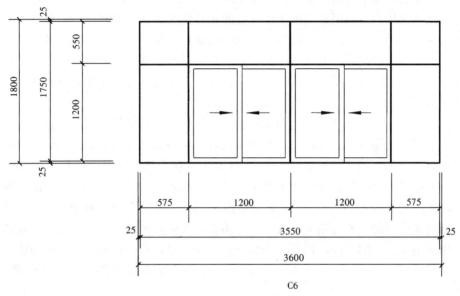

图3-40 门窗立面图

（2）门窗节点详图。表达门窗的框和扇的断面形状、用料和尺寸以及框与扇、扇与扇的连接关系等内容。通常采用1：5、1：10的比例绘制。

（3）门窗断面图。表明了用料及裁口尺寸，通常采用1：5、1：2的比例绘制。

思 考 题

1. 建筑设计基本程序包含哪些阶段？阐述各设计阶段工作的内容和要求。
2. 从内在、环境和经济技术条件角度来阐明建筑方案设计任务分析的内容和方法。
3. 简述从具体功能特点入手的建筑设计方案的构思过程。
4. 试结合某一建筑设计的过程阐述建筑设计方案比较、优化的内容和步骤。
5. 建筑施工图是由哪些基本内容所组成的？
6. 建筑设计说明与建筑做法说明有什么不同？简述它们各自的内容要求。
7. 简述建筑施工图各组成部分的图示特点和绘图步骤。
8. 建筑平面图尺寸标注一般由哪些内容组成？这其中轴线具有什么样的作用？
9. 建筑立面图、剖面图各自表示哪些主要技术内容？
10. 建筑施工图为什么要编制门、窗表？它们与哪些图纸密切关联？

第四章　建筑设计中的空间组合

第一节　建筑空间与建筑功能

一、建筑与空间

（一）建筑空间的定义

如何定义建筑，学术界众说纷纭。古今中外对"建筑"一词的解释是模糊的、多义的。而对建筑的具体含义的说法更是多种多样，有的观点认为建筑是空间，有的观点认为建筑是艺术，有的观点认为建筑是住人的机器，有的观点认为建筑是技术与艺术的结合……然而各种观点对于一点都是认同的，即"空间性"是建筑的最基本属性。

那么如何定义"空间"呢？从哲学角度来解释，空间是指与实体相对的概念。凡是实体以外的部分都可以被看作是空间，空间本身是无形的，只可感受但不可触摸的。《辞海》中对空间的解释是这样的："（空间）是物质存在的一种形式，是物质存在的广延性和伸张性的表现……，空间是无限和有限的统一，就宇宙而言，空间是无限的，无边无际；就每一具体的个别事物而言，则空间又是有限的……。"日本著名现代建筑家芦原义信先生在《外部空间设计》一书中从另外一个角度作出了他个人对空间的理解："空间是由一个物体同感觉它的人之间产生的相互关系所形成。"这里所指的"空间"实际上是一种感觉意义上的空间。例如一棵大树用茂密的枝叶在阳光下投下一片阴影，人们在树荫下乘凉、交谈，在感觉上限定出一个相对独立的空间环境。同样一个高台或一片凹地，甚至草地上的一块地毯，雨中的一把伞都可以从环境中限定出一个特定的空间。这种方法在室内外环境设计中经常使用。（图4-1）

图4-1　几内亚人在移动一个住宅的屋顶

我们在建筑设计领域所涉及的空间概念，有着更为具体而实际的含义。在这里，"空间"是指实体与实体之间的相互关联而产生的一种环境，即由实体要素所限定的"场"，由长度、宽度、高度或其他向量要素表现出来的，可以用具体形象语言加以描述的建筑形式。作为实用性的建筑空间，则是人们按照某种功能活动要求，采用某种建筑手段和组合方式创造出来的产物。

（二）空间是建筑的主体

初步接触建筑设计的人们经常会思考到这样的问题：到底什么是建筑？一座桥梁和一幢房屋的区别在哪里？实际上他们疑问的是：建筑的本质究竟是什么？在建筑学界古往今来流派众多，风格迥异，但对这个问题却有着基本相同的认识：建筑最原始的、本质的意义和价值在于建筑的空间属性。如何理解这个道理呢？中国古代哲学家老子在《道德经》中有一句至理名言，非常有利于帮助我们方便地理解空间的真正意义："埏埴以为器，当其无，有器之用；凿户牖以为室，当其无，有室之用。故有之以为利，无之以为用。"其用意就在于强调出建筑对于人来说，真正具有价值的不是围成建筑的实体的外壳，而是当中"无"的部分，即空间本身。各种物质材料如门、窗、墙体、屋顶等以及建造方法，都不是建筑的真正目的，而是达到目的所采用的手段。建筑的目的在于空间（图4-2），这可以从人们对建筑物质和精神两方面的需求加以佐证。

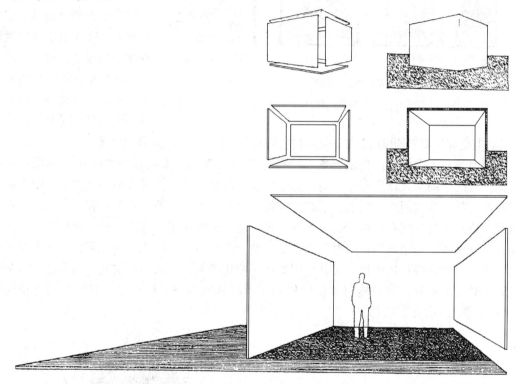

图4-2　建筑的空间

1. 物质方面的需求

建筑的起源是原始人类为了遮蔽风雨、抵御寒暑、防止虫兽侵害而造的赖以栖身的场所，人们建造房屋总有其具体的目的和使用要求，获得实用的空间是主要目的之一，这就是建筑的功能性。从某种角度来说，我们设计建造房屋的过程，就是根据需求划分出大小不同的空间，并对其加以分隔和围护，一切建筑都是从这种需要中产生的。根据"内容决定形式"的哲学原理，在建筑中首先表现为要有与功能相适应的空间形式。例如对于单一使用空间来说，居室不同于教室，阅览室不同于书库，生产车间不同于观众厅。一个居室小到十几个平方米既可满足使用，而一个报告厅首先要根据使用人数确保有足够大的空间面积。对于一个完整的建筑来说，一套住宅应该由起居室、卧室、厨房、卫生间等几个大小功能不同的空间组合在一起；学校、医院、办公楼等建筑，一般由多个大小形状相近的空间线性排列，并由走廊加以连接；而影剧院、体育馆等大型公共建筑，通常表现为一个大空间和若干小空间的组合。由此看来，不同类型及使用功能的建筑，不管建造材料、结构形式、装饰手法如何，其各自的空间特征都是十分鲜明的（图4-3、图4-4）。

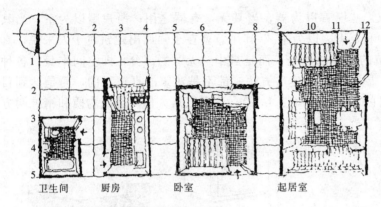

各房间大小、形状、门窗设置和朝向的比较

图 4-3　室内空间的功能属性

卫生间　　　厨房　　　卧室　　　　起居室

2. 精神方面的需求

如同线条、色彩对于绘画，形体对于雕塑，空间对于建筑来说是尤为重要的。建筑形式是由空间、形体、轮廓、色彩、质感、虚实……等多种要素复合而成的多义性概念，这些要素共同发挥作用而构成了建筑艺术的魅力。在这里，空间是最主要的，我们从建筑中获得的美感很大一部分是从空间产生出来的，其他建筑要素的作用最终是要通过它们对空间效果的影响来得以实现。

空间效果对人类情绪产生的影响是十分强烈的，例如一个狭长的空间具有很强的引导性，而低矮的空间给人以压抑感，高直的空间使人由衷产生一种崇高感。欧洲中世纪哥特式教堂窄而高的内部空间充分反映着宗教的神秘力量以及对神权的无限向往和崇拜；中国古代建筑群严格对称的空间布局将"居中为尊"这一思想表露无遗；而江南园林建筑的自由式空间组织又充满了"柳暗花明又一村"的自然情趣。由此可见，建筑空间效果在满足人类精神需要方面起着无可替代的作用，是其他因素所不能比拟的，如果离开空间这个主体，单纯去谈论哥特教堂的束柱，万神庙穹顶的凹格和江南园林的漏窗，就会显得空洞而缺乏说服力（图 4-5、图 4-6、图 4-7）。

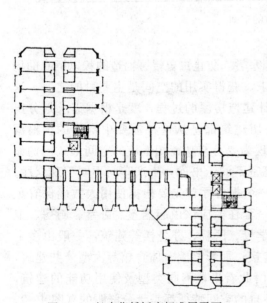

图 4-4　长春华侨饭店标准层平面

图 4-5

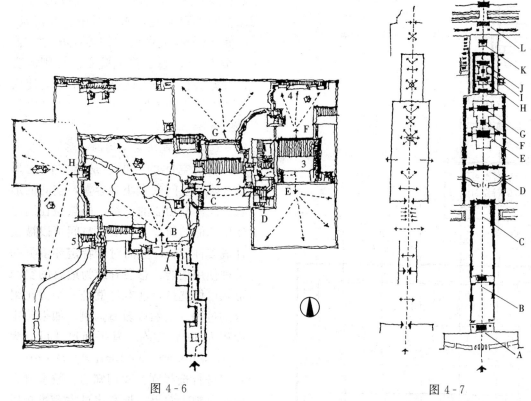

图 4-6　　　　　　　　　　　　　　图 4-7

空间是建筑的主体并不意味着空间就等于建筑，建筑只有空间还是不够的，没有恰当的装饰，即使尺度、比例都很合适，仍然不是一个非常宜人的环境，被拙劣的配色和不良的照明所破坏的空间是很常见的。因此建筑艺术的魅力应是各方面因素共同作用的结果。

二、空间与功能

两千多年前古罗马著名的建筑理论家维特鲁威在《建筑十书》中提出"适用、坚固、美观"是建筑的三要素，其中"适用"指的就是建筑的功能性。古今中外各个历史时期，建筑的类型和形式千变万化，其原因多种多样，但无可否认功能在其中起着至关重要的作用。而功能与空间则是紧密相连，互不可分的，正如前面所引用老子的名言，建筑对于人类来说真正有价值的不是建筑的实体本身，而是由其所围合的空间。在建筑中，功能一般表现为建筑的内容，而空间则体现为建筑的形式，因此功能与空间的关系可以用哲学上"内容与形式"的辩证统一原理来加以解释，一方面功能决定着空间的形式，另一方面，空间的形式又对功能具有反作用。

（一）功能决定空间的"量"

所谓空间的"量"是指空间的大小和容量。在实际工作中，一般以平面面积作为空间大小的设计依据。根据功能需要，一个空间要满足基本的人体尺度和达到一种理想的舒适程度，其面积和空间容量应当有一个比较适当的上限和下限，在设计中一般不要超过这个限度。例如在住宅设计中，一间普通的居室面积大约在 $15\sim20m^2$，起居室是家庭成员最为集中的地方，而且活动内容也比较多，因此面积应最大，餐厅虽然人员相对集中，但由于只在进餐时使用，所以面积可以比起居室小，厨房通常只有少数人员同时使用，卫生间则更是如

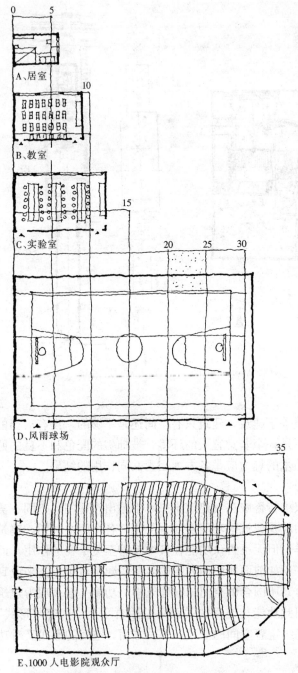

A、居室

B、教室

C、实验室

D、风雨球场

E、1000 人电影院观众厅

图 4-8　空间的体量大小与功能

此，因而只要容纳必要的设备和少量活动空间即可满足需求。对于公共建筑，一间 40～50 人的教室需要 50m² 左右，一个 1000 座位的影剧院观众厅则需要 750m² 左右……由此可见，不同的使用功能直接决定了所在空间的大小及容量（图 4-8）。

（二）功能决定空间的"形"

所谓空间的"形"是指空间的形状。除了空间的大小和容量，空间的形状也同样受功能的制约。虽然说在满足使用功能的前提下，某些空间可以被设计成多种形状，然而对于特定环境下的某种使用功能，总会有最为适宜的空间形状可供选择，这本身就是一个优化组合的过程。仍然以教室为例，如果确定面积为 50m² 左右，其平面尺寸可以为 7×7m，6×8m，5×10m，4×12m……，如何进行选择呢？我们知道，教室首先应满足视听效果，长宽比过大会影响后排的使用，过宽会使前排两侧座位看黑板时出现反光现象，因此通过比较，6×8m 平面尺寸能较好地满足使用要求。同样是上述尺寸，如果换成幼儿园活动室，由于幼儿园活动的灵活多样，接近于方形的平面尺寸通常被较多地选用。反之如果是会议室，略为长方形的空间形状更有利于功能的使用（图 4-9）。

功能的制约与建筑空间的灵活多样并不矛盾。空间的形状是多种多样的，除矩形外，圆形、梯形、多边形、三角形甚至球形都可用作建筑空间的处理手法，有些功能特点对于使用空间的形状要求并不严格，设计师可以根据形体组合的要求，地形环境的限制，甚至个人的喜好进行多种选择，这也正是建筑形体丰富多彩的原因之一。然而不可否认的是，不论如何选择，使用功能应该是首要的制约条件，那种随意牺牲功能而片面追求空间形体变化的设计手法是不可取的。

（三）功能决定空间的"质"

所谓空间的"质"，主要是指满足采光日照、通风等相关要求。当然遮风避雨，抵御寒暑几乎是一切建筑空间所必备的条件，某些特定的空间有防尘、防震、恒温、恒湿等特殊要

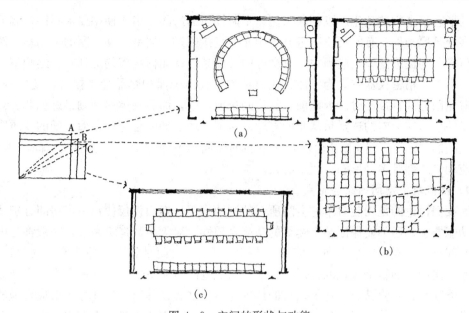

图 4-9　空间的形状与功能
（a）幼儿园活动室平面示意；（b）教室平面示意；（c）会议室平面示意

求，主要是通过机械设备和特殊的构造方法来保证。而对于一般建筑而言，空间的质主要涉及到开窗和朝向等方面。不同的空间，由于功能要求的不同，需要不同的朝向和不同的开窗处理；而同样尺寸的空间，由于朝向和开窗的处理不同则会带来不同的使用效果。

以开窗为例，其基本目的是为了采光和通风，当然也有立面的需要，而开窗面积的大小主要取决于功能（采光亮度）的需要。一般来说，居室的窗地比（开窗面积与房间面积之比）为 1/8~1/10 就可以满足要求，而阅览室对采光的要求比较高，其窗地比需要达到 1/4~1/6，普通教室介于上述二者之间，一般为 1/6~1/8。当然在满足使用的前提下根据立面效果的要求作适当调整是允许的，比如为了整体建筑效果的统一，教室、阅览室可以选择方窗或带型窗，局部可以使用落地窗，但是如果片面的追求立面效果而不顾内部空间的使用要求任意开窗肯定是不合适的。例如把图书馆的书库全做成落地窗甚至玻璃幕墙，就很难满足书籍长期保存所需要的恒温、恒湿和防紫外线等要求。

不同的功能需要还会影响到开窗的形式，从而对具体的空间形式产生制约性。一般建筑上最常用的为侧窗，采光要求低的可以开高侧窗，采光要求高的可以开带形窗或角窗。一些进深大的空间在单面开窗无法满足要求时，则可以双面开窗，一些工业厂房由于跨度大，采光要求又高，除了开设侧窗外，还必须设天窗。还有些特殊的空间如博物馆、美术馆的陈列室，由于对采光质量要求特别高，即要求光线均匀又不能产生反光、眩光等现象，则必须考虑采用特殊形式的开窗处理（图 4-10）。

图 4-10　为使光线柔和均匀，陈列室可
采用特殊的开窗形式

与开窗手法相同，在使用功能的制约下，建筑空间中门的设置及朝向的选择等措施都能

给空间的形态带来质的变化。以朝向为例，不同性质的房间，由于使用要求不同，有的必须争取较多的日照条件，有的则应尽量避免阳光的直接照射。居室、幼儿园的活动室、医疗建筑的病房等，为促进健康，应当力争有良好的日照条件；而博物馆的陈列室、绘画室、化学实验室、书库、精密仪器室等为了使光线柔和均匀或出于保护物品免受损害、变质等考虑，应尽量避免阳光的直接照射。因此前一类房间争取朝南，而后一类房间则最好朝北。

开窗的手法和朝向的选择是从质的方面来保证空间功能的合理性，而空间的"质"也会影响到空间的"形"，不同的开窗形式、不同的朝向、不同的明暗光线会使空间产生开敞、封闭、流动、压抑等多种形态。

（四）功能决定空间的组合形式

前面我们讨论的是功能对单一空间所起的制约作用，然而仅仅使每一个房间分别适合于各自的功能要求，还不能保证整个建筑的功能合理性。对大多数建筑来说，一般都是由许多个单一空间组合而成，各个空间彼此都不是相互孤立的，而是具有某种功能上的逻辑关系，这种联系直接影响到整个建筑的布局。我们在组织空间时应综合、全面地考虑各个独立空间之间的功能联系，并将其安排在最适宜的位置上，使之各得其所，这样才会形成合理的空间布局。另外，人在建筑空间中是一种动态因素，空间组合方式应该使人在空间中的活动十分便利，也就是建筑的交通系统应该做到方便、快捷。每一类型的建筑由于其使用性质不同，因此空间组合形式也各有特色。

所谓"空间组合形式"是指若干独立空间以何种方式衔接在一起的，使之形成一种连续、有序的有机整体。在建筑设计实践中，空间组合的形式是千变万化的，初看起来似乎很难分类总结，然而形式的变化最终总要反映建筑功能的联系特点，因此我们可以从错综复杂的现象中概括出若干种具有典型意义的空间组合形式，以便在实践中加以把握和应用。

空间组合方式有很多种，选择的依据一是考虑建筑本身的设计要求，如功能分区、交通组织、采光通风以及景观需要等等；二是要考虑建筑基地的外部条件，周围环境的不同直接会影响到空间组合方式上的选择。

空间的组合方式根据各自的特征，概括起来有并联式、串联式、集中式、辐射式、组团式、网格式、轴线对位式等，现分述如下：

1. 并联式组合

并联式组合空间是指具有相同功能性质和结构特征的空间单元以重复的方式并联在一起所形成的空间组合方式。这种组合方式简便、快捷，适用于功能相对单一的建筑空间。如教室、宿舍、医院病房、旅馆客房、住宅单元、幼儿园等等，这类空间的形态基本上是近似的，互相之间没有明确的主从关系，根据不同的使用要求可以相互联通也可以不联通（图 4 - 11、图 4 - 12）。

2. 串联式空间组合

各组合空间单元由于功能或形式等方面的要求，先后次序明确，相互串联形成一个空间序列，呈线性排列，故此种组合方式也称

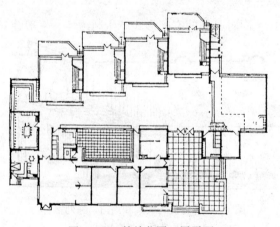

图 4 - 11　某幼儿园二层平面

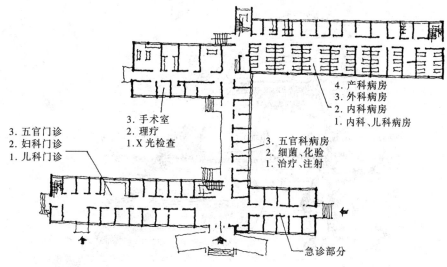

3. 五官门诊
2. 妇科门诊
1. 儿科门诊

3. 手术室
2. 理疗
1. X 光检查

4. 产科病房
3. 外科病房
2. 内科病房
1. 内科、儿科病房

3. 五官科病房
2. 细菌、化验
1. 治疗、注射

急诊部分

图 4-12 某医院平面图

为"序列组合"或"线性组合"。这些空间可以逐个直接连接，也可以由一条联系纽带将各个分支连接起来。前者适用于那些人们必须依次通过各部分空间的建筑，其组合形式必然形成序列。如展览馆、纪念馆、陈列馆等（图 4-13），后者适用于分支较多，分支内部又较复杂的建筑空间，如综合医院、大型火车站、航空港等。中国古代宫殿建筑群为了创造威严的气氛，设计了结构完整、高潮迭起的空间序列，也属于此种组合方式，如北京故宫建筑群（图 4-14）。在串联式组合的空间序列中，在功能上或象征方面有重要意义的空间，可以通过改变尺寸、形状等手法加以突出，也可以通过其所处的位置加以强调，如位于序列的首末、偏离线性组合或位于变化的转折处等。另外高层建筑的空间组合方式也可归于串联式

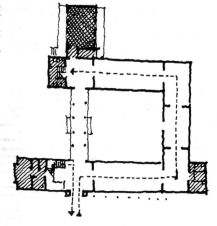

图 4-13 某展览馆平面

组合，由垂直交通核心将各层空间在竖直方向上串联在一起（图 4-15）。

并联式和串联式空间组合具有很强的适应性，可以配合各种场地情况，线型可直可曲，还可以转折，适用于功能要求不是很复杂的建筑。

3. 集中式组合方式

集中式组合通常是一种稳定的向心式构图，它由一定数量的次要空间围绕一个大的占主导地位的中心空间构成。处于中心主导空间一般为相对规则的形状，应有足够大的空间体量以便使次要空间能够集结在其周围；次要空间的功能、体量可以完全相同，也可以不同，以适应功能和环境的需要。一般说来，集中式组合本身没有明确的方向性，其入口及引导部分多设于某个次要空间。这种空间组合方式适用于体育馆、歌剧院等以大空间为主的建筑，西方古代的教堂也有很多采用这种空间组合方式（图 4-16）。

4. 辐射式组合

这种空间组合方式兼有集中式和串联式空间特征。由一个中心空间和若干呈辐射状扩展

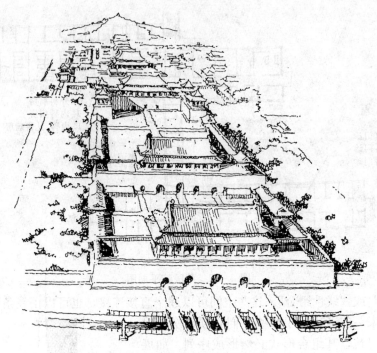

图 4 - 14　北京故宫建筑群

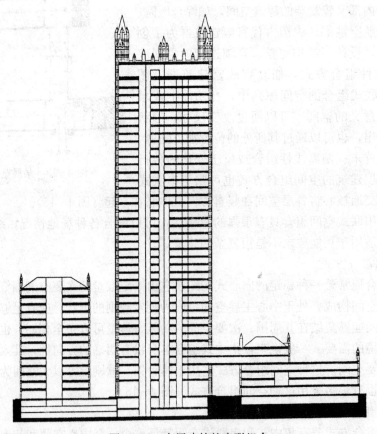

图 4 - 15　高层建筑的串联组合

的串联空间组合而成，辐射式组合空间通过现行的分支向外伸展，与周围环境紧密结合。这些辐射状分支空间的功能、形态、结构可以相同，也可以不同，长度可长可短，以适应不同的基地环境变化。这种空间组合方式常用于山地旅馆、大型办公群体等。另外设计中常用的"风车式"组合也属于辐射式的一种变体（图 4 - 17）。

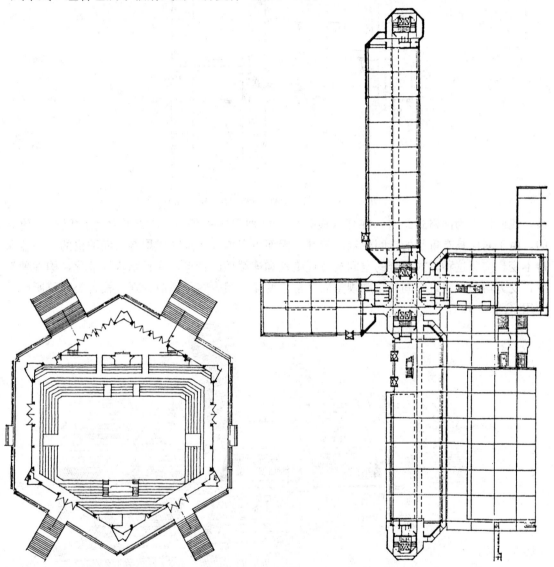

图 4 - 16　广东番禺英东体育馆二层平面　　　　图 4 - 17　德国某高校教学楼平面

5. 单元式组合

把空间划分若干个单元，用交通空间将各个单元联系在一起，形成单元组合。单元内部功能相近或联系紧密，单元之间关系松散，具有共同的或相近的形态特征。实践中常用的庭院式建筑即属于这种组合方式。单元之间的组合方式还可以采用某种几何概念，如对称或交错等，这种组合方式常用于渡假村、疗养院、幼儿园、医院、文化馆、图书馆等建筑（图 4 - 18）。

6. 网格式组合

这种组合方式是将建筑的功能空间按照二维或三维的网格作为模数单元来进行组织和联

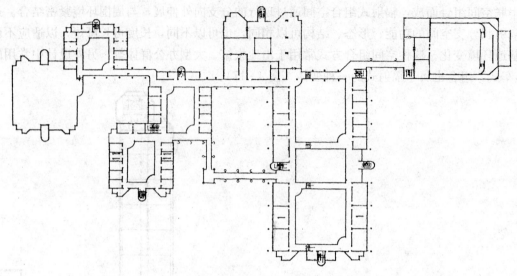

图 4-18　广东潮阳林百欣中学二层平面

系，我们称之为网格式组合。在建筑设计中，这种网格一般是通过结构体系的梁柱来建立的，由于网格具有重复的空间模数的特性，因而可以增加、削减或层叠，而网格的同一性保持不变。按照这种方式组合的空间具有规则性和连续性的特点，而且结构标准化，构件种类少，受力均匀，建筑空间的轮廓规整而又富于变化，组合容量适应性强，被各类建筑所广泛使用（图 4-19）。

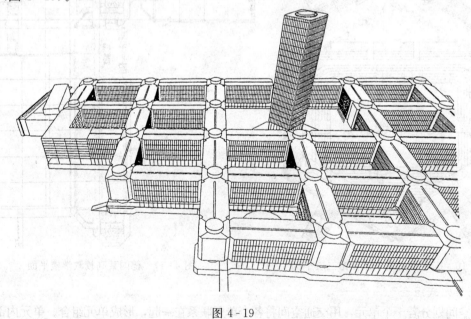

图 4-19

7. 轴线对位组合

这种组合方式由轴线对空间进行定位，并通过轴线关系将各个空间有效地组织起来。轴线对位组合形式虽然不一定有明确的几何形式，但一切均由轴线控制，空间关系清晰有序。一个建筑中的轴线可以有一条或多条，多条轴线之间有主次之分，层次分明。轴线可以起到引导行为的作用，使空间序列更有秩序，在空间视觉效果上也呈现出连续的景观线，有时轴线还往往被赋予某种文化内涵，使空间的艺术性得以增强（图 4 - 20）。

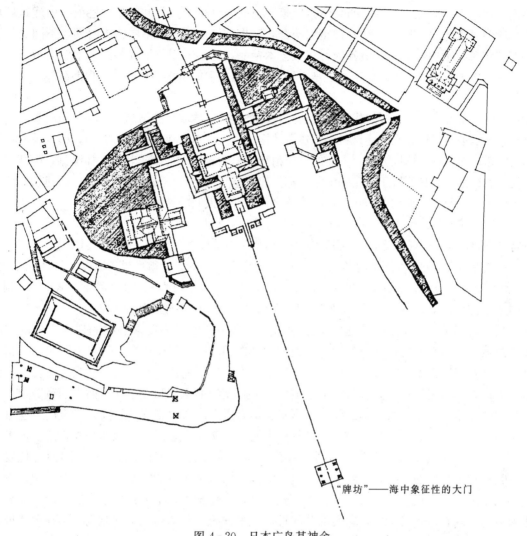

"牌坊"——海中象征性的大门

图 4 - 20　日本广岛某神舍

第二节　建筑空间与建筑艺术

一、建筑的艺术本质

用简短的语言给建筑下一个明确的定义是很难的，建筑贯穿着整个人类文明发展的全过程，其涵盖的内容非常的广泛。从广义的角度来理解，我们可以把建筑看成是一种人造的空间环境，这种空间环境在满足人们一定的功能使用要求的基础上，还应满足人们精神感受上的要求。建筑给人们提供活动的空间，这些活动无疑包括物质活动和精神活动两方面，在建筑漫长的发展过程中，人类在满足自我精神的同时，养成了一定的审美习惯，用特定的审美观念来判断审美对象的美与否，自觉的具有欣赏的某种倾向。因此，建筑不仅被赋予实用的属性，还应被赋予审美的属性。

著名建筑大师赖特（F. L. Wright）认为：建筑是用结构来表达思想科学性的艺术。在这里建筑首先被定义为一种艺术形式，同时强调是受科学技术因素所制约的艺术。建筑艺术不像其他艺术形式那样直接，而是蕴涵于整个空间与环境中，空间的艺术感染力由建筑环境的总体构成来传递。从古罗马万神庙到朗香教堂再到江南园林，不同历史时期，不同文化背景下的建筑大师们创造出风格各异的建筑艺术精品，都给人们留下强烈的艺术感染力。

建筑作为一种艺术形式，同时也是一种文化，它是人们从事各种活动的功能载体，一切文化现象都发生其中，同时建筑既表达着自身的文化形态，又比较完整地反映出人类的文化史。就建筑的物质性而言，不同时代与地区的建筑都是时代科技成果的结晶，反映出当时最先进的科技发展水平，具体表现在建筑材料、建筑结构、建筑技术、建筑设备等方面，构成了时代文明的缩影；而在社会属性方面，人类的一切精神文明的成果也是渗透其中，如雕刻、雕塑、工艺美术、绘画、家具等属于可见的形象，都是建筑空间与建筑环境的组成部分，而建筑物所体现出的象征、隐喻、神韵等内涵，作为建筑之魂也都与人们的精神境界相联系。

同时，建筑是人类社会特有的产物，也就必然映射着人与人的集合——社会，人类社会的各种特征都会在建筑中有所反应。因此建筑的审美观念不是孤立存在的，而是受到文化、宗教、民族、地域等多方面社会性因素的影响，再加上自然条件的不同，使得世界各地、古今中外的建筑呈现出明显的差异性。从雅典卫城到北京故宫，从巴黎圣母院到圣·索非亚教堂，从卢浮宫到美国国家美术馆东馆等等，也正是这种差异性才让人类的建筑宝库变得如此丰富多彩。

建筑空间可以看作是受功能要求制约的实用空间和受审美要求制约的视觉空间的综合体。虽然并非所有的建筑空间都能够达到艺术创作的高度，但至少应该满足人们起码的精神感受，给人们以视觉和感官上的愉悦，这就要求人们在创造建筑空间时，必须遵循美学原则来构思设想，直至把它变为现实。由于美学本身高度的抽象性和复杂性，而人的审美观念则有着很大的差异，于是人们不禁要问，形式美学究竟有没有原则呢？答案是肯定的。这里应该指出：形式美学的原则与审美观念是两种不同的范畴，不能混为一谈或相互否定。前者是带有普通性、必然性和永恒性的法则；后者则是随着民族、地区和时代的不同而变化发展的，具有较为具体的标准和尺度。前者是绝对的，后者是相对的，绝对寓于相对之中，形式美学的原则应当体现在一切具体的艺术形式之中，尽管这些艺术形式由于审美观念的差异而千差万别。以新老建筑为例，它们都共同遵循"多样统一"的形式美学原则，但在形式处理上又由于审美观念的发展和变化而各有不同的标准和尺度。拿"比例"来说，古典建筑经过多年的积累沉淀，推敲出近乎完美的比例关系，形成营造的"法式"，而近现代建筑几乎完全摆脱了古典建筑形式比例的羁绊，运用多种强烈对比的比例关系，成功地塑造了许多动人的建筑形象（图4-21、图4-22）。

二、建筑空间的形式美学原则

建筑空间作为一种适用空间与视觉空间结合体，除了要具有满足功能的属性以外，还应该以追求审美价值作为最高目标。然而，审美标准具有十分浓厚的主观性，使得建筑空间呈现出千变万化的形式，因此只有充分把握建筑空间共同的视觉条件和心理因素，才能得出具有普通指导意义的形式美学原则。

如前所述，不论传统建筑还是现代建筑，都遵循着一个共同的形式美学基本原则——多样统一。如何理解这一原则呢？所谓多样统一也称有机统一，就是在统一中求变化，在变化中求统一。任何造型艺术，都由若干部分组成，这些部分之间应该既有变化，又有秩序。如果缺乏多样性的变化，则势必流于单调；而缺乏和谐与秩序，则必然显得杂乱。由此可见，欲达到多样统一以唤起人们的美感，既不能没有变化，也不能没有秩序。

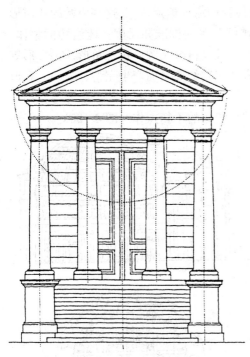

图 4 - 21　塔斯干柱式神庙正面

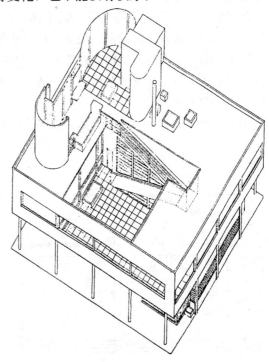

图 4 - 22

　　整个自然界，包括人类自身，都具有和谐、完整、统一又不失单调这样的本质属性，反映在人类的思维意识中，就会形成所谓完美的概念标准。这种概念无疑会支配人的一切创造活动，尤其是艺术创造，因而既富有变化又不失秩序的形式能够引起人们的美感。在组织上具有规律性的空间形式，能产生井然的秩序美感，而且秩序的特征取决于规律的模式，规律愈为单纯，表现在整体形式上的条理愈为严谨，反之若规律较为复杂，则表现在整体形式上的效果愈为活泼。运用适度的规律可以取得完整而灵活的效果。

　　涉及建筑空间多样统一的形式美学基本原则问题，应该重点从以下几个方面去认识了解。

　　（一）空间的比例

　　比例是一个整体中部分与部分之间，部分与整体之间的关系，体现在建筑空间中，就是空间在长、宽、高三个维度之间的关系。所谓推敲比例，就指通过反复斟酌而寻求三者之间的最佳关系。整体形式中的一切有关数量的条件，如长短、大小、高矮、粗细、厚薄、轻重等，在搭配得当的原则下，即能产生良好的比例效果（图 4 - 23、图 4 - 24）。

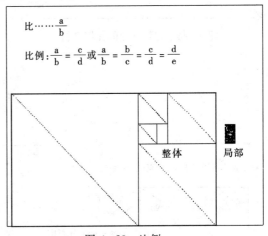

图 4 - 23　比例

　　古代的一些美学家认为简单、肯定的几何形状能够引起人们的美感，特别是圆、球、正方形等几何形体，被认为是完美的象征，具有抽象的一致性，如圆周上任意一点距圆心等长，圆周长永远是直径的 π 倍，而正方形和立方体所有的边等长，无论哪一个面都有同样的面积和同等的角度。现代主义建筑大师勒·柯布西耶也认为："原始的形体是美的形体，因为它能使我们清晰地辨认。"这些原始的几何形体，具有确定数量之间的制约关系，可以作为判别比例关系的标准和尺度。建筑物的整体，特别是它的外轮廓线以及内部各主要分割线的控制点，凡是符合于圆、正三角形、正方形等具有简单而又肯定比率的几何图形，就可能由于具有几何制约关系而产生完整、统一、和谐的效果。如古希腊的帕提农神庙，古罗马的万神庙，埃及金字塔以及我国的天坛等等，均是采用上述简单、肯定的几何形状构图而达到高度完整、统一的不朽杰作（图 4-25）。

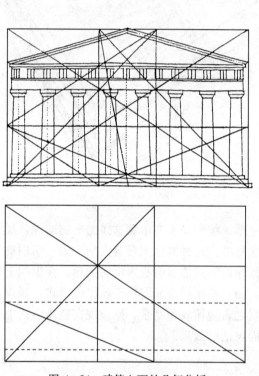

图 4-24　建筑立面的几何分析

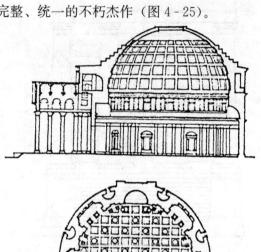

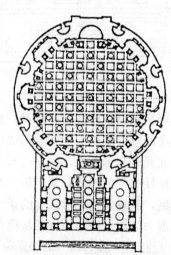

图 4-25　古罗马万神庙

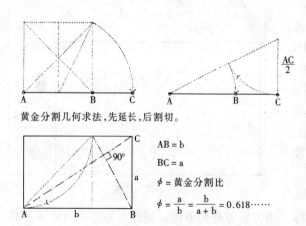

黄金分割几何求法，先延长，后割切。

$AB = b$

$BC = a$

$\phi =$ 黄金分割比

$\phi = \dfrac{a}{b} = \dfrac{b}{a+b} = 0.618\cdots\cdots$

图 4-26　黄金分割

古希腊的毕达哥拉斯学派认为，万物最基本的因素是数，数的原则统治着宇宙中的一切现象。他们不仅是以这个原则来观察宇宙万物，还进一步用来探索美学中存在的各种现象。他们认为和谐就是美，并由此推广至建筑、雕刻等造型艺术中去探求什么样的数量比例关系才能产生美的效果，著名的"黄金分割"就是由这个学派提出来的。他们在研究长方形的最佳比率时，经过反复的探索、比较，终于得出其长宽比为 1：1.618 时最为理想，这个比率亦被称为"黄金比"（图 4-26）。

勒·柯布西耶也曾把比例与人体尺度结合在一起，并提出一种独特的"模数"体系。他将人体各部分的尺寸进行比较，所得的数值均接近黄金比，并由此不断地进行黄金分割而得到两个系列的数字，一个称红尺，另一个称蓝尺，然后利用这些尺寸来划分网格，形成一系列长宽比率不等的矩形。由于这些矩形都因黄金分割而保持着一定的制约关系，因而相互间必然包含着和谐的因素。古往今来黄金比被广泛地运用于建筑中，如平面的长宽，剖面的高矮，立面造型及开窗的比例等等，都取得了良好的效果（图4-27）。

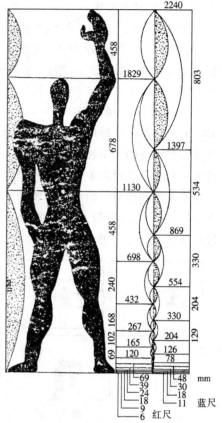

图4-27 人体的黄金分割

然而人类建筑是如此丰富多样，单纯使用某种具有固定数值的比例关系（包括黄金比）显然不可能解释一切，事实上根本不存在某种"绝对美"的抽象比例，良好的比例关系不单是直觉的产物，而且还应符合理性，因而具有一定的相对性。

不同的建筑材料具有不同的力学特性，因而所产生的建筑形象具有不同的比例关系。例如中国古典建筑多采用木构架，由于木材的受弯性能相对较好，因而柱子比较纤细，开间较为宽阔，而西方古典建筑多用石材，其受压性好而受弯性不如木材，故其柱子相对粗壮，开间相对狭窄，现代建筑由于广泛采用了钢筋混凝土，钢材等受弯性能非常好的建筑材料，常常可以形成横长的比例关系。上述三者都是建立在本身材料特性的基础之上，具有理性特征的比例关系，由于体现了事物内在的逻辑性，因而都是美的（图4-28）。

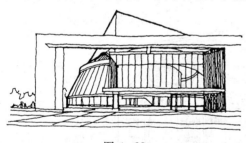

图4-28

对同一种建筑材料，如果采用不同的结构形式，也会产生不同的比例关系，如前所述西方古典建筑大多使用石材，希腊建筑使用梁柱体系而罗马人在建筑中运用了拱券技术，因而形成了二者在建筑空间及造型上的重要区别。而现代建筑由于使用了各种大跨度结构更是创造出完全不同以往的空间比例关系。

另外，建筑空间的使用功能对于比例关系的影响也是不容忽视的。在上一节论述功能对空间的规定性时，已经提到功能对空间形状的制约，也就是对比例关系的影响。美不是事物的一种绝对属性，它不能离开目的性。一个建筑空间的长、宽、高尺寸，很大程度上是由功能决定的，而这种尺寸则构成了建筑空间的形状和比例。举个简单的例子，如果把一个可容纳300人的报告厅改为一个300人的教堂，虽然不会妨碍其正常使用，但宗教建筑的那种庄严、神圣的艺术氛围则会荡然无存。

不同地区、民族由于自然环境、社会条件、文化传统、风俗习惯等的不同，会形成不同的审美观念，因此往往会创造出富有独特比例关系的建筑形象，这也正是世界各地建筑风格千差万别的根本原因之一。

（二）空间的尺度

我们建筑上所涉及的尺度是指建筑物的整体或局部给人感觉上的大小印象与其真实大小之间的关系。在形式美学中，尺度是一个与比例既相互联系，又有区别的一个范畴。比例主要表现为各部分数量关系之比，是一种相对值，可以不涉及具体尺寸，而尺度却要涉及到真实的大小和尺寸。另一方面，尺度并不就是指要素的真实尺寸，而是给人感觉上的大小印象和其真实大小之间的关系，也就是我们常说的建筑的尺度感。从一般意义上讲，人们对于周围的事物都存在一种尺度感，如劳动工具、生活日用品、家具等，为了方便使用都必须和人体保持着相应的大小和尺寸关系，天长日久，人们对于这些物体的尺寸和它们所具有的形式形成一种固定的对应关系，从而形成一种正常的尺度观念，而那些超出正常尺度之外的事物则会使人感到惊奇。而对于建筑的尺度来说，人们往往无法简单地根据生活经验作出正确的判断，感到难以把握，造成这种现象的原因主要是由于建筑不同于一般的生活用品，它的体量相对很大，人们很难以自身的大小与之作比较，从而也就失去了敏锐的判断力。另一方面，建筑具有丰富的内涵，在建筑中有许多要素都不能单纯根据功能这一要素来决定其大小和尺寸的。例如建筑物的门，本来只要略高于人体高度，满足通行需要就可以了，但有些位置的门则出丁其他原因的考虑设计得很高大，这些都会给辨认尺度带来困难（图 4 - 29、图 4 - 30）。

图 4 - 29

图 4 - 30　圣·安德烈教堂

那我们应如何来把握建筑物的尺度呢？通常比较简单的方法是借助于建筑中一些恒定不变的要素。比如栏杆、扶手、踏步、坐凳等，因为功能的要求，这些要素基本都保持恒定不变的大小和高度（图4-31）。另外，某些定型的材料和构件，如砖、瓦、滴水等，其基本尺寸也是不变的。以此为参照物，将有助于获得正确的尺度感。同时我们也不要忘记一个最重要的参照物——人体本身，建筑是为人服务的，而人体的高度与建筑相比可以看作是恒定的，建筑物的所谓尺度最终都是相对于人体尺度而言的。离开了人，建筑物的尺度也就无从谈起（图4-32）。

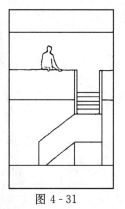

图4-31

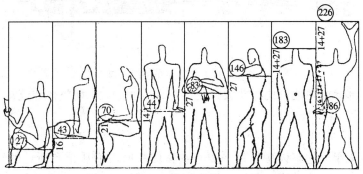

图4-32　模数制

获得建筑物正确尺度感的另外一个方法是依靠局部的衬托。建筑物的整体是由局部组成的，局部对于整体尺度的影响是很大的。局部愈小，愈反衬出整体的高大；反之，过大的局部则会使整体显得矮小。在建筑设计实践中，由于设计者没有把握好局部的尺度，在某些高大的建筑物中不自觉地加大了细部尺寸，结果反而使整个建筑显得矮小。对于一般的建筑来说，设计者总是力图使建筑物反映出其真实的尺寸，而对于某些特殊类型的建筑，如纪念性建筑，设计师往往通过手法上的处理从而获得一种夸张的尺度感，以达到预期的目的（图4-33、图4-34）。

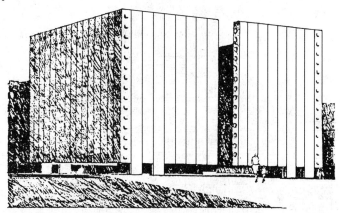

图4-33　约翰·F·肯尼迪纪念馆

上述关于尺度的概念并不难理解，但在实际处理中却并非容易。较著名的反例是由米开朗琪罗设计的圣·彼得大教堂，后来加建的一段巴西利卡式大厅，其立面壁柱高达27.60m，

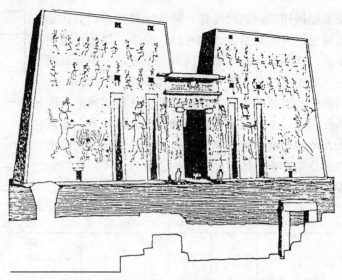

图 4 - 34　太阳神庙塔门入口

却因将柱式的各部分简单地等比例放大，使得局部尺度过大，而整体建筑却失去了其应有的尺度感（图 4 - 35）。

（三）空间的主从

在由若干要素组成的整体中，每一要素在整体中所占的比重和所处的地位是各不相同的，不能不加区别而一律对待，它们之间应当有主与从的差别，有重点与一般的差别，有核心与外围的差别。否则，难免会流于松散、单调而失去统一性。在建筑设计中，从平面组合到立面处理，从内部空间到外部形体，从细部装饰到群体组合，都要处理好主与从，重点和一般的关系，以取得完整统一的效果。

体现主从关系的形式是多种多样的，归纳起来大致有三种手法。第一种是以对称均衡的

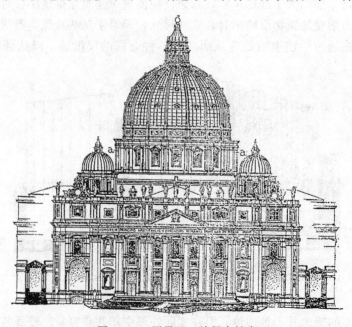

图 4 - 35　罗马圣·彼得大教堂

形式把主体空间置于轴线的中央，把从属空间置于周围或两侧，形成四面对称或一主两从的左右对称的组合形式。主体部分位于中央，不仅地位突出，而且可以借助两翼从属部分的对比、衬托，形成主从关系异常分明的有机统一整体。这种手法在中西方的古典建筑中经常使用（图4-36）。第二种是采用一主一从的形式，使从属部分从一侧依附于主体，从而取得主从分明的效果。近现代建筑中，由于功能日趋复杂或地形条件的限制而多采用这种手法（图4-37）。第三种手法是突出重点，具体来说就是有意强调整体中的某个部分，并以此为重点

图4-36 圣索菲亚教堂

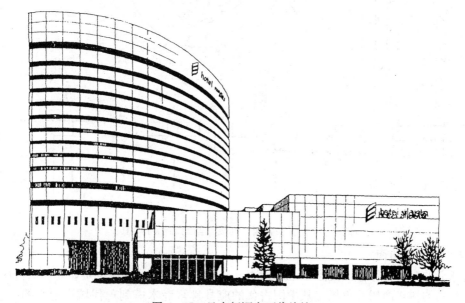

图4-37 日本新泻市万代旅馆

或中心，而使其他部分明显地处于从属地位，从而达到主从分明、完整、统一的目的。实现突出重点的方法有很多，如加大主体的体量，增加主体的高度，突出主体的造型等等，现代建筑中"趣味中心"的设置正是基于上述原则的一种体现，所谓"趣味中心"就是指整体中最引人入胜的重点或中心，一幢建筑如果没有这样的重点中心，不仅会使人感到平淡无奇，而且会由于松散以至失去有机统一性（图 4 - 38）。

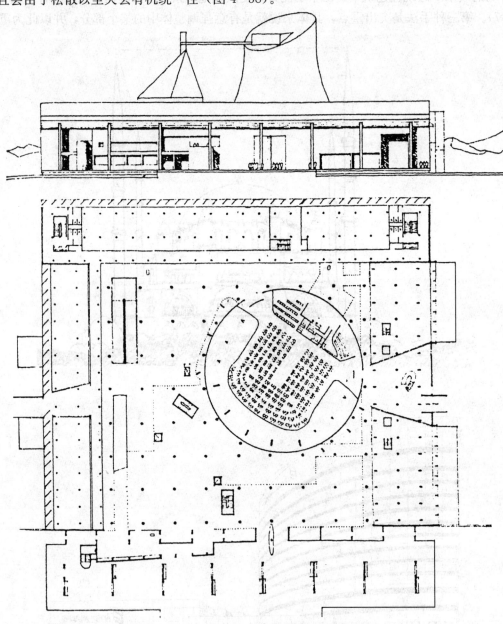

图 4 - 38　议会大厦：印度，昌迪加尔行政中心

（四）空间的均衡

地球上的一切物体都摆脱不了地球引力——重力的影响，建筑也是如此，从古埃及的金字塔到罗马的科洛西姆斗兽场，从中国古代的应县佛宫寺木塔到现代城市中心的高楼大厦，在某种意义上讲，人类的建筑活动就是同重力作斗争的产物。同时，在长期的实践过程中，

人们也是逐渐形成了一整套与重力有联系的审美观念，这就是均衡、稳定。

人类发现自然界中物体要保持稳定的状态，就必须遵循一定的原则，例如像山那样上部小，下部大，像树那样上部细，下部粗，像人那样具有左右对称的体形，像鸟那样具有双翼……，而稳定性正是建筑所必须具备的首要特性，于是人们在建造建筑时都力求符合于均衡和稳定的原则，这样不仅在实际上是安全的，而是在视觉上也是舒服的（图4-39）。

图4-39 金字塔形旅游宾馆

均衡大至可以分为静态均衡和动态均衡两大类。静态均衡是指在相对静止条件下的平衡关系，是一种人类建筑史上被长期和大量使用的普通形式。静态均衡有两种基本形式，一种是对称的形式，另一种是非对称的形式。对称的形式天然就是均衡的，加之本身又体现出一种严格的制约关系，因而具有一种完整的统一性。因此，人类很早就开始运用这种形式来建造建筑物，古今中外无数的著名建筑都是通过对称的形式而获得完整统一的建筑形象（图4-40）。与对称的形式相比，不对称形式的均衡虽然相互间的制约关系不像对称形式那样明显、严格，但要保持均衡本身也形成了一种制约关系，而且非对称的形式所取得的视觉效果要更为灵活和富于变化（图4-41）。

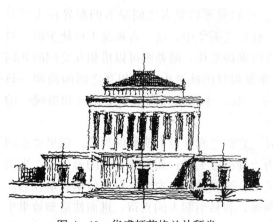

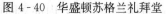

图4-40 华盛顿苏格兰礼拜堂

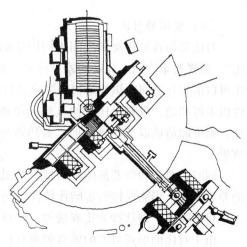

图4-41

现代建筑中由于功能、地形以及建筑物的使用性质等多方面因素的要求，建筑形式多采用非对称均衡的手法。建筑大师格罗庇乌斯在《新建筑与包豪斯》一书中指出："现代结构方法越来越大胆的轻巧感，已经消除了与砖结构的厚墙和粗大基础分不开的厚重感对人的压抑作用。随着它的消失，古来难于摆脱的虚有其表的中轴线对称形式，正在让位于自由不对称组合的生动有韵律的均衡形式。"除静态均衡以外，自然界中有很多现象是依靠运动来求得平衡的，例如旋转着的陀螺，展翅飞翔的鸟，奔驰着的动物，行驶的自行车等，一旦运动状态终止，平衡的条件也将随之消失，因而人们把这种均衡形式称之为动态均衡。如果说建立在砖石结构基础上的西方古典建筑设计思想更多的是从静态均衡的角度来考虑问题，那么近现代建筑师则往往会使用动态均衡的方式来考虑问题，同时还加了时间和运动等方面的因素，人们对于建筑的观赏不是固定于某个点上，而是从连续运动的过程中来看建筑体形和轮廓线的变化，这就是现代主义建筑大师格罗庇乌斯所强调的"生动有韵律的均衡形式"（图 4-42）。

　　与均衡相关的另一个概念是稳定，均衡涉及的是建筑空间各单元左与右、前与后之间的相对关系，而稳定则是涉及建筑整体上下之间的轻重关系。人们受自然界的启发形成了上小下大、上轻下重的稳定原则，然而随着社会的进步，人们运用先进的科学技术建造出摩天大楼及许多底层透空、上大下小的新颖的建筑形式，这也带来了人们审美观念的变化（图 4-43）。

图 4-42　　　　　　　　　　　　图 4-43　南斯拉夫萨拉热
　　　　　　　　　　　　　　　窝市中心调度楼倒梯形形体

（五）空间的对比

　　对比是指各形式要素之间不同因素的差异。我们通常将要素之间显著的差异称为"对比"，而将要素之间不显著的差异称为"微差"。在形式美学中，这二者都是不可缺少的。对比可以借相互之间的烘托陪衬来突出各自的特点以求得变化，微差则可以借相互之间的共同性以求得和谐。没有对比会使人感到单调，过分强调对比甚至失去了相互之间的协调一致性，则可能造成混乱，只有把二者巧妙地结合在一起，才能达到既重于变化又和谐统一的效果。

　　同时，对比和微差都体现的是要素间的差异，它们之间并没有明确的界限。如果要素间的差异不大，仍能保持一定的连续性，则表现为一种微差关系；如果要素间的差异是产生引人注目的突变，则这种变化表现为一种对比的关系。突变的程度愈大，对比效果就愈强烈。

　　由于对比的形式对人的感官刺激有较高的强度，容易引起人的兴奋，进而使造型效果生动而富于活力。在建筑设计领域，无论是单体还是群体，整体还是局部，内部空间还是外部形体，为了求得变化和统一，都离不开对比手法的运用。空间尺度的大与小、空间形态的曲与直、空间照度的明与暗、空间围合界面的质感与色彩——对比在古今中外的优秀建筑实例中都得到了广泛的应用（图4-44、图4-45）。

图4-44 形体的对比

（六）空间的韵律

韵律原本是用来表明音乐和诗歌中单调的起伏和节奏感的。形式美学上的韵律是指当形式要素如造型、色彩、材质、光线等等以某种规律出现而给人们视觉和心理上产生的节奏感觉。韵律本身具有条理性、重复性和连续性的特征。因而在建筑空间中运用韵律的原则，使空间产生微妙的律动效果，既可以建立起一定的秩序，又可以打破沉闷的气氛而创造出生动活泼的环境氛围。

韵律美按其形式特点可分为四种类型。

1. 连续的韵律

以一种或几种要素连续、重复排列而成，各要素间保持恒定的距离和关系，可无限地延伸（图4-46）。

2. 渐变的韵律

连续的要素在某一方面按照一定的秩序而变化，

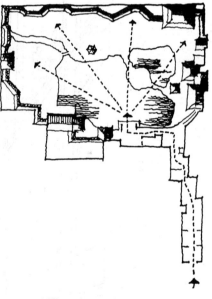

图4-45 空间的对比

如逐渐加长或缩短，变宽或变窄，变密或变稀等等（图4-47）。

3. 起伏韵律

渐变的韵律如果按照一定规律时而增加，时而减小，或具有不规则的节奏感，即为起伏韵律，这种韵律较为活泼而富有运动感（图4-48）。

4. 交错韵律

各组成部分的要素按一定规律交织穿插而成，即为交错韵律（图4-49）。

体现韵律美的手法在古今中外的建筑设计领域都有极为广泛的应用，创造了众多的优秀作品。因此有人把建筑比作"凝固的音乐"，其原因正在于此。

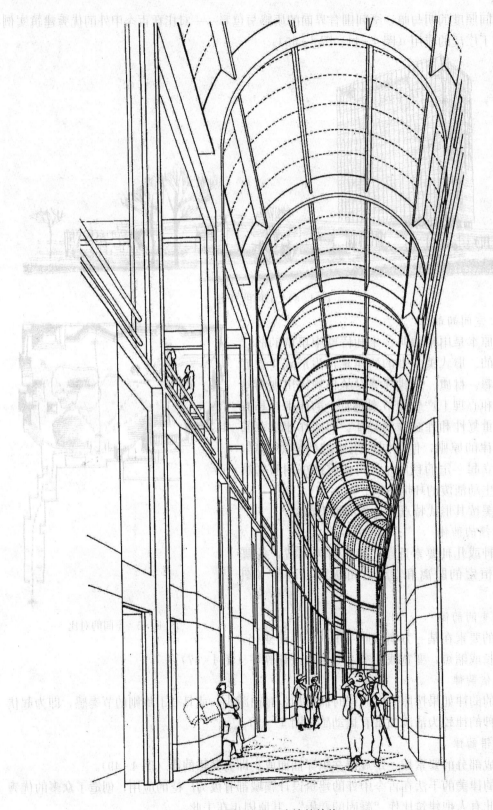

图 4 - 46 连续的韵律

图 4 - 47　渐变的韵律

图 4 - 48　悉尼歌剧院

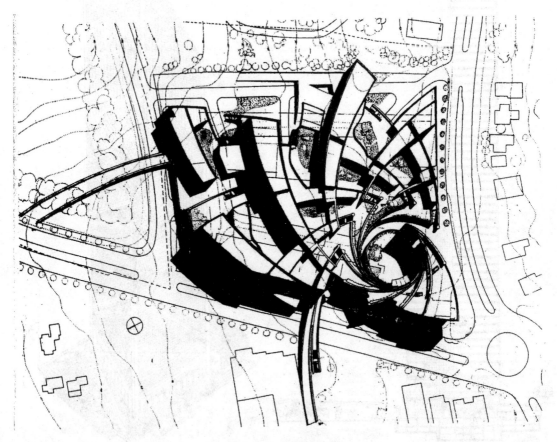

图 4 - 49　交错的韵律

以上我们讨论了建筑空间形式美的一些基本原则与处理手法，另外还需要明确一点：建筑形式美和建筑艺术性属于两个不同的境界范畴。在建筑设计作品中，凡是具有艺术性的作品都必须符合形式美的一般规律。但是，符合于形式美的建筑却不一定具有艺术性。一个比例、尺度等各方面都满足美学法则的建筑并不一定会成为传世的佳作。形式美与艺术性的差别就在于前者对现实的审美关系只限于物体外部形式本身是否符合形式美的原则，而后者则要求通过自身的艺术形象表现一定的思想内容。当然，形式美和艺术性并不是截然对立的，而是相互联系的，正是这种联系使得建筑作品有可能从前一种形式过渡到后一种形式，因而很难在他们中间划分出明确的界限。建筑学是一门理论联系实际的学科，一个好的建筑师就是要使其作品完成由形式美层次向艺术性层次的过渡。

三、建筑空间的艺术特征

建筑艺术能够反映生活，但却不能再现生活，由于它的表现手段不能脱离具有一定使用要求的空间和体量，因而只能运用一些比较抽象的几何形体，运用各组成部分之间的比例、尺度、均匀、对称、色彩、质感、韵律等的统一和变化来获得一定的艺术效果，诸如庄严、雄伟、明朗、优雅、神秘、沉闷、恐怖、亲切、宁静等，这就是建筑艺术不同于其他艺术形式的地方。

建筑空间的艺术特征大致有三个。

（一）风格

建筑空间的造型风格是建筑审美特征的集中体现。所谓"风格"是一种美学上的概念，是指不同时代的艺术思潮与地域特征相融合，通过艺术家创造性的构思和表现而逐步发展形成的一种其有代表性的典型形式。每一种风格的形成，都是与当时当地的自然和人文条件息息相关的，其中尤以社会制度、民族特征、文化潮流、生活方式、风俗习惯、宗教信仰等因素最为关系密切。

中国传统的建筑风格大多体现舒缓、静穆、均衡、稳定之美，这与我国的传统文化有着千丝万缕的联系。"中庸"、"统和"成为中华民族各种艺术形式的最高美学准则，体现在建筑艺术的风格上，则以"中和"奠定了基调：统一的木结构体系，水平展开的空间布局，注重礼制的群体组合方式，是中国传统建筑成为大一统的完善自足的体系，而这一切均源于追求人道与天道统一的哲学思想。

相比之下，西方的古典建筑艺术虽然也讲和谐，但仅仅限于形式美这一层次，而在哲学思想和思维模式等深层次领域中却深深留下了"对立"、"冲突"等烙印；如宗教迷信与科学理性的对立与冲突；人与自然的对立与冲突等几乎贯穿于西方文化的各个角落。在建筑艺术的发展过程中呈现出多元化不断更新的趋势。以欧洲为中心的西方建筑文化先后跨越了古希腊、罗马、早期基督教、罗马风、哥特、文艺复兴、巴洛克、洛可可、古典复兴、浪漫主义……一个又一个历史风格时期。

现代建筑风格是新时代的产物，由于交通发达和文化的融合，地域性差异已经减少到最低限度甚至于消失，现代人追求的是一种理想的生活模式，因此空间造型风格是不拘一格的、随意的和流畅的。基于现代美学原则之上的空间造型风格已经几乎没有任何民族的、地域的特征，但这也形成了现代建筑自身所追求的风格。

自20世纪60年代开始，由于审美观念的逐渐变化，西方发达国家先后出现了后现代主义、解构主义、高技派等建筑风格倾向，可以说处于一种新旧交替的转型期，一统天下的国际式风格已经走过了它的巅峰，取而代之的是一个异彩纷呈的多元化趋势。尽管在许多方面尚不足称道，有一定的局限性和片面性，但是新兴的建筑风格敢于离经叛道，向经典美学挑战，肯定创造性和新奇性的美学价值，建立多元化的美学标准，无疑对我们具有一定的启迪意义。

（二）象征

如前所述，建筑艺术是基于一定的使用要求之上的，运用一些比较抽象的几何形体来表达特有的内在含义的艺术形式，因此从这个意义上来说，建筑艺术是一门象征性的艺术。

所谓象征，就是运用具体的事物和形象来表达一种特殊的含义，而不是说明该事物自身，即借此而言他。象征在美学中属于符号系统，为人类所独有，因为一切非人的动物只能依靠条件反射来认识外界，而不能运用抽象的概念对具体对象所代表的另外含义作出理解。因此象征是人类相互间进行文化交流的媒体。

既然象征是借用具体的有形事物来表达非自身的无形含义，而且它在人类社会中能够相互沟通、相互认同，那么它必然是公众所惯用的概念，具有约定俗成的内涵。例如，"居中为尊"这一思想是我国古代社会长期的共识，因此用对称的空间布局形式来作为传统礼教的象征能够历久不衰。当然，象征属于人类文化的范畴，不同民族、不同的文化层次，由于存在各自的差异，因此并非一切象征事物都能在不同的社会背景下得到普遍的认同；因此，象征具有时代性、民族性和地域性的特征。

（三）气氛

建筑在满足物质功能需求的同时，还应该满足人们一定的精神感受方面的需求。人们处在一定的建筑环境空间之中，无论其大小形状如何，都会受到环境的影响而产生某种审美反映。由于建筑空间的特征不同，往往会形成不同的环境气氛，从而使人们感到身处的建筑空间仿佛具有某种性格，例如温馨的空间、亲切的空间、庄严的空间、压抑的空间、活泼的空间、神秘的空间……建筑空间之所以能给人们以这些不同的感受，是因为人类以特有的联想思维和与之相应的审美反映，赋予了建筑空间不同的性格特征。通常来说，形状规则的空间显得简洁、单纯、朴实；曲面空间感觉比较流畅、柔和、动感、抒情；垂直的空间给人以崇高、庄严、肃穆、向上的感觉；水平的空间给人开阔、亲切、舒展的感觉；倾斜的空间则会让人感到不安和动荡……各种不同的空间形状会形成不同的环境气氛，给人们带来不同的心理感受。

建筑空间的形式受到功能和审美两大因素的共同制约，其中功能因素是基础，然而在一些建筑空间中，审美的或者说人们心理的因素往往起着更为重要的作用。以我们常见的住宅为例，一般来说，2.2m 的层高就能够满足各种功能的人体工学的基本尺度要求，但很显然这一高度显得过于压抑了，人们从自身的心理感受出发，通常采用 2.8～3.6m 的层高来进行普通建筑空间的高度限定。而且这一数据在被应用的实践过程中，已经成为常用数据，从而形成一种相对固定的审美感觉，过高或过低都会被认为是不舒服的。对于卧室来说，人们需要的是柔和亲切的环境气氛，因此房间的面积一般控制在 12～18m²，过大的卧室面积反而会使人产生不安全的感觉。再如前面提到过的哥特式教堂竖高的内部空间，如果单纯从人体尺度要求来看，即使教堂的高度降为原来的 1/10 也能满足使用，但其中崇高、神秘的宗教气氛和艺术感染力将荡然无存。由此可见，不同形式的建筑空间会营造出不同的环境气氛，以满足人们在物质和精神两方面的需求。从某种角度来讲，在保证基本使用功能的前提下，决定建筑空间形式的根本因素往往是人们在精神方面的需求。

第三节 建筑空间与建筑技术

在前面两节我们讨论了空间与功能、空间与艺术的关系，而建筑是艺术与技术相结合的产物，技术是建筑的构思、理念转变为现实的重要手段，建筑技术涵盖的范围很广，包括结构、消防、设备、施工等诸多方面的因素，其中结构与建筑空间的关系最为密切。

一、建筑空间与结构的关系

人们创造建筑空间有着双重的目的，首先也是最根本的是要满足一定的使用功能要求，其次还要满足一定的审美要求。然而要想达到上述两方面的目的就必须依靠一定的技术手段。建筑的空间结构就是诸多手段的主体。人们建造房屋使用各种材料，并巧妙地将这些材料组合在一起，充分发挥出材料的力学性能，使之具有合理的荷载传递方式，整体与各个部分都具有一定的刚性并符合静力平衡条件，这就形成了建筑的空间结构。

我们通常将符合功能要求的空间称之为适用空间，将符合审美要求的空间称之为视觉空间，将符合材料性能和力学规律的空间称之为结构空间。三者由于形成的根据不同，各自受到的条件制约和所遵循的法则也不同，但在建筑中它们是合而为一的。我们从事建筑设计就是要将三者统一为一个整体。在古代，功能、审美和结构三者间的矛盾并不突出。当时的建筑设计师既是艺术家又是工程师，他们在建筑创作的初始阶段就将三方面的问题综合考虑并加以调和了。到了近现代，随着科学技术的不断进步和发展，工程结构已经从建筑学中分离出来，从而成为相对独立的专业，现代的建筑师必须和结构工程师相互配合才能最终确定建筑设计方案，因此正确地处理好功能、审美和结构三者的关系就显得更为重要了。

如前所述，结构作为实现建筑功能和审美要求的技术手段，要受到它们的制约。就互相之间的关系而言，结构与功能之间通常更为紧密一些。然而结构并不是一个完全消极被动的因素，相反对建筑空间形式具有很强的反作用。恰当地运用合理的结构形式往往会对空间的功能和美观起到很大的促进作用。

人们的功能要求是多种多样的，这就需要有相应的结构方法来提供与功能相适应的空间形式。对于数量较多、形状相似、面积不大的组合空间，可以采用内隔墙承重的梁板结构。对于需要自由灵活划分的空间，可以采用大跨度结构来实现。在古代由于技术条件的限制不可能创造较大的室内空间，然而社会的进步使得人们要求更为复杂灵活的空间组织形式，于是在传统砖石结构的基础上逐步出现了拱形结构、穹隆结构，进而发展到钢筋混凝土结构、网架、悬索、壳体等空间结构，使人们从空间的束缚中解脱出来，满足了自由灵活分隔空间的要求。

另一方面，结构形式的选择不仅要受功能要求的影响，同时还要服从审美的要求。一个好的结构方案应该是满足使用功能的同时，还应具有一定的艺术感染力。而且不同的结构形式各自具有其独特的表现力。古罗马所采用的拱券和穹隆结构为当时的浴场、斗兽场、法庭等提供了巨大的室内空间。同时表现出宏伟、博大、庄严的气氛，创造出了光彩夺目的艺术形象，哥特式教堂高直的尖拱和飞扶壁结构，则有助于营造高耸、轻盈和神秘的宗教气氛。我国传统的木构建筑，则易于获得轻巧、空灵和通透的效果（图4-50）。

现代科学的伟大成就所提供的技术手段，不仅使我们的建筑能够更加经济有效地满足功能的需要，而且其艺术表现力也为我们提供了极其广阔的可能性。

二、结构空间形式与种类

如前所述，建筑结构体系不仅对空间的围合、分隔及限定起着决定作用，而且直接关系到空间的量、形、质等三方面的因素。下面我们将分类讨论不同类型的结构形式所对应的空间特点。现代建筑的结构体系可分为平面结构体系和空间结构体系两大类。

（一）平面结构体系

1. 承重墙（柱）结构

这是由承重墙（柱）、梁、板等结构构件组成的结构体系。这是一种古老的结构体系，公元前两千多年的古埃及建筑中就已被广泛使用，一直到今天世界各地的人们依然在使用这种结构来建造房屋。承重墙结构体系的特点是：墙体本身是围护结构同时又是承重结构。由于这种结构体系无法自由灵活地分隔空间，不能适应较复杂的功能，一般用于功能较为单一固定的房间组成相对简单的建筑，如住宅、宿舍等（图 4-51）。

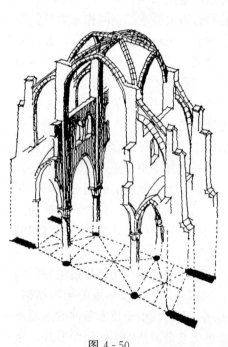

图 4-50

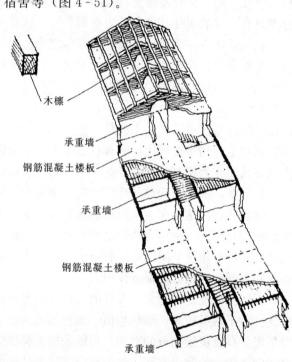

木檩

承重墙

钢筋混凝土楼板

承重墙

钢筋混凝土楼板

承重墙

图 4-51　某单身宿舍结构示意

2. 框架结构

框架结构是由梁和柱形成受力结构骨架的结构体系。其最大的特点是承重的骨架与分隔、围护的墙体明确地分开，充分发挥各自材料的力学和物理特性，同时使内部空间的划分变得自由灵活。

最早的框架结构可以追溯到原始社会，人们以树枝、树杆为骨架，上面覆盖草和兽皮所搭成的帐篷，实际就是一种原始形成的框架结构（图 4-52）。我国古代的木构建筑也是一种框架结构，木制的梁架承担屋顶的全部荷重，墙体仅起围护

图 4-52

空间的作用，木构件间用榫卯连接，使整个建筑具有良好的稳定性（图4-53）。

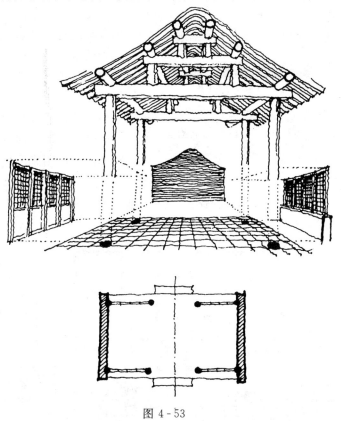

图4-53

组成框架结构的材料，由古代的木材、砖石，发展到现代的钢筋混凝土、钢结构，材料的力学性能能趋于合理。钢框架和钢筋混凝土框架各自有优缺点，我国使用钢筋混凝土框架结构更为普通（图4-54）。

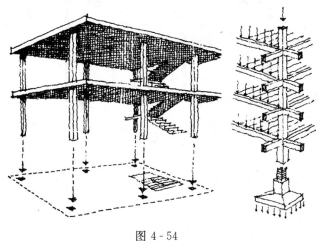

图4-54

框架结构本身无法形成完整的空间，而是为建筑空间提供一个骨架。由于它的力学特性，人们得以摆脱厚重墙体的束缚，根据功能和美观要求自由灵活地分隔空间，从而打破了传统六面体的空间概念，极大地丰富了空间的变化，这不仅适应了现代建筑复杂多变的功能要求，而且也使人们传统的审美观念发生了变化，创造出了"底层透空""流动空间"等典型的现代建筑空间形式（图4-55）。

图 4 - 55

随着高层建筑特别是超高层建筑的发展，单独的框架结构已无法满足刚度和稳定性的要求，于是在此基础上出现了剪力墙结构和筒体结构。剪力墙结构使建筑物抗水平荷载能力大大提高，但其内部空间却会受到结构要求的限制而失去部分灵活性，筒体结构使用刚度极大的内筒来抵抗侧向荷载，并在内核中设置电梯、楼梯、管道井等辅助设施，从而使平面布局具有极大的灵活性。有些超高层建筑甚至把外墙也设计成筒，形成筒中筒结构。（图4-56、图4-57）。

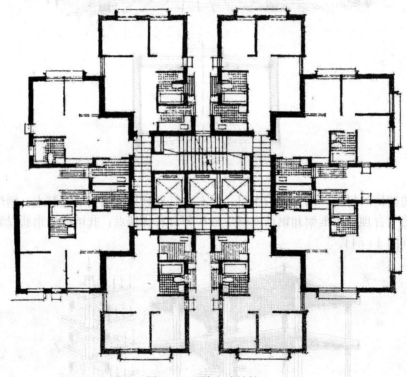

图 4 - 56　剪力墙结构

3. 桁架结构

桁架是人们为得到较大的跨度而创造的一种结构形式，它的最大特点是把整体受弯转化为局部构件受压或受拉，从而有效地发挥材料的受力性能，增加了结构的跨度。然而桁架本身具有一定的空间高度，而且上弦一般呈西坡或曲线的形式，所以只适合于当作屋顶结构，多用于厂房、仓库等（图4-58）。

4. 拱形结构

拱形结构在人类建筑发展史上起到了及其重要的作用。历史上以拱形结构创造出的建筑艺术精品不胜枚举。拱形结构包括拱券、筒形拱、交叉拱和穹隆，它的受力特点是在竖向荷

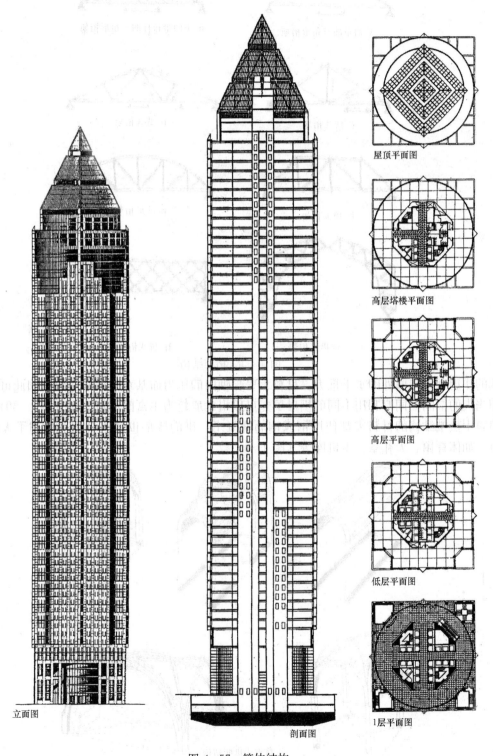

立面图

剖面图

屋顶平面图

高层塔楼平面图

高层平面图

低层平面图

1层平面图

图 4-57　筒体结构

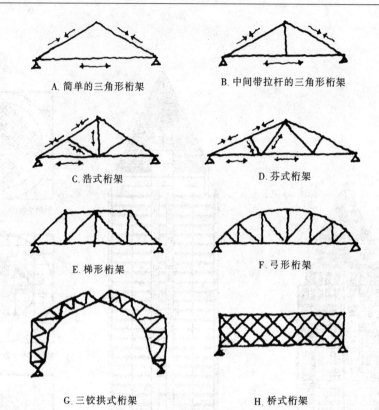

A. 简单的三角形桁架　　　　　B. 中间带拉杆的三角形桁架

C. 浩式桁架　　　　　D. 芬式桁架

E. 梯形桁架　　　　　F. 弓形桁架

G. 三铰拱式桁架　　　　　H. 桥式桁架

图 4 - 58　桁架结构

载的作用下产生向外的水平推力。材料主要受轴向的压力而基本不承受弯矩，因此可以跨越相当大的空间。同时利用不同的拱形单元可以组合成较为丰富的建筑空间（图 4 - 59）。现代建筑中拱型结构的材料大都使用钢或钢筋混凝土，拱的线形也趋于合理，多用于大跨度建筑，如体育馆、大礼堂、飞机库等（图 4 - 60）。

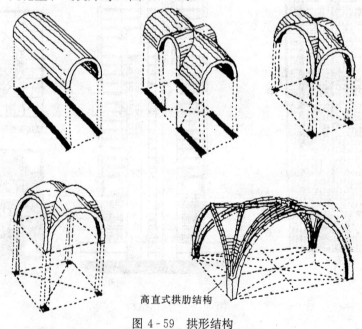

高直式拱肋结构

图 4 - 59　拱形结构

图 4-60　英国金斯克劳斯车站

5. 刚架结构

刚架结构是由水平或带坡度的横梁与柱由刚性节点连接而成的拱体或门式结构。刚架结构根据受力弯矩的分布情况而具有与之相应的外形。弯矩大的部位截面大，弯矩小的部位截面小，这样就充分发挥了材料的潜力，因此刚架可以跨越较大的空间。刚架适合矩形平面，常用于厂房或单层、多层中型体育建筑，如体操馆、羽毛球馆等（图 4-61）。

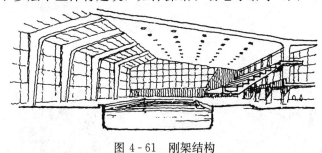

图 4-61　刚架结构

（二）空间结构体系

1. 网架结构

网架结构是由杆件系统组成的新型大跨度空间结构，它具有刚性大、变形小、应力分布较均匀、结构自重轻、节省材料、平面适应性强等特点。网架结构可分为单层平面网架、单层曲面网架、双层平板网架、双层曲面网架等多种形式。目前最为常用的是双层平板空间网架，一般由钢管或型钢构成。其网格有两向和三向两种。两向网架是纵横形成正交（90°）的网格组成。可以正放，也可以斜放，比较适合方形或矩形平面。三向网架由三组互成 60°斜交的网格组成。适合于三角形、六边形或圆形平面。网架结构是目前大跨度建筑使用最普通的一种结构形式（图 4-62、图 4-63）。

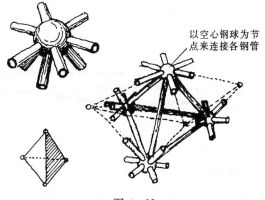

以空心钢球为节点来连接各钢管

图 4-62

2. 悬索结构

悬索结构是利用张拉的钢索来承受荷载的一种柔性结构，具有跨度大，自重轻、节省材料、平面等特点。同时，悬索结构可以覆盖多种多样的建筑平面，除矩形还有圆形、椭圆形、菱形乃至不规则平面，使用灵活性大，范围广。悬挂结构是悬索结构的一种变形，它利用钢索吊挂混凝土屋盖，可减少屋盖承受的弯矩，形成轻盈多变的层面效果。悬索结构建筑内部空间宽大宏伟又富有动感，外观造型变化多样，可创造出优美的建筑空间和体形（图 4 - 64、图 4 - 65）。

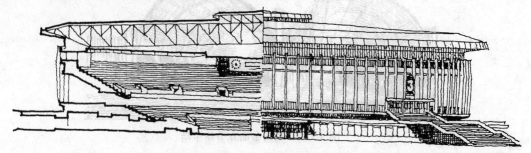

图 4 - 63　上海市体育馆

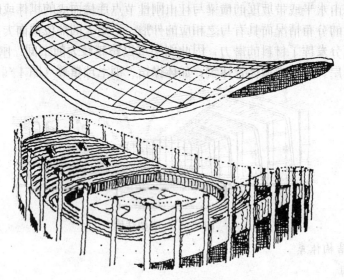

图 4 - 64　悬索结构

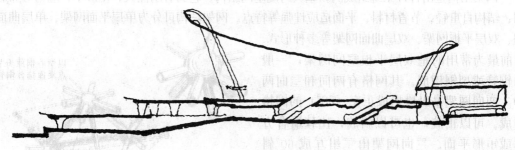

图 4 - 65　悬索结构

3. 折板结构

折板结构是由许多薄平板以一定的角度相互整体连接而成的空间结构体系。折板结构既是板又是梁的空间结构，受弯能力、刚度稳定性均比较好，采用折板结构的建筑，其造型鲜明清晰，几何形体规律严整，尤其折板的阴影随日光移动，变化微妙，气氛独特（图 4 - 66）。

4. 壳体结构

壳体结构是从自然界中鸟类的卵、贝壳、

图 4 - 66　折板结构

果壳中受到启发而创造出的一种空间薄壁结构。其特点是力学性能优越，刚度大，自重轻、用料节省，而且曲线优美，形态多变，可单独使用，也可组合使用，适用于多种形式的平面（图4-67）。

图 4-67　壳体结构

5. 充气结构

利用尼龙薄膜、人造纤维或金属薄片等材料内部充气来作为建筑的屋面，这种结构称为充气结构。它自重极轻，可达到很大的跨度，安装、充气拆卸、运输均较方便（图4-68）。

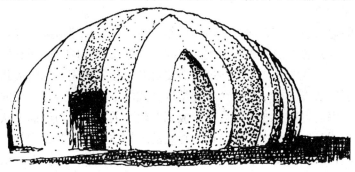

图 4-68　充气结构

6. 张拉膜结构

这种结构形式也称帐篷式结构，由撑杆、拉索和薄膜面层三部分组成，通过张拉，使薄膜面层呈反向的双曲面形式，从而达到空间稳定性。这种结构形式造型独特，安装方便，可用于某些非永久性建筑的屋顶或遮篷（图4-69）。

三、建筑空间与结构的有机结合

前面我们介绍了不同种类的结构形式，尽管各有特点，但却又都具有两个共同的地方，一是本身必须符合力学的规律性；二是必须能够形成或者覆盖某种形式的空间，没有前一点结构形式就失去了科学性；没有后一点结构形式就失去了使用价值。一种结构，如果能把它的科学性和实用性统一起来，它就必然具有强大的生命力。当然形式美处理的问题也不能被忽略，任何一个优秀的建筑作品，都必须是既符合结构的力学规律性，又能适应功能要求，同时还应能体现形式美的基本原则。只有把这三方面有机结合起来，才能通过美的外形来反映事物内在的和谐统一性。我们前面提到，建筑设计的任务就是将适用空间、视觉空间和结构空间最大限度地合为一体，其实质就是要做到建筑空间与结构的有机结合。

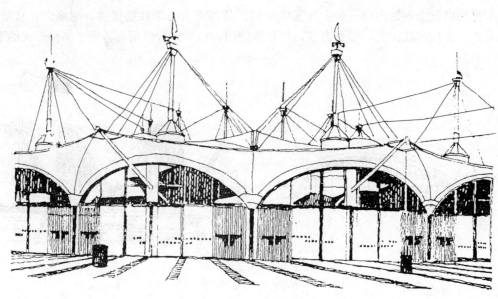

图 4-69 张拉膜结构

（一）结构空间与适用空间相结合

1. 合理的结构造型

要实现所需的建筑空间，必须有结构体系作保障，虽然说建造某个建筑空间可以有多种结构形式供选择，但只有结构形式所提供的空间形式最切合使用，空间利用率最高，工程造价相对合理，这才是最佳的结构造型。这就需要对各种建筑使用空间的形状、大小，以及空间的组成关系等加以认真分析，并结合各种结构形式的空间特征进行合理的结构造型。

承重墙结构、钢筋混凝土结构等易于形成相对较小的、平面与剖面形状规则的空间，在小型建筑中广为运用，框架结构是目前最为常用的结构体系，尤其是钢筋混凝土框架结构在我国运用极其广泛，建筑规模可大可小，可高可矮，空间分隔方式灵活，组合方法多变，适用于各种类型的建筑，但由于其梁柱承重的结构原理，框架结构的建筑在屋面形体变化上受到一定的限制。

大跨度建筑的结构体系更是多种多样，如前所述有桁架、刚架、拱等平面结构，还有网架、壳体等空间结构，每一种结构形式所形成的建筑空间都有各自不同的特点。例如拱形结构具有中央高两侧低的内部空间；平板型网架室内天花是平的；悬索结构比较适合于覆盖平面接近圆形，剖面为中间升高或下凹的建筑空间；而像天文馆、球幕电影馆这

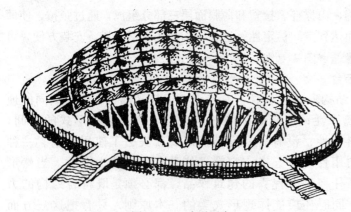

图 4-70 球形网壳

样的建筑空间则用球形网壳比较好（图 4-70）。

随着现代城市化进程的加快，城市人口密度不断提高，生产和生活用房日益紧张，为了

节约城市中有限的土地资源，建筑物逐步向空中发展，高层、超高层建筑群所形成的轮廓线已成为现代化城市的标志。高层建筑的结构承重体系有框架结构、剪力墙结构、筒体结构等，我们在前面章节已有论述。这些结构形式均有一定的空间特色，在设计实践中应根据具体工程情况加以选用，充分发挥各自结构形式的优越性。例如钢筋混凝土框架结构在层数不多的情况下，非常具有优势，它能提供较大的室内空间，而且平面布置灵活，并可以利用边跨的悬挑部分创造更为丰富的空间及外观效果。当建筑物层数在15层以上时采用剪力墙结构则比较经济，在一些具有规律性横墙布置的建筑，如旅馆、住宅、宿舍、病房楼等高层建筑中运用就比较合适。框架——剪力墙结构（框—剪结构）则既克服了纯框架结构抗侧向荷载度低的特点，又弥补了剪力墙结构平面分隔不灵活的不足，因此可以广泛地应用于各类高层建筑，其经济高度可达40～50层。筒体结构一般应用于超高层建筑，其中框架——核心筒结构即有良好的刚度，其外框架的灵活布置又为空间的灵活分隔使用创造了条件，框架——空腹筒结构适用于平面接近正方形和圆形的塔式高层建筑，筒中筒结构常用于50层以上的高层建筑中，内外筒之间的空间较为开阔，可以灵活使用，此外还有组合筒结构、筒柱托梁结构、筒体挑梁等多种筒体结构，都可以创造出独特的空间，适应不同的使用要求。

当我们在设计中已经确定了某种结构体系，其断面形式也可以根据使用空间的具体情况灵活变化，或高低错落，或倾斜弯曲，或采用一些非对称的处理手法，以便更有效地适应空间的需要。另外在大跨度空间中可以将单一的结构形式转化为连续重复的组合结构，这样不仅可以减少了结构的跨度，从而降低结构本身的厚度，而且在覆盖的空间平面形状不变的情况下，减少了空间的浪费，提高空间的利用率。例如大的穹隆顶可以转化为十字拱，大跨度的拱顶可以被多波的筒壳所代替。

由此可见，结构造型是确定结构方案的基础，同时也对建筑的平面布置及空间形体的塑造有着重要的影响，在设计实践中认真分析各种结构体系的空间特征，以便充分发挥其优越性将是十分必要的。

2. 综合使用多种结构形式

现代建筑的功能日趋复杂，在同一幢建筑中经常会出现不同类型的建筑空间，以满足使用的要求，这些空间大小、形状、跨度、高度往往会有很大差距，如果都采用同一种结构形式，势必会引起其空间的浪费或某个空间不能满足使用要求。

例如体育馆，中间的观众厅部分需要大跨度的拱或桁架、刚架等结构形式来覆盖高大的空间，两侧的辅助空间如果也用同一种结构屋顶，显然不需要如此高的层高，从而造成空间的极大浪费，但如果都采用钢筋混凝土框架结构，却很难解决中间的过大跨度。因此在实践中往往会将大跨结构与框架结构结合在一起使用，使其满足入口处的空间要求（图4-71）。

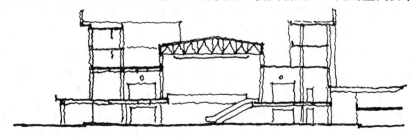

图4-71 大跨结构与框架结构的结合

　　现代城市中的商业建筑往往以综合体的形式出现，其中有大型的商场、超市、停车场，还有写字间和宾馆客房，有的甚至包括各种娱乐设施，如保龄球馆、游泳池、电影院等。面对如此复杂的功能和空间要求，只有将各种结构形式综合在一起加以利用，针对建筑的不同部分进行具体的结构造型，充分发挥各种结构形式的优势。对于商场、超市、停车场等空间，我们可以采用钢筋混凝土框架结构，安排在裙房部分，而由写字间和宾馆客房等规则的小空间组成的主体高层部分，可以采用框架——剪力墙结构，至于电影院、游泳池等有大跨度和空间要求的部分，可以安排在裙房顶部或单独设置，以网架、桁架、拱顶等结构形式来覆盖其空间，各种结构形式组合在一起，不仅可以满足各自使用功能和空间要求，同时不同结构形式形成的立面造型有机地结合在一起，使得整体建筑形象独特而富于表现力。

　　（二）结构空间与视觉空间相结合

　　如前所述，结构空间能够提供人们活动所需要的空间，保证建筑的安全与可靠，而且会对视觉空间产生很大的影响。形式并非虚空之象，而是实在之物，符合审美要求的视觉空间需要依赖结构空间的存在而得以实现，因此在建筑设计中结构空间不仅要将结构空间与适用空间相结合，还要把结构空间与视觉空间有机结合在一起。

　　有些建筑设计的初学者总感到结构形式限制了其方案构思，而实践证明，结构并非是实现建筑空间构思的障碍，而是实现构思的必要手段。设计师只要能遵循结构体系及材料运用中的客观规律，充分发挥自身的逻辑性思维和创造性思维，因势利导地对建筑空间进行艺术加工和处理，就应该能够创造出真正富有美感的建筑空间。我们不提倡那种脱离结构技术，单纯依靠建筑构思等纯形式主义概念来进行建筑创作的所谓"学院派"方法，也不赞同那种忽略建筑设计过程中的空间处理，而是过分依赖建筑建成后的装饰阶段来改善建筑空间效果的设计手法。通过前面章节的分析我们可以看出，许多结构形式对创造建筑空间造型、丰富建筑轮廓、加强空间的动感与韵律等方面都具有积极的作用。我们在设计实践中要不断丰富自身的结构经验，善于发现并运用结构形式本身所特有的美感，创造出符合结构规律的建筑艺术精品。

　　大跨度的空间和平面结构体系往往能够形成独特的空间及造型效果，但这并不意味着我们设计实践中最常用的框架、框架剪力墙、以及砖混等结构型式就难以创造出变化丰富的建筑空间。许多建筑大师留下的传世佳作都证明，只要能巧妙地运用一定的设计手法，在规则的"柱网"中同样能创造出极具艺术魅力的建筑空间。在设计实践中常用的手法有以下几种：

　　1. 灵活分隔

　　框架结构最大的特点就是作为围护和分隔作用的墙体可以与承重体系的梁柱分离，不再受其严格的制约，因此设计中根据具体要求变化墙体位置，同时与柱网保持一定的关系，这样可以创造出多种空间效果，根据墙与柱的相对关系，有的空间看不到柱子，有的墙面上形成一排壁柱，还有的空间被一列柱子划分为不同的区域，这种空间处理手法在现代建筑设计中运用非常普通，是现代建筑的基本特点之一（图 4 - 72）。

　　另外，在柱网中局部采用曲线或异形隔墙（隔断）也是丰富空间效果十分行之有效的手法。曲线隔墙不仅使空间产生一定的动感，而且该隔墙分隔成的两个空间风格迥异，一面是凸向外部的空间界面，一面是凹向内部的空间界面，给人以不同的空间感受（图 4 - 73）。

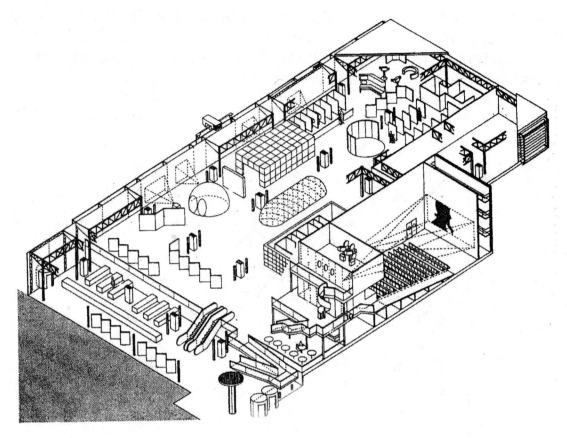

图 4-72　灵活分隔

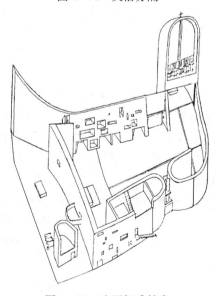

图 4-73　法国朗香教堂

2. 轴网旋转

这也是框架结构的建筑中较为常见的设计手法，将整体或局部柱网旋转一个特定的角度，形成一些扭转的非 90° 直角的内部空间，从而打破千篇一律的矩形空间的单调感。在设计实践中以旋转 45°角者居多，因为呈 45°角的墙体之间又可以形成直角相交，既保持了空间的变化，又方便空间使用，而形成部分 45°角的空间也不感觉过于尖锐。这种呈 45°角布置的方法已由墙体发展到家具的组合，许多大空间的公共建筑如开敞式办公、大型商场、营业厅都采用这种方式布置办公家具或柜台，从而灵活划分了各种空间（图 4-74）。

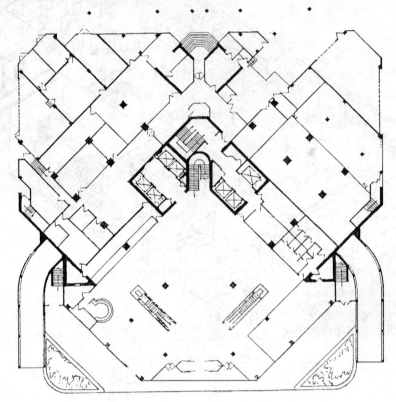

图 4-74 广东汕头国际大酒店首层平面

3. 融通空间

框架结构作为梁、柱承重体系，因此不但隔墙可以灵活布置，局部的外墙甚至楼板也都"可有可无"，极大地增强了现代建筑的开放性，为建筑的内部空间之间、内部与室外自然环境之间的相互渗透、相互融合创造了条件。在规整的柱网体系中因地制宜地开放某些空间界面，是现代建筑中常用的空间处理手法，不仅增加了空间的变化，而且使建筑外观产生强烈的虚实对比，丰富了立面效果。

"底层架空"是将建筑底层（或下面几层）除交通空间以外全部敞开，以缓解许多现代建筑由于基地狭小、无法满足入口交通、停车、绿化等矛盾，同时架空部分形成了许多界于室内和室外之间的"灰空间"，丰富了建筑的空间效果（图 4-55）。

"中庭空间"是将建筑内部适当位置的一层或多层楼板取消，甚至抽去柱子，扩大空间模数，使得上下几层空间得以贯通。"中庭空间"可以布置楼梯、自动扶梯、观光电梯等垂直交通系统，一方面使得空间的可识别性增强，另一方面使得人们在上下移动的过程中视线相互交流，给人以良好的心理感受（图 4-75）。

"空中花园"是指在一些高层建筑中，为了给处在上部的人们提供一个室外相通的休闲环境，而又不必来到地面高度的室外空间，常将上部某一层甚至几层的局部外墙及楼板取消，配以绿化及铺装，成为半开放的庭院效果，也可以利用结构的"悬挑特性"，将室内空间扩展至柱网以外，这种手法不仅满足了建筑的空间使用要求，而且对建筑内外空间效果都起到了极大的丰富作用（图 4 - 76）。

图 4 - 75 中庭空间

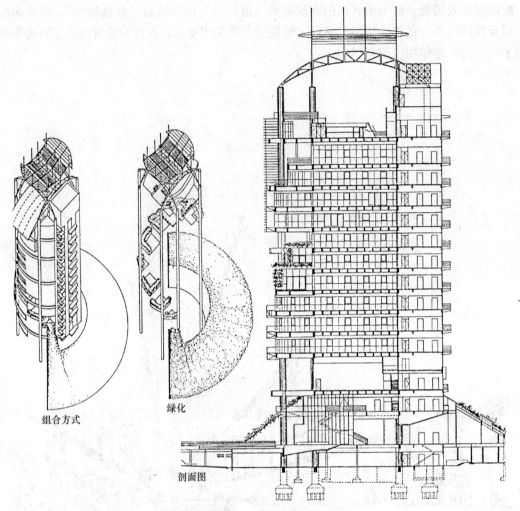

组合方式　　　　　绿化

剖面图

图 4 - 76　建筑中的空中花园

思 考 题

1. "建筑空间"的定义是什么？
2. 为什么在建筑设计基本原理中提出"空间是建筑的主体"的概念？
3. 你是如何认识使用功能对建筑空间组合形式的决定性作用的？
4. 建筑设计中常用的建筑空间组合方式有哪些种？分别适合于哪些建筑类型？
5. 简述建筑的"美学原则"与"审美观念"之间的相互关系。
6. 举例说明建筑设计之中应该如何正确把握建筑空间的尺度？
7. 建筑空间的艺术特征具体体现在哪些方面？试举例加以说明。
8. 如何在设计实践中做到建筑空间与结构的有机结合？
9. 建筑设计之中在结构选型问题上应该注意遵循哪些原则？
10. 试列举出五种建筑结构型式，说明其特点及一般情况下所适用的建筑空间类型。

第五章　建筑设计中的形体塑造

建筑设计不仅要满足基本的使用功能，采用合理的技术，可行的经济方案，还要考虑建筑与环境的关系，历史的延续，思想性的表达，但最终的设想总要通过外在的形态表现出来。因此建筑设计中必须很好地考虑建筑造型问题。建筑造型包括形体、立面、色彩、细部等，它是建筑内外部空间的表现形式，它的外观（从个体建筑到建筑群）和内部都应该给予人们精神上深刻的感受和印象。建筑造型设计在满足人们物质要求的同时，必须满足人们的精神要求。因此，物质与精神上的双重要求，是创造建筑形式美的主要依据。一般来说，一定的建筑形式取决于一定的构思内涵，同时建筑形式常能反作用于建筑的内容，并对建筑内容起着一定的影响和制约作用。建筑造型设计应该是在平面设计的基础上研究建筑空间的表现形式，进一步从总体到细部进行协调、深化，使形式和内容完善统一，力求获取完美的艺术表现形式。

第一节　建筑形体塑造的基本原则

一、符合适用、经济、美观的建筑设计宏观原则

适用、经济、美观是建筑的基本构成要素，也是我们进行建筑设计总的指导思想和根本原则。建筑形式主要是指它所具有的空间形式，它与三个方面的因素有着密切的联系：其一，人们对建筑提出的功能使用方面的要求；其二，人们对建筑提出的精神和审美方面的要求；其三，形成某种空间形式所凭借的物质技术手段。前面两个方面是人们建造建筑的目的和要求，因而可以说是形成建筑空间的内容，最后一条是形成建筑空间的基本条件。任何一种建筑空间形式都既要适合于内容的要求，又要受到一定物质技术条件的制约。

建筑是为了满足人们生产、生活的需要而创造的物质空间环境，它是根据使用功能要求，采用某种物质与科学技术手段，在一定的历史条件下，应用某种材料、结构方式和施工方法建造起来的。一般情况下功能使用要求是人们建造建筑的首要目的，建筑空间形式必须满足功能使用要求。建筑物的平面组合、空间大小、层数确定等首先要以空间的适用性、技术与材料的经济合理性为前提。而建筑的外部形体也必然是内部使用要求的直接反映。建筑造型不能简单的理解为形式上的表面加工，或是建筑设计完成后的表面处理。建筑必须在具体使用功能关系和物质技术条件制约之下，去探索空间组织、结构构造方式、建筑材料运用等方面的问题，使之符合相关的美学规律与法则。

对于人们来说，建筑具有物质与精神的双重作用。所以，除使用功能以外，人们还在不同程度上对于建筑提出了审美方面的要求，建筑形式同时要满足这两方面的要求。虽然建筑的产生很大程度上是基于实用的目的，但它也以其特有的艺术作用，愉悦着人们的精神生活，陶冶着人们的心灵，从而跨入社会生活的上层建筑领域，在一定程度上成为社会意识形态的一个组成部分。建筑形式会影响人们的思想感情，起着"精神功能"的作用。社会文化

和科学技术在不断地发展进步，人们的审美意识也在不断地变化，建筑形式也必然要随着社会的发展而不断演变。要做出一个好的建筑造型，除了必须要满足功能使用要求，善于运用先进和恰当的物质技术手段以外，我们也必须注意建筑形式不是简单的取决于使用功能，或被动的取决于结构形式，而是要充分重视和发挥建筑艺术的意识形态职能和作用，按照建筑造型艺术的自身规律，创造出具有强烈感染力的建筑艺术形象。

二、满足建筑形式美要求的基本原则

构成建筑的"功能、技术、美学"三大要素是相互依存的，它们之间是一个有机的整体关系。但是，从美学角度出发，建筑造型相对于功能和技术也具有其自身的艺术与科学的规律。也就是说，在相同的建筑功能和技术、材料的前提条件下，可以产生完全不同的建筑造型形式。所以，建筑造型设计也有它的相对独立性，要创造丰富优美、富有个性的建筑形象，必须要遵循一定的建筑艺术规律和构成方法。

（一）建筑造型的形式美规律

古今中外的建筑，尽管在形式处理方面有极大的差别，但凡属优秀的作品，必然遵循一个共同的形式美准则——多样统一。即在统一中求变化，在变化中求统一。任何造型艺术，都具有若干不同的组成部分，这些部分之间既有一定区别又存在内在的联系，它们是相互矛盾的，又是相辅相成的。必须把这些矛盾的部分按照一定的规律，有机地组合成为一个和谐的整体。既有变化，又有秩序，这就是一切艺术品，特别是成功的造型艺术作品在形式上必须具备的一项原则，值得我们在建筑设计的过程中充分重视。建筑艺术规律的总结告诉我们，建筑设计中达到多样统一的手段是多方面的，如统一、均衡、对比、韵律、比例与尺度……。

1. 形体的统一

统一是形式美最基本的要求，它包含两层意思：一是秩序——相对于因缺少共性的控制要素而带来的整体形态杂乱无章而言；一是变化——相对于形体要素简单重复的单调而言。在建筑中，建筑物的实际需要，会自发形成多样化的局面。当要把建筑物设计得满足于复杂的使用目的时，建筑本身的复杂性势必会演变成形式的多样化，甚至使用要求很简单的设计，也可能需要一大堆各不相同的各类构成要素。因此，一个建筑师的首要任务就是，把那些势在难免的多样化组成引人入胜的统一。

建筑设计并不单纯是设计外观，必须把一个结构物所有可能展现的外观和内景结合在一起，成为一个统一的艺术创造。这就是说一切优秀的建筑必须体现平面、立面和剖面的统一这个原则。换言之，一个建筑物要安排平面，要研究内部空间的形状和体积，要考虑它的外部形体的构图，要有目的地将所有这一切形成一个和谐统一的整体。

（1）以简单的几何形体取得统一。在建筑学中，最主要的、最简单的一类统一，叫做简单几何形状的统一。任何简单的、容易认识的几何形状，都具有必然的统一感。三棱体、正方体、球体、圆锥体和圆柱体都可以说是统一的整体，而属于这种形状的建筑物，自然就会具有在控制建筑外观的几何形状范围之内的统一（图 5-1）。简单的几何形体将内容和多样化的形式组织在一个统一的结构中，建立一种有秩序的整体，是用最少的形式包含更多的内容，对于建筑而言，就是利用简洁的形式，表达丰富的内涵。古代许多著名的建筑都曾靠简单的几何形体而获得高度的统一性。如古埃及的金字塔群，虽然各自的大小不同，但均取规则的正方锥体，从而达到了高度完整统一的境地（图 1-12）。同样，古罗马万神庙，不仅神殿的平面呈圆形，而且整个剖面比例也非常接近于圆形，从而通过圆获得了高度的完整统一性（图 2-77）。

图 5-1　基本的建筑形状

三棱体、正方体、半球体、棱锥体、圆柱体、矮圆柱体、竖立的长方体、
平放的长方体、圆锥体、矮棱锥体

（2）通过共同的协调要素达到统一。建筑各组成部分之间或建筑形体各构成要素之间，由于功能的需要或由于采用同一类型的结构，具有相同或相似的形状或体形，它们在重复出现的过程之中流露出相互之间的一种完美的协调关系，这就大大有助于使整个建筑产生统一的效果。勃兰德大学画室，根据使用功能将空间分成三组：画室、教室、办公室。相同性质的空间接近布置，明显地形成独立的部分。三部分又通过它们围合的庭院联系，形成了不同组合的复合整体（图 5-2）。

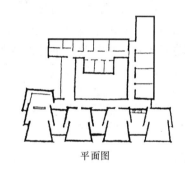

平面图

立面图

图 5-2　勃兰德大学画室

（3）以主从分明而达到统一。在一个有机统一的整体中，各组成部分是不能不加区别对待的，它们应当有主与从的差别。不然的话，各种要素平均分布、同等对待，即使排列得整整齐齐也难免会流于松散单调而失去应有的艺术感染力。在建筑设计中，从平面组合到立面处理，从内部空间到外部体形，从群体布局到细部装饰，为了达到有机统一应注意处理好建筑各组成部分之间的主从关系。由若干要素组合而成的整体，如果把作为主体的大体量要素置于中央突出地位，而让其他次要要素从属于主体，这样在某种程度上可以使之成为有机统一的整体（图 5-3）。意大利文艺复兴时期的圆厅别墅，使高大的圆厅位于中央，四周各依附一个门廊，无论是平面布局或是体形组合，都极均称严谨、

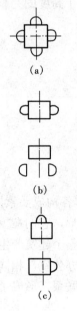

图 5-3　主从关系
(a) 一主四从；(b) 一主
二从；(c) 一主一从

主从分明，具有高度的完整统一性（图 1-16）。

2. 形体的均衡

均衡是建筑造型的重要法则。在自然界，相对静止的物体，都是遵循力学的原则，以安定的状态存在着的。这是地心引力在地球上创造的特殊法则，因而生活在地球上的人依据自己长期的生活经验把均衡和稳定视为审美评价的重要方面。均衡形式大体分为两类，即静态均衡与动态均衡。静态均衡是指在相对静止条件下的平衡关系。这是在建筑造型过程中长期和大量被普遍运用的形式。它是沿着建筑的中心轴左右对称的形态，两侧保持绝对的均衡关系；而动态均衡则是以不等质和不等量的形态，求得非对称的平衡形式（图 5-4）。这两种建筑造型，前一种在心理上偏于严谨和理性，因而具有庄重感；而后一种则偏重于灵活性和轻快感。

对称形式的格局天然就是均衡的，由于这种形式沿中轴线两侧必须保持严格的制约关系，因而凡是对称的形式都比较容易获得统一性，古今中外的许多著名建筑都因对称而达到了完整统一（图 5-5、图 5-6）。然而对称也有它的局限性，特别是在功能要求日趋复杂的情况下，对称的形式往往与功能相互矛盾，因而在今天通常只有少数功能相对简单与灵活的建筑类型适合于采用对称的形式。

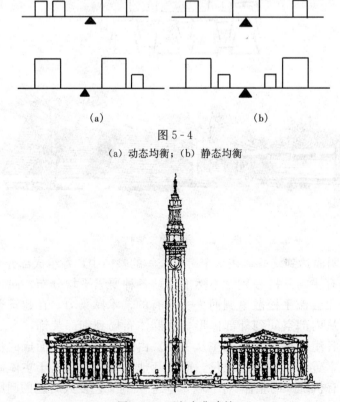

(a)　　　　　　　　　(b)

图 5-4
(a) 动态均衡；(b) 静态均衡

图 5-5　西方古典建筑

图 5-6　全国农业展览馆综合馆立面图

不难看出，尽管对称的形式天然就是均衡的，但是由于功能、地形、建筑物性格等各方面因素的限制，许多建筑都不适合于采用对称的形式，所以也就出现了非对称的均衡形式。这种形式的均衡同样体现出各组成部分之间在重量感上的相互制约关系，是通过动态排列和视觉平衡达到统一的一种手段。雅典卫城的山门，为了因地制宜，做成不对称的形式，但却保持了均衡（图 5-7）。

如果说古典建筑往往着重从一个方面——正前方来考虑建筑的均衡问题，那么近代建筑却更多地考虑到从各个方向来看建筑的均衡问题。由格罗皮乌斯设计的包豪斯校舍，打破了古典建筑传统的束缚，采用风车形的平面，体形组合极富变化，无论从哪一个角度看都具有良好的均衡关系（图 5-8）；如果说建立在砖石结构基础上的古典建筑更多的是从静态均衡的观点来看待问题，那么现代建筑还往往从动态均衡的观点来看待问题。由伍重设计的澳大利亚悉尼歌剧院，建筑伸向水中，为了与环境取得有机联系，采用了三组方向相反的薄壳作为屋顶结构，既保持了均衡，又有强烈的动态感（图 2-149）。

图 5-7　雅典卫城山门

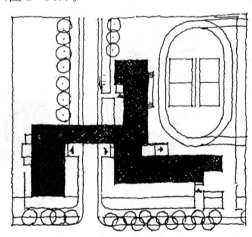

图 5-8　包豪斯校舍

3. 形体的对比

一个有机统一的整体，各种要素除按照一定秩序结合在一起外，必然还有各种差异，对比与微差所指的就是这种差异性。对比指显著的差异，微差指不显著的差异。就形式美来讲，这两者都是不可缺少的。对比可以借相互之间的烘托、陪衬来突出和强化各自的特点以求得变化；微差可以借彼此之间的连续性以求得谐调。只有把这两者巧妙地相结合，才能获得相辅相成的艺术效果。

在建筑设计领域中——无论是整体还是细部、单体还是群体、内部空间还是外部体形，为了破除单调而求得变化，都离不开对比与微差手法的运用。对比与微差只限于同一性质的差别之间，具体到建筑设计领域，主要表现在以下几个方面。

（1）大与小之间：例如空间体量的大小、门窗的大小、细部装饰要素的大小……。如圣·索非亚大教堂，以半圆形拱作为立面组合要素，大小相间、配置得当，既有对比又有微差，构成了一个和谐统一又富有变化的有机统一整体（图2-81）；

（2）不同形状之间：例如房间的形状、门窗的形状、建筑体形的变化等。如巴黎圣母院，依靠门窗在形状上的对比与微差，使得整个立面处理既和谐统一又富有变化（图2-84）；

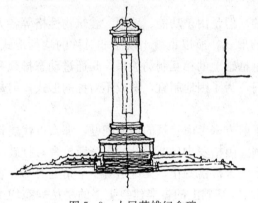

图5-9　人民英雄纪念碑

（3）不同方向之间：例如房间轴线的变换、水平与垂直线条的排列、外部形体块面组合……。如人民英雄纪念碑，高耸的碑身借平卧台基的对比作用而显得更加雄伟高大，各种线脚、装饰等细部处理也充满了水平与垂直两个方向的对比与变化（图5-9）；

（4）直与曲之间：主要指体形及内外部装修的线性变化。如罗马新火车站，立面处理极其简洁，但由于曲线形状的屋顶结构与支撑它的立柱，以及它背后的带形窗之间所构成的曲线与直线之间的对比关系，并不显得单调（图5-10）；

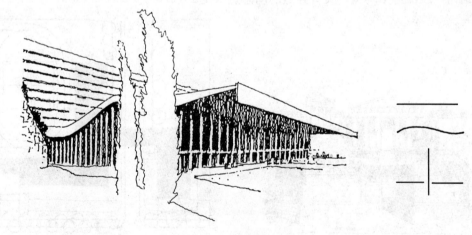

图5-10　罗马新火车站

（5）虚与实之间：主要指开窗及孔洞与墙面凹凸的处理。建筑物的表面不外由两类不同的要素所组成，一类是透空的孔、洞、窗、廊，另一类是坚实的墙、垛、柱，前者表现为虚，后者表现为实。巧妙地处理这两部分的关系，就可以借虚与实的对比与变化而取得良好的效果。如古希腊伊瑞克先神庙，以实的墙面、台基、柱、山花等与虚的空廊、窗形成强烈的虚实对比关系，极大地丰富了立面的变化（图5-11）；

（6）不同色彩或质感之间：主要指内外空间界面的材料在色彩或质感上的对比与微差。

4. 形体的韵律

自然界中许多事物和现象，往往由于有规律的重复出现或有秩序的变化而激发人们的美感，并使人们有意识地加以模仿和运用，从而出现了以具有条理性、重复性、连续性为特征的韵律美。例如音乐、诗歌中所产生的节奏感，某种图案、纹样的连续和重复，都是韵律美的一种表现形式。

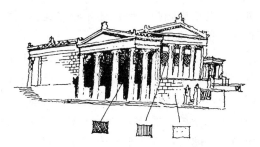

图 5-11 古希腊伊瑞克先神庙

韵律美按其形式特点可以分为几种不同的类型：

（1）连续韵律：以一种或几种要素连续、重复地排列而形成，各要素之间保持着恒定的距离和关系，可以无止境地连绵延长。

（2）渐变韵律：连续的要素在某一方面按照一定的秩序而变化，例如逐渐加长或缩短，变宽或变窄，变密或变稀……，从而产生一种渐变的韵律。

（3）起伏韵律：渐变韵律如果按照一定规律时而增加，时而减小，有如波浪之起伏，或具不规则的节奏感，即为起伏韵律。这种韵律较活泼而富有动感。

（4）交错韵律：各组成部分按一定规律交织、穿插而形成。各要素互相制约，一隐一显，表现出一种有组织的变化。

在建筑设计领域中借助于韵律处理既可以建立起一定的秩序，又可以获得各种各样的变化——就是说有助于获得有机统一性。关于这一点我们可以从韵律在建筑中运用的广泛性和普遍性——不论是整体或细部、内部空间或外部形体、单体或群体；也不论是古今中外的建筑——而得到有力的证明。如威尼斯公爵府，几种不同大小的拱窗重复连续地排列，具有鲜明的韵律感（图 5-12）；我国古代的砖塔，逐渐收缩的层层出檐不仅具有渐变的韵律，而且还丰富了建筑物的外轮廓线变化（图 5-13）；丹下健三设计的代代木体育馆，它完美的艺术形象成功之处就在于一道道索网形成的旋转的韵律，它不但显示了结构的合理性和与体育建筑性格相适应的力度美，而且创造了具有特殊情趣的形式美（图 1-2）。

图 5-12 威尼斯公爵府

图 5-13 我国古代的砖塔

5. 形体的比例与尺度

比例，就是指要素本身、要素之间、要素与整体之间在度量上的一种制约关系。在建筑设计领域中，从全局到每一个细节无不存在这样一些问题：大小是否合适？高低是否合适？长短是否合适？宽窄是否合适？粗细是否合适？厚薄是否合适？收分、斜度、坡度是否合适？……这一切其实就是度量之间的制约关系，也即是比例问题。前面所讲的主从、均衡、对比、微差等归根到底也还是一个比例问题。由此可见，如果没有良好的比例关系，就不可能达到真正的和谐统一。

　　几百年来许多建筑学家曾以各种不同的方法来探索建筑的比例问题，其中最流行的一种看法是：建筑的整体，特别是外轮廓以及内部各主要分割线的控制点，凡符合或接近于圆、正三角形、正方形等具有确定比率的简单的几何图形，就可能由于具有某种几何的制约关系而产生和谐统一的效果（图1-72）。另外一种看法认为，各要素之间或要素与整体之间如果对角线能够保持互相平行或互相垂直，那么将有助于产生和谐的感觉。道理很简单：建筑中的门、窗、墙面等要素绝大多数皆呈矩形，而矩形对角线若平行或垂直即意味着各要素具有相同的比率，即各要素均呈相似形（图5-14）。

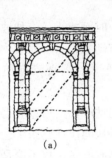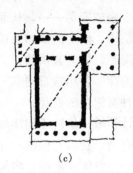

（a）　　　　　　　　　（b）　　　　　　　　　（c）

图5-14　建筑中的比例

（a）古典建筑拱柱式结构的墙面处理；（b）古典建筑的开

窗与墙面处理；（c）古希腊伊瑞克先神庙平面

　　建筑构图中的比例问题虽然属于形式美的范畴，但是在研究比例问题的时候则不应当把它单纯地看成是一个形式问题。事实上根本不存在一种在任何条件下都美的抽象的比例，任何比例关系的美与不美，都要受各种因素的制约与影响，其中以材料与结构对比例的影响最为显著。所谓美的比例它必然是正确地体现出材料的力学特性和结构的合理性。反之，任何违反这种特性的比例关系都不可能引起人的美感。如在梁柱结构体系中，比例在很大程度上取决于梁的跨度，跨度愈小愈狭长，愈大愈开阔，结构材料的性能不同，所形成的比例也不同（图5-15）。

　　材料与结构对比例的影响比较直接而明显，除此之外，不同的民族由于自然条件、社会条件、民族文化传统的不同，在长期历史发展的过程中，往往也会以其所创造出的独特的比例形式而赋予建筑以独特的风格，它们即使运用大体上相同的材料、结构，但所形成的比例却也各有自己的特色（图5-16）。

　　和比例相互密切联系的另一个范畴是尺度。尺度指的是建筑物的整体或局部与人之间在度量上的制约关系，这两者如果统一，建筑形象就可以正确反映出建筑物的真实大小，如果不统一，建筑形象就会歪曲建筑物的真实大小。例如会出现大而不见其大或小题大做等情况。关于尺度的概念讲起来并不深奥，但是在实际处理中却并非很容易，就连一些有经验的建筑师也难免在这个问题上犯错误。问题在哪里呢？就在于一些可变要素太灵活了。例如以西方古典建筑的柱式来讲，尽管它的比例关系相对来讲还是比较确定的，但是它们的尺度却可大可小，其他如穹隆屋顶、拱券、门窗、线脚等要素其形象与大小之间从建筑处理的观点来看，都有相当大的灵活性，如果处理不当或超出了一定的限度，就会失去应有的尺度感

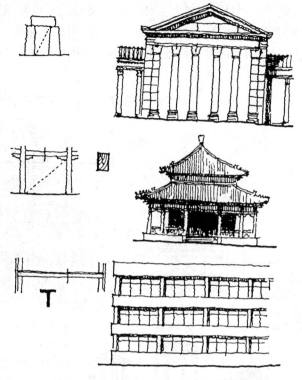

图5-15 石、木、钢三种梁柱式结构

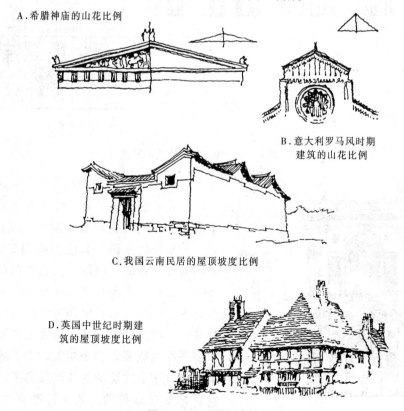

A.希腊神庙的山花比例

B.意大利罗马风时期
建筑的山花比例

C.我国云南民居的屋顶坡度比例

D.英国中世纪时期建
筑的屋顶坡度比例

图5-16 不同的建筑

（图 5-17）。建筑中，踏步、栏杆等直接与人体工学相适应的不变建筑要素往往可以显示出正常的尺度感，这些要素在建筑中所占的比重越大，其作用就越显著。例如现代的住宅或旅馆建筑往往就是通过凹廊、阳台的处理而使建筑获得正常的尺度感（图 5-18）。

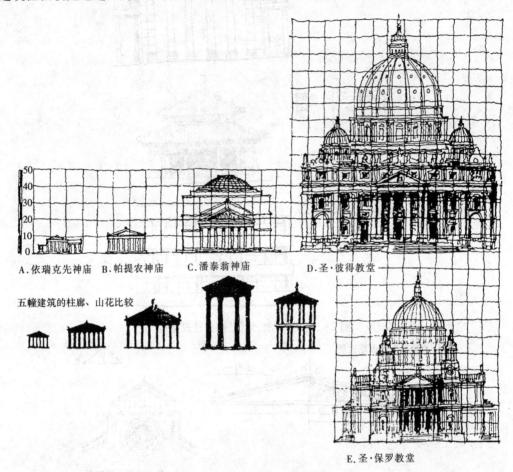

A.依瑞克先神庙　B.帕提农神庙　C.潘泰翁神庙　D.圣·彼得教堂

五幢建筑的柱廊、山花比较

E.圣·保罗教堂

图 5-17　西方古典建筑的尺度

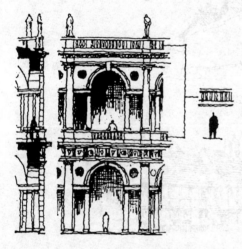

图 5-18　凹廊、阳台的处理

（二）建筑造型的形式美与艺术性

形式美的规律以及与形式美有关联的若干基本范畴——统一、均衡、韵律、比例、尺度等，对于建筑设计来讲，只能为我们提供一些规矩，而不能代替我们的创作。人们常常有一种模糊的概念，即把形式美和艺术性看成为一回事，这显然是不正确的。形式美和艺术性是两个相互联系却又有质的差别的范畴。形式美只限于抽象形式本身外在的联系，一个对象如果它的外部形式基本上符合于形式美的规律而获得了统一，应当说它看起来就是美的。艺术性则有更深一层的意思——即通过自身的艺术形象来表现一定的思想内容，它还要涉及社会思想意识、民族风格、文化传统等方面的因素。建筑的艺术性就表现在它不仅能够以其外部形式引起人的美感，而且还可以通过它的艺术形象深刻地表现出某种思想内容，使人产生感情上的共鸣并给人以强烈的艺术感受。古今中外，具有强烈艺术感染力的建筑是不胜枚举的，不同类型的建筑由于性质不同，有的使人感到庄严，有的使人感到雄伟，有的使人感到神秘，有的则使人感到亲切、幽雅、宁静，这些不同的感受和情绪，都是直接地借独特的建筑形象的激发而产生的（图5-19、图5-20、图5-21、图2-126）。

图5-19　故宫太和殿

图5-20　雅典卫城帕提农神庙

图5-21　中国古典园林建筑

三、形象处理的整体性与个性化的原则

（一）建筑形体与群体环境的配合

任何建筑，只有当它和环境融合在一起，并和周围的建筑共同组合成为一个统一的有机整体时，才能充分地显示出它的价值和表现力。如果脱离了环境、群体而孤立的存在，即使本身尽善尽美，也不可避免地会因为失去了烘托而大为减色。例如雅典卫城或明清故宫（图2-63、图5-22），如果脱离了群体而孤立的来看其中任何一幢建筑——甚至包括帕提农神庙或太和殿，尽管本身都具有十分完美的艺术形象，但其感染力也将受到极大的影响。

要研究单体建筑的建筑形体，首先要从群体环境来看。在建筑群的空间构图中，各建筑之间应有机连接，相互协调，而不能各自为政，自行其是，破坏建筑群的完整和统一。在群体环境或自然环境中，建筑物的体量、体形是很重要的，设计时必须分析建造地段的环境特点，推敲研究。不仅要考虑单体建筑体形的完整性，同时还要考虑建筑与周围环境的协调及外部空间的整体性。在有的情况下，为了达到群体的协调一致，某些建筑要当"配角"作"陪衬"，而使整个建筑群体空间构图取得完整统一。

（二）建筑形体的完整与统一

在设计中对建筑单体的形体完整也要推敲研究。一幢建筑物，不论它的体形怎样复杂，

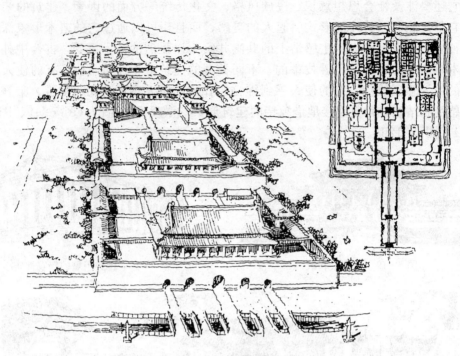

图 5 - 22　北京明、清故宫

都不外是由一些基本的几何形体组合而成的。只有在功能和结构合理的基础上，使这些要素能够巧妙地结合成为一个有机的整体，才能具有完整统一的效果。

（三）建筑的个性化特征

不同类型的建筑，由于功能性质不同，反映在建筑形体上也必然会各有特点，正是千差万别的功能才赋予建筑体形以千变万化的形式。如果把千差万别的功能统统塞进某种模式化的建筑形式中去，结果是抹煞了建筑的个性，使得建筑形式千篇一律。近现代建筑强调了功能对于形式的决定作用，使得建筑的个性更加鲜明。因此，只要把握住各个建筑的功能特点，并合理地赋予形式，那么这种形式就能充分的表现建筑物的个性。现代建筑除工业化带来的建筑功能要求和建筑技术进步外，还有着多元思潮的建筑流派，五花八门、层出不穷，个性化的设计成为建筑设计的重要标准之一。

第二节　建筑形体塑造的逻辑特性

一、建筑形体与建筑空间

（一）建筑形体与建筑空间的依存关系

建筑的空间与体形，是建筑造型艺术中矛盾的两个方面，它们之间是互为依存，不可分割的，因而建筑设计不能孤立的去解决某个方面的问题。建筑物的外部体形不是凭空产生的，也不是由设计者随心所欲决定的，它应当是内部空间的客观反映。有什么样的内部空间，就必然会形成什么样的外部形体。当然，对于有些类型的建筑，外部形体还要反映出结构形式的特征。除此之外，建筑物的形体又是形成外部空间的手段。各种室外空间如院落、街道、广场、庭园等，都是借建筑物的形体而形成的。由此可见，建筑物的形体决不是一种独立自在的因素——作为内部空间的反映，它必然要受制于内部空间；作为形成外部空间的手段，它又不可避免地要受制于外部空间。这就是说，它同时要受到内、外两方面空间的制约，只有当它把这两方面的制约关系统一协调起来，它的出现才是有根有据和合乎逻辑的。这样说来，建筑物的体形虽然本身表现为一种实体，但是从实质上讲却又可以把它看成是隶属于空间的一种范畴。

（二）建筑形体塑造的结构逻辑性

建筑空间是人们凭借一定的物质材料从自然空间中围隔出来的人造空间，人们围隔空间主要服务于两重目的：一是为了满足一定的功能使用要求；二是要满足一定的审美要求。为了经济有效地达到目的，人们必须充分地发挥出材料的力学性能；巧妙地把这些材料组合在一起并使之具有合理的荷载传递方式；使整体和各个部分都具有一定的刚性并符合静力平衡条件。这就要求建筑师在建筑形体设计中必须充分考虑结构逻辑性，将建筑的功能要求、审美要求和结构的力学规律性有机地结合起来，通过美的外形来反映事物内在的和谐统一性，达到真、善、美的统一。

任何一种结构形式都不是凭空出现的，它都是为了适应一定的功能要求而被人们创造出来的，只有当它所围合的空间形式能够适应某种特定的功能要求，它才有存在的价值。随着功能的发展和变化，它自身也不断地趋于成熟，从而更好地适应于功能的要求。功能要求是多种多样的，不同的功能要求都需要有相应的结构方法来提供与功能相适应的空间形式。例如为适应蜂房式的空间组合方式，可以采用内隔墙承重的梁板式结构；为适应灵活划分空间的要求，可以采用框架承重的结构；为求得巨大的室内空间，则必须采用大跨度结构。每一种结构形式由于受力情况不同，构件组成方法不同，所形成的空间形式必然是既有其特点又有其局限性。如果用得其所，将可以避开它的局限性而使之最大限度的适合于功能的要求。为了做到这一点，从设计一开始就应当把满足功能要求和保证结构的科学性结合在一起而一并地加以研究。

不同的结构形式不仅能适应不同的功能要求，而且也各自具有其独特的表现力。如西方古典建筑所采用的砖石结构，一般都具有敦实厚重的感觉，我国传统建筑所采用的木构架，则易于获得轻巧、空灵、通透的效果，古罗马的拱券、穹隆结构有助于表现宏伟、博大、庄严的气氛，高直的尖拱和飞扶壁结构体系，则有助于造成一种高耸、空灵和令人神往的神秘气氛。近代科学技术的伟大成就为我们提供了许多新的物质手段，其艺术表现力也为我们提供了及其宽广的可能性，巧妙地利用这些可能性必将能创造出丰富多彩的建筑艺术形象。

（三）建筑形体塑造的真实性与适度的装饰性

建筑形体塑造，不应当把它当作目标来追求，它应当是内部空间合乎逻辑的反映。从设计的指导思想来讲，应当根据内部空间的组合情况来确定建筑物的外部形体和样式，但是又不能绝对化，在组织空间的时候也要考虑到外部形体的完整统一。从某种意义上讲，建筑设计的任务就是要内部空间和外部形体这两方面的矛盾统一起来，从而达到表里一致，各得其所。表里一致即为真，而真总是和善、美联系在一起。在建筑设计中应当杜绝一切弄虚作假的现象，而力求使建筑物的外形能够正确地反映其内部空间的组合情况。任何弄虚作假，即使单就形式本身来看是美的，但这种美也是虚有其表，是算不得美的。

　　从建筑发展总的趋势来看，建筑艺术的表现力主要应当通过空间、体形的巧妙组合，整体与局部之间良好的比例关系，色彩与质感的妥善处理等来获得，而不应企求于繁琐的、矫柔造作的装饰。但也并不完全排除在建筑中可以采用装饰来加强其表现力，有些装饰还可以通过自身形象的象征性而表达一定的思想内容。不过装饰的运用只限于重点的地方，并且力求和建筑物的功能空间与结构形式有巧妙地结合。就整个建筑来讲，装饰只不过是属于细部处理的范畴，在考虑装饰问题时一定要从全局出发，而使装饰隶属于整体，并成为整体的一个有机组成部分，任何游离于整体的装饰，即使本身很精致，也不会产生积极的效果。为了求得整体的和谐统一，建筑师必须认真地安排好在什么部位做装饰处理，并合理地确定装饰的形式、纹样、花饰的构图，隆起、粗细的程度，色彩、质感的选择等一系列问题。

二、建筑形体与建筑的功能性格

　　不同类型的建筑，由于功能性质不同，反映在建筑形体上也必然会各有特点，正是千差万别的功能才赋予建筑体形以千变万化的形式。建筑的个性特点就是在于其典型性格特征的充分表现。它根植于功能，依赖于建筑师的艺术修养和设计技巧，但又涉及到设计者的艺术意图。前者是属于客观方面的因素，是建筑物本身客观要求所固有的；后者则是属于主观因素，是由设计者所赋予的。一幢建筑物的性格特征在很大程度上是功能的自然流露，因此，只要实事求是的按照功能要求来赋予它以形式，这种形式本身就或多或少的能够表现出功能的特点，从而使这一种类型的建筑区别于另一种类型的建筑。但是仅有这一点区别是不够的，有时不免会与另一种类型的建筑相混淆，于是设计者必须在这个基础上以种种方法来强调这种区别，从而有意识地使其个性更鲜明、更强烈。

　　（一）公共建筑的性格特征

　　各种类型的公共建筑，通过体量组合处理往往最能表现建筑物的性格特征，因为不同类型的公共建筑的功能要求不同，各自都有其独特的空间组合形式，反映在外部，必然也各有其不同的体量组合特点。例如办公楼、医院、学校等建筑，由于功能特点，通常适合于采用走廊式的空间组合形式，反映在外部形体上必然呈带状的长方体。再如剧院建筑，它的巨大的观众厅和高耸的舞台在很大程度上就足以使它和别的建筑相区别。至于体育馆建筑，其比赛和观众席看台空间形成的一体性体量之巨大，几乎没有别的建筑可以与之相匹敌。仅仅抓住这些由功能而赋予的体量组合上的特征，便可表现出各类公共建筑的个性特征（图 5 - 23、图 5 - 24、图 5 - 25、图 5 - 26）。

图 5 - 23　办公楼建筑

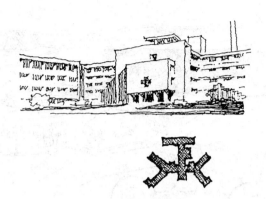

图 5-24　医院建筑

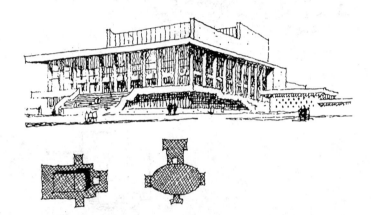

图 5-25　剧院建筑

图 5-26　体育馆建筑

　　此外，功能特点还可以通过其他方面得到反映。例如墙面和开窗处理就和功能有密切的联系。采光要求愈高的建筑，其开窗的面积就愈大，立面处理就愈通透；反之，其开窗的面积就愈小，立面处理就愈敦实。

　　（二）园林建筑的性格特征

　　园林建筑的使用功能要求一般都比较简单，然而艺术观赏方面的要求却比较高，它的空间、体形组合主要是出于观赏方面的考虑，一般都要求具有轻巧、活泼的性格特征，以利于人们休憩和观赏。设计这一类建筑时应当充分利用建筑功能的灵活性而使之与自然环境和景致有机的结合为一体，并具有轻巧、活泼、通透的外部体形（图5-27、图5-28）。

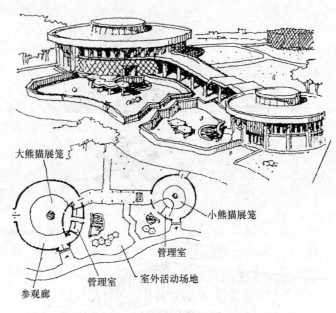

图 5-27 天津水上公园熊猫馆

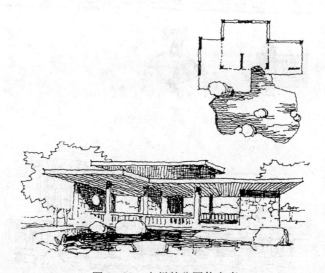

图 5-28 广州某公园休息亭

（三）纪念性建筑的性格特征

纪念性建筑的房间组成和功能要求一般也相对比较简单，但却要求具有强烈的艺术感染力——通过空间与形体共同产生的艺术形象使人产生庄严、雄伟、肃穆、崇高等精神感受。为此，这类建筑的平面及形体应力求简单、肯定、厚重、敦实、稳固，以期形成一种独特永恒的性格特征（图 5-29、图 5-30）。

（四）居住建筑的性格特征

居住建筑的体形组合及立面处理也具有及其鲜明的性格特征，这和它的功能要求有着密切的联系。我们知道，住宅建筑是直接为人的生活和休息服务的建筑，不论是属于哪一种类型的住宅——民居、农村或城市型住宅，乃至高层住宅建筑，都应当具有简洁朴素的外形和亲切宁静的气氛，以符合人们日常的生活与休息的根本要求（图 1-1、图 1-77）。

图 5-29 列宁墓

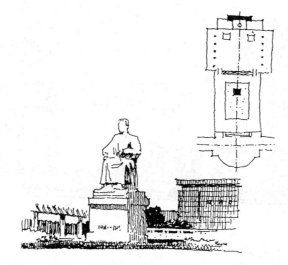

图 5-30 鲁迅墓

（五）工业建筑的性格特征

工业建筑的类型很多，但不论是哪一种类型的工业建筑，都必然要通过它的体形组合和门窗设置而反映出某种行业的生产工艺特点。设计者应当充分利用这种特点来表现工业建筑的性格特征（图 5-31、图 5-32）。

图 5-31 某厂金工车间

图 5-32 某建筑构件厂生产车间

西方近现代建筑，打破了古典建筑形式的束缚，特别是强调功能对于形式的决定作用，这无疑有助于突出建筑物的个性和性格。建筑师在设计过程中凡是能够抓住建筑物的功能特点、地形环境特点，并创造性地解决设计中面临的各种问题，就必然会赋予建筑以鲜明、强烈的性格特征。例如墨西哥人类学博物馆（图 5-33），西方近现代建筑一般均不采用对称的布局形式，但这幢建筑却破例采用了基本对称的布局形式，中轴线十分明确，这显然是出于博物馆建筑的性格考虑。另外在立面处理方面充分利用陈列室不开窗的特点，把两翼部分处理得十分敦实、厚重，中央部分微向内凹，并在入口上部实墙面的正中饰以圆形徽标，气氛十分庄严。此外，近现代建筑在表现手段和表现力方面还有不少突破，它不仅可以借抽象的几何形式来表现一定的艺术意图，而且有时还可以赋予建筑体形以某种象征意义，并借此来突出建筑物的性格特征。例如纽约肯尼迪机场候机楼建筑，针对建筑物的功能特点，设计者使其外部体形呈飞鸟的形式，这种体量虽然不是出自功能的要求，但对表现航空站建筑的性格却十分贴切（图2-148）。由此可见，尽管肯定了由内而外的设计原则，但也不能把它奉为一成不变的教条。

图 5-33　墨西哥人类学博物馆

三、建筑形体与建筑技术

（一）建筑技术的发展对于建筑设计的推动作用

建筑中的工程技术问题，是构成空间与形体的骨架与基础。其中结构部分对建筑空间形体的影响是至关重要的，其他如采暖通风、空气调节、电气照明等设备技术，对建筑空间形体的影响也是不容忽视的。纵观建筑历史的发展，19世纪末叶以来，因社会生活和科学技术的不断发展，新的建筑材料，新的结构技术，新的设备，新的施工方法的出现，为建筑的发展开辟了广阔的前景。正是由于应用了这些新的建筑技术，才突破了传统建筑高度与跨度的局限，使得建筑在平面与空间的设计上可以比过去更加自由灵活，同时也使得建筑形式得到更多的新的变化。特别是钢筋混凝土和钢材的广泛应用，促使建筑技术和造型发生了极大的变革。如1851年建在伦敦的"水晶宫"——世界博览会展览馆（图2-108）；1889年建在巴黎的艾菲尔铁塔（高328m，图2-109）；巴黎世界博览会中的机械馆（钢三角拱，跨度为115m，图5-34）；19世纪70年代建于美国芝加哥的高层框架结构的建筑（图5-35）等，在当时这些新的技术成就，远不是古典建筑可以比拟的。另外，轻质高强建筑材料的不断出现，空调技术的日益完善，致使高层与大跨度的公共建筑有了很大的发展。新结构、新材料、新设备的广泛应用，使承重与非承重体系有了新的观念。因而使建筑的空间组合具有更大的灵活性与机动性。同样，随着社会、经济与生活的不断发展，相应地会对建筑空间和体形提出更多的新要求，而新形态空间的创造，需要相应的科学技术来满足，从而进一步促进了建筑技术的发展。这种空间要求与技术进步的互相促进作用，就是建筑与技术发展中的相互依存关系。

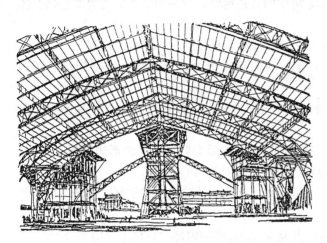

图 5 - 34　巴黎世界博览会机械馆　　　　图 5 - 35　美国芝加哥高层框架结构建筑

（二）建筑技术美感在形体塑造中的表现

建筑材料和技术的进步促进了结构的发展。钢框架和钢筋混凝土框架的大量应用是近代建筑技术发展中的一个重要成果，在框架结构中墙不承重，可以灵活分割内部空间，开窗比较自由。框架结构不但提高了建筑的层数，同时也带来了不同与砖石结构的建筑外观。

1851 年，钢材和大片玻璃幕墙首次被用于英国博览会建筑时，曾引起很大的震动，该建筑被人们誉为"水晶宫"（图 2 - 108）。

合理地使用木材，采用胶和、拼压的方法可以建造跨度很大的结构——一个双曲抛物线形的木拱壳（图 5 - 36）。

悬挑结构利用力的平衡作用，只在一侧设有支点，因而可以取得更为灵活的空间。钢或钢筋混凝土的悬挑结构可以用做各种雨罩、棚廊、看台等（图 1 - 36）。意大利罗马车站候车大厅（1948～1951）采用悬挑结构遮蓬挑出达 20m（图 5 - 10）。

刚架结构是介于拱和梁之间的一种结构形式，它把梁和柱连成一个整体，可以得到比一般梁跨度更大的空间，但它又不像拱那样具有弯曲的外形（图 1 - 37）。

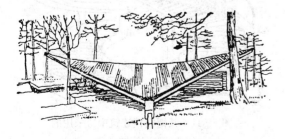

图 5 - 36　双曲抛物线形的木拱壳　　　　图 5 - 37　美国伊理诺大学多功能会堂

自然界有许多非常科学合理的"结构"。生物要保持自己的形态，就需要一定的强度、刚度和稳定性；它们往往是既坚固又是最合理的。人们从大自然的启示中，利用钢材的高强度、混凝土的可塑性以及多种多样的塑胶合成材料，创造出诸如壳体、折板、悬索、充气等多种多样的新型结构，为建筑取得灵活多样的空间提供了条件。

澳大利亚的悉尼歌剧院被设计成像是海湾中的几片风帆，它采用了预应力混凝土拱肋体系（图 2-149）。

美国伊理诺大学多功能会堂，采用预应力薄壳屋顶，跨度达 132m（图 5-37）。

美国北加罗林那州雷里竞技馆，屋盖是一双曲马鞍形的悬索结构，造型简洁、新颖（图 1-39）。

钢筋混凝土拱壳可以灵活浇注成各种形状——纽约机场的候机厅被设计成像一只飞鸟（图 2-148）。

意大利罗马小体育宫（1959），袒露在周围的一圈 Y 形支架与带有波形边缘的壳顶中，形成富于韵律感的优美构图，给人以新颖轻巧的感觉（图 1-40）。

美国华盛顿杜勒斯国际机场，悬索屋顶的倾斜支架与大片玻璃交替重复，建筑造型轻盈明快，与空港环境有机结合（图 5-38）。

采用悬索结构的某造纸工厂，宽 30m，长达 270m，空间内部没有柱子（图 5-39）。

图 5-38　美国华盛顿机场　　　　　　图 5-39　采用悬索结构的一个造纸工厂

建筑材料和技术的进步，也为建筑师在建筑的局部处理手法上增多了灵活性，他们再不必像古典建筑那样遵循着一定的程式了。

联合国教科文组织总部秘书处办公楼入口，采用两支点混凝土扭壳（图 5-40）。

某博物馆建筑中所采用的型钢双道旋转楼梯，造型轻巧，富于装饰效果（图 5-41）。

图 5-40　联合国科教文组织总　　　　图 5-41　某博物馆建筑中所采用的
　　　　　部秘书处办公楼入口　　　　　　　　　型钢双道旋转楼梯

第三节　现代建筑形体塑造的基本方法

建筑形体的塑造是个非常复杂的问题，影响形体的组成原因是多方面的。政治的、经济的、文化的、艺术的、技术的因素以及建筑理论与思潮等等，如果刻意追求并要寻求到它的构成根源的话，事实上是不可能的。如果要有共同点，那就只能是建筑的形体都是几何体的变化与视觉艺术的表现。如果抛开影响建筑形体的各种复杂因素，单纯的从形体的构成方式、立体几何学的意义上来讨论，可能有助于问题的明了和简化。从直观的构成形态出发，理解形体的意义，在此基础上，再重新融入各种文化方面的精神因素、各种技术与材料带来的物化特征。

一、建筑造型要素

人们在长期实践中，总结找到了表述与解释建筑语言的有效途径——形态构成的理论。这一理论采用分解分析的方法，把建筑形态分为要素来进行研究，探索其构成的本质和规律。构成是形态要素的分解和重新组合，如用点、线、面、体这些要素通过一定的构成规律进行运动变化，组成新的空间造型。这种分解、组合的构成手法是形式设计的基础，具有一定的理性与逻辑的特征，易于理解和掌握，同时为我们拓宽设计思路，发挥创造能力奠定了基础。

建筑设计中将建筑的组成部分：屋顶、墙体、门窗、台基、楼电梯，以及组成这些内容的构件、装饰物等都可以综合抽象为点、线、面、体等造型要素，而外部空间可以看作是"没有屋顶的建筑"的空间，是建筑的延伸与扩大的部分，它的形态构成取决于地面、墙面这两个要素。当外部空间进一步延伸时，即形成了城市的空间。如果我们将其整体看作为一个面，那么城市中的道路、河道、绿化带等便形成了线，建筑、湖泊等则构成了点。

从上述的观点来看，无论是建筑物本身的设计，还是其外部空间的设计，都可将其分为不同的要素：几何要素的点、线、面、体等；感知要素的虚实、质感、色彩等。值得注意的是一个理想的建筑形态的创造，并非是单一要素的组合，而是多种要素的并存，设计时运用构成原理，突出某一要素的作用，恰当地运用其他要素，才能形成丰富的建筑造型。

（一）点与建筑造型

1. 点的概念与特性

"点"这个造型要素，只是具有空间位置的视觉单位，没有上下左右的连续性，也没有任何方向性。作为视觉单位，它的大小也不允许超过一定的相对限度，否则它就会失去点的性质而转化为其他形式要素了。因此说，点是相对小而集中的、又没有方向的形象，在建筑造型中，凡是在环境对比关系中是个相对小而集中的形象或形体，如建筑上相对小的雕塑、门窗或标志等等，无论其形状如何，我们都可以把它看成为点要素（图 5-42）。

点的特性表现在它的大小，所在空间的位置，点之间的距离，点的群化。点的位置、移动、集聚、连续形成了点的不同形态并赋予不同的情感。

点作为图，在底（背景）的中间位置时，呈现单纯、宁静、稳定的特性，国徽等标志在建筑中作为点，一般都饰在其背景的中间，以表示端庄、威严。当点偏离了中间位置，在底的边缘时就具方向感并呈动态。点有集聚性，常成为视觉中心。建筑的入口为引人注目，在立面构图上往往设计成虚的点，园林中的墙上月门，也是作为点引人出入。

同一空间中，如果有两个相同大的点并相距一定的距离时，这两点之间就会产生一种紧张感和张力，视线就会反复于两点之间，两点间似有线的存在，这种感觉到的线并非直觉产

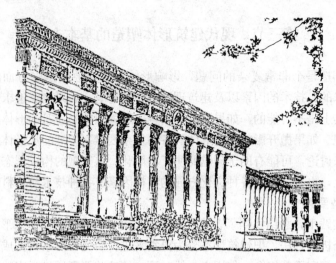

图 5-42 人民大会堂与国徽的点环境关系图

物,而是一种视觉心理反映。当两点的大小不同时,大的点首先能够引起视觉的注意,但是视线会从大的点移向小的点,最后集中到小点上,愈小的点集聚性愈强。据此,点的不同排列及在空间的位置不同,就会形成不同的图像,并可引导视线的变化。

点在集聚时所排列的形式、连续的程度、大小的变化,能表现出不同的情感。同大的点等距排列,表现出安定均衡感;依大小顺序排列,有方向进深感;大小参差且不等距排列,有跳动不规则感。点在组织中所反映的韵律、均衡、动势、自由、时空等特点,正是点所构成的形态特性。

2. 点在建筑中的应用

建筑造型中点的应用,有功能性及装饰性之分,装饰性的点有的是为形式的需要,有的是作为符号在说明什么。按形式,点有实点、虚点、以至光点。实点是墙中凸出的实体,虚点是墙中凹入的空虚。门、窗(非带状的点式窗)既是功能性又是虚空的点,我国古代城墙与院落的红漆大门上的钉帽是由功能性实点演变为装饰性实点,墙面上的徽章、标志是符号性实点。点在墙中可规则式排列和自由排列。小开间的洞窗大多规则排列,在大片实墙中开少量小窗有引导视线的作用,当虚点开到墙轮廓边缘时,外形起了质的变化,视觉会凝聚于缺口。灯具在室内是装饰的实点,但显现其功能作用而开启时,又是功能、装饰的光点。点在建筑中的应用,就是根据点的特性,慎密组织其大小、位置的聚散关系,使点要素在建筑中作为一种表达形式的语言(图 5-43)。

图 5-43 建筑中点的表现

（二）线与建筑造型

1. 线的概念与特征

线是点的移动轨迹，是单一维度方向的一次元要素，它有一定的长度和方向。从造型涵义说，它是具体物象的抽象形式，建筑造型中所谓的线要素一般都是立体的，我们可称之为"线体"。建筑中常遇到的线体就是壁柱、廊柱、额枋、落水管、窗格等建筑构件。如果在建筑组合中有很高的主塔，我们也可以把它视为线体。

线的不同形态特征，表现出不同的视觉语言。直线具有刚直、坚实、明确、简洁的感觉，同时也还有静止的感觉。与之相对应，曲线则具有优雅、柔和、轻盈和富于变化的美感。此外，曲线还具有很强的运动感。自由曲线的形态富于变化，追求与自然的融合；几何曲线富有节奏性、比例性、精确性、规整性等特点，并富有某种现代感的审美意味。

粗线的形态有厚重感、豪放有力和紧张感，给人印象深刻；细线有纤细、轻松、精致、敏锐感。

长线具有持续性、速度和时间性；短线具有断续、迟缓、动感特性。

水平线带有稳定、安全、永久、和平的意味，垂直线带有崇高、权威、纪念、庄重的意味。高层建筑贯以水平裙房表示整体的稳定，纪念碑用垂直形体表现其崇高和庄重。斜线是介于水平线与垂直线之间的形态，具有不安定和动态感，方向性强。墙面中出现斜线或使结构构件线倾斜时，具有动态、活泼感。

所有线的这些特性，按构成手法可用于建筑的造型。

2. 线在建筑中的应用

线在建筑中无处不在：带形窗、线脚、柱式、长廊等，在当今的建筑设计中，经常利用柱、梁等形式构件围成空间，作为室内外的过渡空间，形成了新的"意象"性表述语言。建筑中线的表现形式极为丰富。一般常见的有实线和虚线。实线是由实体形成的，如梁、柱、檐口、高层建筑等。虚线是实体中的空间线，即实体间的缝隙、实体中凹入的部分，如带形窗。色彩线是以不同的色彩形成的线，增加表现对象的装饰性。轮廓线是体、面的外缘及相互交接而形成的线，表现了建筑的外在形象特征，如建筑的轮廓线决定了城市天际线的形象。

线在建筑中的作用有作为划分形式的线和具有功能作用的线。形式的线在墙面起符号作用外还将面划分为若干部分，使整体出现新的变化图形。轮廓线是表达建筑形状的形式线。功能线是承担具体功能作用的线，许多结构受力构件即是完全的功能线，它由结构的要求而形成了水平、垂直、倾斜的线型。在组织过程中既可表现其功能性，又可表现其完美性，产生艺术感染力（图5-44、图5-45）。

图5-44　建筑中的线

（三）面与建筑造型

1. 面的概念与特征

面是线的移动轨迹，线移动的方向和角度不同，所形成的面就各不相同。平面是直线运动的轨迹形成的，在空间维度上是二次元的；曲面则是由曲线运动形成的，是三次元的。面的不同形状会给人以不同的心理感受。方形呈安定的秩序感，有简洁、男性的性格；曲线形

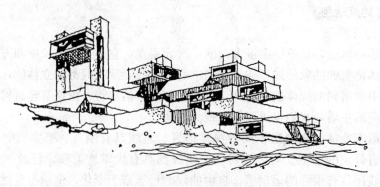

图 5-45　线式建筑

柔软，几何曲线有数理秩序感，自由中显露规整，自由曲线不具几何秩序性，具有幽邃、富于魅力和人情味及女性的象征。面的主要特征是有很强的幅度感。在建筑造型中，我们把面加进一定的维度，叫它"面体"，即有幅度的平薄感很强的立体。如建筑造型中的板式构件，像挑出的雨篷、板式的柱子等等。

　　2. 面在建筑中的应用

　　建筑中的面有两种作用，一是作为体的表面，表现体的形状及表面形式，另一种是作为片状的形体独立存在。屋面、建筑墙面、地面是限定空间的主要要素，但它依附于建筑立体的表面而存在，它与体一起构成了建筑的形态。墙、影壁是独立的面，起阻挡视线与划分内外的作用，现代建筑的墙面也因为采用新结构形式使面从体中脱离出，表现出板的构成形式，使建筑具有轻盈、通透的表现。

　　面的形状、大小、方向、封闭方式直接影响着由它所限定的空间特性。墙面的形状往往能表现出建筑特性，人们常在现代建筑的墙面用三角形式的变形，表现与民居山墙形式的渊源及联系。用薄壳、悬索、充气、帐篷等结构的面造型，表现出大空间、动势且具现代感的建筑形象。面造型中还可利用面的挖洞、划分、相互穿插、重叠等构成手法变幻建筑造型（图 5-46、图 5-47）。不同面的穿插还会使建筑空间带来某些新特性。

图 5-46　面构成的建筑

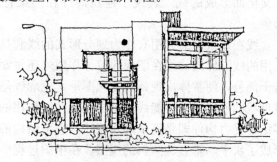

图 5-47　施罗德住宅

（四）体与建筑造型

1. 体的概念与特征

　　体为面的移动轨迹，它具有三个空间维度（也称三次元），并占有实际的空间量。在建筑造型中，体要素可看作是块体，它与面的区别为：它不具有面体的平薄感，而具有很强的三维性，具有重量感、稳实感和空间感（图 5-48）。

　　立体除了具有上述特征外，还具有如下具体特征。

（1）光显性：所有立体的形态，只有在特定的光源下才能观赏到，而有光就有立体形态丰富的明暗变化，也就会产生落影。这是平面形体所不具有的特性。一般平面性的绘画虽然也能表现出明暗、色彩等立体效果，但那是虚假的形象，它并不占有实际的空间量。因此在建筑造型过程中，自始至终都必须注意对形象的阴影设计。

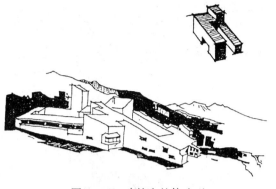

图 5-48　建筑中的体造型

（2）时空性：体的造型，尤其是大体量的造型，人们要观赏它的全貌时，必须在移动中进行，而且必须从不同的角度去观赏，这就增加了时间和空间的维度。所以我们常称建筑造型为四维空间造型，其道理即如此。

（3）无框架性：所谓无框架，是指无平面造型（如绘画）的外框域限。如建筑造型和城市雕塑，它不必受任何外框限制，而是受环境空间的制约，因而它的构图规律与平面构图体系也是大相径庭的。

在立体形态中，正方体由于各向相等，无方向性，既是直线系形体的原型，又具有一定的体量感，所以它具有朴实、大方、坚实、稳重的性格。圆球体由于界面与球心呈等距离关系，也无方向性和弧形曲面，而具有饱满、丰富之感。加之只一点着地，又是曲线系立体的原形，所以它的性格是：丰满、柔和、活泼而有动感。正三角形立体为斜线性格的立体，又属直线系立体形式，且底边长，它的性格挺拔、坚实、向上而稳重。在建筑构图中称为金字塔构图，是立体造型形式中最具有安定感的形式。不过它还不能充分反映斜线的性格，因为当三角形各边向心集结时产生了一种视觉合力，因而倒三角形立体或称倒角锥体，它具有轻快、活泼、生动而明朗的性格（图 5-49）。

图 5-49　倒三角形立体形式的建筑效果

2. 体的造型方法

立体造型方法与建筑造型关系十分密切，可以说若想处理好建筑形象必须熟悉和掌握立体构成的基本原则、规律和方法。

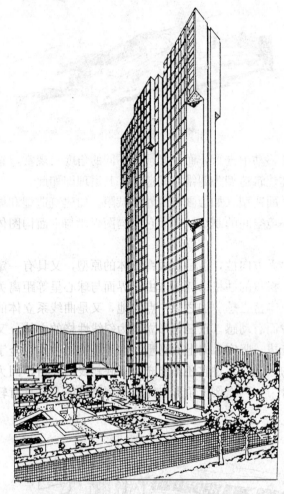

图 5 - 50 削减法与建筑造型

（1）削减法：所谓削减法，就是设定建筑的基本体量和基本形态，然后按照形式构图的规律进行削减，挖掉建筑基本原型的某些部分，经过反复推敲，最后创造出完整的建筑形式来（图 5 - 50）。

这种方法很像硬质材料的雕塑，处理的难度是较大的，其创作过程要求是相当严格的，必须遵守从整体到部分再到细部的程序。

由于这种造型形态具有一定的体量感，在规格上一般趋于稳定和厚重，适合于表现庄重和严肃的气氛。

这种手法处理的建筑造型一般具有以下特征：

1）实——建筑的实体部分要占优势，挖掉的部分要少，以保持原有形式的特有风格和特征。切忌因过多的削减而失掉它的性格。

2）整——所谓整就是削减的部分要相对集中，不宜过于分散，分散就会削弱它整体构图的清晰效果，另外也会使大的构图关系因失去对比而导致章法紊乱，形象模糊。

3）纯——所谓纯就是单纯，要保持削减法造型体系的特性。一般情况下，要尽力避免另添加上去的东西（当然如构图上和功能上的特殊要求，在不影响整体造型的情况下，可以适当地添加少量构件）。否则就会因手段繁杂而改变它的特定体系，使之不伦不类。

4）净——所谓净就是净化，这种建筑造型体系一般不要求过多的质感变化和色彩处理。它主要靠虚实对比和强调不同光源下的光影变化效果，具有雕塑造型美的特点。因此我们常把这种造型手法称之为雕塑法。

（2）添加法：所谓添加法，与削减法相反，就是在特定的立体型上添加新的形体。构成更加充实和完美的造型效果（图 5 - 51）。添加体对于主要形体的关系是从属关系。绝不能为了添加新的形体而改变和干扰主要形体的基本造型特征。在添加添加体的时候，一定要注意建筑造型的整体性。即添加体与主体必须相互有联系，诸如比例、质感、色彩和形象等等。

（3）组合法：所谓组合法，是一种立体群的构成法，即三个以上的单独立体的构成方法。在处理这种构成时，要按照形式构图规律和原则对各单独立体加以有机组合。在建筑造型时，主体和附属体主从、距离、高低、方向、明暗、位置等关系都不能离开它。组合法在建筑造型中是最多见的一种方法。一般可分为对称组合和自由组合两大类别。

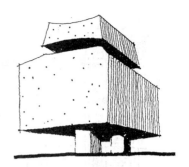

图 5 - 51　添加法与建筑造型

对称类别是一种最易于组织的构图形式，但也并非是轻而易举的。一般说对称构图要注意建筑的中轴线位置，必须使之成为造型设计的中心。

自由式组合的建筑，构图形式是与对称式构图对立的体系，也可以说它是新建筑运动开始后，现代建筑造型的一种主要特征。它也是现代派据以攻击古典主义的重要手段方法之一。他们的主要根据就是"形随功能"。反对把不同功能的空间硬拼凑到一种对称式的建筑之中。非对称的建筑组合形式之所以称之为自由组合，就是说它的构成形式是千变万化的，有很大的自由度。但也并非没有规律和章法。仍然要服从形式构图的有机统一这个总规律。在构成时，与点的构成关系和方法近似。就是要做到大小相同，聚散相宜，疏密有致。同时还要做到高低错落，富有韵律感。这种组合中特别要注意构成的逻辑性，形体之间要有良好的比例，明确的对位和良好的几何关系（图 5 - 52）。

图 5 - 52　自由组合的建筑造型

3. 体的联接

所谓体的联接即建筑各部分间的相接关系。它对于组合式建筑是异常重要的。往往构成关系虽好，但如果联接不好的话，也会造成失败的后果。

（1）平接：所谓平接就是不同型的立面部分在同一平面上相连。这种连接方法在古典建筑上很难找到，它是现代建筑形式语言之一。这种连接，在造型效果上有单纯、轻快、明朗的优点。在现代建筑造型技法中有进一步发展的趋势。

图 5 - 53　建筑与连接体

平接时要注意保持各部分立面的单纯性，连接后的立面各部分要具有明确的几何关系，否则就会杂乱无章，关系紊乱。如果关系多而又必须平接的话，可以通过划分或暗示的方法加以处理。所谓划分就是在两个形体之间凹进一个槽，造成一个线型阴影区，使部分形状单纯明确。所谓暗示，就是在平接线上开一定面积的窗，以此来暗示两部分形体之间的关系，进而达到划分的目的。另外，可加强连接部分的对比关系，使之强弱分明（图 5 - 53）。

（2）咬接：所谓咬接，就是建筑的两个部分形体相互错动的咬合关系。这种连接关系是一种历史很长的传统手法。它在造型上的优点是各部分形体关系明确，加上光照条件下的阴影变化，使建筑形象既丰富又有立体感。我国传统建筑的屋顶就常采用这种方法造成形式上的丰富变化。

咬接时要注意，体量小的咬接可用墙体直接相交，一般不可以大体量的形体直接相交，尤其是不能用大面积的实墙面相接，以免造成连接上的生硬感；不同质感的相邻关系可以连接，例如，实墙可与全虚效果的玻璃窗相接，也可与半虚的带窗的墙面相接。

（五）虚实处理与建筑造型

所谓虚实，在形式构图中一般是指可见的积极形态与不可见的联想的消极形态相对而言的概念。在建筑构图中，基本上也是遵照这个概念，利用两种相反相成的对比要素来处理建筑造型的。值得一提的是，建筑构图由于实用功能和建筑材料的种种制约，它的虚实形态又有自己的特殊性。这种特殊性往往又表现在虚形态的形式方面。综合起来，建筑造型的虚实形态可做如下分类。

1. 实形态

建筑造型中的实形态主要是指实墙面而言的。但是，在处理具体的建筑构图时，它又具有一定的相对性。比如，相对于建筑全虚的形态，在实墙面上开适当面积的小窗，我们仍可把它看作实形态。但是原则上必须使实墙面占绝对的优势地位。因此，建筑构图中的实可分为全实和非全实两种形态。

2. 虚形态

在建筑造型中，虚形态的类型与实形态相比是较为丰富的。

（1）阴影：在建筑造型中，有时利用实体的凹入，或水平板体的悬挑造成浓重的阴影效果，均可称为虚形态。这种虚的效果，一方面是与阴影中的形象界限模糊而造成的深不可测的暗空间联想有关；另一方面也与阴影的明度低有直接联系。因为无论在色彩特性和明度特性中，白色或高明度色均有前进感；黑色和低明度色都有后退的感觉。所以，在建筑构图中阴影是虚形态。

（2）透空：所谓透空，就是在建筑造型中将某部分做通透处理，限制空间的实体要素很少，造成一个空洞或笼子的效果，并使空间产生流动感。这是一种亮的虚形态。

（3）玻璃窗：由于建筑实用功能的要求，建筑造型的主体一般均为封闭的，为了取得良好的虚实效果，往往利用窗洞和玻璃幕墙造成立面上的虚效果。这主要是玻璃窗既暗又透明具有通透感。所以，在建筑构图中玻璃窗属于变态的虚形态形式。

（4）色彩：色彩的明度不同，也会产生不同的虚实效应。在建筑造型中，低明度的色彩会使建筑实体转化为虚的感觉。因此，往往在建筑造型中当实体处于被动状态时，不得不借助于色彩手段。一般多采用低明度的冷色系颜色，将实体加以装饰性地处理。所以说色彩是处理建筑虚实的最经济手段。

3. 虚实与建筑性格

建筑造型在表现特定的性格时，需要调动各种要素参与，而虚实是其中的重要手段之一。一般情况下，以实形态为主的建筑造型，往往由于它视觉的厚重感、封闭感和坚实感，而善于创造出建筑的庄严、肃穆、坚强、朴实的性格（图5-54）；而以虚形态为主的建筑造型，常常由于它在视觉上的轻感、透感，而利于创造出建筑的轻盈、欢快、活泼、自由的性格（图5-55）。因此，虚实手段是塑造建筑性格的不可忽视的关系要素之一。

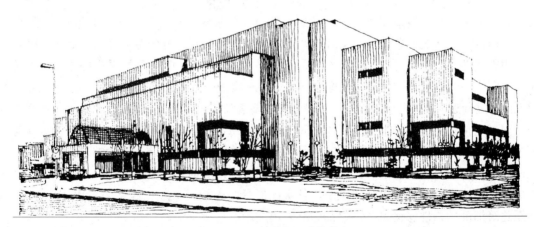

图5-54 以实为主的建筑造型

4. 虚实与建筑构图

虚实在建筑构图中必须注意以下基本问题。

（1）主从：在整个建筑造型调子上，是以实为主还是以虚为主，必须主从明确。即使是调和调子也应当有明确的主从关系。至少虚实两者的比例关系不得低于40%与60%之比。如果是对比调子，则应是20%与80%之比。

（2）整体：在建筑造型过程中，必须始终注意虚实部分的整体安排与构图效果。就是无论实形态部分或虚形态部分，都必须自身保持整体的秩序性，务使各部分之间按照一定的关系构成，而且关系要单纯，不宜过多和繁杂。

图 5-55   以虚为主的建筑造型

（3）节奏：在建筑造型过程中，经常会碰到虚形态部分和实形态部分的组合关系问题。如何运用得当，建筑形象就会生动宜人，否则就会杂乱无章而导致令人生厌的后果。如何才能运用得当呢？关键就在于虚实之间的搭配是否具有明确的节奏关系。即虚——实——虚——实……的关系。一般应避免虚——半虚——实……的递增或递减关系。这种关系在组织上由于过分近似而失之明确性，尤其是当虚实要素较多的情况下，矛盾就会显得更加突出。

（4）连接：连接既具有大的实体之间的过渡作用，又与建筑局部和细部造型的虚实处理相关联，因此，它既是连接体的问题又是建筑细部造型的技法问题。在大的型体连接关系中往往离不开虚形态的过渡法。例如高层建筑的主楼与裙房的连接关系问题，一般均采用凹入的虚形态手法来处理，在组合建筑中，各实体部分的连接，一般也经常采用虚体形态处理；甚至建筑细部的构件连接关系，也都广泛采用虚形态连接手法。

（六）质感与建筑造型

所谓质感，就是指物体表面的质地特性作用于人眼所产生的感觉反应。即质地的粗细程度在视觉上的感受。虽然质感一般是指触觉来说的，但是，由于人们的触觉和视觉的长期协同实践，积累了丰富的经验，所以，一般情况下仅凭视觉也能体会到物体表面的质感。质感可分为天然质感和人工质感两类，在研究建筑造型的质感问题时，往往是与建筑材料分不开的。如粗糙的毛石，光滑的大理石，适度的木材质感等等。除材料的质感外，还有材料的肌理。就是材料的自然纹理和人工制造过程中产生的工艺肌理，它使质感又增加了装饰美的效果。

质感可以分为两大类，三种形式：这两大类就是发光的一类和不发光的一类。或者称为光、麻两类。它们又分别分成粗、中、细三种质感形式。那么如何定量分析质感的粗、中、细程度呢？我们可以将所有建筑材料的质感都看作相对关系，如水刷石相对于毛石就是细质感，如果与水泥压光抹面来比，相对地就是粗质感。如果用毛石、水泥压光抹面和大理石三种材料构成建筑表面装饰材料，那大理石就是细质感，毛石为粗质感，水泥压光抹面就是中性质感的了。

在质感构成中，并非没有绝对性质，根据常用的建筑材料，一般来说我们还是可以分出它们的大致等级来的。所以我们又把质感分成三种调子，即粗调子质感、细调子质感和中间调子质感。一般说来室外的公共构筑物工程，常采用粗调子质感，以显示它的耐风化、耐冲击和耐磨蚀的坚固性格。一般公共和民用建筑的室外装修多数为中间质感调子，而室内装修多数为细质感的调子。各种质感调子都具有不同的表情。其中的粗质感调子性格粗放，显得粗旷有力，表情倾向庄重、朴实、稳重；细质感调子性格细腻、柔美，显得精细、华贵、轻快和活泼，表情倾向于欢快和轻松；中间质感调子，性格中庸，是两者的中间状态，但表情丰富，耐人寻味。

（七）色彩与建筑造型

在形式构图中，色彩与其他造型要素相比，具有独特的作用和效果。从色彩的实验中可以得到证明：在一般情况下，人们在观察物体时，首先引起视觉反映的就是色彩，其次才意识到形。所以说，色彩运用的理论和技法是建筑造型中特别重要的手段。

1. 色彩的三要素

色彩的三要素为色相、明度、纯度。色相是指色彩的相貌，如红、黄、蓝是不同的色相；明度是指色彩的明暗程度，明度有两种情况，一是同一色相的明度变化，二是不同色相的明度变化，每一纯色都有相应的明度，黄色明度最高，蓝紫色明度最低，以白色为最高极限，以黑色为最低极限；纯度是指色彩的鲜明程度，它代表了某一色彩所有成分的比例，比例越大，纯度越高，反之越低，光谱中各单色光是最纯的颜色，一般加白、黑、灰互补色或其他颜色均使纯度降低，同时也改变了它们的明度。

2. 色彩的和谐

所谓色彩的和谐，是指当两个以上被组合的颜色作用于人的视觉，在心理上引起的快适反映。简而言之，色彩的和谐就是色彩构成的美感。色彩的和谐原则是指色彩中有着既对比又调和的统一关系。具体地说，若求得色彩的和谐，就是求得色彩的类似与色彩对比的有机平衡。所谓类似是指色相、明度、彩度的相互联系和接近的关系要素；所谓对比，就是指色相、明度、彩度的相互对照和区别的关系要素。在组合色彩时，类似性过强，即色彩间的联系性过强，就会使色彩显得单调；相反地，若对比性即区别性过强，又会使得色彩产生不统一、不协调的效果。因此在组合色彩时，对这两者要给予全面地综合考虑。也就是色彩的构成关系既要服从整体色调的统一要求，又要积极地发挥色彩的对比效应，做到统一而不乏味，对比而不杂乱。要使色彩的构成做到有机地统一，既生动又和谐，二者不可偏废。

3. 色彩与造型

色彩在建筑造型中是最易创造气氛和传达情感的要素，但是在造型设计过程中，色彩必须要服从型体的构成关系，就是说，它只能加强型体，而不是喧宾夺主地孤立表现色彩。因此，色彩与造型必须相辅相成，融为一体，共同为创造完美的造型效果服务。其具体手段有以下各点：

（1）加强造型：在建筑造型设计中，可以用色彩手段来加强对建筑型体的表现，可以用色彩的冷暖、明度增强建筑的主体感和空间感。在我国的古典建筑中，就具有了优秀的色彩造型传统。如我国古建筑屋顶的琉璃为暖黄色，背光的檐口的斗拱部分为丰富的冷绿和蓝色调，这就加强了建筑空间的阴阳和虚实效果，进而增强了建筑造型的性格和表现力。

在现代建筑设计中，用色彩来加强造型的手段仍是不可忽视的。例如，建筑中阳台与墙面的关系是一进一退的空间关系，造型有利于表现建筑的立体感。这时，色彩应加强这种效果，可将墙面处理成冷灰色使之有后退感；阳台可用高明度的暖色，使之有前进的外凸感，以加强建筑造型的表现力。

（2）丰富造型：有时在建筑造型中，由于材料和施工技术等各因素的制约，建筑色彩会产生单调的感觉。为了改变这种情况，可用色彩手段来弥补造型的不足。例如著名建筑师勒·柯布西耶设计的马赛公寓。由于内部居住机能的制约，立面造型显得有些单调，与居住建筑性格不大谐调。于是他采用了色彩手段，大胆地将凹廊的侧壁涂以高彩度的色块，使这座造型单调、表面粗糙的建筑增色不少。使之从过分朴实的状态转化至丰富而富有生气的状态。

（3）纯化造型：用归纳、整理和概括的方法，使建筑造型单纯化，也是色彩的又一机能。如遇建筑造型比较复杂多变的情况，为了谋求统一效果，可利用色彩将其归纳为单纯的构成关系。西洋古典建筑的造型，尽管装饰较多，但由于色彩单纯，使建筑取得了整体的统一效果，就是很好的例证。在现代建筑造型中，同样可以采用这种方法。

（4）完善造型：建筑造型的制约因素是多方面的。有时建筑造型不得不在被动的条件下进行，这样就势必给塑造特定建筑形象带来一定困难，因而使用色彩手段就是必要的方法之一了。如本来应该具有轻快风格的建筑，由于大面积的实墙，往往会损坏它的效果。这时结合一些几何形或自由构成的色彩处理，就会补救造型的弱点，从而完善建筑的形象。总之，利用色彩的特有机能和错觉，可以使建筑造型的某些不利条件加以改善。色彩可以使造型减轻或增强厚重感或轻快感，相反地也可以使它由实变虚。

二、建筑造型设计的基本方法

（一）建筑造型方法的原则

建筑形式美的多样统一的原则，规定了建筑造型方法的原则。这个原则就是"整体——部分——细部——整体"的原则。具体地说，就是建筑造型设计必须从整体意向和效果出发，时时处处都把整体造型的宏观关系放在首位，其次才是各个部分地具体设计。在进行部分地设计时，又要不忘它在整体意向中的地位和要求。即自始至终要在建筑整体造型宏观关系的制约下去经营建筑造型的部分设计。既要考虑部分与整体之间的相互关系，又要注意部分与部分的相互关系。此外，部分还有待于深化到细部造型领域。诸如建筑造型中的线脚、图案、装饰、质地等等。同理，在进行细部造型设计时，又不要忽视细部与部分甚至于整体建筑造型的关系。简单地说，建筑造型的全部过程就是：从整体出发，深入到部分以至细部，最后反过来又回到整体的辩证设计过程。

所谓整体，它可以作为一个独立、统一的东西来欣赏。一个整体是由几个部分组成的，至少要由两个以上的部分才能构成整体。换句话说，整体必须是自成体系的东西。所谓部分，是整体的有机构成单元，它是从属于整体的。当然这种从属并不是消极的。作为部分与部分间的区别，它们也有各自相对的独立性。同时应当说，整体和部分也是个相对的概念，它们可以无限大，无限小。究竟什么范围被看作整体，这要由主体的视点定位来确定。就建筑来讲，从城市规划到个体设计，都可以是整体。但是，如果主体的视点定位在建筑群上，那么建筑个体相对地就成为部分；假若把视点定位在小区规划阶段上，那么群体就成为部分了。

在建筑造型设计中，首先要从整体的统一关系出发，先规划出总体的造型框架来，然后使各部分从属于它（图5-56）。

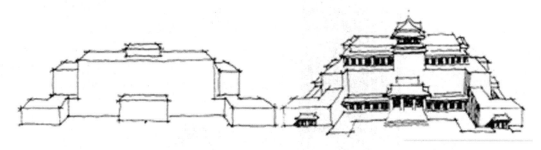

图5-56　造型框架与整体建筑关系图

（二）建筑造型的具体方法

了解了建筑造型的规律和法则，还有必要掌握正确的处理建筑造型的方法，也就是说，要有正确运用各种形式法则的手段和能力。这些方法，在某种意义上说，也是对于建筑造型设计的基本要求。

1. 主从法

所谓主从法，即建筑造型中的相异要素，在对比关系上，必须使一方面占优势地位，对另一方起支配作用。这种关系体现在建筑造型的各种要素之间的关系上，如明度、色彩、质地、形体等各方面。如果对立的要素之间没有量的主从关系，就会使造型滑到二元体的方向上去，从而使之失去了统一性，变成两个互不相关的事物了。如两个体量同大同形的建筑形体并列，各自单设出入口相互间没有其他形体连接，我们宁可称它为两个建筑；如果是将其中一个增大变成主体，另一个变小作为从体，它们之间就构成了统一的整体关系了。其他造型要素之间的关系也是如此。也就是说，无论哪种要素之间的对比关系，必须做到有主有从（图5-57）。

建筑造型的主从关系比例不同，会形成不同的视觉效果，从而产生不同的心理影响。一般情况下，这种对比关系可分为弱对比、中对比、强对比。弱对比的造型会产生温和、柔美的心理反应；中对比会产生适中、平衡的心理反应；强对比则会产生醒目、鲜明和生动的心理反应。此外，悬殊的比例也会造成统一的效果。如两种要素之间性质完全相反，但由于一方占有决定的优势地位，另一方处于完全的从属地位时，两者的关系仍是统一的，或者说是一种对比的和谐。

2. 母题法

所谓母题法，是在建筑造型中，以某同一要素做主题，经过反复的变化，取得造型形式统一的手法。在建筑造型中，常用的主要是形体母题法。在使用母题法的时候，同时也要遵守主从法的原则，包括形体大小的主从关系、形体的方向主从关系和形体质感的主从关系等等。

母题法的运用应尽量强调它的相异性，使之对比强烈，反差要大，以避免建筑造型过于

图 5-57　主从法在建筑体量关系中的应用

单调和呆板。母题法在建筑造型中主要体现在形体造型和装饰图案的处理上。虽然其他要素均可以成为造型母题，但作为三维的立体和空间造型形式，母题法主要体现在立体造型形式上（图 5-58）。

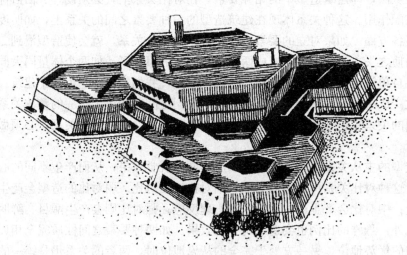

图 5-58　母题法在建筑体量关系中的应用

　　3. 重点法

　　在造型形式中，起支配作用的要素并不取决于量的大小。面积大、体量大，可以是主要造型要素，但却并不一定是造型的重点。造型中的重点往往不靠面积、体量、数量方面的优势，而常常是靠它的强度和位置的优势来统治全局，主宰所有的其他元素。在各种形式构图中，造型要素越是靠近十字线的中心，而且形象有相对的集中，就越有强力的控制作用，而成为构图的中心，成为天然的重点。

在建筑造型中，它的重点往往处在构图平衡中心的位置，一般均为入口处。这一方面是由于构图方面的作用，另一方面，从建筑功能方面来看，入口处是人流必经之处，所以它是建筑造型的天然重点。只有重点突出、鲜明，才能使建筑造型具有中心，即我们通常所说的"趣味中心"。也只有这样，才能形成一个完整的建筑群体，才会使建筑造型生动，具有生命意义。

在处理建筑重点时，除要求形象鲜明、生动、突出外，还要求加工细致，耐人寻味，经得起推敲和玩味。尤其是建筑入口，其尺寸近人，目望所及，清晰可见，一般均应做适当的装饰处理。另外，从建筑的空间心理上讲，也需要有个内外空间的标志。因此重点法在建筑造型方法中占有不可忽视的地位（图 5 - 59）。

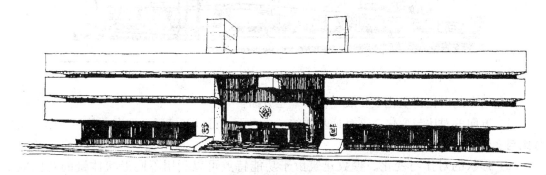

图 5 - 59　重点法在建筑体量关系中的应用

（三）建筑形体组合

1. 主从分明、有机结合

尽管不同类型的建筑表现在体形上各有特点，但不论哪一类建筑其体量组合通常都遵循一些共同的原则，这些原则中最基本的一条就是主从分明、有机结合。所谓主从分明就是指组成建筑体量的各要素不应平均对待、各自为政，而应当有主有从，宾主分明；所谓有机结合就是指各要素之间的连接应当巧妙、紧密、有秩序，而不是勉强地或生硬地凑在一起，只有这样才能形成统一和谐的整体（图 5 - 60）。

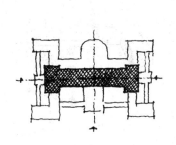
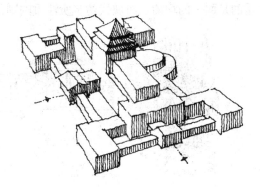

图 5 - 60　中国美术馆形体组合

2. 对比与变化

为避免单调，组成建筑体量各要素之间应有适当的对比与变化。体量是内部空间的反映，要想在体量组合上获得对比与变化，必须巧妙地利用功能特点来组织空间、体量，从而借它们本身在大小之间、高低之间、横竖之间、曲直之间、不同形状之间等的差异性来进行对比，以打破体量组合上的单调而求得变化（图 5 - 61）。

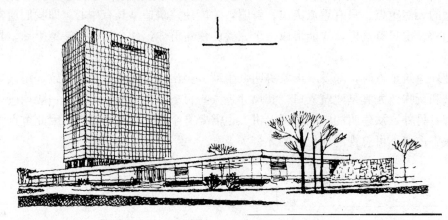

图 5 - 61　罗马尼亚派拉旅馆

体量组合的对比与变化主要表现在以下三方面：

（1）方向的对比与变化。这是最基本的一个方面，可以有横竖、左右、前后三个方向的对比与变化。

（2）形状的对比与变化。少数建筑由于功能特点可以利用不同形状体量的对比取得变化。

（3）直与曲的对比与变化。

3. 均衡与稳定

均衡与稳定表现在体量组合中尤其突出，这是因为由具有一定重量感的建筑材料所做成的建筑体形一旦失去了均衡与稳定，就可能产生畸轻畸重、轻重失调或不稳定的感觉。无论是传统建筑或新建筑在体量组合上都应当考虑到均衡与稳定问题，所不同的是传统手法往往侧重于静态稳定的均衡，而新建筑则考虑到动态稳定的均衡。传统形式的均衡主要是就立面处理而言，而近现代建筑则强调从运动和行进的连续过程中来观赏建筑体形的变化，这就是说传统形式所注重的是面上的均衡，而现代建筑所注重的则是三度空间内的均衡（图 5 - 62）。

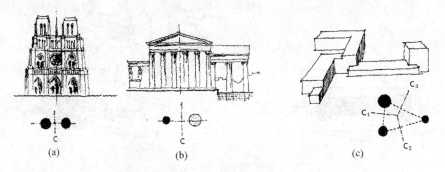

图 5 - 62　不同形式的均衡在体量组合中的运用
(a) 对称形式的均衡；(b) 非对称的均衡；(c) 动态均衡

（1）对称形式的均衡：可以给人以严谨、完整和庄严的感觉，但由于受到对称关系的限制，往往与功能有矛盾，适应性不强。

（2）非对称的均衡：可以给人以轻巧活泼的感觉，由于制约关系不甚严格，功能的适应性较强。

（3）动态均衡：组合更自由灵活，从任何角度看都有起伏变化，功能适应性更强。

4. 外轮廓线的处理

外轮廓线是反映建筑体形的一个重要方面，给人的印象极为深刻。特别是当从远处或在晨曦、黄昏、雨雾天来看建筑物时，由于细部和内部的凹凸转折变得相对模糊，这时建筑物的外轮廓线则尤其显得突出。为此，应当力求使建筑物具有良好的外轮廓线。现代建筑与传统建筑相比较，更加着眼于以形体组合和轮廓线的变化来获得大的效果，在处理外轮廓线的时候，更多地强调大的变化，而不拘泥于细部的转折。其次，则更多地考虑到在运动中来观赏建筑物的轮廓线的变化，而不限于仅从某个角度看建筑物——就是说比较强调轮廓的透视效果，而不仅是看它的正投影（图5-63）。

图5-63　轮廓的处理

5. 比例与尺度的处理

在建筑设计过程中，几乎处处都存在着比例关系的处理问题。具体到外部体形，首先必须处理好建筑物整体的比例关系（即指建筑物基本体形在长、宽、高三个方面的比例关系）。其次还要处理好各部分相互之间的比例关系，墙面分割的比例关系，直至最后还必须处理好每一个细部的比例关系。基本体形的比例关系和内部空间的组织关系十分密切，墙面分割的比例关系则更多地涉及到开门、开窗的问题。如果从整体到细部都具有良好的比例关系，那么整个建筑必然具有统一和谐的效果。

图5-64　尺度的处理

建筑物能否正确地表现出其真实的大小，在很大程度上取决于立面处理。一个抽象的几何形状只有实际的大小而无所谓尺度感的问题，但一经建筑处理可以使人感觉到它的大小来。如果这种感觉与其实际大小相一致，则表明它的尺度处理是合适的，如果不一致则意味着尺度处理不合适。在建筑设计过程中，通常可以用人或人所习见的某些建筑构件——踏步、栏杆、阳台、槛墙等来做衡量建筑物尺度的标准（图5-64）。

（四）建筑立面处理

建筑形体完整后，还要研究推敲立面处理，包括比例、门窗排列、入口及细部处理等。在建筑中无论在平面还是空间之间，一定的尺寸关系就会产生比例关系，如果这一关系和谐协调，就会产生良好的比例效果，给人以美感。各种古典建筑都有它一定的比例，如西方建筑的柱式，中国古代建筑的"柱高一丈，出檐三尺"等，很多古典建筑经过分析看出它符合一定的几何比例关系。但是应该指出，比例不是千古不变的东西，也不是机械地以公式套用，在设计中要根据具体情况处理。尺度就是建筑物与人的比例关系。建筑物是供人居住使用的，人体就成为衡量建筑物尺度的一种单位。在设计中要妥善考虑尺度的应用，使之恰如其分。在处理立面时要注意与内容统一。所谓内容，包括平面空间和结构形式，大小不同的平面空间，在立面上应有所反映，不同的结构形式给立面带来不同的影响。

在设计中应将立面不仅看作它是一个"面"，而是建筑物立体的四个面中的一个面，所以在设计一个面时要有总的立体概念。设计时应从整个建筑高低、前后、左右、大小以及门窗洞口开设与建筑界格划分等方面，把四个立面统一组合起来考虑，注意四个立面之间的统一性，但同时又要注意适当变化。在建筑立面设计中，外围护墙体的表面一般应该开设门窗洞口、阳台、雨棚等功能构件，它们彼此并不直接相连，但是，它们可以通过人的视觉形成心理感觉，产生一定的几何联系。所以，我们在立面设计中，往往将这些凹入的洞口和凸出的构件的某一边沿（如洞口的上平线）取齐对正，从而取得一定的统一秩序感，这种方法在建筑设计之中被称为"对位"。为了便于研究建筑物的整体体形，设计时常采用画徒手透视草图及在立面图上加画阴影的手段。建筑体形应该简单完整，有利于结构设计和施工。体形的组合应该力求有机联系，并注意统一关系。

对建筑立面的处理，一般可采取大面处理、横向划分、竖向划分等手段，设计立面时，除了要把门窗、阳台、檐口等细部处理好比例尺度关系外，还希望能有和谐统一的效果，这就是说立面上不要产生杂乱，要和谐统一。但事物总是一分为二的，过分统一后就会感到缺乏变化，产生单调的感觉。因此在统一的前提下，也要适当考虑立面处理上的变化，这种变化的办法可以采取对比的处理方式，如线条的对比——横线条与竖线条；虚实的对比——玻璃窗与实墙面，凹凸阳台与墙面；色彩的对比——冷色与暖色；质感的对比——粗糙面材料与光滑面材料等等，但是采用对比处理要慎重，不能破坏统一的效果（图 5-65）。此外，在立面划分之中，还应该注意其划分的层次性。一个成熟的建筑立面处理，应该在给人以第一感官"好看"

图 5-65 立面的处理

的印象冲击后，往往可以继续给人以美感的印象补充，也就是常人所说的"耐看"。这种耐看的印象来自于划分的细节处理，以墙面为例，门窗洞口是第一层次的划分的话，墙面界格划分线和门窗框棱可以说就是第二层次的划分。这些都是我们设计之中不能忽视的问题。

三、建筑群体组合方法

建筑群体组合，主要是指如何把若干幢单体建筑组织成为一个完整统一的建筑群。在城市中人们所看到的建筑多数都表现为群体，层次丰富的群体容易形成壮观的街道景色，这是单幢建筑所难于完成的任务。因此，在城市中群体的组织作用远远大于单幢建筑造型，它们之间的空间与整体关系更为重要。

若干幢建筑摆在一起，只有摆脱偶然性而表现出一种内在的有机联系的必然性时，才能真正地形成为一个和谐有机的群体。群体组合应该注意的是：首先，各建筑物的体形之间彼此呼应，互相制约；其次，各外部空间既完整统一又互相联系，从而构成完整的体系；另外，内部空间和外部空间互相交织穿插，和谐共处一体。

建筑群中的个体建筑风格，必须与群体的构思相一致，在体量上、色彩上、形体上都要受到群体的限制。一组构思精巧协调的群体，在平面上是构思严谨的有机图形，在空间上是有层次、有主体、韵律极强的立体块。一组构思精巧的建筑群，是一组壮观的交响乐曲，每一幢建筑都是顾及乐曲的总体旋律的有机音符，这些音符在韵律空间中都有各自的地位和价值。

不论属于哪一种类型的建筑群，也不论处于何种地形环境之中，衡量群体组合最终的标准和尺度，就是要看它是不是达到了统一。在群体组合中达到统一有以下几方面的途径：

1. 通过对称达到统一

无论是对于单体建筑的处理或是对于群体组合的处理，对称都是求得统一的一种最有效的方法。这是因为对称本身就是一种制约，而于这种制约之中不仅包含了秩序，而且还包含了变化。历史上许多杰出的建筑之所以采取对称的形式，正说明很早以前人们就已经认识到对称本身所具有的这一特点。一个明显的事实是：两幢相同的建筑排列在一起，彼此之间没有主从的差别，也找不出什么联系，这样就不可能形成一个整体；如果把入口移向一端并在中央开一通道，这两者就多少有了一点互相吸引的关系；要是在中央设置一幢高大的建筑，那么主从关系立即明确起来，这三者就结合成为一个完整统一的整体了。

2. 通过轴线的引导、转折达到统一

通过对称固然可以求得统一，但对称的形式也有它的局限性，例如在功能或地形变化比较复杂的情况下，机械地采用对称形式的布局，就可能妨碍功能使用要求或与地形、环境格格不入。在这种情况下，如果能够巧妙地利用轴线的引导而使之自由地转折，那么不仅可以扩大组合的灵活性以适应功能或地形的要求与变化，同时也可以建立起一种新的制约关系和秩序感，换句话说，就是建立起另外一种形式的统一。

3. 通过向心达到统一

在群体组合中，如果把建筑物环绕着某个中心来布置，并借建筑物的体形而形成一个空间，那么这几幢建筑也会由此形成一个整体，古今中外有许多建筑的群体组合就是通过这种方法而达到统一的。著名的巴黎明星广场，以凯旋门为中心，12幢建筑围绕着广场的周边布置，并形成一个圆形的空间，各建筑互相吸引，具有强烈的向心感（图5-66）。

图 5 - 66　巴黎明星广场

4. 从与地形的结合中求得统一

在群体组合中，可以达到统一的途径是多种多样的，与地形的结合就是达到统一的途径之一。从广义的角度来讲，凡是互相制约着的要素都必然具有某种条理性和秩序感，而真正做到与地形的结合——也就是说把若干幢建筑置于地形、环境的制约关系中去，则必然呈现出某种条理性或秩序感，这其中自然而然地就包含有统一的因素了。

5. 以共同的体形来求得统一

在群体组合中，各个建筑物如果在体形上都具有某种共同的特点，那么这些特点就像一列数字中的公约数那样，而有助于在这列数字中建立起一种和谐的秩序。所具有的特点越是明显、突出，各建筑物互相之间的共性就越强烈，于是由这些建筑物所组成的建筑群就更易于达到统一（图 5 - 67）。

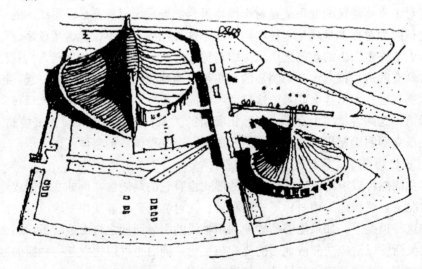

图 5 - 67　东京日本国家体育馆

6. 以相近的建筑形式与风格求得统一

形式与风格的处理对于群体组合能否获得统一的影响极大。在一个统一的建筑群中，虽然各幢建筑的具体形式可以千变万化，但是它们之间必须具有一种统一的风格。所谓统一的风格，即指那种寓于个体之中的共性的东西。有了它犹如有了共同的血缘，于是各个个体之间就有了某种内在的联系，就可以产生共鸣，就可以借它而达到群体组合的统一。

7. 以建筑外部空间秩序形成统一

外部空间与建筑体形的关系犹如模子与铸件的关系那样，一方表现为虚，另一方表现为实，互为镶嵌、非此即彼，非彼即此，呈一种互余、互补或互逆的关系。在建筑群体组合中，建筑形体之间相互制约的关系，往往就是保持外部空间完整统一的一种需要或反映，群体组合必须同时保证建筑形体之间、外部空间之间、建筑体形与外部空间之间都具有统一和谐的秩序。

外部空间主要是借建筑形体而形成的，要想获得某种形式的外部空间，就必须从建筑形体及其组群组合关系入手来推敲研究它们之间的统一关系。把若干个外部空间组合成为一个空间群，若处理得宜，利用它们之间的分隔与联系，既可以借对比以求得变化，又可以借渗透而增强空间的层次感。此外，要是把众多的外部空间按一定程序连接在一起，还可以形成统一完整的空间序列。

思　考　题

1. 建筑造型设计应遵循的形式美规律包括哪些方面的内容？

2. 结合实例分析说明建筑造型设计中把握比例与尺度问题的重要性。

3. 建筑造型设计如何表现建筑的艺术性？

4. 建筑造型设计为什么要做到形式与内容的有机统一？你如何看待建筑装饰在建筑形体塑造中的作用。

5. 建筑的功能性质、地域气候、建造材料与其造型特征之间具有什么关联性？列举有关实例展开分析。

6. 联系实例说明建筑技术美感在形体塑造与表现方面的作用及其意义。

7. 现代建筑常用的造型基本要素及其它们特有表现特征是什么？

8. 材料质感表现在建筑造型设计中具有哪些方面的作用？

9. 结合实例说明建筑造型设计中"整体—部分—细部—整体"的相互关系。

10. 在建筑群体设计中应该如何理解和把握建筑造型风格整体协调与建筑个性化的关系？

第六章 建筑设计的综合性问题

第一节 建筑设计与经济条件的结合

无论何种类型的建筑总是存在着经济性要求。从建设用地规划、建筑设计、结构形式、建筑施工到建筑物的使用、维修等一系列过程，均存在着一个经济性问题。一幢优秀的建筑物的建设与使用，应针对这些问题进行综合考虑和评价，尽可能地降低经济投入，使其获得最佳的经济效益。达到建筑的经济合理性是建筑设计中的重要方面，建筑设计与经济条件的很好结合是建筑设计中的一项综合性重要课题。

一、建筑设计的经济合理性

"经济"一词的原意曾解释为"节约"的意思。市场经济的理论告诉我们，由于可用资源的稀缺性，所以在利用各种资源的过程中，必须厉行节约。

从建筑设计角度谈经济问题，并不意味着片面降低建筑工程造价，也不是各种资源消耗越少越好，而是要合理的投入。反映在建筑设计上，就是要使设计对象在建筑施工与日后使用过程中，以较少的资源消耗，获取较好的建筑效果。

建筑设计的经济合理性是指在贯彻"实用、经济、美观"的建筑方针时，要根据市场经济发展的要求，社会物质和文化发展水平，以及建筑施工技术水平，用较少的资金投入获得尽可能多的使用效益；或者在相同的资源消耗下，获得最佳的使用效果。

由于在设计阶段就要考虑设计对象的经济合理性问题。因此，设计人员应该了解建筑技术经济性的主要指标。另外，设计人员应该明确建筑设计中哪些因素会影响工程造价，以便在设计中尽可能考虑解决这些问题的方法。例如，何种建筑平面布置可以节约墙体的费用；什么样的开间、进深可以取得较好的经济效果；结构类型与施工方法之间的联系和所反映的经济问题等等。对建筑设计对象进行经济合理性的综合评价是通过编制设计概算来实现的。所以，设计人员应该掌握编制设计概算的基本内容与方法。

二、建筑技术经济的几项主要指标

（一）建筑面积

由于建筑面积是控制基本建设规模和投资的主要依据之一，因此，国家有关主管部门对建筑面积的计算方法作了较详细的规定，在实际工程中应按照有关文件的规定及建筑物的实际情况进行计算，不得有随意性。

（二）建筑物的单方造价

建筑物的单方造价（指平均每平方米建筑面积所花费的费用）＝房屋总造价/总建筑面积（元/m²）。它是衡量建筑物经济问题的一个主要经济指标，是各有关部门审批项目投资及设计的主要依据之一。

在初步设计阶段以工程概算来确定单方造价，施工图设计阶段以施工图预算来确定单方造价，工程竣工后以工程竣工决算来确定单方造价。各个不同阶段的单方造价均有不同的作用，必须严格控制，按规定指标执行，如需变动则须经过有关部门批准，在实际工程中要防止出现概算超投资、预算超概算、决算超预算的现象。

（三）建筑物的主要材料单方消耗量

由于各地区之间的定额标准不同，材料差价也不相同，故单方造价只能在同一地区才有可比性。由于差别的关系，即使是同一地区的建筑物，有时也影响单方造价的可比性，所以，除了单方造价外，也可以把每平方米的建筑面积的主要材料消耗量来作为另一项主要经济指标来进行评价。

新材料、新结构、新工艺的采用及施工技术的先进性均直接影响材料消耗量和工日消耗量，故单方材料消耗量指标也可以反映出建筑设计和施工技术的先进与否。

（四）面积系数

$$使用面积系数（\%）=\frac{总使用面积（m^2）}{总建筑面积（m^2）}$$

$$结构面积系数（\%）=\frac{总结构面积（m^2）}{总建筑面积（m^2）}$$

式中　使用面积——建筑平面内可供使用的面积；

结构面积——建筑平面中结构所占面积。

在一般建筑中，使用面积系数越大，结构面积系数越小，则建筑经济性越好。所以，在满足建筑功能要求的前提下，合理选择结构形式，采用新材料，尽量减少结构面积，增加使用面积具有重要意义。在一般框架结构中的结构面积系数可降到10％左右，但必须是在保证结构安全性的前提下来降低结构面积系数。

（五）体积系数

对建筑体积进行适当控制，也是控制建筑造价的一项有效措施。如建筑物层高选得太高，超过使用功能的实际需要，由于体积的增加，造价也就相应增加。因此在满足使用要求的基础上，应最大可能地将层高压缩到最小高度，也就是尽量减小使用面积体积系数。

$$使用面积体积系数（m）=\frac{建筑体积（m^3）}{使用面积（m^2）}$$

（六）容积率

指建筑基地内所有建筑物面积之和与基地总用地面积的比值。容积率为一无量纲常数，没有单位。容积率的大小反映出用地开发的强度及效益。

$$容积率=\frac{总建筑面积（m^2）}{基地总用地面积（m^2）}$$

（七）建筑密度

指基地内，所有建筑基底面积之和与基地总用地面积之比，以百分比表示。建筑密度表达了基地内建筑物直接占用土地面积的比例。

$$建筑密度（\%）=\frac{建筑总基底面积（m^2）}{基地总用地面积（m^2）}$$

（八）绿地率

指建筑基地内，各类绿地的总和与基地总用地面积之比，以百分比表示。各类绿地包括：公共绿地、专用绿地、宅旁绿地、防护绿地和道路绿地等，但不包括屋顶、晒台的人工绿地。

$$绿地率（\%）=\frac{各类绿地面积之和（m^2）}{基地总用地面积（m^2）}$$

（九）其他一些技术经济指标

某些建筑物除了可以使用上述技术经济指标外，还可以用另外的技术经济指标来进行建筑经济分析，如学校可以以"一个学生"为单位，影剧院以"一个观众"为单位，居住建筑以"每套"或"每人"为单位。

三、建筑设计经济合理性的几个问题

（一）适用、技术、美观与经济的关系

建筑设计的基本原则是"适用、经济、在可能条件下注意美观"，在这里，"适用"是主要矛盾，应该在"适用"的前提下来考虑经济问题，两者有机地结合起来。一个建筑物不能脱离和违背适用条件去谈所谓的经济，不适用的建筑，本身就是一种极大的浪费，不可能获得好的经济效益。

新技术、新材料、新结构的采用必将加快施工进度，提高劳动生产率，节约原材料，可以使建筑物获得良好的经济效益。但在某些具体情况下也可能增加投资，此时应该将各种因素进行综合权衡，以决定是否采用。

纯粹为追求建筑的艺术效果，置建筑的经济性而不顾是应避免的，应该在满足适用和经济的前提下，通过合理设计尽可能地使建筑物达到预期的艺术效果。建筑设计的艺术水平高低，并不单纯取决于采用高档材料的多少以及造价的高低，采用常规的材料和地方材料，照样可以获得良好的艺术效果。当然，那种只顾经济性，忽视建筑的艺术性也是非常不应该的，一个建筑物在不同程度上也是一件艺术作品，它随时展现在人们眼前，实际上也具有一定的经济效益、环境效益和社会效益。

（二）结构形式及其建筑材料

结构与建筑是紧密结合的，结构的形式不只是一个单纯的结构问题，它具有很强的综合性，它要考虑并满足使用功能的要求、施工条件的许可、建筑造价的经济性和建筑形象上的艺术性。不同的结构形式直接影响建筑空间和建筑形象，同时，建筑结构本身也具有一定的艺术性，应把结构与建筑两者有机结合起来。

在同一种类型的建筑物中，可以采用不同的结构形式，如大跨度屋盖和高层建筑，均可以用不同的结构形式来实现，而不同施工方法所需的费用也各不相同。如何结合结构的特点及其使用功能，在创作建筑空间和表现建筑艺术的同时，合理选择结构形式，使其达到应有的经济效益，这是一个建筑设计工作者不容忽视的问题。

不同的结构形式，所采用的材料种类和强度指标也不尽相同，在同一种材料中强度指标的采用也不完全相同，这些都直接影响建筑的经济性。故在设计中，在选用合适的结构形式的基础上，还要合理选择材料种类和强度指标，做到物尽其用，充分发挥材料的受力等作用。

（三）建筑工业化

尽量缩短工期，提高劳动生产率，利用工业化产品采用机械施工和安装，都是建筑经济方面应考虑的问题。应尽量减少构配件的类型，统一尺寸，采用标准化构件，以便于建筑构配件的通用性，实现建筑体系化，把建筑设计、施工工艺和生产方式考虑到建筑工业化中去，同时也要在研究建筑共同性的前提下，又要能满足在不同情况下所出现的特殊性，做到既有统一又有一定的灵活性，可选性和应变性要强，所以在设计中应尽量做到以下几点：

1. 编制并采用标准设计或定型设计

对于大量性的多次重复建造的同类型房屋，为加快设计速度和方便编制差异不大的施工方案，可以编制出标准设计或定型设计供选用。如标准住宅、单层厂房等工业化程度较高的建筑物。

2. 部分定型化

有些建筑物不能作为定型设计，而其中重复出现的某一部分，比如建筑卫生间等单元，可以采用部分定型的方法。在住宅平面空间的组合中，就可以采用定型单元的组合方法。

3. 建筑和结构的构造作法定型化、标准化

对于一些通用的建筑构造和结构构造作法，如建筑构造上的屋面防水做法，结构上的框架节点构造等，可以使之定型，采用标准化设计，编制一些通用性标准图集，供设计和施工时选用。

4. 建筑构配件统一化、标准化

经常使用的建筑构配件（如梁、板等构配件），可以采用标准构配件，编制标准图集。产品可在工厂中生产，设计和施工时按其标准进行选用。但在编制标准构件时，应充分考虑到通用和互换的可能性。

（四）长期经济效益的评价

经济效益具有长期性，对建筑经济问题要有远见。有些建筑在设计阶段看来很经济，但它使用后的维修费用较多，或使用寿命短；有的建筑为了经济仅考虑短期的使用功能要求，但经过一个时期后则需要更新和改造，缺乏超前服务意识，这样反而影响建筑的经济性，实质上是一种浪费；有的建筑物设计时看来似乎不经济，但有一定的超前服务意识，长期经济效益还是好的。有的建筑物为了加快施工进度，虽然增加了房屋的造价，但可早日投产，可获得更大的经济效益。用长期经济效益来衡量建筑的经济性是十分重要的，特别是改革开放的今天，在时间就是金钱，效益就是生命的形势下，长期经济效益越来越被人们重视。

使用年限过长，其使用期内的各项费用的总和往往比一次性投资大好多倍。据西德对几种典型住宅进行费用调查（其使用年限为 80 年），在使用期间所花费的维修费用为一次性投资的 1.3～1.4 倍之多。在英国，有一栋设备较完善的医院，有关部门对其进行费用分析，从设计、施工、设备更新、维修养护、使用管理等费用中，维修养护费是总造价的 1.5 倍，而使用管理费为总造价的 1.4 倍，在这座医院的全寿命期间的费用中，原总造价仅占 10%。所以对建筑经济效益要进行正确评价。

（五）建筑设计中几个经济问题的考虑

1. 建筑平面形状

建筑平面形状对建筑经济具有一定的影响，主要反映在用地经济性和墙体工程量两个方面。

建筑平面形状与占地面积有很大的关系，主要反映在建筑面积的空缺率上。那些平面形状规整简单的建筑可以少占土地，其建筑面积空缺率小 ［图 6-1（a）］。那些平面形状较复杂的建筑物则需要占用较多的土地，其建筑面积空缺率大 ［图 6-1（b）］。

$$建筑面积的空缺率 = \frac{建筑平面的长度 \times 建筑平面的最大进深}{平面的建筑面积}$$，图 6-1（a）建筑面积空

缺率为 $\frac{16.14 \times 10.44}{147.5} = 1.14$，图 6-1（b）的建筑面积空缺率为 $\frac{15.84 \times 12.54}{147.5} = 1.35$。

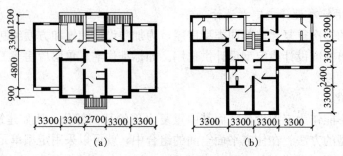

图 6-1　面积相同的两栋住宅图

　　因此，在建筑面积相同的情况下，应尽量降低空缺率，采用简单、方整的平面形状，以提高用地的经济性。

　　建筑物墙体工程量的大小与建筑平面形状有关，虽然建筑面积相同，但平面形状不同，则墙体工程量不同，显然造价也就不同，直接影响经济性。图 6-1（a）平面墙体总长度为 105.16m，每一平方米的墙体长度为 0.713m，而图 6-1（b）平面墙体总长度为 113.6m，每一平方米的墙体长度为 0.77m。由此可见图 6-1（a）比图 6-1（b）墙体工程量少，比较经济。

　　2. 建筑物的面宽、进深

　　建筑物的面宽和进深对建筑物每平方米墙体工程量有影响，在设计时，我们需要的是尽量减少墙体工程量，降少结构面积，增加使用面积。因此，在满足使用功能要求，不过多影响楼（屋）盖的结构尺寸和满足通风采光的前提下，适当加大建筑物的进深，可以减少墙体工程量，降低造价，产生良好的经济效益。图 6-2 可以说明面宽不变、进深加大，则单位面积墙体周长值发生变化。

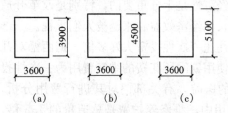

图 6-2　面宽不变，进深加大，
单位面积墙体周长值的变化

图 6-2 中各图的每平方米墙体周长值分别为：

图 6-2（a）1.07m/m²；

图 6-2（b）1.00m/m²；

图 6-2（c）0.95m/m²。

　　建筑物的面宽、进深与用地也直接相关，如在居住建筑中用地指标与每户面宽成正比，平均每户面宽较小时则用地比较经济，所以建筑面积一定时，加大建筑物的进深，可以节约用地，表 6-1 可以看出建筑进深与用地的关系。

表 6-1　　　　　　　　　建筑进深与用地关系的比较

进 深 （m）	平均每户用地 （m²/户）	相当进深 9.84m 住宅用地	备 注
8.0	42.15	115.9%	在日照间距与层高和
9.84	36.36	100%	层数相同的情况下
11	33.70	92.7%	
12	31.81	87.5%	

3. 建筑的层高与层数

建筑物的层数愈多则用地愈省，层高愈高则用地愈不经济，层数的增多不仅可以节约用地，同时可以降低市政工程费用。但层数也不宜过多，否则人口密度大大增加，其相应的结构形式和设备、交通面积以及公共服务设施发生变化，单方造价反而增高，故在设计中要结合具体情况具体分析。表 6-2 为居住建筑层数与用地的关系，表 6-3 为层高与用地的关系。

表 6-2 住宅层数与用地的关系比较

层　　数	平均每户用地 （m²/户）	相当五层住宅用地	与五层住宅用地比较
3	44.84	123%	多用地 23%
4	39.56	108.8%	多用地 8.8%
5	36.36	100%	0%
6	34.22	94.1%	节约用地 5.9%
7	32.71	90%	节约用地 10%
8	31.58	86.9%	节约用地 13.1%
9	30.69	84.4%	节约用地 15.6%
10	29.95	82.4%	节约用地 17.6%
11	29.39	80.8%	节约用地 19.2%
12	28.94	79.6%	节约用地 20.4%
13	28.49	78.4%	节约用地 21.6%
14	28.16	77.4%	节约用地 22.6%
15	27.88	76.7%	节约用地 23.3%
16	27.59	75.9%	节约用地 24.1%

表 6-3 层高与用地的关系比较

层　　高	平均每户用地 （m²/户）	相当层高 2.8m 住宅用地	与层高 2.8m 用地比较
2.7	35.46	92.3%	节约用地 7.7%
2.8	36.36	100%	0%
2.9	37.14	102.1%	多用地 2.1%
3.0	37.98	104.5%	多用地 4.5%

四、建筑设计经济评价的基本方法及其思路

（一）对建筑设计进行经济评价的目的

一个拟建工程，在方案设计阶段，一般都要求从若干个设计方案中择优挑选出一个最佳设计方案。一个优秀设计方案，除了满足功能上的要求外，其经济合理性还需要通过建筑设计经济评价方法来确定。

对设计方案进行经济评价的主要目的：

（1）确定每一设计方案的工程概算造价，即确定用该方案完成建筑工程的施工需要多少建筑费用。

（2）根据同一工程的若干个设计方案的工程概算造价，择优选择一个较经济合理的设计方案。

（二）评价建筑设计方案经济合理性的基本方法

目前，评价建筑设计方案的经济合理性，主要采用编制设计概算、工程估算等方法来实现，并采用计算机与相应的软件程序等辅助手段来确定设计对象的造价。

（三）编制设计概算的主要思路

在方案设计和扩初设计阶段，可以采用概算指标来编制设计概算，即应用同类已建工程的技术经济指标（亦称工程概算指标）和设计对象的建筑面积来概要算出工程概算造价。

我们知道，已完工工程通过编制工程结算都有一个较准确的工程造价和各种实物量消耗指标，用已完工工程的这些消耗量指标汇编成概算指标手册，就可供编制设计对象的工程概算时查用。当一个建筑设计方案需确定其概算造价时，就可以根据该方案的建筑类型、结构类型、建筑面积、层高等基本特征，从概算指标手册中查用各种要素基本相同或相近的同类工程概算指标，并用这些指标乘上设计方案的建筑面积，就可以得出设计对象的概算造价和各种实物消耗量。

例如，某居住建筑的设计方案的主要特征为：砖混结构，3m 层高，共五层，内外墙面砂浆抹面，建筑面积 2000m^2 等。按照这些特征，从概算指标手册中查出，符合这些特征的住宅的平方米造价为 380 元/m^2，各种实物消耗量从略。则该设计方案的概算造价为：

$$380 \text{ 元/m}^2 \times 2000\text{m}^2 = 760\ 000 \text{ 元}$$

这是一个最为简单的例子，实际的做法还要复杂一些。但是，通过例子不难看出，根据已完成工程的造价资料，采用类比的方法来估算设计方案的概算造价，就是用概算指标来确定拟建工程概算造价的主要思路。

第二节　建筑设计与建筑环境的有机融合

就任何一个具体建筑物的设计建造而言，它都是一项人为的物质产品的设计过程，对这一产品的实用目的、建造技术以及它的艺术表现、空间组成等进行了解是十分必要的。然而，建筑这种物质产品除了它自身就是一种人为的环境外，它又是时刻也脱离不了其周围包括人工环境和自然环境在内的环境而存在。建筑的主要目的是以其所形成的各种内部和外部空间，为人们的工作生活等不同活动提供多种多样的环境。在这里，建筑、人、环境应该被看作是一个不可分割的整体，脱离开人对环境的要求，建筑便失去了存在的意义，因此，建筑设计仅仅停留在对建筑自身的了解是远远不够的，我们还必须从人与环境的角度进一步了解建筑，达到建筑设计与建筑环境的有机融合。

一、人类聚居环境

人类社会的存在是以聚居为必要条件的，只有相聚而居、集体协同，人类才能维护其生存与发展，这是了解人与环境关系的起点。早在以洞穴为居的远古时代，人们已经学会利用自然条件为自己创造一个生息之所，并在漫长的岁月里，为改善和提高自己的聚居环境做着不懈的努力。从距今 5000 多年前的我国西安附近的姜寨和半坡村氏族聚落遗址中，已经不难看出人们在长期经营自己的生活环境中，除具体的房屋建造技术外，已经考虑到居住与劳作、个体与群体活动的分区，以及防卫、贮藏乃至殡葬等多种生活内容对环境的要求（图 6-3）。

这个实例告诉我们三个方面的问题：

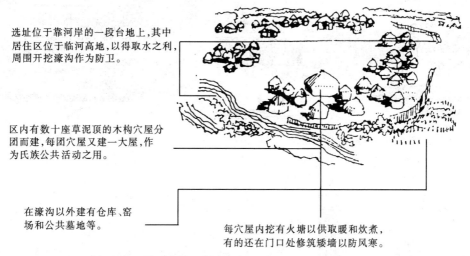

选址位于靠河岸的一段台地上，其中居住区位于临河高地，以得取水之利，周围开挖濠沟作为防卫。

区内有数十座草泥顶的木构穴屋分团而建，每团穴屋又建一大屋，作为氏族公共活动之用。

在濠沟以外建有仓库、窑场和公共墓地等。

每穴屋内挖有火塘以供取暖和炊煮，有的还在门口处修筑矮墙以防风寒。

图 6-3　姜寨氏族聚落示意图

首先，聚居环境不仅是"自然的人"的需要，如阳光、空气、水、食物等，同时也为"社会的人"提供了劳作、交往、集会、娱乐和安全等多种需求的保证。

其次，穴屋这一建筑形式虽然是这个环境中的重要组成部分，但它们还必须与周围的人工部分如围栏、濠沟、窑场等以及自然部分如河流、台地、树木等共同构成一个环境整体。

另外，这个整体环境的服务对象是人，人可以创造和利用环境，但又不可避免地受到环境的制约，二者共同决定着人们的生活方式。

当今人类的聚居方式已经和那时大不相同了，生活内容的日益复杂、建筑技术的巨大进步，使我们所处的环境内容更加丰富，但与这个实例说明的基本道理仍然是相同的。

二、建筑环境的营造

建筑是人类聚居环境中的重要内容，人类聚居形式的发展和长期的建筑实践促进了建筑学科的产生和发展，它已经形成了一个由室内设计、建筑设计、居住区规划、城市设计及城市规划乃至区域规划等各相对独立又互为联系的学科体系。它完整地反映出由家庭、邻里、社区、村镇和城市等不同层面所共同构成的人类庞大聚居系统对环境的需要，从而使当今的建筑工作者，面临着十分广阔而多样的业务内容。无论他所从事的具体工作范围涉及到什么样的聚居层次，都是对其相应环境的创造。在以往不同的时期或情况下，人们对建筑的认识曾经有过不同的侧重，或突出其造型艺术，或强调其功能使用，或重视其空间组合，或推崇其技术成就等等，从而由不同的侧面丰富了建筑的内涵。著名的雅典卫城、苏州园林、威尼斯圣马可广场等则以其鲜明的环境艺术特色而成为人类宝贵的建筑文化遗产（图 6-4、图 6-5、图 6-6）。然而，对建筑与环境问题进行系统而全面地探讨则是近几十年来建筑学的一个重大发展。现代建筑运动中对环境的忽视，当代全球环境的迅速恶化等是推动这种探讨和发展的重要原因。

如果进一步分析前述氏族遗址的例子，我们可以从中发现它实际上存在着诸如局部与整体、人工与自然、内部与外部、生理与心理以及文化与地区等多种构成环境整体的因素，这些因素仍然可以作为今天我们认识建筑与环境关系的起点（图 6-7）。

图 6-4 希腊雅典卫城　　　　　　　　图 6-5 苏州网师园

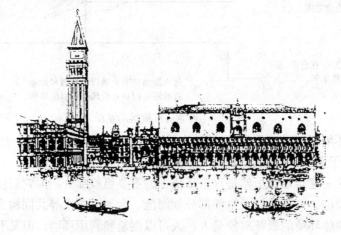

图 6-6 威尼斯圣马可广场

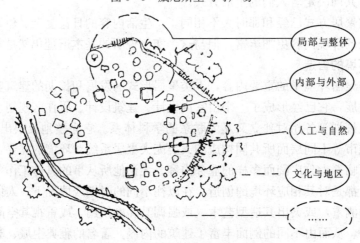

图 6-7 姜寨氏族聚落环境分析

（一）建筑环境的相对性和整体性

任何建筑环境都是相对于一定的内容而言的，如居室中的家具、门窗、隔声、保温等构成居室的环境内容；居室和餐室、厨房等构成住宅的环境内容；众多的住宅和其他服务设施如小学、商店等以及交通、绿化等又构成居住区的环境内容，因此建筑师所面临的每个具体工作都有其相应完整的意义。而从相对意义来看，居室和住宅又都分别是住宅和居住区这个更大环境层次中的局部。没有局部就没有整体；然而局部又是隶属于整体的。脱离了整体也就失去了对局部环境的评判标准。当我们评论任何一项建筑设计时，总不能脱离开它与周围建筑的关系，脱离开周围的交通组织、绿化、景观等环境条件。在一定的情况下，局部和整体还可能会存在这样或那样的矛盾，因此，在当前建筑学内部分工日趋精细的情况下，树立整体环境意识，处理好局部与整体的关系，显得尤为重要（图6-8）。

图6-8　环境的相对性和整体性

（二）自然环境与人工环境

就房屋建筑本身而言，它是一项人工产品，它所提供的主要是人工环境。而就人的活动对环境的要求而言，人工环境和自然环境都是不可或缺的。人们总是渴望在以建筑为主的人工环境中得到与自然的沟通，包括室内与室外环境的结合；在建筑内对自然环境的营造等等。

从另一方面说，房屋建筑必竟是人们防御自然侵袭的产物；也是人类千百年来科学与文化、技术与艺术的结晶。建筑所营造的人工环境，包括它对各种实用功能的满足以及它独具的形体空间艺术，都是大自然所无从提供的。脱离了人工条件便失去了建筑的存在；而割裂与自然的联系，则会使人的生活受到很大的局限。因地制宜，既取人工之巧，又得自然之利，这在各种不同层次的建筑环境创造中，都应该是一个重要的内容（图6-9、图6-10）。

图6-9　敦煌石窟

图6-10　某建筑四季花园大厅

（三）建筑环境的内与外

取得适用的内部空间，是建造建筑物的主要目的，而它一旦建成，又必然会对周围的外部环境产生一定程度的影响。它或于自然包围之中，需要对周边环境进行相应的改造；它或与其他建筑物共同形成群体、街区或广场，乃至整座城市，组成以人工为主的室外环境。这些由建筑参与或以建筑为主的外部空间，同样有着它丰富的活动内容和建筑艺术的魅力，是人们户外生活不可缺少的环境。人们把广场比做"城市的客厅"，正是形象地反映了城市生活对建筑外部空间环境的要求，在外部空间环境的营造中，我国的四合院建筑，西方的城市广场都留下了丰富的遗产。近年来所兴起的建筑外部空间设计、城市设计、景观设计等也都是越出单幢建筑，从更加宏观的角度对建筑与环境关系的探讨。对于从事单体建筑设计为主的建筑师来说，尤其应使建筑融于环境、融于城市，注意破除那种只知突出建筑个体，视四周为空白，顾内不顾外的十分错误的观念（图6-11、图6-12）。

图6-11 北京颐和园后山买卖街

图6-12 英国伦敦巴比坎文化中心

（四）物理环境与行为环境

建筑物的安全坚固以及通风、采光、保温、隔热等要求是人的生理需要，也是构成建筑物理环境的基本内容。在某些建筑类型中，如演出建筑或体育建筑等对人的视听要求和竞技条件需要进行专门的考虑。科学技术的发展为不断改善建筑的物理环境提供了广阔的天地，建筑结构、建筑的供热、供暖、供电等已经发展为独立的专业，建筑物理学正从建筑物内部的声、光、热环境扩大到对城市声、光、热环境的研究。其他如建筑气候学、建筑防火学、建筑人体工学等都是近年来从更大的范围内对改善建筑的物理环境所做的努力（图6-13）。

建筑又是一种心理和行为的环境，人们在长期的生活实践中，所形成的行为模式和心理体验，会在不同的活动中对建筑环境提出不同的要求，如私密性的活动要求相对封闭的空间，众多行为发生的公共场合则要求建筑环境具有较强的包容性。反过来看，不同的建筑环境也会对人产生不同的制约和影响。而且，即使同一建筑环境，不同的人或人群也会有不同的反映，

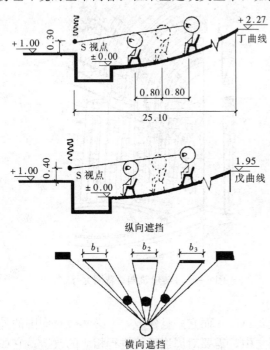

图6-13 观众厅视线及地面坡度曲线设计

这些不但可以从许多建筑环境实例中得到验证，而且也已经为一些心理学家所做的各种试验所证实（图6-14）。

与从前相比，现在社会的生活内容和行为方式要远为丰富和复杂，从环境行为的角度进一步认识人与建筑环境的关系，这对提高建筑环境质量有着十分积极的意义。建筑心理学、环境行为学则是近年来所兴起的有关交叉学科，已经成为建筑设计工作者知识结构的重要组成部分。

图 6-14　对一个家庭的社会行为调查

（五）建筑环境与地理环境

建筑环境的存在离不开一定的空间范围，一定地域内的气候状况、材料资源、地形地貌等对建筑环境的形成有着重要的影响。在技术不发达的古代，这种影响尤为明显，从而为不同的建筑环境带来了强烈的地区特色。我们既要看到现代社会中，科学技术的发展、信息资料的快速传递，以及生活方式的变迁和沟通，不可避免地对建筑地区特色产生强大的冲击，又要看到不同的地区，乃至同一地区，同一城镇或更小的范围内仍然存在着各种条件的差异，不同地理条件所造成的建筑环境特色，经过时间的累积已经转化为人们文化上和心理上的认同，从而在当今的趋同现象下具有其独特的魅力。至于某一具体建筑或规划任务中，对其地形、地貌、山峦、水体等的全面考虑，当然也是建筑师所必须注意的（图 6-15）。

(a)　　　　　　　　　　　　　(b)

图 6-15　地理条件造成的建筑环境特色
(a) 西藏拉萨布达拉宫；(b) 四川峨嵋山雷音寺

（六）建筑环境与地方文脉

同样，建筑环境的存在也离不开一定的时间范畴，单幢建筑如此，它所在的村镇、城市或地区更是伴随着一定的历史脚步，经过长时期的生活积淀，从社会习俗、文化艺术、宗教信仰、思想意识乃至政权更迭等各个方面，影响和充实着建筑环境的内涵。

人们在经历了现代建筑运动的广泛实践之后，近 30 年来对国际式的千篇一律日益担心，正在重新反思建筑的人文含义。尊重文脉，处理好创新与继承的关系仍然是当今建筑学发展中的一个重要课题。当然，对文脉的重视并不意味着仅仅是对过去的形式上的模仿，更不是说一切已有的东西都不能进行更新或改造，而是因地制宜，具体问题具体对待。对于某些历史文化名城或重要历史地段的改造，以及某些具有重大意义的公共建筑设计，文脉的考虑应是设计中的重点内容（图6-16）。

图6-16　天安门广场的文脉延续

（七）环境艺术的多样统一

这里着重讲环境美的问题。环境艺术的多样统一是创造优美环境的一个重要原则。人对单体建筑艺术表现力的重视——它的空间组合，建筑外部空间艺术，街道、园林和城市景观艺术的全面营造，是建筑师在长期实践中认识上的提高，是对建筑艺术领域的拓展。建筑师在其环境创造中，不但要使人们欣赏到建筑单体之美，还要让人们充分享受到建筑群体之美，街道、广场之美，以及人工与自然之美、内部空间与外部空间之美、城市之美等等。这些不同层次范围的环境之美，是有着各自不同的具体内容，也是不能相互代替的。它们共同构成一个和谐的整体，它们同样存在着我们开始时所强调的局部与整体的相对关系（图6-17、图6-18、图6-19、图6-20)。

图6-17　水乡环境之美

图6-18　居区环境之美

图6-19　建筑环境之美

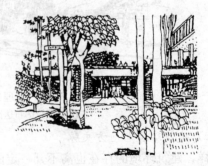

图6-20　校园环境之美

从上述各点中可以看到，建筑环境的形成包含着多方面的因素和内容，建筑师在不同的分工和具体工作中，所涉及的环境范围或大或小，所遇到的各种环境因素和方面也不尽相同。然而，树立整体的环境意识则是每个建筑师所必须的。只要根据实际情况进行综合分析，从人的生活出发，从整体环境着眼，才能做到人、建筑、环境的和谐统一。这是一个建筑师工作的出发点，也是他工作的归宿。

三、建筑与生态环境

"环境"一词在今天已经远比过去任何时候有着更为深刻和广泛的含义，它已经涉及到自然科学和社会科学的各个领域，成为世人关心的话题。这里要谈的主要是地球这个大环境及其与建筑环境的关系。

人们对地球环境的高度关注是和工业社会的到来有着密切关系的。正是现代工业的高速发展及其对大自然环境的破坏导致了人类生活质量的下降，最终使人们得到共识：保护地球这个大环境已经成为各行各业的当务之急。这种宏观环境问题主要表现在以下方面：

（1）由于工业的高速发展和大规模的开发建设，造成了包括矿藏、森林、大气、水、土地等等资源的大量消耗，使得地球资源全面匮乏。

（2）由于现代化大生产所产生的废水、废气、废渣，农业生产中使用的化工制剂以及生活废物的遗弃，造成对大气、土壤和水体的严重污染。

（3）近百年来，世界人口增长 3 倍，能源消耗增加了十几倍，这种增长速度超过了历史上任何时期，人口的增长与不可再生资源的消耗形成强烈的反差。

（4）按同时期计算，世界城市人口与总人口之比由 20 世纪初的 3% 上升到世纪末的 50%，人口的高度集中给城市带来居住、交通、污染等各种环境问题。

（5）社会生产的高速增长给社会生活带来了严重的负面效应，人类历史文化资源受到强烈的冲击；许多重要的历史文化名城（镇、村）或著名历史地段及建筑文物遭到破坏或毁灭。

（6）自然灾害中地震、水灾、风灾等的恶性破坏；现代战争中超常规武器所造成的长远性环境后果。

以上问题的叠加重合，已经使我们人类的生存环境达到了崩溃的边缘。正是这些现象引起了国际社会的广泛关注和日益重视，从而促进了当代环境科学的产生和发展。

人类赖以生存的大气、水、土、岩石、光、热等非生物因素和动物、植物、微生物等生物因素，共同构成了地球生物圈，如何维持地球生物圈内各生态系统的平衡是环境科学的重要出发点。环境科学中的某些分支与我们所致力的建筑环境有着密切的关系，并且促进了一批交叉学科的产生。如城市气候学、城市生态学、太阳能等绿色能源在建筑中的利用以及建筑自身节能技术的开发研究等等。

自联合国 1972 年在斯德哥尔摩发表《人类环境宣言》以来，建筑及城市环境已经成为当代宏观环境的一个重要组成部分。1981 年第 14 次国际建协华沙宣言明确提出："建筑学是为人类建立生活环境的综合艺术和科学"。进一步阐明了建筑学的学科含义，为建筑学与环境科学的沟通、融合开辟了广阔的前景。

城市规划学科在建立城镇生活环境中负有重要的使命。城市网络的建立，城市的选址与开发，城市人口与用地规模的控制，城市结构及功能布局，乃至旧城的更新与改造等，都直接涉及到水土资源、大气质量、能源供应等重大环境问题。城市是"人类最巨大的艺术品"，城市文化环境的建设，城市历史环境的保护以及城市美的塑造，同样离不开宏观环境的指导。

第三节　建筑设计与可持续发展原则

20 世纪 80 年代后期，由于能源、土地、建房、环境等危机日益破坏生态平衡，并威胁到全球的可持续发展，迫使人们寻求新的对策。在大量单体建筑的营造中，砖、瓦、灰、沙、石等对天然材料的消耗数量惊人，房屋建设用地正在侵吞大量的水土资源。在能源耗失方面，据统计，建筑耗能约为社会总耗能的 50％。人工照明、空调及供热是建筑学与物理学结合较早的环境科学分支之一，然而正是当代能源的危机促使人们正在重新考虑这一领域的革新。如何在建筑设计中从生态平衡出发，走可持续发展的道路，既为人类提供持久的舒适生活环境，又做到合理利用和充分保护自然资源，已经受到国际建筑界的普遍重视。生态建筑就是在这样的前提下提出的一项重要的研究和实践课题。先前的节能建筑、太阳能建筑等，其含义和原理均未表达这样一个概念：建筑应促进包括其本身在内的各领域的生态平衡与可持续发展。具备促进生态平衡与可持续发展的物质功能和精神功能的建筑，可以叫做生态与可持续发展建筑。这是 20 世纪 90 年代建筑学新发展的热门课题，愈来愈为人们所关注，并进行着不懈的探索、研究和实践。

一、可持续发展思想的概念

（一）可持续发展的定义

可持续发展的概念来源于生态学，针对资源与环境，可以理解为保持或延长资源的生产使用性和资源基础的完整性，意味着使自然资源能够永远为人类所利用，不致于因其耗竭而影响后代人的生产与生活。可持续发展思想源于人们对环境问题的认识与关注。其产生的背景是人类赖以生存的环境、资源遭到越来越严重的破坏，人类已不同程度地尝到了环境破坏的苦果。进入 20 世纪 80 年代，人们逐渐将注意力集中到人类如何使经济的增长与自然和谐一致，如何实现可持续发展上。

1987 年，联合国世界环境与发展委员会在《我们共同的未来》中提出了可持续发展的定义："既满足当代人的需要，又不损害后代人满足其需求能力的发展"。这个定义表达了两个基本点：一是人类要发展，必须满足当代人的需求，否则他们就无法生存；二是发展要有限度，不能危及后代人的发展。

在操作上，可持续发展涉及可持续经济、可持续生态和可持续社会三方面的协调统一，要求人类在发展中讲究经济效益，关注生态和谐和追求社会公平，最终达到人类的全面发展。这表明了可持续发展虽然缘起于环境保护问题，但作为一个指导人类走向 21 世纪的发展理论，它已经超越了单纯的环境保护问题，而上升成为有关社会经济发展的全面性战略。

（二）可持续发展原则

可持续发展的原则主要有三个：公平性原则、持续性原则和共同性原则。

1. 公平性原则

公平性原则包括三个不同层次的含义，第一是代内公平，即本代人之间的公平，要给世界以公平的分配和公平的发展权，其中消除贫困应作为可持续发展的优先问题。第二是代际公平，即几代人之间的公平。要认识到人类赖以生存的自然资源是有限的，要给世世代代以公平利用自然资源的权利。第三是公平分配有限的资源。

2. 持续性原则

持续性原则的核心是指人类的经济与社会发展不能超越资源与环境的承载能力。

3. 共同性原则

共同性原则的核心是指不论世界各国存在各种历史、文化和发展水平差异，存在各种可持续发展的具体目标、政策和实施步骤的不同，但是可持续发展作为全球发展的总目标，所体现的公平性原则和持续性原则，则是共同的。

（三）可持续发展的基本思想

可持续发展观追求的是人与自然的和谐，其核心思想是关注各种经济活动的生态合理性。与注重生态的建筑设计理论发展相关的可持续发展的基本思想具体体现在以下四个方面：

（1）可持续发展需要审慎而有计划地使用能源和原料，力求减少损失、杜绝浪费并尽量不让废物进入环境，从而减少单位经济活动造成的环境压力。

（2）可持续发展需要以提高生活质量为目标，同社会进步相适应，同环境承载能力相协调。社会进步是以自然资源为基础，降低自然资源的消耗速率，使之低于资源再生速率。

（3）可持续发展承认自然环境的价值，这种价值体现在环境对经济系统的支撑和服务方面，也体现在环境对生命支持系统的不可缺少的存在方面。

（4）可持续发展的实施强调"综合决策"和"公众参与"。

综上所述，可持续发展是一种特别从生态系统环境和自然资源角度提出的关于人类长期发展的战略和模式。它特别指出环境和自然资源的长期承载能力对发展进程的重要性以及发展对改善生活质量的重要性。可持续发展的概念从理论上结束了长期以来把发展经济同保护环境与资源相互对立起来的错误观点，并明确指出了它们应当是相互联系和互为因果的，也是可以统一、协调的。

二、建筑设计与可持续发展

1993 年由美国国家公园出版社出版的《可持续发展设计指导原则》（The Guiding Principles of Sustainable Design）中列出了"可持续的建筑设计细则"，其中涉及到注重生态的建筑设计的内容基本上有以下六条：

（1）重视对设计地段的地方性、地域性理解，延续地方场所的文化脉络。

（2）增强适用技术的公众意识，结合建筑功能要求，采用简单合适的技术。

（3）树立建筑材料蕴涵能量和循环使用的意识，在最大范围内使用可再生的地方性建筑材料，避免使用高蕴能量、破坏环境、产生废物以及带有放射性的建筑材料，争取重新利用旧的建筑材料、构件。

（4）针对当地的气候条件，采用被动式能源策略，尽量应用可再生能源。

（5）完善建筑空间使用的灵活性，以便减小建筑体量，将建设所需的资源降至最少。

（6）减少建造过程中对环境的损害，避免破坏环境、资源浪费以及建材浪费。

1993 年 6 月，国际建协在芝加哥举行主题为"为了可持续发展的设计"的会议，采纳了这些设计原则。

需要指出的是，可持续发展思想对建筑设计理论和实践的影响仍然是一个广为人们所关注的课题，很多国家，像日本、澳大利亚等国的建筑师协会，已经针对这一课题，提出了自己的"可持续发展设计原则"。

在我国，国家资助开展的很多相关课题研究正在逐步展开，例如西安建筑科技大学主持承担的国家自然科学基金重点研究项目："绿色建筑体系与人类住区模式"；吴良镛教授主持，清华大学建筑学院和云南工学院联合承担的国家自然科学基金重点研究项目："可持续发展的中国人居环境基本理论和典型范例"等。

（一）中国建筑可持续发展的意义

1. 社会意义

引导人民采用新的建筑消费观和生活方式的改善；有利于环境改善，为消除贫困和达到居者有其屋做贡献；提供健康、卫生的居住环境，破除不良设计的恶劣后果；增强居住、工作、休闲的安全性，对减灾、防灾做贡献。

2. 经济意义

保持建筑业经济的持续、稳定增长，为国民经济作出贡献。在建材工业中积极推广清洁生产，在建筑施工和企业中实施新的环保标准，创造新的环保产业，提高建筑能效和节能，积极开发利用新的能源和可再生能源；加强农村建筑业的管理，从粗放引导向集约经营，发展农村建筑业。

3. 生态意义

保护自然资源基础和环境，提高和维持生态系统的持续生产力，在建筑策划、设计、施工过程、运行过程中，对自然资源管理决策推进建筑发展影响评价制度。重视单位建筑、社区、城市、区域发展的综合开发治理，保证生物多样性。减少温室气体、臭氧层破坏气体的排放量。节约使用各种我国、全球有限资源和不可再生资源，尤其是水、土地和不可再生资源。减少建筑及相关产业的废物量。

4. 文化意义

利于人口素质的培养，加强建筑引发的美感；弘扬民族文化，保证文化的多样性。重视并挖掘、发展各地的地方及传统建筑文化特征。

（二）技术探讨简况

我国目前在东北、华北、西北及西南等地区建设了大量太阳房、节能房、掩土太阳房等，建筑类型包括住宅、学校、办公楼、游泳池等。在设计理论（含 CAD）、新材料试用（含相变贮热）及实践效果上均取得了可喜的成绩（图 6-21、图 6-22、图 6-23）。

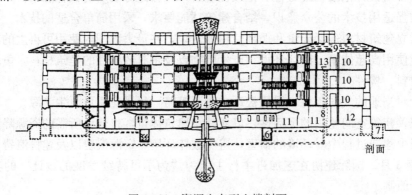

图 6-21　资源生态型土楼剖面

1—太阳能集热板；2—排气囱；3—水塔；4—过滤池；5—水井；6—蓄水沟；
7—沼气池；8—空调管；9—屋顶养鱼池；10—住宅层；
11—仓库；12—畜舍；13—天然凉风暖风出风口

农村地区目前已建成一些初级生态村（或生态建筑），如北京留民营、四川崇州、陕西高陵、江西鄱阳湖地区等地，将人、畜、庭院种植及民居建筑等结合设计，促进生态循环，得到了很好的社会、经济、环境效果。

图 6-22　窑洞技术革新

图 6-23　零能、零地建筑

多年以来，有关科研单位进行了各类建筑节能科研开发项目，并取得了多方面的研究成果，其中以外墙保温特别是内保温墙体和单一材料墙体方面的成果较多。采用加厚的加气混凝土、空心砖或多排孔轻骨料混凝土砌块等单一材料墙体，其构造和施工均较简单，其热工性能可满足近期节能要求。内保温墙体一般用高效保温材料［常用岩棉板或聚苯板（自熄型）］复合，保温材料与主墙体之间可设或不设空气间层，其表面覆以纸面石膏板，这样砖墙在满足承重要求后可适当减薄，轻质混凝土也可改用普通混凝土。保温窗的进展，主要集中在钢—塑窗和铝—塑窗、塑料窗、中空玻璃窗、双玻和三玻窗，以及门窗密封条、保温窗帘等方面。供暖系统，开发了水力平衡技术，大大缓解了因管网水平水力失调造成的室温不均问题，并对节能作出了贡献；还开发了智能采暖系统量化管理仪、自力式调节阀、压差控制器等等。

进行了主动式与被动式太阳能采暖用于改善室内热环境的研究，已建设一些示范工程；开展调查室内舒适情况，并对适合中国人的室内温度、相对湿度等参数进行了研究。农村建筑中太阳能采暖、太阳能热水器等，也得到了较快的发展。

在采暖区的一些城市，建设了不少试点节能小区，如北京恩济里、周庄子小区、安苑北里北区、天津谊景小区、哈尔滨嵩山小区、沈阳泽工里小区等。许多省市还建起了节能试点建筑，北京、哈尔滨等地还组织节能改造试点。

经过近 20 年的研究开发试验，我国新能源和可再生能源应用已取得重要进展，在减少矿物能源耗用，减轻环境污染方面，目前已具有一定的技术水平和生产基础。

我国已正式全面推行"中国绿色照明工程"实施方案，有关部门已对卤钨灯、荧光灯（含直管型、紧凑型和异型）、高强度气体放电灯、灯用电器附件（镇流器、变压器等）、灯具、配线器材及控光设备和器件等开展研究，部分推广了 T8 直管型荧光灯电子镇流等，开发了中国小康型城市住宅系列节能照明灯具。在某些办公大楼中使用了各类先进的传感器和调光设备及控光器，达到了综合高效节能的效果。

在节水方面，正在逐步推广中水系统，有的城市（如北京）对中水设施的设计、施工等作出了规定，各类节水型卫生器具如节水龙头等正在普及运用。

节约土地（主要是耕地）是我国的一项国策，国家已颁布有关城市规划、国土规划中节约耕地的标准和法规。在规划设计中，有多种节约土地的做法，如探讨低层高密度、高层高密度、集约式住宅等设计方案，向天空要地、屋顶绿化以还地于民、还绿于民的做法已有不少。对于减少乃至停止使用粘土实心砖，关系到节地的重要方面，各地、市已有不同做法和对策。

另外，国家试点住宅小区中对节约土地资源的探索也极为重视，同时也取得了一定成果与经验。

在减少不可再生资源的利用方面（不含节能），我国普遍意识不强，做法少。在建筑材料中，各类用废渣做成的砌块、骨料、玻璃、水泥的使用量在加大；可节省大量建材、资金，并减少建筑废物的旧建筑改造和再利用技术日益增多，有一定的成功实例。

作为自古就强调天人合一、与自然融合的思想熏陶下的我国建筑师，对运用地方材料有着天然的敏感（尽管当今建筑材料已全球化，我国城市建筑中地方性建材的使用已越来越少），这方面的探索一直在努力地进行，利用山石、草料乃至泥土等内含能源极低的地方材料，减少了运输量，而且因这类技术往往和地方建筑特色、形式相结合，更延续了建筑文化，可谓一举多得。

尽管我国尚未全面开展建筑生态学的研究，且对建筑对于场地及周边环境的影响的研究也不多，但在巧妙结合地形地热进行建筑设计施工方面，已有了不少成熟的做法，这些技术虽未直接以保护场地生态、减少影响为目标，但客观上起到了减少场地影响、水土流失、土地侵蚀、改变微气候和生态环境的结果。这类技术，经过设计师将建筑形式与空间设计的巧妙结合，形成了不少杰作。而作为更大范围的场地建设活动生态适宜性评价，正在处于发展探索之中。

建筑的智能化在我国从起步到发展，完全的智能大楼在全国为数有限。

在更大更广的范围内（如城市）探索城市和建筑可持续发展的技术是我国亟待发展的一个方面，从国内实践看，仅有一些生态居住区的设想，且未投入建成使用，技术多集中在水的回用、垃圾处理、集中供热、高绿地率、清洁能源等。在城市这一层次，多停留在经济、社会、文化可持续发展的报告、战略的宏观层面上，而对关系到可持续发展的城市红线、紫线、蓝绿线等工程技术的可持续探索尚有待于展开。

（三）我国当代有关可持续建筑的理论与实践评述

目前总的形势是，理论方面已全面探讨，实践方面则只停留在原有太阳能建筑、节能节地建筑的深入探讨。另外，在设计行业，结合我国国情进行可持续建筑某一方面的探讨一直在继续，而完全的可持续建筑正在探索中。

可持续发展的思想意识和可持续建筑意识并非新鲜事物，其体系中组成部分的许多都古已有之，且从古至今人们都在不自觉地被之指导或在运用。因此，考察我国有关可持续建筑的理论与实践时，应注重结合此国情。我国当代可持续建筑的理论与实践有以下特点。

1. 分散而初级的探索

从总体特点讲，我国有关可持续建筑的理论与实践的发展处于初级阶段。

理论方面多停留在引介国外发展趋势和研究成果上，结合对中国国情的理论探索之后建构自己的可持续建筑（含生态建筑、绿色建筑）理论框架。这反映了我国建筑师的生态、发展敏感性。从事建筑设计者所提理论体系较为宏观、原则，从事建筑技术研究者所提理论体系则更为实在、具体，更着重技术细节。

在实践上，建筑界在下列方面进行了可持续建筑的探索：①节能。这方面的工作较深入，在结合我国当前国情的基础上，使用各类经济、实用的节能技术，取得了一定效果。在利用清洁能源、替代能源方面也取得了一定的成果。目前，节能建筑的技术作为我国可持续建筑技术最主要、运用最多的一部分，如果与其他可持续建筑手段相结合，将最具发展前途。②利用地方材料。这类设计起到了节能、节材、减少环境污染，并延续地方建筑文化的作用。③节地。此类做法多在城市规划和居住区设计中运用，通过选择用地、集约化用地及一些建筑措施（如加大进深、底层架空等）达到。④挖掘传统建筑的精华。如对窑洞建筑的利用和改造，对南方传统建筑被动制冷方法的技术革新等。⑤结合地形地势进行创造。与自然融合为一体，减少了对场地的影响。⑥智能化等高科技探讨。尽管很初步，但已取得一些成绩。⑦对旧建筑改造和再利用。⑧对建筑文化的可持续发展作出了贡献，如一些新古典主义建筑（首都十大建筑、北大新图书馆等）都是这方面的杰作。⑨一些相对综合性的探讨。地点多在非城市化地区，如广西融水苗寨木楼改建就是成功的范例，其做法有：①农民参与出力；②建设公司代售旧木料充作资金，充分利用木楼瓦顶旧料，就地取砂石做水泥砖；③用户扩大了面积，改善了设施、环境，还有人用上了沼气；④形式继承并发扬了地方风格，用了青坡顶，保留了一些寨门、图腾、芦笙坪、风雨楼等。

上述实践，都是在某一方面中某几个方面可持续建筑的探索，没有针对大量性城市建筑进行整体性探索，技术水平相对较低、较朴素。因此，只是处于可持续建筑的初步阶段。而吸纳当代先进的可持续建筑理论作为指导，并对城市建筑进行有关可持续性的整体探讨，是我国可持续建筑实践最急需的。

2. 务实的态度与实践

我国有关可持续建筑的理论与实践（尤其是实践）的基本特点之一，就是从实践情况出发的务实态度。即从我国基本的社会现状、经济情况出发，进行务实的研究和实践。从农村地区建设的初级生态村到城市居住区安装的太阳能集热器、节能改造等，都反映了这一事实。

初级生态村的建设，是中国独有的事物，在古代先民创造的基础上，加以现代化改良，它们有的以庭院为单位（如四川崇州），有的则以整体为单位（如北京留民营），结合农业系统建设，利用粪便转化为沼气，在解决部分能源问题的同时又增加了有机肥。庭院中的水池中既养鱼又种水浮莲这一类植物，上部养鸡，鸡粪可做猪饲料，猪粪肥田或通过沼气肥水养鱼，水浮莲可喂猪，并做沼气池添加料，美观而整洁。有的结合太阳能更彻底地解决能源问题。

这种从种植业、养猪业到加工业，按照食物链、加工链的循环模式进行综合经营，充分利用光能、空间、土地的"立体园艺圃"，成为高效益良性生态小庭院。

在城市的建筑中，在某些地区住宅建筑中推广了太阳能集热器等，投资不高，收到了一定效果。我国的建筑节能改造，也是逐步渐进，国家节能标准考虑到各地的实际情况而形成了分阶段达标的情况。

一些较先锋的探索中，也从我国实际的情况选择可持续建筑技术。如清华大学所做张家港生态农宅设计中，因苏南地区太阳辐射强度不高等原因放弃了被动式太阳能系统，因苏南地区特有水网地形，地下水位高等原因而放弃了地下降温自然通风系统和地下蓄热设计等，都是务实的考虑。

3. 面临的若干问题

（1）普遍缺乏可持续发展意识是当前我国可持续建筑探索面临的困境之一。目前我国尚无完全意义上的可持续建筑。相反，我国正在走发达国家已走过的破坏生态循环、浪费资源和能源的不可持续发展的老路，如大量侵占良田、使用大面积的玻璃幕墙、进行奢华无度的内外装修、一味的追求高层建筑等，城市和居住环境日益恶化。

由于全民环境意识尤其是可持续发展意识的缺乏，加上国家、集体投入过少，使我国在建筑的节能、绝热、废物处理、材料优化等关系到可持续建筑的方面较发达国家落后很多。特别是建筑师可持续发展意识的缺乏，更是致命的，它会成为从根本上阻碍建筑业向可持续发展迈进的原因之一。

对于文化可持续发展意识的缺乏，使不少人对我国独特的建筑文化采取忽视或漠视的态度，对于国际式、西方流行建筑风格式样的简单模仿，正使我国的某些文化特色丧失。

（2）把可持续建筑（含绿色建筑、生态建筑）的思想当成一种风格和形式来追求，强调形式重过其实质和内容。具体有两种表现形式。

第一种表现是突出建筑形式和风格的外在表达。我国建筑界从来都有过分讲求形式的趋向，而凡国外舶来品，如后现代主义、解构主义，入了国门，均被曲解成一些如山花、斜交的架子等符号表达，可持续建筑、绿色建筑、生态建筑思想的传播和发展在中国自然难逃此惯例。在理论上，大凡谈论建筑走向、趋势时，均要贴上"生态"、"绿色"、"可持续"这类时髦标签，而对其内容、实质均不知所云。在实践上其主要表现就是在建筑上种树、未经认真计算过的玻璃太阳温室、简单的智能化等。在设计说明中，必然标出是从生态、绿色、可持续发展出发，至于有何技术措施则不了了之。

第二种表现是重做事的形式甚于过程与实质。表现为在表面上已从事了可持续建筑某一方面或几方面的探索，但是结果却因为主观或客观的原因（绝大多数是客观的原因）事与愿违。这种结果多少牵扯到某种政治因素或政策因素，这也恰恰是可持续建筑实践中难以回避的因素。

（3）单纯强调低技术的改造和应用。不少建筑师认为，高科技建筑技术的应用是西方国家的事，我国人多、底子薄、经济水平低，就应从低技术入手，进行改造和运用。这种观点对错参半。对的方面是，我国有绝对比例的农村欠发达地区，这类地区建筑的可持续发展实践在不多花费、就地取材的前提下，的确可从低技术的改造和运用入手，借鉴先人的初级生态模式，逐步达到改善、发展的目的。错误的方面，在于可持续发展首要的是要发展，而贫穷、低层次并不是其本质，在广大的城市地区，运用低技术及其改进技术的可能性不大（当然也不完全排除），过分强调低技术的运用和改造，只会退回到不合时代发展的境地。

这一方面，可以看出强调适用技术的重要，其可贵之处在于，既是乡土、传统的低技术改造与新技术的结合出发，又使建筑和居住环境符合当代人的生理、审美要求，达到了可持续建筑的一般目的。在我国有不少类似的探索，如黄土窑洞的技术及布局改造、新圆土楼的生态化等，虽然停留在理论和实验阶段，但可看到已有建筑师认识到了单纯追求低技术不是可持续建筑的根本出路。

三、生态建筑设计

生态建筑的产生为建筑的可持续发展开辟了广阔的前景。生态建筑正是当代全人类可持续发展重大战略思想在建筑学中的重要体现。

（一）建立整体的生态建筑观

整体的生态建筑观如果从生态学的角度理解建筑，生态系统不仅将建筑系统视为地球生态系统中各种不同的能量和物质材料的临时的组织形式，而且需要确定建筑系统全寿命过程的各个环节中，与生态系统环境之间的相互作用：不仅包括组成建筑系统的各个建筑元素的安装和制造，还包括建筑系统的使用、建筑元素的弃置和重新利用等。

1. 注重生态的建筑设计的两个特点

（1）将建筑的全寿命过程看成是一种与能量和物质材料支配相关的过程：建筑师将地球上的

能量和物质材料（生物和非生物组成部分）组装成临时的形式，经过一段时间的使用最后拆除。拆除之后的各种建筑元素要么重新在其他的建筑系统中利用，要么被自然生态环境所吸收。

（2）是一种对建筑系统的预期性研究。建筑师应认识到建筑系统在全寿命过程中，会对地球资源和生态系统产生不利的影响。建筑师必须全面考虑其中的各种不利影响，以消除和减少这些负面影响，以此作为建筑设计任务的重要组成部分。

非常明显，注重生态的建筑设计概念与通常意义下的现代建筑设计存在着一定的差别，例如对环境概念的认识、对地球资源有限性的认识、对生态系统之间相互依存关系的认识、对生态系统动态特性的认识、对生态系统空间异质性的认识等等。其中很多内容在通常意义下的现代建筑设计中不受重视，甚至被忽略。

2. 整体生态建筑观的基本内容

（1）整体生态建筑观将建筑系统看成是一个开放系统，是地球生物圈中能量和物质材料流动的一个环节。

（2）整体生态建筑观整体、全面地审视建筑系统与周围自然生态系统环境之间的互相影响作用，认为建筑系统与周围生态系统之间存在着随时间维度变化的相互作用，即体现出时间因素的影响。

（3）整体生态建筑观认为建筑系统与周围生态系统环境之间存在着随空间维度变化的相互作用，即体现出空间因素的影响。

（4）整体生态建筑观认为建筑系统自身的设计及其对周围生态系统的影响，受到地球资源有限性的制约。

（二）生态建筑的主要特征

1. 节能和利用可再生能源

节能的技术原理是通过蓄热等措施减少能源消耗，提高能源的使用效率，并充分利用可再生的自然资源，包括太阳能、风能、水利能、海洋能、生物能等，减少对于不可再生资源，例如石油和煤炭等的依赖。在建筑设计中，结合不同的气候特点，依据太阳的运行规律和风的形成规律，利用自然阳光和通风，被动节能措施来达到减少能耗，应用材料的蓄热和绝热性能，提高围护结构的保温和隔热性能，利用太阳能冬季取暖，夏季降温，通过遮阳设施来防止夏季过热，最终提高室内环境的舒适性。

2. 材料再生利用

使用再生或可循环利用材料和资源，例如在建筑的建造过程中使用再生的建筑材料，减少建筑垃圾。在建筑的使用过程中，将水等资源循环利用。另外提倡使用本地材料，减少运输费用。

3. 减少废物排放

避免向外界环境排放有毒有害的污染物，通过各种手段在排放之前进行降解或做无害化处理利用，如生活用水之中的中水利用。

4. 生态环境与人文

广义范围内的生态建筑和可持续发展建筑还涉及到环境和文化领域。

以建筑设计为着眼点，生态建筑主要表现为利用太阳能等可再生能源，注重自然通风，自然采光与遮阳，为改善小气候采用多种绿化手段，为增强空间适应性采用大跨度轻型结构，水的循环利用，垃圾分类、处理以及充分利用建筑废弃物等。

实现生态建筑的基本目标，需要相应的技术支撑。太阳能利用是开发较早的一项节能技术，自 1974 年首次国际太阳能运动大会以来，被动式阳光温室技术已经得到推广，主动式太阳能热水系统已经从箱式系统发展为管板式系统，大大提高了技术含量和节能效率。太阳能电池发电技术也开始在一些实验性建筑中应用。如住宅建筑中采用太阳能光电屋顶，所产生的电力可充分满足住宅自身的用电需求。

自 20 世纪 80 年代以来，覆土建筑在某些地区受到充分肯定，它的特点是节约土地，保护自然环境和节省大量建筑供暖和制冷能源，例如我国兰州市白塔山地区的坡地太阳能覆土住宅，据统计，冬季节能可达 92%，夏季不消耗常规能源，同时又做到了不损失绿地面积，实现了"零能建筑"和"零地建筑"的目标。在废物处理技术中，如沼气的综合利用在我国西南地区开展较早，它利用人畜粪便经过沼气发生处置，可达到照明、煮饭、小型机械和农田灌溉等多项综合利用。近年来各种具有探索意义的生态建筑在世界各地不断出现，它们显示出在建筑中利用生态原理，全面实现低投入高效能的综合技术支撑手段，具有巨大的潜力。

（三）生态环境与建筑设计方法

为了达到人类社会的可持续发展的目的，针对生态环境维护的不同目标，在建筑设计实践中，我们应该注意采用相应的建筑设计方法予以保证，具体详见表 6-4。

表 6-4 生态环境与建筑设计方法表

	环 境 概 念	建筑设计对应方法
保护自然	▲保护全球生态系统 ▲对气候条件、国土资源的重视 ▲保持建筑周边环境生态系统的平衡	●减少 CO_2 及其他大气污染物的排放 ●对建筑废弃物进行无害化处理 ●结合气候条件，运用对应风土特色的环境技术 ●适度开发土地资源，节约建筑用地 ●对周围环境热、光、水、视线、建筑风、阴影影响的考虑 ●建筑室外使用透水性铺装，以保持地下水资源平衡 ●保全建筑周边昆虫、小动物的生长繁育环境 ●绿化布置与周边绿化体系形成系统化网络化关系
与自然环境共生 利用自然	▲充分利用阳光、太阳能 ▲充分利用光能 ▲有效使用水资源 ▲活用绿化植栽 ▲活用其他无害自然资源	●利用外窗自然采光 ●太阳能供暖、烧热水 ●建筑物留有适当的可开口位置，以充分利用自然通风 ●大进深建筑中设置风塔等，利用自然通风设施 ●设置水循环利用系统 ●引入水池、喷水等亲水设施降低环境温度，调节小气候 ●充分考虑绿化配置，软化人工建筑环境 ●利用墙壁、屋顶绿化隔热 ●利用落叶树木调整日照 ●利用地下井水为建筑降温 ●使用中厅、光厅等采光 ●太阳能发电 ●风力发电 ●收集雨水，充分利用 ●地热暖房、发电 ●河水、海水利用

续表

	环 境 概 念		建筑设计对应方法
与自然环境共生	防御自然	▲ 隔热、防寒、直射阳光遮蔽 ▲ 建筑防灾规划	● 建筑方位规划时考虑合理的朝向与体型 ● 日晒窗设置有效的遮阳板 ● 建筑外围护系统的隔热、保温及气密性设计 ● 防震、耐震构造的应用 ● 滨海建筑防空气盐害对策 ● 高热工性能玻璃的运用 ● 高安全性的防火系统 ● 建筑防污噪声、防台风对策
建筑节能及环境新技术的应用	降低能耗	▲ 能源使用的高效节约化 ▲ 能源的循环使用	● 根据日照强度自动调节室内照明系统 ● 局域空调、局域换气系统 ● 对未使用能源的回收使用 ● 排热回收 ● 节水系统 ● 适当的水压、水温 ● 对二次能源的利用 ● 蓄热系统
	长寿命化	▲ 建筑长寿命化	● 使用耐久性强的建筑材料 ● 设备竖井、机房、面积、层高、荷载等设计留有发展余地 ● 便于对建筑保养、修缮、更新的设计
	环境亲和材料	▲ 无环境污染材料 ▲ 可循环利用材料 ▲ 地产材料运用 ▲ 再生材料运用	● 使用、解体、再生时不产生氟化物、NO_X 物等环境污染物 ● 防震、耐震构造的应用 ● 对自然材料的使用强度以不破坏其自然再生系统为前提 ● 使用易于分别回收再利用的材料 ● 使用地域的自然建筑材料以及当地建筑产品 ● 提倡使用无害化加工处理的再生材料
	无污染化施工	▲ 降低环境影响的施工方法 ▲ 建设副产品的妥善处理	● 防止施工过程中氟化物、NO_X 物等的产生 ● 提供工厂化工生产，减少现场作业量，提高材料使用与施工效率 ● 减少以至不使用木材作为建筑模板 ● 保护施工现场既存树木 ● 开挖的地下土方尽量回填 ● 使用无害地基土壤改良剂 ● 就地使用建设废弃物制成的建筑产品
循环再生型的建筑生涯	建筑使用	▲ 使用经济性 ▲ 使用无公害性	● 保持设备系统的经济运行状态 ● 降低建筑管理、运营、保安、保洁等费用 ● 对应住处化社会的发展，引入智能化的管理体系 ● 建筑消耗品搬入、搬出简便化，减少搬运

续表

环 境 概 念			建筑设计对应方法
循环再生型的建筑生涯	建筑使用	▲ 使用经济性 ▲ 使用无公害性	● 采用易再生及长寿命建筑耗品 ● 建筑放心水、废气无害处理后排出 ● 夜间蓄能 ● 利于垃圾的分别回收处理
	建筑再生	▲ 建筑更新 ▲ 建筑再利用	● 设备统一由中央移向外壁，以利于设备更换 ● 建筑内外饰面可更新构造方式 ● 充分发挥建筑的使用可能性，通过技术设备手段更新利用旧建筑 ● 对旧建筑进行节能化改造
	建筑废弃	▲ 无害化解体 ▲ 解体材料再利用	● 建筑解体时不产生对环境的再次污染 ● 对复合建筑材料进行分解处理 ● 对不同种类的建筑分别解体回收，形成再资源化系统 ● 难以再利用材料之可燃化 ● 利用解体材料的燃烧热
舒适健康的室内环境	健康的环境	▲ 健康持久的生活环境 ▲ 优良的空气质量	● 使用对人体健康无害的材料，减少 VOC（挥发性有机化合物）的使用 ● 符合人体工程学的设计 ● 对危害人体健康的有害辐射、电波、气体等有效抑制 ● 充足的空调换气量 ● 夜间换气 ● 空气环境除菌、除尘、除异处理
	舒适的环境	▲ 优良的温湿度环境 ▲ 优良的光、视线环境 ▲ 优良的声环境	● 对环境温湿度的自动控制 ● 充足合理的桌面照度 ● 防止建筑间的对视以及室内的尴尬通视 ● 建筑防噪声干扰 ● 吸声材料的运用
融入历史与城域的人文环境	继承历史	▲ 对城市历史地段的继承 ▲ 与乡土的有机结合	● 对古建筑的妥善保存 ● 对拥有历史风貌的城市景观的保护 ● 对传统民居的积极保存和再生，并运用现代技术使其保持与环境的协调适应 ● 继承地方传统的施工技术和生产技术
	融入城市	▲ 与城市肌理的融合 ▲ 对风景、地景、水景的继承	● 建筑融入城市廓线和街道尺度中 ● 对城市土地、能源、交通的适度使用 ● 继承保护城市与地域的景观特色，并创造积极的城市新景观 ● 保持景观资源的共享化
	活化地域	▲ 保持居民原有的生活方式 ▲ 居民参与建筑设计与街区更新 ▲ 保持城市的恒久魅力与活力	● 保持居民原有的出行、交往、生活惯例 ● 城市更新中保留居民对原有地域的认知特性 ● 居民参与设计方案的选择 ● 创造城市可交往空间 ● 设计过程与居民充分对话 ● 建筑面向城市充分开敞

（四）生态建筑实例分析

山东交通学院图书馆属于国内体现生态建筑设计思想的一个校园公共建筑探索性实例，该建筑位于丘陵地形环境的校园之中，地上五层建筑面积 9985m²，地下一层建筑面积 4441m²。在设计中引入"生态建筑"的概念，用先进的设计思想，创造健康的富有生态理念和内涵的建筑室内外环境，使新图书馆既具有浓厚的人文气息，又具有较高的科技含量。新颖独特的建筑外部形象既与新校区的其他新建筑融为一体，又反映出生态图书馆的建筑个性（图 6-24）。

生态建筑设计力求在人、建筑、自然之间建构和谐的关系，实现人工与自然的良性循环。从宏观的角度来说，要关注自然生态系统的健康运作，尽量减少对自然资源的攫取，维护生态系统的平衡。另一方面，从关注人的健康出发，追求舒适的同时，要消除因建筑设计不当而引起的病状。在该馆的设计中，以生态的设计理念作为指导，在技术与情感、现代与传统、人工与自然、经济与社会等诸多因素间寻找合适的平衡点。

图 6-24　山东交通学院图书馆

根据当地的气候特征和客观条件，选择了以下的生态建筑设计策略。

1. 从降低能耗的角度考虑建筑围护结构的设计

建筑围护结构的设计必须平衡通风和日光的需求，提供适合于建设地点气候条件的热湿保护，并减少建筑在运行中的能耗。考虑场地的地理位置，服从总体规划的要求，选择适合场地的图书馆的朝向，考虑太阳辐射作用，以及符合图书馆功能要求的最紧凑的建筑轨迹和形状。建筑物基本成方形，用尽可能少的建筑材料围合建筑空间，减少外墙在冬季的热损失。根据当地建筑材料供应情况，采用保温隔热性能好的外墙体，并避免冷热桥的出现。根据计算设置合适的窗墙面积比和合适的洞口开启方向，在保证足够的自然采光的同时，充分利用自然通风。门窗是建筑围护中的热保护的薄弱环节，所以它们的设计和选择是至关重要的。选择双层玻璃塑料钢窗，对门窗的开启扇做合适的密闭处理，以减少冷空气在门窗处的渗漏。同时，设计适宜的遮阳系统，调节直射光进入建筑内的热负荷和减少视觉的不舒适感。

2. 充分利用自然通风，辅以必要的机械导风

利用合适的自然通风改善建筑物内的空气品质是贯穿始终的设计思想。在图书馆的设计中，从室内外的穿洞系统到室内的轻质隔断，以及合理的顶棚走势，都注重为自然通风创造有利条件。在中房顶部设置拔风口，利用空气的热运动原理，将室内不新鲜的空气抽出，引入新鲜的空气。在温度适宜的季节，将窗户开启，导入自然风，调节室内空气的热湿负荷，节省能源；夏季酷热期，关闭门窗，将地下室的凉风抽到地上层用于降温，将南侧玻璃厅中的热量及时导出，缓解对阅览室热辐射；冬季利用南侧玻璃厅产生热量，将较为温暖的空气引入阅览室，减少采暖的能量负荷。总之，通过季节性的通风组织，改善室内空气品质，达到绿色节能的目标（图 6-25）。

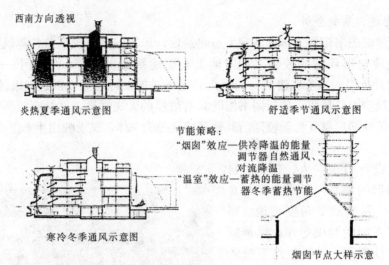

炎热夏季通风示意图　　　　　　　　　　舒适季节通风示意图

节能策略：
"烟囱"效应—供冷降温的能量
调节器自然通风、
对流降温
"温室"效应—蓄热的能量调节
器冬季蓄热节能

寒冷冬季通风示意图　　　　　　　　烟囱节点大样示意

图 6-25　山东交通学院图书馆通风示意图

3. 立体绿化、遮阳设计与保温节能结合

在图书馆的设计理念中，注重将建筑物的绿化同场地的地景结合起来。在场地的范围内利用适当的植物布置，在水平和垂直两个维度上造成季节性的阴影变化，对建筑物进行遮荫。屋顶的绿化同室外阅览场地结合起来，为学生创造宜人的读书环境。

在图书馆南侧种植落叶阔叶树，夏季可以对玻璃南立面遮荫，冬季树叶脱落，不影响玻璃厅的"温室"蓄热效应，同时美化环境。根据太阳的几何特性，设计合理的遮阳格栅。通过调节，选择合适的透光角度，调节室内的光照度，并缓和由阳光造成的不适宜的热负荷。平面设计上，设置一大尺度的墙体，对建筑西立面形成遮荫的同时，减缓西侧交通干道对图书馆的噪声干扰，并为建筑的垂直绿化创造条件（图 6-26）。

南侧温室遮阳

西立面墙体与屋顶格栅遮阳示意图

东南与绿化结合的遮阳设计

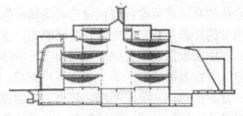

自然采光照度分布示意

图 6-26　山东交通学院图书馆遮阳系统与昼光照明

4. 水体对微气候的影响和对自然水体的利用

原有池塘是该场地很有价值的生态系统，它的重建对改善该场地的微气候、建设宜人的活动场所有重要的意义。池塘应有合适的表面积和储水深度，能够利用地表土壤的恒定温度，缓解季节变化对水体的温度影响。重新设计池塘及其周围地带的植被，建成良好的自然景观，改善该场地的物种的多样性，加大该场地的生态平衡系数。

利用机械设备使池塘底部温度相对稳定的水在图书馆周围循环，同空气进行热交换，改善微气候。同时注重室内水景小气候的设计，在玻璃大厅内东侧墙面设置水墙，丰富室内景观，并利于夏季空气降温；夏季在玻璃幕墙的外表面设置滚动水幕，减少太阳对大厅的直射，用以降温。水体同室内绿化结合起来，实现功用与艺术的结合。场地的地形为雨水的收集创造了有利条件，将多雨季节的水收集起来，进行过滤沉淀、消毒，可用作池塘的补充水，或者用作绿化浇灌（图6-27）。

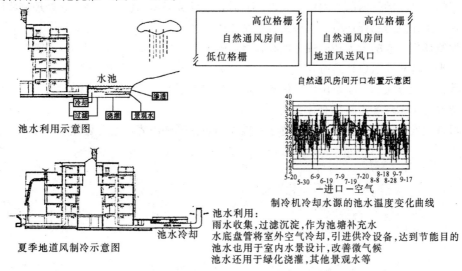

图6-27　山东交通学院图书馆雨水收集、池水利用、地道风冷

生态建筑在我国的发展已经引起建筑师和开发商越来越多的兴趣，无论是在办公楼等公共建筑还是住宅小区建设中，建筑师都热衷于引入一些符合生态建筑的措施，达到节能、节水、减少废弃物和降低污染物排放的目的，房地产开发商更是迫不及待地给自己开发的住宅贴上绿色生态的标签，可见，公众对于生态建筑在我国的发展应当有相当广阔的前景，这对于一个人口众多，人均资源占有量相对较低的国家，是具有十分重要的现实意义和长远意义的。然而，我国对于生态建筑和绿色社区的认定需尽快建立一套完善的评估体系，建立量化的指标来界定生态绿色建筑，制定相应的法规以规范和鼓励生态建筑的开发建设。生态建筑的发展势在必行，建筑师将担负起历史的使命。

思 考 题

1. 通常进行建筑评价采用的有哪些技术经济指标？
2. 建筑造价一般采用什么技术经济指标进行控制？
3. 建筑面积系数包括哪些指标？计算建筑面积系数对建筑设计评价有什么意义？

4. 建筑密度与建筑容积率有什么不同？它们分别反映了什么方面的问题？

5. 建筑设计中应该如何处理好"适用，经济，美观"方面的综合问题？

6. 建筑设计中对结构形式和建筑材料的选择上应该注意哪些方面的问题？

7. 什么是建筑工业化？它是在什么情况下才能够实现的？建筑工业化对建筑设计提出了哪些新的要求？

8. 为什么要对建筑设计进行长期经济效益评价？

9. 建筑面积空缺率是如何计算的？它反映出建筑设计哪方面的问题？

10. 建筑的面宽与进深对土地利用方面有什么影响？

11. 编制工程设计概算的目的和意义是什么？

12. 通过古代人类聚居环境的分析，我们可以在人居环境选择营造方面得出什么样的认识？

13. 建筑环境的整体性要求对建筑设计有什么影响？

14. 建筑设计在满足内部空间使用要求的同时，在外部环境问题上应该注意处理哪些问题？

15. 什么是建筑的物理环境？它包括哪些基本条件？

16. 建筑环境对人的行为和心理方面有什么影响？

17. 地理环境对建筑设计具有什么方面的制约和影响？

18. 什么是地方文脉？建筑设计与地方文脉有什么联系？

19. 建筑与生态环境之间具有什么关系？

20. 可持续发展的定义是什么？可持续发展原则包括哪些内容？它对建筑设计提出了哪些新的要求？

第七章 典型民用建筑类型的设计要点分析

第一节 住 宅 建 筑 设 计

一、概述

（一）住宅建筑发展概况

人类的日常生活离不开衣、食、住、行，住离不开房屋。居住用的房屋是人类最早的建筑，它与人类生活的联系最为密切，是人类赖以生存的基本的物质条件。不同的居住方式形成各种类型的居住建筑。供单身集体居住的是宿舍；供旅客短暂居住并提供服务的是旅馆；供家庭长期居住的是住宅。住宅建筑是人们为满足家庭生活需要而创造的人为环境，它随着人类社会的进步和生活方式的变化而发展。

（二）住宅的分类

1. 按居住方式分类

（1）公寓式住宅。在一幢住宅内通过公共交通空间（公共楼梯、公共走道、公共电梯）将多户组合在一起的住宅，称为公寓式住宅。其组合方式一般是用水平公共交通将几户组织成标准层，通过垂直公共交通将若干标准层层叠组成住宅幢。

（2）独立式住宅。户与户之间在建筑内部没有通过交通空间相互联系的住宅称为独立式住宅。这类住宅可分以下三种形式：独院式（四周临空，独户居住的单幢住宅）、毗连式（两个独户毗连为一幢，所以也称双联式，各自有独立的出入口）、联排式（多个独户住宅成排或成组拼联，各自的出入口独立）。

2. 按层数分类

根据《住宅建筑设计规范》，按层数分类如下：

1~3 层为低层住宅；4~6 层为多层住宅；7~9 层为中高层住宅；10 层以上为高层住宅。

（三）基本要求

1. 适用方便

住宅的各种房间自身尺寸合理，有利于布置家具，门窗位置恰当；套内房间组合合理，并尽量增加居住空间的数量；户内交通应紧凑方便；户内应有适当的贮藏设施；住宅内应有良好的采光、通风、日照、保温、隔热、隔声性能；住宅内部布局还应有一定的灵活性和可变性，以适应住户居住模式变化的需要；对于标准设计应能适应不同面积、不同建设地段、不同体型的要求。

2. 经济合理

使用面积系数高；空间利用充分；结构及构造合理；构配件类型少；管线集中；有利于标准化、工业化；有利于建筑节能。我国人多地少，城市尤甚，因此住宅建筑设计还必须节约用地。

3. 安全

住宅建筑设计应满足防火、防震及防盗等要求。

4. 造型美观

住宅设计不仅要求自身的体型、细部以及色彩美观，而且应满足城市建设建筑群体组合多样化的要求，以形成良好的居住区外部空间环境。

（四）住宅建筑的面积标准

1. 面积组成

一户住宅的建筑面积包括三部分内容：使用面积、公共面积、结构面积。其中使用面积又由居住面积和辅助面积组成。

住宅的使用面积是指住户独自使用的净面积，包括卧室、起居室等居住面积及过厅、过道、厨房、卫生间、储藏室、壁柜以及不包含在结构面积内的通风道、烟道、管道井等辅助面积的总和。

住宅的公共面积指公寓式住宅的室内外公共楼梯（包含突出屋面的楼梯间）、内外廊、高层住宅的门厅、电梯及机房、高层住宅的公共服务设施、门斗、有柱的雨罩、有维护结构的水箱间等。

住宅的结构面积包括外围墙体、框架柱、分户或分室的隔墙等。

住宅的建筑面积按建筑物各层展开面积的总和计算。每层的建筑面积按结构外围水平投影计算（抹灰层的厚度不计入）。住宅的占地面积是建筑占用基地部分的面积，按建筑物底层勒脚以上外围水平投影面积计算。

2. 住宅面积指标

（1）户建筑面积：户建筑面积=户使用面积+户均公共交通面积+结构面积；

（2）户居住面积：户居住面积=户内净面积（阳台封闭时算全部面积，未封闭时算一半）；

（3）使用面积系数（K）：K=套内使用面积（m²）/建筑面积（m²）；

住宅使用面积系数反映了住宅的平面利用效率的高低；

（4）户室比：一栋住宅楼内各种不同面积户型所占的比例。

二、住宅的组成及各组成部分设计

（一）住宅的组成

住宅的类型各种各样，但无论何种类型的住宅，通常由三大部分组成：

1. 居住部分

包括卧室、起居室（起居厅、卧室兼起居室）、工作室、书房、餐室等。

2. 辅助部分

包括厨房、卫生间、厕所、贮藏室、阳台等。

3. 交通部分

包括门厅、过道、楼梯、电梯等。

通常居住水平越高，各房间的功能越单一化，房间的划分越细。一般的住宅有起居室（厅）、卧室、餐室（厅）、厨房、卫生间、贮藏室、走道等。居住水平高的住宅还设有书房或工作室。

在家庭生活中人们的每个行为都要占有一定的空间。可以把完成每个行为时人体和人体动作所占的空间以及为完成行为而使用的家具所占的空间，再加上必要的余地所限定的空间范围称为"行为单元"。住宅的组成规律就是由"行为单元"组成室，再由室组成户。因此，

"行为单元"是设计房间基本尺寸的依据。一般人体活动及常用家具尺寸见图7-1，图7-2（a）、（b）。

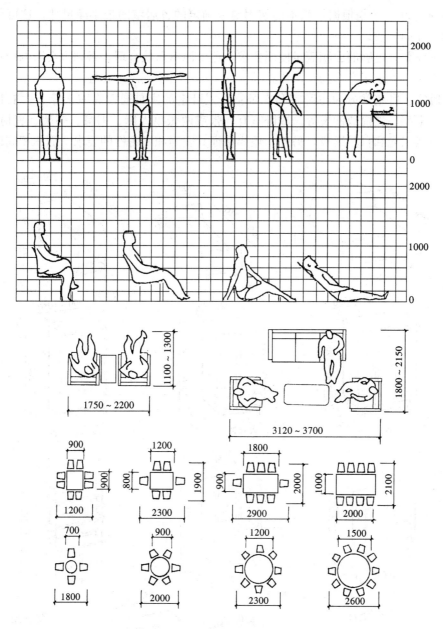

图7-1　人体活动及家具布置尺寸

（二）住宅各组成部分的设计

1. 居室

居室是住宅中最主要的房间，其功能主要包括睡眠、起居、休息、学习等。一户至少有一间居室，一般为二间到三间。设计居室应根据各居室的不同使用要求和相应的"行为单元"确定房间的大小和形状，合理安排门窗位置，同时还要考虑其他技术经济因素。

一般住宅的居室面积大致有大、中、小三种类型。大间多作起居室（厅），供家庭团聚、娱乐、会客、宴请、进餐等集中活动用，户型较小时也可兼作卧室用；中房间常作为主卧室，供家庭主要成员休息用，也可兼作起居室；小间一般作为次卧室，常为单人卧室，以解决分室问题，图 7-3 是根据最基本的使用要求确定的各居室的最小净尺寸，这可作为选择房间平面尺寸的参数。

居室不仅要有足够的面积满足使用要求，还要注意形状合理，否则也会影响面积的使用率。一般来说，近于正方形的平面比狭长形的平面在面积利用上要好。

（1）卧室。卧室常分为主卧室和次卧室。主卧室的家具通常有双人床、大衣柜、床头柜、书桌、书架、凳椅或沙发等。次卧室有一张或两张单人床、书桌、书架、凳椅等家具。卧室应有直接采光和自然通风，另外，还要保证其安静和私密性的要求。面积相同而尺寸不

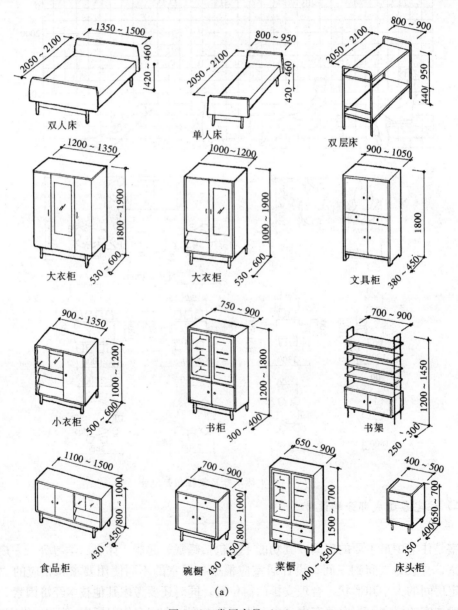

（a）

图 7-2　常用家具（一）

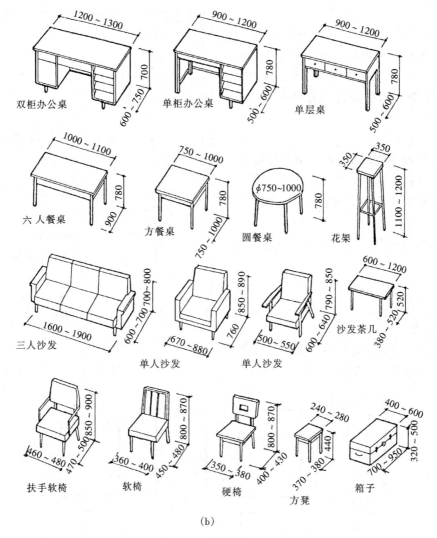

(b)

图 7-2　常用家具（二）

同的卧室可以有不同的平面布置方式，如图 7-4 所示。

　　（2）卧室兼起居室。这种房间的家具除了床以外，还要考虑家庭团聚、会客、进餐家务等起居活动所需的家具。卧室兼起居室的面积利用率高，但相互干扰大，一般在低标准的住宅中采用，其面积不宜小于 12m²，如图 7-5 所示。

　　（3）起居室。在中等标准的住宅中，常设置专供家庭起居活动的起居室（厅）。家庭大多数的日常活动都在起居室中进行，以保证卧室的宁静和独立性。起居室的面积不宜小于 10m²。起居室应有直接采光和自然通风条件，同时，与之相邻空间可采用灵活的分隔，以使空间贯通、连续，如图 7-6 所示。

　　（4）餐室及书房。面积标准较高的住宅中宜设独立的餐室和书房。餐室应与厨房相邻，并与起居室有直接的联系。书房可与起居室或卧室相套，也可单独设置。对于面积标准较小的户型，单独设餐室比较困难，可用起居室兼做餐室；没有起居室的住宅可将过道加宽为小过厅，作为进餐空间。

2. 厨房

厨房是家务劳动的中心，家庭主妇在厨房内从事家务劳动的时间几乎占家务劳动总量的 2/3，所以可以把厨房和卫生间称为住宅的心脏。厨房设计的好坏是影响住宅使用的重要因素。

（1）设计要求。

1）炊事设备的布置及尺寸要方便操作；

2）应有良好的采光和通风；

3）有利于室内上下水、采暖、煤气等管道的合理布置；

4）布局位置合理，平面形状满足使用要求。

（2）厨房设备及活动空间尺寸。厨房的基本设备有炉灶、水池和案桌等。厨房内人体操作所需的尺寸见图 7 - 7。

设计厨房还要考虑炊具、餐具、粮菜、燃料的贮藏问题，应尽量利用空间而少占

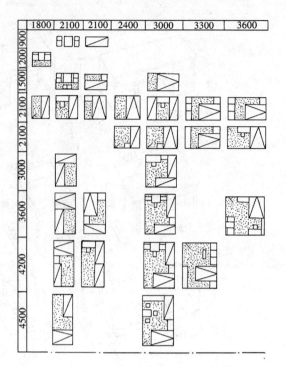

图 7 - 3　家具布置与居室净空尺寸

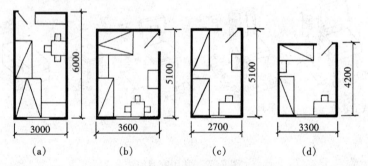

图 7 - 4　面积相同尺寸不同的居室

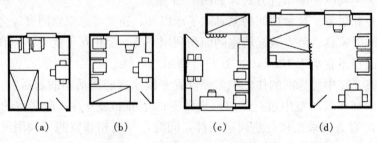

图 7 - 5　卧室兼起居室的家具布置

面积，可设计吊柜、嵌墙碗柜、搁板等贮藏设施。对于常用物品要考虑存取方便。严寒地区利用窗台下部空间作冷藏柜也很适用。一般厨房应有外窗或面向走廊的采光窗。用原煤或薪柴做燃料的厨房，以及寒冷地区采用加工煤的厨房必须设置烟囱。应防止烟气回流和串烟。厨房炉灶上部应便于安装排气罩和抽油烟设备，以防止油烟污染居室。

图 7-6　带起居室（厅）的户型

（3）厨房的形式及内部平面布置。城市住宅的厨房按设置方式可分为独立式、穿过式、套间式、壁龛式和户外式几种，如图 7-8 所示。

1）独立式厨房：目前我国城镇新建住宅中多采用独立式厨房。独立式厨房不与其他房间相套，除进门位置外，其余墙面均可布置设备。一般按洗、切、烧的顺序布置洗池、案桌、炉灶等。

厨房设备的布置有一、二、Γ、Π形几种方式，如图 7-9 所示。

一字形布置：适用于只能单排布置设备的狭

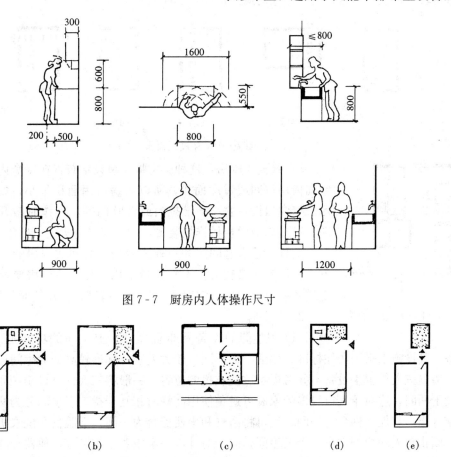

图 7-7　厨房内人体操作尺寸

（a）　　　（b）　　　（c）　　　（d）　　　（e）

图 7-8　厨房的设置方式

长形平面，厨房净宽不宜小于 1.5m。由于各件设备都要留出操作面积，所以面积利用不够充分［图 7-9（a）］；

二字形布置：将设备分列两侧，此时厨房净宽不宜小于 2m。这种布置方式操作时会造成转身往复走动，增加体力消耗［图 7-9（b）］；

Γ形及Π形布置：设备操作省力、便捷，并可布置较多的设备，适用于平面接近于方

形的厨房 ［图 7 - 9 （c）、（d）］。

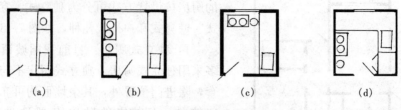

（a）　　　　（b）　　　　（c）　　　　（d）

图 7 - 9　厨房设备布置方式

2）穿过式厨房：这种厨房因兼作过道而有利于充分利用面积，但厨房炊事与交通互相干扰，且影响居室卫生。近来较少采用这种形式。穿过式厨房按交通对厨房穿插的不同情况可分为角穿、横穿、竖穿、斜穿、复合穿几种，如图 7 - 10 所示，角穿和横穿式厨房交通面积占得较少，便于布置设备，因而对厨房的使用影响较小。

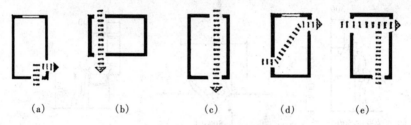

（a）　　　　（b）　　　　（c）　　　　（d）　　　　（e）

图 7 - 10　穿过式厨房

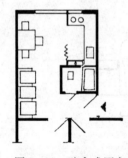

3）壁龛式厨房：这种厨房将炊事设备布置在壁龛内，操作所需空间借用房间或过厅面积，所以厨房占用面积很小，如图 7 - 11 所示。壁龛口设折叠门、推拉门或百叶门等，操作时敞开，不用时关闭。壁龛内应设机械排烟装置，炉灶应有防火安全措施。

此外，还有套间式和户外式厨房。套间式厨房的门直接开向居室，对居室污染较大，不宜大量采用。户外式厨房要经过户外公共走道才能进入厨房，它对居室的卫生有利，但建筑面积增加较多。

图 7 - 11　壁龛式厨房

3．卫生间

（1）卫生间的设备及布置尺寸。卫生间的功能是便溺、漱洗、沐浴。其设施水平因居住标准、生活习惯不同有较大差别。标准较高的卫生间设有便器、脸盆、浴盆三大件卫生设备，并考虑了放洗衣机的位置。一般将三大件合设于一间；也可将其分设于两间，这对于人口较多的家庭可避免使用高峰时相互干扰。卫生间分为两间时可将坐便器分出，其他二件合为一间；也可将浴缸和坐便器合为一间，洗脸盆与洗衣机设于前室之中。面积较大的户型常设两个卫生间，一个对外，一个服务于主卧室。便器分蹲式和坐式两种，可根据各自的生活习惯选择。图 7 - 12 为常用的卫生设备尺寸及卫生间最小净空尺寸，可供参考、选用。

（2）卫生间设计要点。

1）为满足基本使用要求，卫生间、厕所的面积不应小于下列规定：外开门的卫生间不小于 $1.8m^2$；内开门的卫生间不小于 $2m^2$；外开门的厕所不小于 $1.1m^2$；内开门的厕所不小于 $1.3m^2$。卫生间内布置洗衣机时，应增加相应的面积，并设给水、排水设施及单相三孔插座。

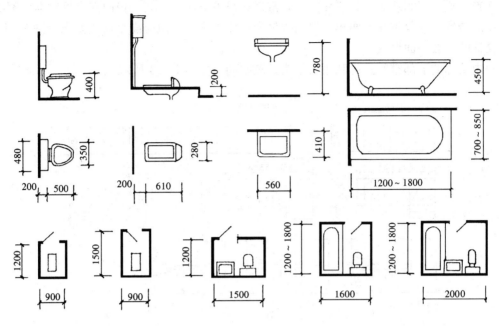

图7-12　卫生设备参考尺寸及卫生间净空尺寸

2）卫生间不宜设在卧室、起居室和厨房的上层。非设不可时，其下水管及存水弯不得在室内外露。并应有可靠的防水、隔声和便于检修的措施。

3）卫生间墙裙和地面要注意防水，所选用的装修材料要易于清洁，地面要防滑。卫生间地面应略低于居室地面，并应设排水坡度和地漏。

4）卫生间内应设肥皂盒、手纸盒位置，浴盆应安装起身扶手，毛巾架、挂衣架等的位置均应便于使用。

5）无通风窗的卫生间必须设置通风道，通风口位置要利于排气。

4．交通部分

住宅的交通部分可分为户内交通和户外交通两部分。户内交通是分户门以内用以联系各房间的交通空间，如走道、过厅、户内楼梯等。户外交通是公寓式住宅分户门以外，户与户联系用的公共交通空间。如门厅、公共楼梯、公共走道、电梯等。

（1）户内交通设计。住宅户内交通一般分为走道式、套间式、枢纽式几种联系方式。

走道式交通是以走道作为联系户内各房间的交通空间。设置户内走道可以避免房间的穿套。走道还可起到缓冲和隔声作用。此外，寒冷地区可防止冬季冷风直接吹入房间，炎热地区的户内走道可阻隔夏季室外热辐射。户内走道为满足通行和搬运家具的要求，必须保证一定的净宽。但走道式交通对房间的使用有干扰。为提高使用面积系数应合理控制户内交通面积。

枢纽式交通是以过厅、起居厅作为交通枢纽与户内房间作放射式联系。这种形式克服了以上两种形式的缺点。以过厅作为交通枢纽的形式实际上是将原先的走道适当放宽，变纯交通面积为既可组织户内交通又可兼作就餐、家务、会客之用的厅室；必要时还可临时安排床位解决来客留宿问题。这不仅充分利用了面积，而且也避免了房间的穿套。由这种过厅组成的一室一厅、二室一厅、三室一厅等型式的住宅都很常见。

在独立式住宅和跃层公寓式住宅中，常常一户占有两层空间，户内需设仅供本户家庭成员使用的楼梯。为节省交通面积，户内楼梯的尺寸可小些，但应满足使用要求。图 7 - 13 为户内楼梯的一般平面形式。

户内楼梯的下部空间常可利用来作为贮藏空间，如图 7 - 14 所示。

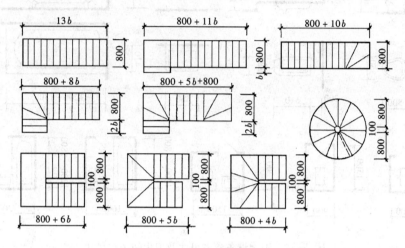

图 7 - 13　户内楼梯平面形式

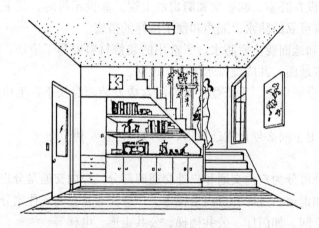

图 7 - 14　户内楼梯下部空间的利用

（2）公共交通设计。

1）公共楼梯的设计要求及常用尺寸。多层公寓式住宅内的垂直交通采用公共楼梯。常用的几种楼梯形式见表 7 - 1。楼梯间面积以双跑梯最经济适用，行程短，制作也不复杂，所以为一般住宅最常用。三跑梯间形状方正，可用在进深浅的住宅中。对三跑梯楼梯井的安全问题（小孩骑滑栏杆扶手时易坠入梯井）要采取防范措施，如加高栏杆或封闭梯井等。作封闭梯井时应适当加大楼梯净宽，以免搬运较大物件转弯困难。单跑梯的优点是楼梯构件只在住宅楼面交接，构件简单；而双跑和三跑梯因在非楼面标高处设休息平台，增加了构件的交接。单跑梯每层有一段水平走道，在登高的过程中可稍事休息，减少疲劳。此外，水平走道在住宅内还有公共活动和交往的功用，尤其在多雨地区较受欢迎，缺点是单跑楼梯间占用面积较多，只有在组织一梯四户时才较为经济。

表 7 - 1　　　　　　　　　　**楼 梯 形 式 比 较**

楼 梯 形 式	楼梯间面积 (按轴线尺寸计) (m²)	每层行程的 水平投影 (m)	构件 定型化	说　　明
竖向双跑梯 （内廊） 4800 / 2400	11.52	8.30	构件 较简单	● 休息平台在半层标高，构造比单跑梯复杂 ● 便于错半层组织交通
一梯二户： 5.76m²/户； 竖向双跑梯（外廊） 4800 / 2400	一梯二户： 5.76m²/户； 一梯三户： 3.84m²/户			
竖向双跑梯（内廊） 4800 / 2700	12.96 一梯二户： 6.48m²/户； 一梯三户： 4.32m²/户			
竖向三跑梯 3900(3600) / 3300(3600)	12.87 一梯二户： 6.44m²/户； 一梯三户： 4.29m²/户	9.30	构件 较复杂	● 每层转向次数较多 ● 梯井安全问题要作特殊处理 ● 梯井空间可以利用
横向单跑梯 6600 / 2400	15.84 一梯三户： 5.28m²/户； 一梯四户： 3.96m²/户	12.30	构件 较简单	● 行程较长，但走踏步与走平路同长，减少疲劳 ● 每层可组织四个独立户 ● 外廊可供户外活动

　　公共楼梯尺寸的确定要综合考虑人行、防火疏散、家具和自行车搬运以及病人担架通过等要求，但又不能过于放宽而降低平均每户使用面积水平。一般住宅梯段净宽不应小于1.1m，楼梯平台净宽不应小于梯段净宽。

　　住宅楼梯的踏步尺寸：宽为 25～28cm，高为 16～18cm 为宜。公共楼梯不宜采用扇步。室内楼梯栏杆的高度不宜小于 0.9m。梯井宽度大于 0.2m 时，必须采取安全措施。

　　公寓式住宅中常利用底层楼梯平台下作为出入口，此时应保证平台下净高不低于2m。为了保证净空高度，常采用图 7 - 15 的处理方法。图 7 - 15 (a) 的方法是将底层梯段设计成长短两跑，第一跑长些，第二跑短些，这样使休息平台比等跑梯时可抬高一些，再将室外台阶内移，即降低平台下的地面标高（此时仍应比室外高些，以免雨水内流），二者结合即可保证平台下的净高满足通行要求。图 7-15（b）的方法就是将底层做成单跑梯，没有休息平台，但因单跑梯较长而伸到楼梯间外，易受雨雪影响；不宜用于寒冷地区。此外，还可将楼梯对面的底层房间去掉一间，使住宅入口与楼梯处于不同的位置；有时可将楼梯反向布置。

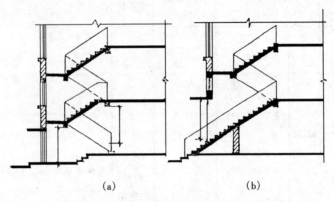

(a)　　　　　　　　　　　　(b)

图 7-15　梯平台下作入口时的处理方法

2）公共交通的常用类型。住宅建筑的公共交通是以楼梯间为枢纽，必要时以水平的公共走廊来组织各户。由于楼梯和走廊组织交通以及进入各户方式的不同，可以形成各种平面类型的住宅：如梯间式、短外廊、短内廊、长外廊、长内廊、越廊式等，如图 7-16 所示。

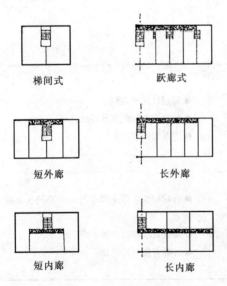

图 7-16　交通组织不同形成的平面类型

5. 其他部分的设计

（1）储藏设施。充分利用空间解决好住宅的贮藏问题是提高居住水平的一个方面，可以在住宅中设置一定的固定储藏设施。常用的贮藏设施有壁柜、吊柜、搁板、层架和储藏小室等。其中有的占用室内上部空间，有的利用室内墙体中的空间，有的则是利用平面设计中不宜作为他用的零碎面积做成的小房间（储藏小室），具体采用何种形式的储藏设施应根据居住水平和具体的条件而定。储藏设施的尺寸与贮存物品的尺寸有关，同时要考虑便于储取。

（2）阳台。多层及高层住宅的住户因为远离地面而难以同大自然联系，大都靠设置阳台、平台作为与大自然联系的媒介；底层住户如有条件可设计每户独用的小院。

按使用性质阳台可分为生活阳台和服务阳台两类。生活阳台供居住部分使用，一般设在阳面，作为日常室外起居活动的空间。服务阳台供辅助部分使用，一般设在阴面，可邻近厨房。服务阳台主要用来做一些不宜在室内进行的家务活动，也可在阳台上设搁板存放杂物，寒冷地区冬季可利用服务阳台冷藏食品。

一般标准的住宅至少设一个阳台即生活阳台；投资允许时可增设一个服务阳台。

按设置方式阳台可分为挑阳台、凹阳台、半挑半凹阳台、转角阳台等几种（图 7-17），图 7-18 为底层住户的独用小院。

寒冷地区为防止风雨侵袭，可以用玻璃窗将阳台封闭而形成封闭阳台（图 7-19），使之成为有阳光照射而无风雨侵袭的日光室。

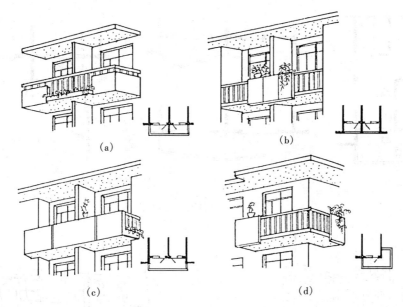

图 7-17 阳台的几种类型

(a) 挑阳台；(b) 凹阳台；(c) 半挑半凹阳台；(d) 转角阳台

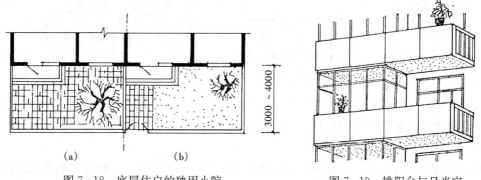

图 7-18 底层住户的独用小院　　　　图 7-19 挑阳台与日光室

阳台的宽度一般与居室开间的尺寸相同，深度要求不小于 1.1m，如考虑放躺椅或折叠床则要加大到 1.2m，如考虑放小餐桌则要求 1.5m [图 7-20 (a)]。采用梯形、三角形平面的阳台以及转角阳台要注意各部分面积的充分利用；其最小宽度尺寸不应小于 0.8m [图7-20 (b)、(c)]。

炎热地区的西向阳台上可做遮阳格片以防居室西晒（图 7-21），同时还可起到丰富建筑立面的作用。

为避免邻近阳台之间的视线干扰，同时出于安全的考虑，常在相邻阳台之间设置隔板（图 7-22）。

阳台上应有排水措施。一般对于层数不多的住宅常在阳台边缘埋设排水管排水，这种做法比较简单，但容易污染楼下住户。对于层数较多或居住水平较高的住宅，尤其是临街的住宅，应考虑有组织排水，即沿竖向将阳台下水口组合在统一的雨水管内排出，或分层接入由屋面下来的雨水管内。为防止雨水流入室内，阳台面至少低于室内 2cm，并向排水口做斜坡。

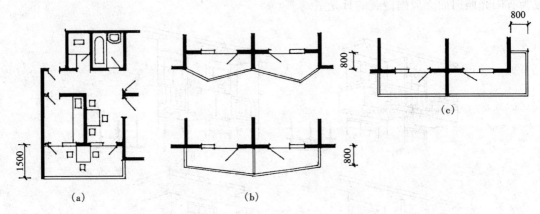

图 7 - 20　阳台的最小尺寸

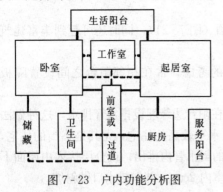

图 7 - 21　设遮阳格片的阳台

图 7 - 22　阳台设隔板挡视线

为了安全，阳台栏杆高度不应低于 1.05m（中高层、高层住宅不应低于 1.1m）。阳台栏杆设计应防止儿童攀爬，垂直栏杆间净空不应大于 0.11m。

三、套型空间的组合设计

套型空间的组合设计，就是将户内不同功能的空间，通过一定的方式有机地组合在一起，从而满足不同住户使用的需要，并留有发展余地。

（一）套型空间的组合分析

套型空间的组合，必须考虑户内使用要求、功能分区、厨卫布置、朝向通风以及套型的发展趋势等多方面因素，为住户创造一个舒适、安全、美观、卫生并留有发展余地的家。

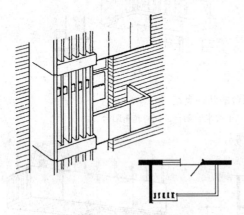

图 7 - 23　户内功能分析图

1. 户内功能分析

住宅的户内功能是住户基本生活需求的反映。这些需求包括：会客、家人团聚、娱乐、休息、就餐、炊事、学习、睡眠、盥洗、便溺、晾晒、储藏等。为了满足这些需求，就必须有相应的功能去实现。不同的功能空间应有它们特定的位置与相应的尺度，但又必须有机地组合在一起，共同发挥作用。图 7 - 23 为户内各部分之间的功能关系。

2. 户内功能分区

户内功能分区就是根据各功能空间的使用对象、使用性质及使用时间进行合理组织，使性质和使用要求相近的空间组合在一起，同时避免性质及使用要求不同的空间互相干扰。具体分区方法有：

（1）公私分区。公私分区是按照空间使用功能的私密性程度的层次来划分的，也可称为内外分区。住宅内部的私密程度一般随着人的活动范围扩大和成员的增加而减弱，相对的，其对外的公共性则逐步增强。住宅内的私密性不仅要求在视线、声音等方面有些分隔，同时在住宅内部空间的组织上也能满足居住者的心理要求。因此，应根据私密性要求对空间进行分层次的序列布置，把最私密的空间安排在最后。图 7-24 为住宅空间私密性序列。卧室、书房、卫生间等为私密区，它们不但对外有私密要求，本身各部分之间也需要有适当的私密性。半私密区是指家庭中的各种家务活动、儿童教育和家庭娱乐等区域，其对家庭成员间无私密要求，但对外人仍有私密性。半公共区是由会客、宴请、与客人共同娱乐及客用卫生间等空间

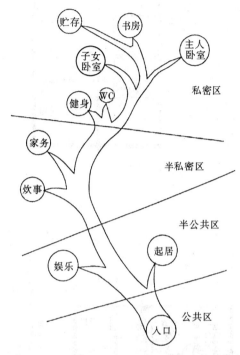

图 7-24 住宅空间私密性序列

组成。这是家庭成员与客人在家里交往的场所，公共性较强，但对外人讲仍带有私密性。公共区是指户门外的走道、平台、公共楼梯间等空间，这里是完全开放的外部公共空间。

（2）动静分区。动静分区从时间上来说，也可叫作昼夜分区。一般来说，会客室、起居室、餐室、厨房和家务室是住宅中的动区，使用时间主要是白昼和部分晚上。卧室是静区，主要在夜晚使用。工作和学习空间也属静区，但使用时间上则根据职业不同而异。此外，父母和孩子的活动分区，从某种意义上来讲，也可算作动、静分区。在国外高标准的住宅中也尽可能将它们布置在不同的区域内。图 7-25 为动静分区的例子。

（3）洁污分区。洁污分区主要体现为有烟气、污水及垃圾污染的区域和清洁卫生区域的分区，也可以概略地认为是干湿分区，即用水与非用水活动空间的分区。由于厨房、卫生间要用水，有污染气体散发和有垃圾产生，相对来说比较脏，且管网较多，集中处理较为经济合理，因此可以将厨房、卫生间集中布置。但由于它们功能上的差异，有时布置在不同的功能分区内。当集中布置时，厨房、卫生间之间还应作洁污分隔，如图 7-26 所示。

3. 合理分室

住宅空间的合理分室就是将不同功能的空间分别独立出来，避免空间功能的合用与重叠。空间合理分室反映了住宅套型的规模，也反映了住宅的居住标准和居住的文明程度。功能空间的专用程度越高，其使用质量也越高。功能空间的逐步分离过程，也就是功能质量不断提高的过程。合理分室包括生理分室和功能分室两个方面：

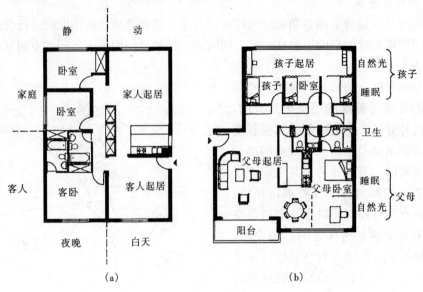

图 7-25 动静分区

(a) 内外、动静、昼夜分区；(b) 父母、子女分区

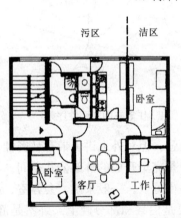

图 7-26 洁污分区

（1）生理分室。生理分室也称就寝分室。它与家庭成员的性别、年龄、人数、辈份、是否夫妻关系等因素有关。孩子到一定年龄（6～8 岁）应与父母分室，不同性别的孩子到一定年龄（12～15 岁）也应分室，即使同性别的孩子到一定年龄（15～18 岁）也应分室，而这些年龄界限的确定与社会经济发展、住宅的标准以及文明程度有关。

（2）功能分室。功能分室就是把不同的功能空间分离开来，以避免相互干扰，提高使用质量。功能分室包含了食寝分离；起居、用餐与睡眠分离；工作、学习分离三个方面。食寝分离就是把用餐功能从卧室中分离出来，可以在厨房中安排就餐空间，或者在小方厅内用餐。起居、用餐与睡眠分离，就是将家庭公共活动从卧室中分离出来，有单独的起居室和餐厅，或者起居、餐厅合一。工作、学习分离就是将工作、学习空间独立出来，设置工作室或书房，以便为工作、学习创造更为安静的条件。

4. 厨房和卫生间布局

厨房和卫生间是住宅内的核心，是家庭成员活动的重要场所，是管线密集，使用频率最高的地方，也是产生油烟、垃圾和其他有害气体的地方。厨房、卫生间都是用水房间，属于不洁区域。从污染分区的角度来说，应尽量靠近。而从公私分区的角度来说，又应当适当分离。厨房往往集中在白天使用，无私密性要求，而厕所的使用是不分昼夜的，有私密性要求。在标准较高的住宅中，卫生间的数量可能不止一个，有公用的、有专用的，私密程度也不一样。因此，厨房、卫生间的布置是否合理，直接影响到居住的质量和使用上的方便程度，它们的布局方式，应根据不同的情况来选择。

（1）相邻布置。便于干湿分区和管线集中，但卫生间的位置不一定很合理，有时距卧室较远，如图7-27。

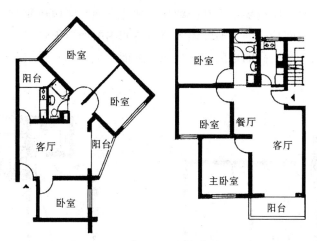

图7-27　厨房、卫生间相邻布置示例

（2）分离布置。卫生间布置较灵活，利于功能分区和公私分区，但管线不集中，如图7-28。

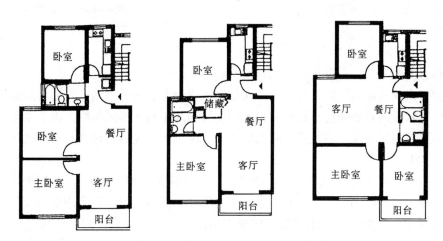

图7-28　厨房、卫生间分离布置示例

（二）套型的朝向及通风组织

住宅套内房间的朝向选择及通风组织对保证一定的卫生及使用条件影响很大，朝向及通风组织的合理与否是评价套内空间组合质量的一个重要标准。

套内各房间的朝向及通风组织与该套住宅在一栋房屋中所处的位置有关，也与套内房间的组合方式有关。一套住宅在一栋房屋中所处的位置有这样几种可能性：位于房屋的一侧只有一个朝向；位于房屋中的中间一段，有两个相对朝向；位于房屋的一角，有相邻两个朝向；位于房屋的端部，有多个朝向（图7-29）。设计中还可以利用平面的凹凸及在房屋内部设置天井来改善朝

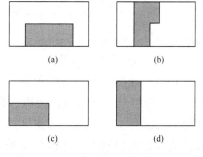

图7-29　各套所占朝向示意

向及通风条件。现在分别就这几种情况作进一步分析。

1. 每套只有一个朝向

当只有一个朝向时，应避免最不利的朝向，如北方地区应避免北向，南方地区应避免西向。单朝向时，套内房间均临同一面外墙，所以房间内的通风很难组织。图 7 - 30 的布置方式可用于北方对通风要求不高的地区，在严寒地区能避免寒风吹透，反而成为有利条件。

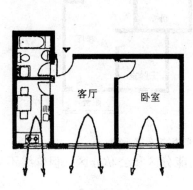

图 7 - 30　单朝向的通风情况

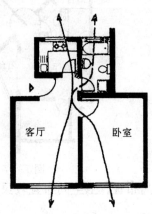

图 7 - 31　双朝向套型主要房间
与厨房组成一个通风系统

2. 每套有相对或相邻两个朝向

由于布置方式不同，可以分以下几种情况：

（1）主要房间（起居、卧室等）及厨房分别占据两个朝向的外墙。主要房间临好朝向安排，可保证有较好的日照条件，但只有单向的主要房间不利于通风组织。由于主要房间与厨房组成一个自然通风系统，当气流方向由厨房吹入时，常将油烟，热气和有害气体带入主要房间（图 7 - 31）。

（2）两个朝向都布置有主要房间，厨房、卫生间的朝向则不拘。这种布置方式应用很广，虽然部分主要房间朝向差，但易于组织室内通风。其通风情况随套内分隔及门窗的开设位置不同而有差异，炎热地区比严寒地区要求高。设计时可根据不同的气候条件进行处理（图 7 - 32）。这种布置方式的弊病是当厨、卫处于进气状态时，油烟、热气和有害气体仍可能影响主要房间。在保持平面关系不变的情况下，可以采用设排气井道的方式解决厨房、卫生间的通风（图 7 - 33）。这种排气井道与烟囱不同，由于没有热压作用，应设置机械排气装置，即使功率很小，也能达到较好的通风效果。

（3）主要房间、厨房与卫生间可组织各自独立的通风系统。这种布置方式能很好地兼顾朝向和通风，但往往造成房屋进深较浅，用地经济性差（图 7 - 34）。

3. 利用平面的凹凸及内部设天井来组织朝向及通风

利用平面的凹凸，可以争取一部分房间获得较好的采光或利于组织局部对角通风（图 7 - 35）。组织对角通风时，两边开窗的距离宜大些，这样通风效果好，也可减少死角。凸出部位对一部分主要房间可起兜风作用，但对另一部分主要房间则可能起挡风作用。在房屋内部设天井，可以利用天井组织采光及通风（图 7 - 36）。以上这两种处理方式也常常可以起到增加房屋进深的作用，从而可以节约用地。

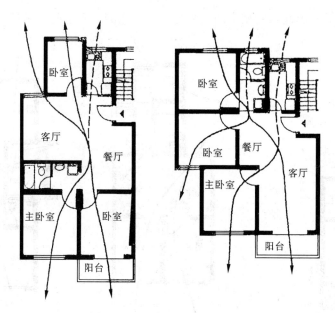

图 7 - 32　双朝向混合通风系统

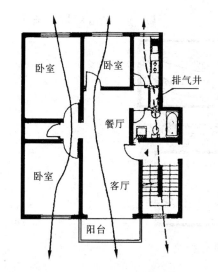

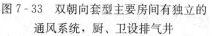

图 7 - 33　双朝向套型主要房间有独立的
通风系统，厨、卫设排气井

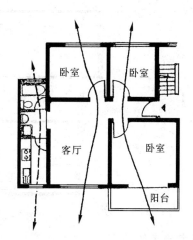

图 7 - 34　主要房间与厨卫有各自独立的通风系统，
但厨房与客厅距入口太远，影响使用

　　当一套住宅临多个朝向时，处理起来比较自由，更容易保证房间的采光和通风条件。在组织套内通风时还应注意气流在垂直方向的分布情况。在建筑的垂直方向，由于受窗台以下墙面的阻挡，使风向产生向上的偏转。住宅中窗台高度一般为 90cm 左右，窗顶比较接近顶棚，进入室内的气流大部分沿顶棚行进，使室内较低部位不易吹到风。所以南方民居中常使用落地长窗，或在窗台下设可启闭的小窗（图 7 - 37），也可用窗扇导流，使气流通过工作面及床位（图 7 - 38）。

　　（三）套型的空间组织

　　套型空间组织的方式有多种多样，应充分考虑各种影响因素，才能使得设计的套型满足住户的要求。这些影响因素包括社会经济发展水平、居住标准、户型类别、功能分区、朝向通风和生活习惯等等。因此，套型空间组织是千变万化的，其空间效果也是异彩纷呈的。

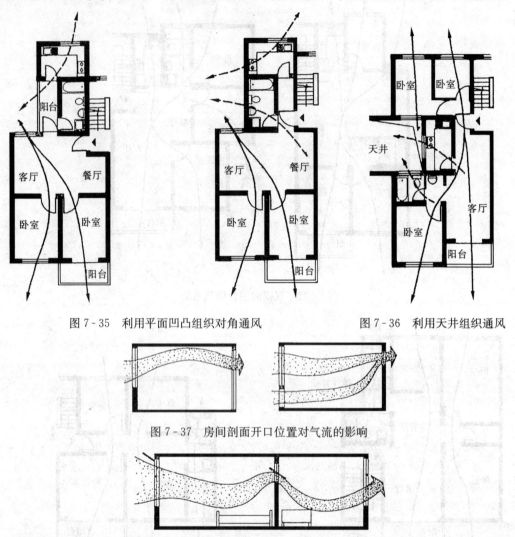

图 7 - 35　利用平面凹凸组织对角通风　　　　图 7 - 36　利用天井组织通风

图 7 - 37　房间剖面开口位置对气流的影响

图 7 - 38　利用窗扇导流

1. 餐室厨房型

是指炊事与就餐合用同一空间。这种套型适用于建筑面积相对较小、家庭人口少的住宅。这种方式缩短了餐厨之间的距离，既方便又省时省力。二者合一后的空间尺度应比单一的厨房有所扩大，使得家人可以同时入内就餐、做家务活，并使得家人之间可以利用短暂的餐厨活动交流思想与感情。采用餐室厨房型布置，必须注意油烟的排除以及采光通风等问题（图 7 - 39）。

另外还可将就餐空间与厨房适当隔离，并相互紧邻。这种形式使得就餐空间与烹饪区分开，避免了油烟污染，而且就餐空间可以作为家庭的第二起居空间，在不用餐时，可作为家务、会客等活动空间。当厨房带有服务阳台时，可将阳台作为烹饪区，而将原厨房改为餐室，这种情况往往在对原有套型进行改造时出现（图 7 - 40）。

2. 小方厅型

这种套型是将用餐空间与睡眠空间分离，而起居等活动仍与睡眠合用同一空间。其平面特征为用小方厅联系其他功能空间，小方厅同时兼作就餐和家务活动空间。这种套型往往在家庭人口多、卧室不足、生活标准较低的情况下采用（图7-41）。

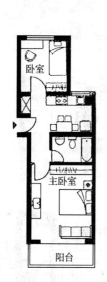

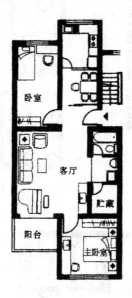

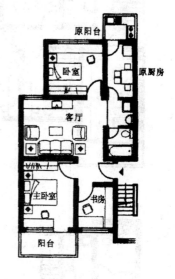

图7-39　就餐和炊事合用同一空间　　　　图7-40　就餐和炊事紧邻

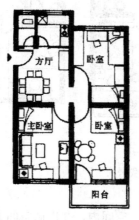

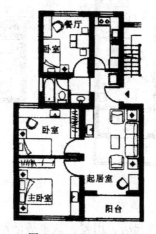

图7-41　小方厅型　　　　　图7-42　L、BD型

3. 起居型

这种套型是将起居空间独立出来，并以起居室为中心进行空间组织。起居室作为家人团聚、会客、娱乐等的专用空间，避免了起居活动与睡眠的相互干扰，利于形成动、静分区。起居室面积相对较大，其中可以布置视听设备、沙发等，很适合现代家庭生活的需要。其形式主要有以下三种（图7-42、图7-43、图7-44）：

（1）仅将起居与睡眠分离；

（2）将起居、用餐、睡眠均分离开来，相互干扰最小，但要求建筑面积较大；

（3）将睡眠独立，起居、用餐合一。在平面布置中可将起居室设计成L形，用餐位于L形起居室的一端，相互之间既分又合，节省面积。

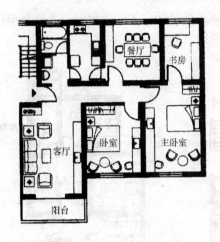
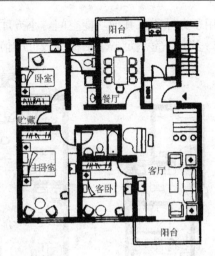

图 7-43　L、B、D 型

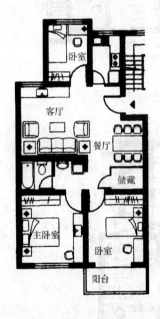
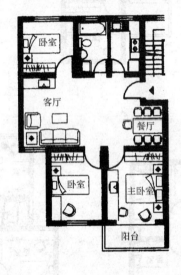
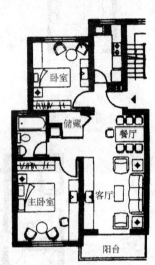

图 7-44　B、LD 型示例

4. 起居餐厨合一型

这种套型是将起居、用餐、炊事等活动设在同一空间内，并以此空间为中心进行空间组织。家庭成员的日常活动都集中在一起，利于家庭成员之间的感情交流，家庭生活气氛浓厚。但由于我国的生活习惯与国外不同，烹饪时油烟很大，易对起居室产生污染，所以这种套型多见于国外住宅（图 7-45）。

5. 三维空间组合型

三维空间组合型是指套内的各功能空间不限在同一平面内布置，而是根据需要进行立体布置，并通过套内的专用楼梯进行联系。这种套型室内空间富于变化，有的还可以节约空间。

（1）变层高住宅。这种住宅是进行套内功能分区后，将一些次要空间布置在层高较低的空间内，而将家庭成员活动量大的空间布置在层高较高的空间内。这种住宅相对来说比较节省空间体积，做到了空间的高效利用，但室内有高差，老人、儿童使用欠方便，且结构、构造较复杂，且建筑整体性不够，不利于抗震（图7-46）。

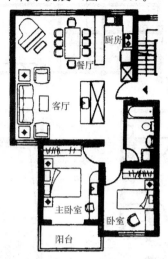

图7-45　LDK型

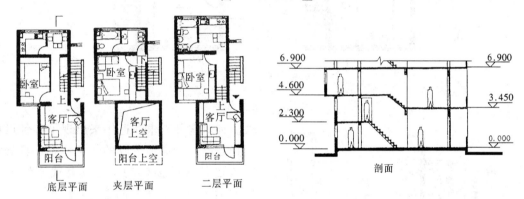

底层平面　　　夹层平面　　　二层平面　　　　　　剖面

图7-46　变层高住宅

（2）复式住宅。这种住宅是将部分用房在同一空间内沿垂直方向重叠在一起，往往采用吊楼或阁楼的形式，将家具尺度与空间利用结合起来，充分利用了空间，节约空间体积。但有些空间较狭小、拥挤（图7-47）。

（3）跃层住宅。跃层住宅是指一户人家占用两层或部分两层的空间，并通过户内专用楼梯联系。这种住宅可节约部分公共交通面积，室内空间丰富。在一些坡顶住宅中，将顶层处理为跃层式，可充分利用坡顶空间（图7-48）。

在进行套型空间组织时，除考虑其内部空间组合方式外，还须研究其与户外空间的关系。城市中的住宅往往层数多、间距小，如何能使得住户享受到大自然的阳光、空气和绿色，是衡量居住环境质量好坏的标准之一。与户外空间的交流，可以通过门、窗、阳台、庭院等媒介进行。位于底层的住户，内部空间与庭院有较方便的联系，庭院也成为家庭活动的组成空间之一。位于楼层的住户，可以利用阳台（部分阳台可以是两层的）、露台、屋顶退台等达到与室外环境的接近，享受到自然的情趣，图7-49为几种室内空间与户外关系的实例。

（4）空间的灵活分隔。套型空间的灵活分隔，是指在不改变建筑结构和外维护结构的情况下，住户可以根据自己的意愿重组套内空间，以适应不同的使用需求和不断变化的生活方

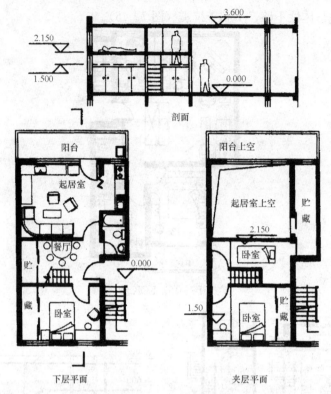

图 7 - 47　复式住宅

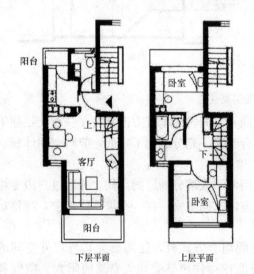

图 7 - 48　跃层住宅

式。针对这种需求，近年来出现了各种可由住户自己进行灵活分隔的住宅体系，且分隔方式也是多种多样的。比较有代表性的如 SAR 体系住宅和大开间住宅等。

SAR 体系住宅是指可将住宅分为两个部分：支撑体和填充体。其中，支持体即骨架，或称为不变体；而填充体则为隔墙、设备、装修及按模数设计的通用构件，均可拆装。SAR 体系住宅具有相当大的灵活性和可变性，套型面积可大可小，套型单元可分可合，并为住户参与设计提供了可能性。

大开间住宅采用大开间结构，可以是大开间横墙承重结构，也可以是框架结构。一般是将楼梯间、厨房、卫生间等空间相对固定，形成住宅的不变部分，其余功能用房均包含在大小不等的大开间内，建造时大开间内不做分隔，而是由住户根据自己的具体情况和需求自行分隔，如图 7 - 50 所示。

四、住宅设计的新途径

住宅设计的创新，一般都是针对住宅设计实践中发现的问题，找出解决问题的途径和方法。

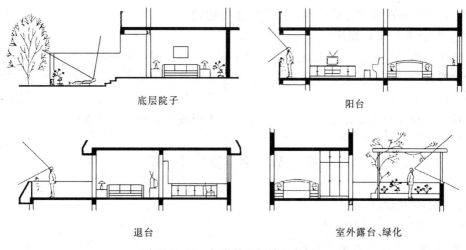

底层院子　　　　　　　　　　　　　　阳台

退台　　　　　　　　　　　　　室外露台、绿化

图 7-49　与户外空间关系实例

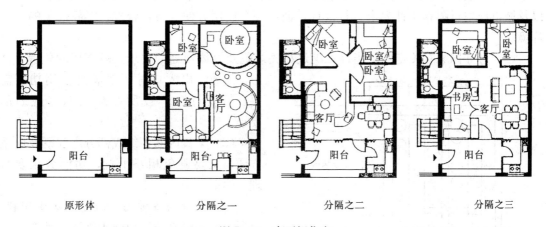

原形体　　　　　　分隔之一　　　　　　分隔之二　　　　　　分隔之三

图 7-50　大开间住宅

（一）节约用地

我国人口众多，用地日益紧张，节约土地是我国的长期国策。因此节地型住宅是一个重要的创新途径。要节约用地应加大房屋的进深，减小面宽，如采用凹口天井、内楼梯和内天井的手法，从而加大了进深，节约了用地。此外，在北向顶层作退台处理，也能有效的减少房屋的间距。围合的周边式住宅也能增加容积率。

（二）注重生态环境

住宅建设与环境密切相关，对住宅组群所组成的环境要从环境生态学的角度作深入研究。既要节约资源和能源，又要保护生态环境。常采用的手法如太阳能和风能及中水的利用、利用生活垃圾制造沼气等。另外，优美的环境、良好的生态，也是许多居住区吸引住户入住的重要手段。

（三）灵活性及适应性

考虑到家庭生活方式的变化及服务对象的多样性需求，除了扩大开间、采用框架结构外，利用小开间纵墙和横墙承重的条形空间再分割，也是过渡阶段适应目前经济技术条件的有效方式。另外，还可将住宅分为支撑体和填充体两部分。前者属于社会范畴的共建部分，后者属于个人范畴的自建部分，从而能更好地体现居住者的需要。在设计及建设中，用户的积极参与，也是解决住宅适应性与可变形的重要途径。

（四）对社会邻里的关注

以社区的概念，充分考虑人与人之间的交往、互助，进一步密切邻里关系，从而在住宅设计中发展社会邻里型住宅。如设置邻里交往空间的院落式住宅；为了满足老少两对夫妻共同生活、可分可合的"两代居"住宅；为解决当代青年结婚高峰而设计的青年公寓；为适应老龄化社会而设计的老年住宅；以及为方便残疾人而设计的残疾人住宅等。

第二节　学　校　建　筑

一、中小学校设计

（一）中小学校总平面设计

1. 学校的总平面设计基本要求

（1）应根据学校的规模、功能等因素和当地自然条件、用地环境、地形地貌等客观条件以及城市规划意图和设计要求进行设计，创造一个使用方便、布置合理、安静优美的学习环境。

（2）遵守国家有关定额、指标，满足相关规范及总体规划的要求。教学楼的位置、体形、层数、出入口等既要满足使用功能需要，又要符合学校所在地区总体规划的要求。

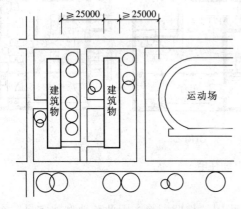

图 7-51　总平面噪声间距示意图

（3）学校内部各组成部分之间既要联系方便，又要避免相互干扰，功能分区要合理、明确。

（4）学校的各种用房应尽量集中布置，以形成完整的室外活动场地及第二课堂。

（5）为学生的全面发展创造良好的教学环境，满足日照、通风、安静、安全的要求。图 7-51 为总平面噪声间距示意图。

（6）搞好校园绿化及美化，校园内的道路应直接、畅通，并形成系统。

2. 学校总平面的功能分区

功能分区是否合理是评价一个学校设计的重要标准。在中小学设计中，根据使用功能的不同要求，可以将其划分为三个区域：教学区、行政办公及生活区、室外活动区，学校总平面功能关系如图 7-52 所示。

学校总平面功能分区应注意以下几点：

（1）各功能之间要有相对的独立性，可适当加以分隔，相互之间减少干扰。如运动场地应远离教学区，避免对教学区的噪声干扰。同时各功能区之间又应保持一定的联系。

（2）对外联系较多的功能区，如行政办公部分应靠近主要出入口，便于校内外的联系。

（3）组织好人流路线。教室到操场及校门到操场是师生的主要活动路线，要组织好这两条人流路线。学生每天课间休息进入操场的人数和次数要多于从校门进入教室的人数和次数，所以，学校中人流量最大的是教室到操场这一线路，教学区应多设置几处通往操场的出入口和垂直交通。如图 7-53 所示。

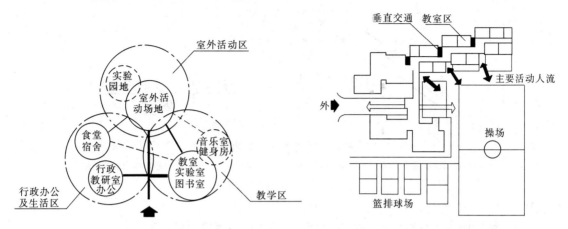

图 7-52　学校总平面功能关系图　　　　　　图 7-53　人流线路的组织

（4）"动"、"静"要分开。一方面要避免校外的噪声干扰，另一方面要解决好校内自身的干扰。

教学区和办公区属于"静"区，但其中的音乐教室、琴房及舞蹈教室等在使用过程中会对其他教室产生干扰，属于"闹"的部分，要求与其他教室有所隔离，可将其置于教学区的一端或后部，或单独置于主体之外。

单身教工宿舍、学生宿舍也应有较安静的环境，单身教工宿舍可与教师办公毗连，或置于独立办公部分的顶层。

体育活动场地属于"闹"区，应适当远离教学区或在其间设置隔离带（如绿化等）。

食堂部分的厨房、锅炉房等因其噪声、烟尘、气味等对其他用房产生影响，也应适当远离教学区，并位于下风向。

3. 学校出入口的设计

学校出入口的设计应满足《中小学校建筑设计规范》的规定。另外，为保证学生出入安全，防止冲出校门的学生与过路行人、车辆相冲突，应在校门前形成小广场作为缓冲面积，且校门不直接开向道路。当校内地势比较高时，应在校门内踏步作为缓冲措施；尽量做到人流、货流分开，即步行或骑自行车出入学校的师生、员工走人行出入口；运送货物的机动车辆走专门的车行出入口，互不交叉，以免发生危险。如图 7-54 所示。

4. 学校总平面布置基本方式

（1）教学楼围绕体育场地布置。主要适用于用地较小，地形为方形或接近方形的地段，采用围合或半围合式。这种方式的优点是土地利用充分，但缺点是运动场会对教学楼产生干扰，且会出现部分东西向的建筑。

（2）教学楼与体育场地前后布置。适用于狭长用地，前面布置教学楼，后面布置运动场地以及辅助用房、生活用房等。这种方式也是教学楼的长边面对运动场，为避免干扰，二者应适当拉大间距（不小于 25m），并布置绿化进行隔离。

（3）教学楼与体育场平行布置。这种形式适用于东西长，南北短的地段。这样两者都可以有良好的朝向，且教学楼短边与运动场相对，受运动场的影响较小，是一种较好的布置

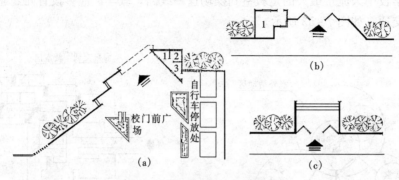

图 7 - 54 学校出入口的处理

(a) 校门前形成小广场；(b) 校门前留出一定缓冲面积；(c) 校门内设踏步作为缓冲措施

1—传达；2—值班；3—看车

方式。

（4）教学楼与体育场各据一角的布置，一般可使两者干扰最小。

（二）中小学教学楼设计

1. 基本内容及功能关系

（1）基本内容及作用。

1）教学用房。普通教室、实验室、自然教室、史地教室、美术书法教室、音乐教室、琴房、舞蹈教室、语言教室、微机教室、合班教室、风雨教室、图书阅览室等。

作用：普通教室是单班学生使用的固定教学场所；其他教室则为各班级轮流使用或合用的教学场所。

2）办公用房。包括教师办公和行政办公两部分。其中行政办公又包括党政办公室、会议室、保健室、广播室、社团办公室和总务仓库等。

作用：前者主要为教师课间休息及教学办公而设；后者主要为行政办公人员处理日常行政业务而设。

3）生活服务用房。包括厕所、淋浴室、饮水处、教职工单身宿舍、学生宿舍、食堂、锅炉房、自行车棚、校办工厂等。

作用：主要是为学校正常运转而提供必要的生活保障及服务，是中小学中不可缺少的组成部分。

（2）组合原则。

1）满足功能要求、功能分区合理。根据各部分不同的功能要求、联系的密切程度及相互的影响，将它们分成若干相对独立的部分。合理的功能分区就是既要满足各使用部分密切联系的要求，又要有必要的分隔。联系的目的在于使有联系的部分使用方便，分隔的目的在于使有相互干扰的部分尽量分开，以创造卫生、安全和安静的环境。

对于中小学教学楼来说，组合中功能分区主要应解决两方面的问题：一是处理好教学区与办公区的关系，二是处理好"闹"与"静"的关系。

在平面组合中，教学区与办公区的分区方式有以下几种：教学区与办公区分开布置，二者以廊子相连 [图 7 - 55 (a)]；教学区与办公区相邻布置，办公部分设于一端 [图 7 - 55 (b)]，常以门厅或公共活动厅等公共部分作连接体，二者可前后或左右布置；教学区与办公区采用垂直分区，一般将办公用房设于底层［图7-55（c）］。

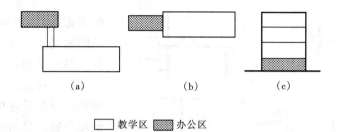

（a）　　　　　　　（b）　　　　　　　（c）

□ 教学区　▨ 办公区

图7-55　教学区与办公区的分区方式

　　中小学的音乐教室、体育教室等用房及运动场在使用中会产生噪声，属于"闹"的部分，而教室、办公室等用房则需要安静，属于"静"的部分。两者应适当隔离，以免相互干扰。一般将音乐、体育教室单独布置，或将其布置在教室的一端或后部，还可利用一些辅助房间，如厕所、楼梯间、库房等作为隔声屏障，有时还可将音乐教室设在教学楼的顶层。"闹"与"静"的划分方式如图7-56。

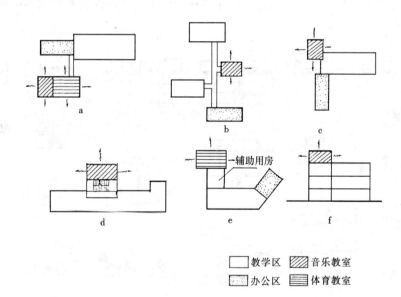

□ 教学区　▨ 音乐教室
▨ 办公区　▤ 体育教室

图7-56　"闹"与"静"的划分方式

　　2）合理组织流线，使之交通流畅、路线短捷。应把主要人流路线作为设计与组合空间的"主导线"。教学楼中主要有两股人流，一股是学生人流，另一股是教工人流，这两股人流应分开，不交叉、不干扰。

　　3）充分利用地形地貌，因地制宜、节约土地。平面布局应适当集中，多留出活动场地，当场地有高差时，要善于利用地形，尽量减少土方量。

　　4）丰富建筑造型，创造适合中小学特点的建筑形象。建筑形象应明朗、朴素、简洁，表现青少年健康、向上、进取的精神面貌，色彩处理要明快、丰富、符合青少年的心理。

　　（3）功能关系分析。

　　功能关系分析如图7-57所示。

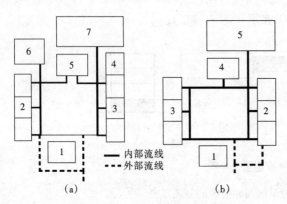

图 7-57　中小学校功能关系分析

(a) 小学校功能关系分析；(b) 中学校功能关系分析

1—行政管理；2—普通教室；3—专用教室；4—体育教室；
5—图书室；6—低年级活动场地；7—运动场

(4) 平面组合方式。

1) 一字型：即各组教室沿直线走廊排列，在各组端部设置楼梯及附属用房。这种组合方式交通简捷，各组之间用过度空间分隔，分组明确，建筑形体简单，但在安排普通教室与其他体部组合时应合理组织交通，尽量避免在教学楼一端组合其他用房；教室组数也不宜过多，以免纵向走廊过长，穿行人流过多而产生干扰。如图 7-58 (a)。

2) L，I，E 型：在纵向走廊一侧或两侧横向伸展教室组，并可利用纵向走廊安排附属服务用房及公共活动空间。这种方式可以减少每组教室的互相干扰，并便于各种形式教室的组合。但各组之间应保持适当的距离，以保证良好的通风和采光。如图 7-58 (b) 所示。

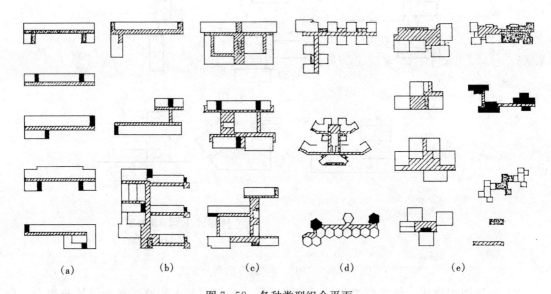

图 7-58　各种类型组合平面

(a) 一字型；(b) L，L，E 型；(c) 天井型；(d) 不规则型；(e) 单元组合型

3) 天井型：即将教室单元组成庭院或围绕大厅排列，使教室与室外场地或大厅紧密联系，产生丰富的空间组合，创造安静而亲切的学习环境，如图 7-58 (c) 所示。

4) 不规则型：根据不同的要求，有时将内廊组合教室错开排列，以改善内走廊的通风采光条件及创造出部分课间休息及活动空间；有时使教学楼的平面根据地形条件自由组合；有时用走廊将多边形教室连接起来，形成各种不规则的平面组合形式，如图 7-58 (d) 所示。

5) 单元组合型：即将同一年级的教室、休息室、存物室、卫生间及教师休息室等房间组成一个有机的独立组团，每个年级的教学管理、学生的学习与生活都很方便。单元内环境安静，干扰小，内部交通流线短，便于解决采光通风等问题，也容易划分班级活动场地，是一种较好的组合方式，尤其适用于中小学校。如图 7-58（e）所示。

2. 规范及设计要点

（1）规范要点。

1）学校应有总平面设计，经批准后，方可进行建筑设计。

2）教学用房、教学辅助用房、行政管理用房、服务用房、运动场地、自然科学园地及生活区应分区明确，布局合理，联系方便，互不干扰。

3）风雨操场应离开教学区，靠近室外活动场地。

4）音乐教室、琴房、舞蹈教室应设在不干扰其他教学用房的位置。

5）学校的校门不宜开向城市干道或机动车流量每小时超过 300 辆的道路。校门外应留出一定缓冲距离。

6）建筑物的间距应符合下列规定：

①教学用房应有良好的自然通风。

②南向的普通教室冬至日底层满窗日照不应小于 2h。

③两排教室长边相对时，其间距不应小于 25m，教室的长边与运动场地的间距不应小于 25m。

7）植物园地的肥料堆积发酵场及小动物饲养场不得污染水源和临近建筑物。

8）教师办公室的平面布置，宜有利于备课及教学活动。

9）教学楼中宜每层或隔层设置教师休息室。

10）广播室的窗宜面向操场布置。

11）教学楼应每层设厕所。

12）教职工厕所应与学生厕所分设。当学校运动场中心距教学楼内最近厕所超过 90m 时，可设室外厕所，其面积宜按学生总人数的 5％计算。

13）学楼内厕所的位置，应便于使用和不影响环境卫生。在厕所入口处宜设前室或遮挡措施。

14）学校厕所卫生器具的数量应符合下列规定：

①小学教学楼学生厕所：女生应按每 20 人设一个大便器（或 1000mm 长大便槽）计算；男生应按每 40 人设一个大便器（或 1000mm 长大便槽）计算。

②中学、中师、幼师教学楼学生厕所，女生应按每 25 人设一个大便器（或 1100mm 长大便槽）计算；男生应按每 50 人设一个大便器（或 1100mm 长大便槽）和 1000mm 小便槽计算。

③厕所内均应设污水池和地漏。

④教学楼内厕所：应按每 90 人设一个洗手盆（或 600mm 长盥洗槽）计算。

15）教学楼内应分层设饮水处。宜按每 50 人设一个饮水器。

16）饮水处不应占用走道的宽度。

17）教学楼宜设门厅。

18）在寒冷或风沙大的地区，教学楼门厅入口应设挡风间或双道门，其宽度不宜小于 2100mm。

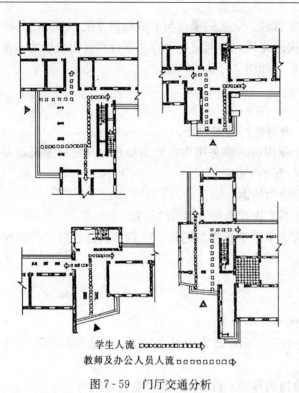

学生人流 ▭▭▭▭▭▭▭▭➤
教师及办公人员人流 ▭▭▭▭▭▭▭▭➤

图 7 - 59　门厅交通分析

19）教室安全出口的门洞宽度不应小于 1000mm。合班教室的宽度不应小于 1500mm。

（2）设计要点。

1）公共空间的设计。

①门厅：门厅为教学楼主要交通枢纽，既要合理集散人流，又能美化建筑的内外空间。设计门厅时，应注意空间协调，并考虑布告栏和照身镜的墙面。门厅交通分析如图 7-59 所示。

②学生休息厅：休息厅是供学生楼内休息和活动的场所，位置应考虑学生活动及游戏方便。休息厅的数目和面积依具体要求而定。休息厅的种类主要有以下几种：A、宽走道式休息厅，适用于单廊式校舍，走道宽度一般在 2.5～3.0m；B、大厅式休息厅，一般布置在底层或顶层；C、隔离式休息厅，即以一间教室辟做休息厅，必要时可做机动教室使用。集中式休息厅的大小以能放开 1～2 张乒乓球台为宜。

③厕所布置（如图 7 - 60 所示）：厕所不得设于人流密集的位置，如主要楼梯旁等。厕所应组织通风，避免气味溢入走道或室内。厕所位置：

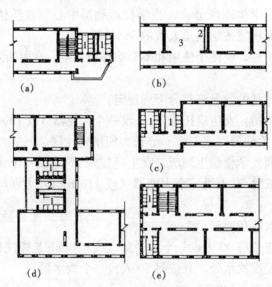

（a）　　　　　　（b）

（c）

（d）　　　　　　（e）

图 7 - 60　厕所位置示意图

（a）阳台与厕所结合；（b）休息厅内设饮水处；（c）厕所与饮水处结合；
（d）两排楼中间设厕所和饮水处；（e）厕所设于教学楼尽端

1—厕所；2—饮水处；3—休息厅

设于教学楼尽端，用阳台连接厕所入口；

设于教学楼尽端，使两侧开窗，创造通风条件，并于走道设一道门隔开；

设于两排楼的中间部位并自成体系，从阳台入口，较为理想。

④楼梯（如图7-61所示）：楼梯宽度及间距参照防火规范计算。每梯段踏步不得多于18步，不得少于3步。梯段间不应设遮挡视线的隔墙；楼梯间应直接采光。楼梯井宽度超过200mm时，应采取防护措施。不宜采用三跑式、剪刀式、旋转式楼梯；剔蹬不得采用螺形或扇面形踏步。

⑤走道：教学用房走道宽度，内廊不少于2100mm；外廊不少于1800mm。行政及教师办公用房走道宽度不少于1500mm。走道高差变化处须设置台阶时，应设于明显且有天然采光处，踏步不应少于3级，并不得采用扇形踏步。外廊栏杆高度不应低于1100mm。栏杆不应采用易于攀登的花格。

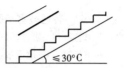

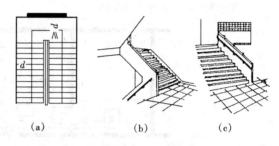

图7-61　楼梯

(a) 无楼梯井式楼梯；(b) 栏板透视楼梯；
(c) 防护栏杆透视楼梯

⑥饮水处：中小学生每天大约有7～8个小时在校学习活动，中午在校用餐的学生在校时间更长，因此，应为学生准备符合卫生标准的饮用水。教学楼内应分层设饮水处，宜按每50人设一个饮水器，冬季应保证饮热开水。饮水处应放在学生出入使用方便或休息的地方，但不应占用走道的宽度，以保证走道畅通。

2）普通教室（如图7-62、图7-63所示）。

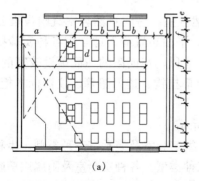

(a)

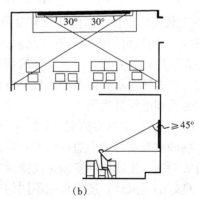

(b)

图7-62　普通教室布置

①教室课桌椅排列应便于学生听讲、书写、教师讲课、辅导及安全疏散。

②教室的平面尺寸主要取决于容纳人数、教学方式、课桌椅尺寸及排列方式。

③教室应有良好的朝向，足够的采光面积，均匀的光线并避免直射阳光。

④教室须有良好的声学环境，应隔绝外部噪声干扰及保证室内良好的音质条件。

⑤教室内必须有足够的空气量和良好的采暖、隔热、通风条件。

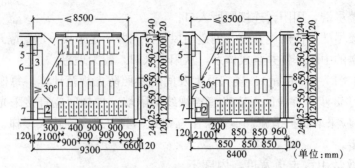

图 7-63　普通教室平面尺寸及课桌椅布置

1—课桌；2—讲桌；3—讲台；4—清洁柜；5—音箱；6—黑板；

7—书柜架；8—墙报布告板；9—衣服雨具架

⑥教室内应设有保证教学活动所需的设施及设备。

3）自然教室（如图 7-64 所示）。

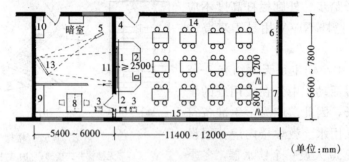

图 7-64　自然教室布置

1—黑板；2—演示桌；3—水盆；4—学生桌；5—放映机；6—挂衣钩；7—仪器柜；

8—教师桌；9—准备桌；10—柜子；11—透射银幕；12—幻灯银幕挂杆；

13—反射镜；14—布告栏；15—排窗台

24 班以上规模的学校，高低年级宜分设自然教室。一间自然教室宜附设准备室（兼仪器，放映室），二间还可附设教具存放及陈列室。平面布置应考虑学生各种实验操作及教师巡回辅导等教学活动的要求。应有良好的朝向、通风，在向阳的一面须设较宽的通长阳台。设计视点应定在教师演示台面中心。教室宜设银幕挂钩、透射银幕、仪器标本柜、窗帘盒、挂镜线、水池及弱电源插座等。

4）化学、物理、生物实验室（如图 7-65 所示）。

化学、物理实验室可分为边讲边实验室、分组实验室及演示室三种类型。生物实验室可分为显微镜实验室、生物解剖实验室及演示室三种类型。各种实验室及附属用房除应考虑适当的朝向，良好的通风外，还应根据不同的功能要求，依照《中小学建筑设计规范》合理布置单元平面及给水排水、供电、排风系统、煤气管道以及黑板、讲台、银幕挂钩、挂镜线、地漏事故急救冲洗嘴、实验桌局部照明等设施，并考虑其安全措施。

第一排实验桌前沿距黑板不应少于 2500mm。排距不应少于 1200mm。最后一排实验桌后沿距黑板不应大于 11000mm，距后墙不应小于 1200mm。实验桌端部与墙面（或突出墙面的壁柱及设备管道）净距离均不应小于 550mm。

5）音乐教室、舞蹈教室（如图 7-66 所示）。

①音乐教室宜远离教学楼独立设置，必须在楼内时宜放在尽端或顶层。

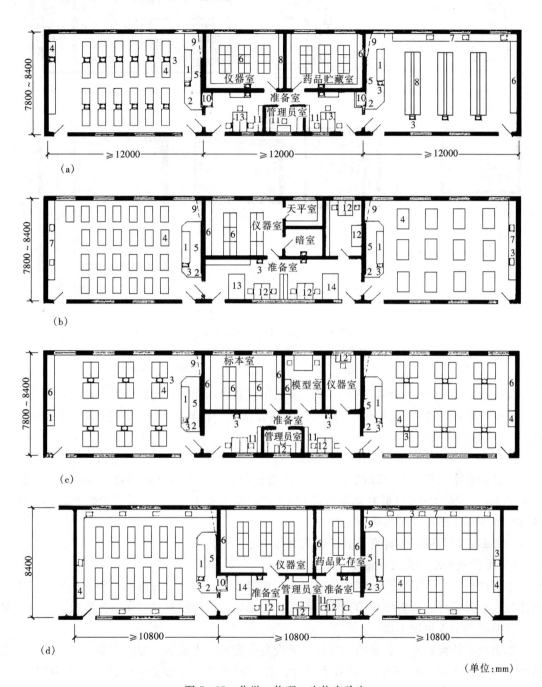

图 7 - 65　化学、物理、生物实验室

（a）化学实验室平面布置；（b）生物、物理实验室平面布置；（c）生物实验室平面布置；

（d）化学、物理、生物实验室平面布置

1—教师演示桌；2—讲台；3—水盆；4—学生实验桌；5—黑板；6—柜子；

7—周边实验台；8—岛式实验台；9—幻灯银幕；10—毒气柜；

11—书架；12—教师桌；13—工作台；14—准备桌

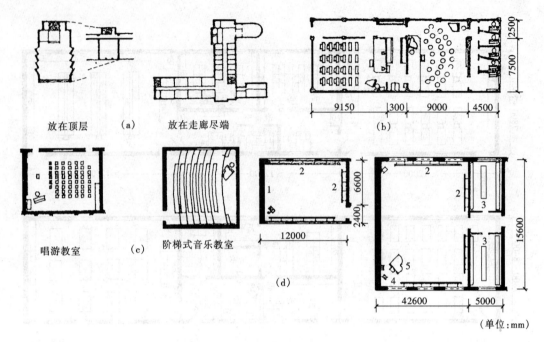

图 7-66 音乐教室、舞蹈教室

(a) 音乐教室的位置；(b) 音乐中心；(c) 音乐教室；(d) 舞蹈教室

1—通长照身镜；2—把杆；3—男女更衣室；4—音箱；5—钢琴

②小学应设低年级唱游教室和中高年级的乐理兼声乐教室，面积应比普通教室稍大。

③中学除乐理兼声乐教室外，宜另设乐器教室和一间较大的音乐欣赏室（考虑音响设计），面积相当于实验室。

④中学、中幼师的舞蹈课宜有专用舞蹈教室，中学应男女分设。每生占 $4\sim6m^2$。

⑤舞蹈教室在端墙面应设高 $1.8\sim2m$ 的通长照身镜，其他墙面均安装练功把杆，距地 $0.8\sim0.9m$，距墙 $0.4m$（最好能调节高度）。窗台应升高至 $1.8m$，以避免眩光。地面应铺装弹性木地面。吊顶应考虑吸声处理。

⑥舞蹈、乒乓球、体育室可共同组成文体中心。

6）美术及书法教室（如图 7-67 所示）。

①素描教室。主采光为北窗或北顶窗，以取得柔和、均匀、充足的光照。顶光近于室外自然光，效果最好。照射模型的光线一面强，一面弱，以使模型具有丰富的层次。自然光照比灯光照明的层次更加丰富。

②书法、绘画教室。教室内应安装电教设备及窗帘、水池等。墙面应易于清洗。中学书法课桌宜采用 $700mm\sim900mm$ 的较大尺寸。教室面积宜近于实验室，较小时可分组上课。有条件时应设准备室、教师备课室和作业展室。

③艺术中心。书法、绘画、雕塑、工艺美术以及课余美术活动等教室可集中设置，组成艺术中心。

7）语言教室（如图 7-68 所示）。

①语言教室的容量应按一个班人数设计；面积指标应按现行标准；教室规格应根据教室容纳人数，学习桌尺寸，座位布置形式及学生就坐方便程度等因素确定。

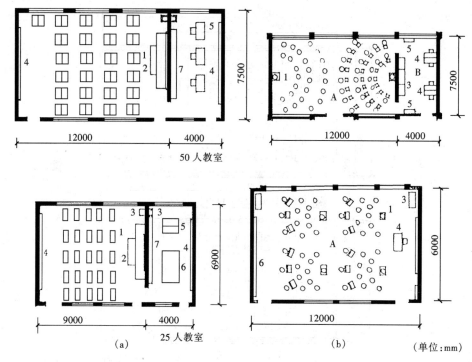

图 7-67　书法、绘画教室

（a）书法、绘画教室

1—书画桌；2—讲桌；3—水池；4—展板；5—教师桌；6—准备室；7—工具柜

（b）分组素描课的教室布置

1—模型台；2—画凳；3—工具柜；4—教师桌；5—水池；6—展览板；A—素描教室；B—教师室

②语言教室的位置应选择在教学楼中安静且便于使用及管理的部位。

③室内环境要求：有适宜的温度，足够的采光与照明，有较好的隔声与吸声及防尘处理。

④语言教室由语言教室、控制室或准备室组成，必要时可在准备室内设录音室，并应设换鞋处。

8）微机教室（如图 7-69 所示）。

①微机教室的座位数，按一个标准班人数设计。目前多数学校是两个座位布置一台微机；条件允许时，应按每座配备一台微机。

②机桌的布置，应便于学生就坐及操作，便于教师的巡回观察和辅导，便于接通电源。为避免眩光，座位应垂直于采光窗。

③微机教室应设办公室、可容纳一个班人数的候机室兼讲课室、卫生间及换鞋处。

9）历史、地理教室（如图 7-70 所示）。

①历史教室：专用历史教室的面积应大于普通教室，以便安放陈列柜和挂图板。讲桌内安放电教设备和电源，黑板上边悬挂卷帘式银幕。

②地理教室：专用地理教室的课桌应适当加长，以便安放地球仪，沿后墙安放长模型柜，侧墙设挂图展板、教具，标本较多时宜另设陈列室。中学宜在教学楼制高点设置直接观察宇宙天体的小型天文观测台。

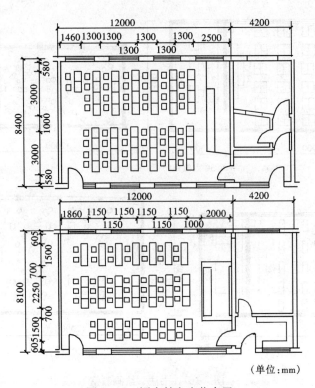

（单位：mm）

图 7 - 68　语言教室座位布置

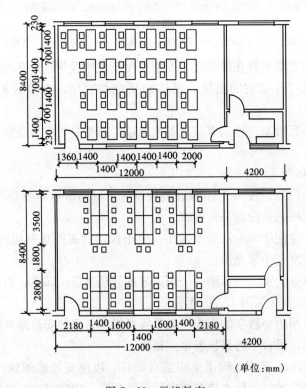

（单位：mm）

图 7 - 69　微机教室

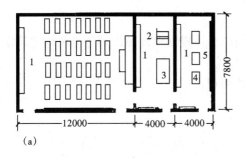
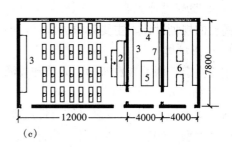
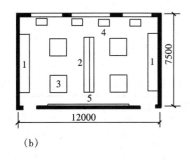
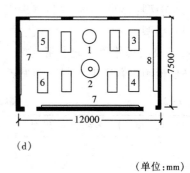

（单位：mm）

图 7-70 历史、地理教室

（a）中学历史教室

1—陈列柜；2—教师桌；3—准备室；4—方形陈列柜；5—挂图板

（b）历史文物资料陈列室

1—单面陈列柜；2—双面陈列柜；3—方形陈列柜；4—低平陈列柜；5—挂图板

（c）中学地理教室

1—放地球仪课桌；2—讲台及卷窗银幕；3—陈列柜；4—教师桌；5—准备桌；6—低平陈列柜

（d）地理资料、地质标本陈列室

1—大型地形地球仪；2—三球运行仪；3—地震仪；4—土壤标本；5—地质模型；6—岩石标本；

7 挂图板；8—陈列柜

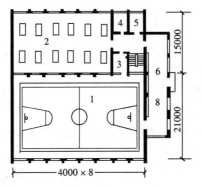

图 7-71 体育教室

1—篮球场；2—兵兵球室（低层），体操室（二层）；

3—办公室；4—男更衣室；5—女更衣室；

6—门厅；7—夹层看台（通二层办公室）；

8—储藏低柜

10）体育教室（如图 7-71 所示）。

①中小学校、中幼师范宜设室内体育场，不宜兼做食堂。

②体育教研室及器材存放、更衣、卫生间等布置在场地周围，器材室应临近室外场地并设外借窗口。

③避免眩光，窗台高 2m。南方可在窗下安装通风百页窗。

④可设夹层小挑廊，用做小型看台及环行跑道，也便于擦窗、修理。

⑤有条件时宜设小型舞台和小型看台。

二、高等学校设计

(一) 规划设计概要

高校的规划设计，主要为两大部分，即校园的总体规划设计和校园各类单体建筑设计。

1. 校园规模

主要决定于两类参数即学生人数和校园土地面积。

2. 校园学生人数合理规模指标

(1) 特大型：>15000 名（综合性或理工大学）。

(2) 大型：9000~15000 名（综合性、理工、师范大学）。

(3) 中型：3000~9000 名（理工、师范、农林、医药、财经、政法）。

(4) 小型：500~3000 名（艺术、体育）。

3. 高校校园推荐土地利用定额

高校校园推荐土地利用定额见表 7-2。

表 7-2　　　　　　　　　高校校园推荐土地利用定额　　　　　　　　　　m²

学 校 规 模	校舍建筑用地	体 育 用 地	集 中 绿 地	总 用 地
500~3000	48	15	7	70
3000~9000	46	13	6	65
9000~15000	44	11	5	60
>15000	42	9	4	55

4. 高校校园推荐地区建筑系数、建筑面积系数

高校校园推荐地区建筑系数、建筑面积系数见表 7-3。

表 7-3　　　　　　　　高校校园推荐地区建筑系数、建筑面积系数

分 区	用 地 比 例	建 筑 系 数	建筑面积系数
教学科研区	28%~30%	20%~25%	80%~120%
教工生活区	28%~30%	20%~25%	80%~120%
学生生活区	15%~18%	20%~25%	80%~120%
后勤生产区	8%~12%	25%~30%	30%~60%
文体活动区	12%~15%		

注　建筑系数指基地内被建筑物、构筑物占用的土地面积占总用地的百分比；
　　建筑面积系数指基地内地面以上的总建筑面积占总用地面积的百分比。

5. 校园布局常见的四种形式

(1) 辐射型：教学区置于学校中心，其他区环绕教学区布置呈辐射型向外发展。其特点是：布局集中紧凑，但教学区的发展容易受到限制，如图 7-72 所示。

(2) 分区型：教学区位于校园一侧，其他各区相对独立，又与教学区联系。特点是各区均可独立形成，便于发展；教学区偏于一隅，如图 7-73 所示。

(3) 分子型：设许多中心教学区，其他设施分散于教学区周围。特点是教学区与相关设施联系密切，但各中心区之间的交往减弱，如图 7-74 所示。

(4) 线型：教学区形成中心带状，沿中心带向两端发展，在中心带两侧设辅助设施。特点是教学区与各区平行发展，发展中校园较完整，但在一定程度上受土地形状限制，如图

7-75 所示。

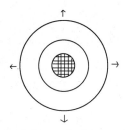

图 7-72　辐射型布局示意

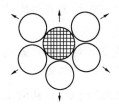

图 7-73　分区型布局示意

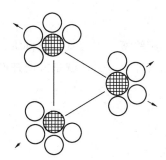

图 7-74　分子型布局示意

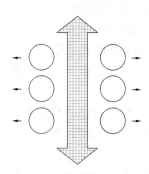

图 7-75　线型布局示意图

6. 校园功能分区

（1）教学区：教学行政办公楼、讲堂、会堂、报告厅、图书馆、实验室、研究室。

（2）科研区：各种科研设施建筑物。

（3）生产后勤区：实习工厂、校办工厂、开发中心、水、暖、电后勤供应、三废处理、各类仓库及露天场地。

（4）文体区：学生中心、俱乐部、体育运动场地、绿地、河湖林地。

（5）学生生活区：宿舍、公寓、食堂、俱乐部、绿地、活动场地。

（6）教职工生活区：住宅、公寓、宿舍、食堂俱乐部、活动场地、福利设施及招待所。

7. 校园构成

主要分为全集中型（或主集中型）和分散型。城市校园宜分散构成，郊区校园宜集中构成（图 7-76）。

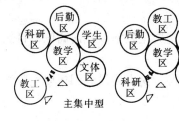
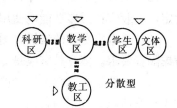

图 7-76　校园构成

（二）校址选择

1. 校址选择的基本原则

（1）有利于学校—社区—社会的互利互补。

（2）少投入、建设快、质量好。

（3）尽量利用丘陵山坡，少占或不占用农田。

（4）为校园将来扩建留有可能性。

2. 校址选择的具体要求

（1）适宜的人文环境、自然景观。

（2）良好的自然技术条件（地形、地质、气象水文等）。

（3）充足的土地面积与合宜的土地形状。

（4）便利的基础设施：对外交通、运输、通讯、水源、电源、三废处理等。

（三）总体规划设计要点

1. 教学中心区的规划要点

（1）主要包括教学楼、图书馆、电教计算中心、实验室、大会堂以及科研、行政区等。

（2）对外开放的图书馆、科研报告厅、计算中心等部分应对外联系方便并设易于识别的标志。

（3）保证安静、舒适，与主干道保持一定距离。

（4）教学区布置紧凑，无关设施不应布置在教学区。

（5）教学区不应有噪音、污染及有碍健康的设施。

（6）教学区建筑密度为 20%～25%，建筑面积密度为 80%～120%，建筑以多层为主，必须建高层时，将人员较少的活动用房设在高层。

（7）教学区交通以步行为主，必要时可用自行车，但要考虑自行车停车棚。

（8）教学区室外应设置大、中、小型的交往活动空间，如绿地、水池、座椅、各种园林雕塑小品等。

2. 中心区布置形式

（1）中心广场式。中心部分为草地、广场、水池等可供作全校庆典时集会用。

（2）单元组团式。

（四）高校单体建筑设计

1. 教室设计

（1）低年级以基础课为主，采用大教室讲课，小教室辅导的方式。超过 90 人的大教室地面应设计坡度，按讲堂要求设计。

（2）小教室主要为辅导教室、绘图教室、语言教室等，其尺寸根据家具大小及学生人数而定，一般应灵活多功能地使用。

（3）美术类专业的素描、图画及雕塑展览教室以北向高侧窗自然采光为宜。音乐教室应考虑隔音要求。体育教室应是专用。

（4）天然采光是教室采光的基本光源。窗上增设遮阳板以免阳光直射，起反射作用，有利于自然通风。教室内各面反射率：

顶棚：70%～90%

黑板：20%以下

墙壁：40%～60%

地面：30%～50%

桌面：35%～50%

（5）黑板与最后排座位视距不宜超过 10m，座位与黑板间横向视角不小于 30°，高度视角不小于 45°。

（6）讲堂的声学设计应按厅堂的音响为标准进行设计。讲课为主的讲堂混响时间一般为 0.6～0.8s（小室 0.65s，大室 0.85s），考虑到听讲人数的不稳定性，混响时间的计算一般以 1/2～1/3 听众容量计算。

（7）教室的通风换气和温度调节，要在设计时尽可能采用穿堂风，冬季密闭窗户时要有抽风换气设备。

（8）考虑贮藏及衣帽间等，按每座 0.93 m² 计算，实验及仪器贮存等辅助间一般标准按 0.3 m²/座计算。

（9）讲堂面积指标，我国以 0.8～1m²/座计算；其他国家如英国：30 座为 1.5 m²/座，增加 20 座为 1.2 m²/座，其余为 1 m²/座；原西德：小于 100 座为 0.9 m²/座，多于 100 座为 0.8 m²/座，科学讲堂另堂加演示面积为 0.2 m²/座；荷兰：50 座为 1.3 m²/座，200 座为 0.8 m²/座，400 座为 1.0 m²/座。

（10）室内高度应根据最佳混响时间所需空间确定。最佳混响时间一般不超过 1s，空间体积一般选用 3.5～5.5m³/座。

（11）演示物一般在讲台台面 1.1m 以上的高度。座位升起坡度，我国一般采用 12cm，德国采用 20cm。

2. 学生中心设计

（1）学生中心内容。

1）办公用房：包括学生会、研究生会、团委会、科技开展中心以及住处服务中心、勤工助学就业指导中心等。

2）生活用房：包括社团活动室、文艺社团排练室、群众性活动室、娱乐活动室。

①多功能厅：舞会、展览、联欢、集会或排练等较为大型的活动场所。

②其他用房：如报告厅、阅览室、广播站、服务用房、餐厅等。

（2）学生中心的选址。

1）位于学校校园中心或教学中心区。

2）位于教学区与学生宿舍区之间。

3）位于宿舍区或宿舍区边缘。

4）独立的位置：校园入口附近、人流集散点、校园风景点、文体活动区。

（3）学生中心的功能分区和布置：功能分区关系图见图 7-77。

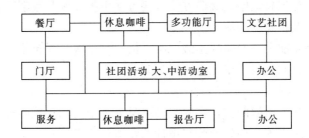

图 7-77　学生中心功能分区关系图

（4）布局形式如图 7 - 78 所示。

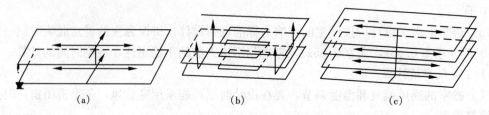

图 7 - 78　布局形式三种图例

(a) 中心空间式；(b) 低层伸展式；(c) 多层集中式

（5）推荐学生活动中心的内容与规模。

1）面积定额（单位：m²/座）：见表 7 - 4。

表 7 - 4			面 积 定 额			（单位：m²/座）
学校规模	1000	2000	3000	6000	9000	≥12000
面积定额	0.60	0.45	0.40	0.35	0.30	0.20

2）面积定额说明：办公用房、活动用房、多功能厅应保持一定的比例，约各占 1/3。办公室及小活动室使用面积 10～15m²，会议室及中活动室 30～60m²，大活动室 80～150m²。多功能厅一般大于 200m²，2000 人以下学校可不设。

3. 图书馆建筑设计

教师队伍、图书馆、科研设备是现代化大学的三大支柱；而大学图书馆是大学的心脏。其设计规划要点：

（1）现今图书馆以开架阅览为主。

（2）广泛采用现代化科技手段，采用电脑，借阅、归还均用磁卡。互通有无信息联网，可查阅全国或国际图书情况。

（3）图书馆设计要具有多功能、灵活性、通用性。尽量做到"三统一"设计（统一柱网、统一荷载、统一层高）。统一柱网一般为 5m、6m、7.2m、7.5m、8.1m。基本书库荷载大多数采用 500～600kg/m²，统一层高一般为 2.8～3.3m 之间。

（4）图书馆从管理阅览型向综合的信息开发型发展。

（5）设置好安全防护措施。主要是防火、防盗、防潮、防鼠、防静电等，并要考虑长期维修需要。

（6）图书馆应选择位置适中、交通方便、接近学生生活区及教学区、环境优美安静、无干扰污染、便于发展及扩建的地段。

（7）图书馆主要功能关系及路线是藏、阅、借；宜分区分层布置，书库层高适当增加不至于使人有压迫感，自然通风及采光也可得到改善。

4. 实验室设计

高校实验室分教学与科研两类，实验室具体又分为干式和湿式两种。化学与生物实验室为湿式。物理实验室为干式。现将实验室设计的要点列于下：

（1）实验室要有灵活的适应性及生长性。由于科技发展，情况在不断变化，设计以适用、灵活、经济、方便为原则，要设计便于使用和维修的管网系统以及轻质活动隔断。

（2）管网多，可以设计专用的管网井及管线槽。

（3）尽可能采用自然采光及自然通风，确属需要才用空调及人工照明。要有适当的休息廊、室外庭院等非正式交往空间，以使学生互相接触，促进学习和工作。

（4）对于实验室的工艺要求进行归纳分析，以区别一般与特殊。将一般实验室做到通风、灵活、多功能，应使其空间、管网、荷载、采光、通风、卫生设施、交通、防火等方面具有通用性，以满足多种功能要求。

（5）实验台式实验室在建筑设计中需要考虑以下内容：即基本单元模数的确定、结构柱体系的布局、管网布置、建筑空间规划及室内设计等方面。

（6）水平管通过双梁间进入实验台。室内不设吊顶，各开间均有设置实验台的灵活性。实验室中间专廊加宽，将公用设备布置在走廊内，成灵活实用的工作区。

5. 体育场馆设计

（1）校体育馆的组成为运动空间和辅助空间两大部分，运动空间包括主运动大厅、游泳池、力量练习等辅助运动厅。辅助空间包括教研用房、公共空间及附属用房。

（2）体育馆的大致高度。体操、举重、武术等正式比赛净空均不超过 7m。对场地高度美国规定以教学为主的运动大厅不低于 7.6m 即可，原苏联这个数值为 7~8m。

（3）大型场地尺寸为 42m×24m×8m（可分为 24m×18m、24m×12m、24m×12m 三个单元）；中型场地尺寸为 36m×18m×8m；小型场地为 24m×14m×7m。原西德规定场地尺寸：大型为 45m×21m×7m 或 45m×27m×7m（可划分成 27m×15m 的三个单元）；小型为 27m×15m×7m。美国除上述以外，还有 42m×42m 的方型场地，可多功能灵活使用。

我国高校运动大厅可分为三类尺寸：

小型：国际标准的篮球场地为 34m×19m，小型场地的空间尺寸以 36.5m×19m×8m 为宜。

中型：以两个篮球场为基准即 36.5m×32m×8~9m。

大型：以三个篮球场为准即 48m×32m×9m~12.5m。除主要大厅外还应有体操健身、武术、乒乓球等练习厅，其场地面积为 $60m^2$~$180m^2$。

（4）体育馆辅助空间设计：更衣室的面积标准国外一般为 $0.75m^2$/人；男厕每 250 人 1个大便池，3 个小便斗；女厕按每 100 人 1 个大便池即可。

（5）体育馆以自然采光为主，人工照明为辅的原则。为解决文艺演出等功能，也要考虑声学设计。

第三节　旅　馆　建　筑

一、旅馆的基本内容及作用

旅馆一般由以下几部分组成：

（一）客房部分

客房部分是旅馆的主要功能所在，直接影响旅馆的形象和出租率，是旅馆设计的重点之一。

（二）公共部分

1. 门厅

其作用是综合性的。首先，门厅是迎送客人的礼仪场所并接送客人行李的场所，客人也可以在此等候、休息，作为旅馆的接待部分，其风格和特色会给客人留下深刻的印象；其次，门厅也是旅馆中最重要的交通枢纽和旅客集散处。小型旅馆中，门厅即旅馆的中心，由入口大门区、总服务台、休息区、电梯以及小卖部、贵重物品寄存处等组成。

2. 总服务台与前台管理

总服务台反映旅馆形象，是旅馆对外服务的主要窗口，应设在门厅内醒目位置，并有一定面积的办公室与之相连。

3. 会议室、商店及其他服务设施

4. 娱乐设施和健身房

5. 公共卫生间

（三）餐饮部分

由餐厅、饮料室、宴会厅（多功能厅）和厨房部分组成。

1. 餐厅

餐厅部分接待住宿旅客和社会客人用餐，分为中西餐厅、风味餐厅、内餐厅等。

2. 饮料部分

即咖啡厅、酒吧及其辅助用房，是旅馆向客人提供舒适的休息和交际的场所。

3. 厨房部分

由货物出入区、贮存区、食品加工区、烹饪区、洗涤区等部分组成。

（四）行政、生活服务及工程维修部分

1. 行政办公

包括经理室及经营部、客房部、餐饮部、公关部、人事部、保安部、会计部、供应部等办公用房。

2. 员工生活部分

包括更衣室、厕所、员工食堂等。

3. 后勤服务

包括洗衣室、锅炉房、变配电室、空调机房、闭路电视机房、电工及维修等用房。

二、旅馆的等级与分类

旅馆是一幢或一组建筑物，其中至少有 20 间客房出租（拥有一定的设备和家具陈设），提供给旅客一定时间的住宿、餐饮、娱乐、健身、购物、会议等服务。现代旅馆逐步发展为综合性服务建筑，并承担一部分社会功能。

（一）旅馆的等级

（1）我国建筑部颁布的 JGJ62—1990《旅馆建筑设计规范》根据旅馆的使用功能，按建筑质量标准和设备、设施条件，将旅馆建筑由高至低划分为 6 个等级（见表 7 - 5）。

表 7 - 5 我国旅馆六级分等客房及卫生间面积参考指标 m²

房间名称	旅馆等级					
	一级	二级	三级	四级	五级	六级
双 床 间	20	16	14	12	12	10
单 床 间	12	10	9	8	—	—
多 床 间	—	—	—	>4/床	>4/床	>4/床

续表

房间名称	旅 馆 等 级					
	一级	二级	三级	四级	五级	六级
附设卫生间客房占总客房数百分比%	100	100	100	50	25	—
卫 生 间	≥5	≥3.5	≥3	≥3	≥2.5	—
卫 生 洁 具	>3件	>3件	>3件	>2件	>2件	>2件

（2）我国国家计委编的旅游馆设计暂行规定则将旅馆建筑划分为 4 个等级（见表 7-6）。

表 7-6　　　　　　　我国旅馆四级分等各部分面积配比参考指标

等级 名称	一级 （m²/间）	二级 （m²/间）	三级 （m²/间）	四级 （m²/间）
总面积	86	78	70	54
客房部分	46	41	39	34
公共部分	4	4	3	2
餐饮部分	11	10	9	7
行政部分	9	9	8	6
辅 助	6	14	11	5

（3）我国企事业单位所属的招待所，一般为甲、乙、丙三级，相应地为部省级、地市级、县镇级（见表 7-7）。

表 7-7　　　　　　　我国企事业所属招待所等级规模参考表

等级及规模类型	适用范围及规模要求
甲 级	适用于部、省（自治区）、市级或相当等级单位
乙 级	适用于地、市（自治区）级或相当等级单位
丙 级	适用于县（市）、镇（市）级或相当等级单位
大 型	500～800 床位，每床位 15～20m²
中 型	300～500 床位，每床位 14～18m²
小 型	<300 床位，每床位 13～16m²

（4）涉外旅游饭店星级标准。1998 年 11 月国务院批准的"中华人民共和国评定旅游涉外饭店量级的规定"根据旅馆的规模、设备和服务水平，将涉外旅馆划分为一星至五星五个标准，详见《中华人民共和国涉外饭店星级标准》。

（二）旅馆的类型

（1）按规模的大小不同一般把旅馆分成三类：

1）小型（150 床位以下）。

2）中型（150～400 床位）。

3）大型（400 床位以上）。

（2）按建造地点可分为：城市旅馆、观光旅馆、郊区旅馆、路边旅馆以及港口、车站、机场旅馆等。

（3）按使用性质可分为：旅游旅馆、会议旅馆、商务旅馆、综合中心旅馆，以及国宾馆、疗养宾馆、娱乐性旅馆、体育旅馆等。旅馆建筑的综合分类见表7-8，国外旅馆规模与客房间数分析见表7-9。

表7-8 旅馆建筑的综合分类表

分类特征	名 称			
功 能	旅游旅馆 体育旅馆	商务旅馆 疗养旅馆	会议旅馆 中转旅馆	汽车旅馆
标 准	经济旅馆	舒适旅馆	豪华旅馆	超豪华旅馆
规 模	小型旅馆	中型旅馆	大型旅馆	特大型旅馆
等 级	一星、二星	三星、四星	五 星	五 星
经 营	合资旅馆	独资旅馆		
环 境	市区旅馆 乡村旅馆 市中心旅馆	机场旅馆 名胜旅馆 游乐场旅馆	车站旅馆 矿泉旅馆	路边旅馆 海滨旅馆
每床位面积	14~16m²	14~18m²	15~20m²	15~20m²
其 他	公寓旅馆	度假旅馆	综合体旅馆	全套间旅馆

表7-9 国外旅馆规模与客房间数分析参考表

规 模	客房间数	旅 馆 规 模 状 况
小 型	10~20 间	大部分高级招待所、小型旅馆、膳宿旅舍、廉价汽车旅馆
	50~70 间	旅馆联合集团一般考虑此类规模
	100~150 间	较好地使用了基地，宜增设餐厅及咖啡厅
中 型	150~300 间	汽车与名胜旅馆的典型规模，适应团体旅行要求，能设置辅助设施，如休息厅、餐厅、酒吧、游泳池等娱乐设施。在一处基地上可成组布置几座旅馆，或是单元较多的公寓旅馆
	200~300 间	位于风景、游乐、名胜地区的豪华级旅馆采用此类规模。这种规模旅馆给人一种亲切的气氛，并提供大量高级公共服务设施，如专用海滩、高尔夫球场、风味餐厅、医疗服务中心及各种浴室、按摩室等
大 型	>400 间	城市中心旅馆，除供给餐、饮服务还提供其他各种服务设施，包括多功能厅堂、会议厅、宴会厅及风味餐厅
	>700 间	综合旅馆建筑群，拥有商店、餐厅、会议、展览中心等设施

三、旅馆选址、功能与总平面设计

（一）选址

（1）基地的选择应符合当地城市规划要求，并应选取在交通方便、环境良好的地区。

（2）在历史文化名城、风景名胜地区及重点文物保护单位附近，基地的选择及建筑布局，应符合国家和地方有关管理条例和保护规划的要求。

（3）在城镇的基地应至少一面临接城镇道路，其长度应满足基地内组织各功能区的出入口、客货运输入、防火疏散及环境卫生等要求。

（4）尽可能在原有旅馆的基础上改建或扩建，这样既可利用原市政设施，也可充分利用原有旅馆经营的经验，以便及时建成，缩短建设周期。

在区域评价中，下列地段适宜建旅馆。车站、码头、航空港等交通方便的地方；城市经济、政治、文化中心；闹市中的安静地区等。

（二）旅馆的构成及功能分析

1. 客房部分面积的确定

设基地面积为 $A(\text{m}^2)$，允许容积率为 B，则允许的建筑面积为 $S = A \cdot B(\text{m}^2)$；客房部分面积 $M = S \times 50\%$。

2. 各部分面积的构成

以旅游旅馆为例，旅馆各功能用房的面积比例如下，供设计参考：

总建筑面积 100%；接待厅 6%～9%；餐饮 11%～18%；维修机房 7%～13%；客房 45%～60%；商店康乐 8%～12%；行政后勤 8%～13%。

3. 旅馆的空间组成及功能分析（见图 7-79、图 7-80）

旅馆建筑从功能上可分为两大部分：即前馆部分和后馆部分。前馆是旅客的活动区域，包括门厅、餐厅、休息厅、乘客用楼电梯、客房等。在设计时，要为旅客创造方便的条件。而后馆部分则包括厨房、行政办公及管理用房、生活服务用房（职工更衣室、厕所、洗衣房、库房等）以及各种设备用房，如锅炉房、空调机房、水箱间、水泵房、修理间等，是旅馆内部工作人员的活动区域。二者各自应有自己的单独出入口，在功能划分上要分清前后和内外，二者既要相互隔离，又要有一定的联系。

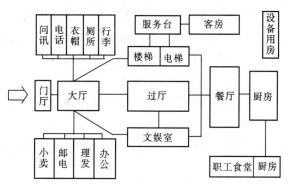

图 7-79　一般旅馆基本功能分析

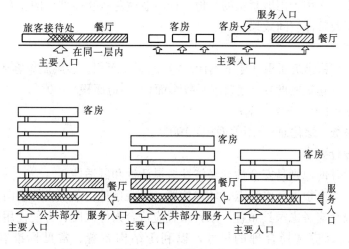

图 7-80　旅馆主要部分的空间组合关系图

（三）旅馆总平面的设计要点

1. 总平面的组成

包括主楼、裙房、广场、道路行车场、庭院、杂物场等。根据基地及宾馆级别情况还可设网球场、游泳池、茶亭或露天茶座。

2. 总平面设计要点

（1）总平面设计应符合当地城市规划的要求。

（2）总平面布置应该结合当地气候特征、具体环境，妥善处理好与市政设施的关系。

（3）主要出入口必须明显，并能引导旅客直接到达门厅。主要出入口应根据使用要求设置单车道或多车道，入口车道上方宜设雨篷。

（4）不论采用何种建筑形式，均应合理划分旅馆建筑的功能分区，组织各种出入口，使人流、货流、车流各行其道，互不交叉和干扰。

3. 旅馆的出入口设计

（1）主入口：位置要明显、直接进入门厅。

（2）辅助入口：用于出席宴会、会议、商场购物等住宿旅客出入。

（3）团体旅馆出入口：适合团体旅馆集中到达出入。

（4）职工出入口：设在职工的工作及生活区，用于职工上下班出入，位置宜隐蔽。

（5）货物出入口：用于旅馆的货物出入、食品的进出等，要接近物品库及食品库。

（6）垃圾出口：位置隐蔽、置下风口。

4. 旅馆步行道出入口设计

步行道要与城市人行道相连接，保证旅客安全。宜适当放宽并且不能与车街道交叉。

5. 旅馆行车场设计

应考虑汽车及职工自行车停放。自行车按职工人数的 20%～40% 考虑，占地 1.47m²/辆。

6. 总平面布置方式

（1）分散式：适用于用地宽敞的基地，各部分按使用性质进行合理分区，布局要尽量紧凑，道路及管线不宜过长。

（2）集中式：适用于用地紧张的基地，须注意避免各功能部分的相互干扰、停车场的布置、绿地的组织及整体空间效果。

7. 总平面数据

（1）容积率＝总建筑面积（地下不计）/基地用地面积。多层旅馆容积率一般为 2～3；

（2）覆盖率（建筑密度）＝建筑水平投影面积/用地面积×100%；

（3）空地率＝100%－覆盖率；

（4）绿化系数＝绿化面积/用地面积×100%。

四、客房设计要求

（1）客房设计的原则是安全性、经济性、灵活性和舒适性。

（2）客房设计应根据气候特点、环境位置、景观条件，争取良好朝向。

（3）客房设计应考虑家具布置。家具布置应符合人体尺度、方便使用和便于维修。

（4）客房设计应选择合理的尺寸，以利于结构布置。常见标准客房开间为 3.6m、3.9m、4.0m、4.2m，常见进深（含卫生间）为 7.5m、8m、8.4m。

（5）客房长宽比以不超过 2：1 为宜。

（6）客房净高设空调时一般≥2.4m，不设空调时≥2.6m。门洞宽度一般≥0.9m，高度≥2.1m。标准客房单元如图 7-81 所示。套房单元如图 7-82 所示。客房活动区域分析如图 7-83 所示。

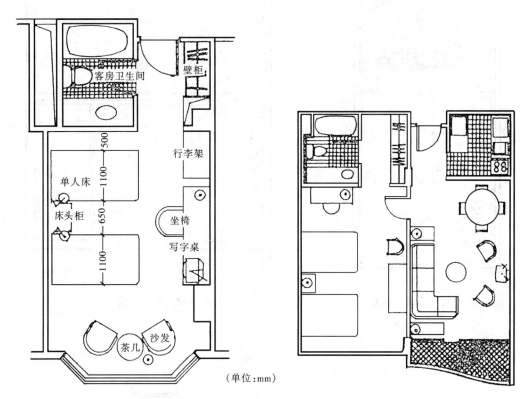

（单位：mm）

图 7-81　标准客房单元　　　　　　图 7-82　套房单元举例

（7）客房卫生间设计要求：卫生间管道应集中，便于维修和更新。卫生间地面应低于客房地面 0.02m，净高≥2.1m。门洞宽≥0.75m，净高≥2.1m。卫生间地面及墙面应选用耐水易洁面材，并应做防水层、泛水层及地漏。卫生间设备示意如图 7-84 所示。

（8）残疾人用客房：应布置在便于轮椅进出口的主要交通路线最短处，如低层旅馆的一层、高层旅馆的客房部分的低层并直接面对电梯厅。客房内通道有足够宽度供轮椅车进出；卫生间入口处需加大尺寸供轮椅车转弯；卫生间门宽与客房一样为 900mm。卫生间内空地尺寸需能使轮椅回旋。

五、门厅设计要求

（1）旅馆入口处宜设门廊或雨罩，采暖地区和采用全空调地区应设双道门或转门。

（2）室内外高差较大时，在采用入口台阶的同时，宜设置行李搬运坡道和残疾人轮椅坡道，坡度一般为 1：12（如图 7-85）。

（3）门厅各部分必须满足功能要求，既互相联系又不干扰，公共部分和内部用房须分开，各有独立的通道和卫生间，如图 7-86 所示。

（4）门厅必须合理组织各种人流路线，缩短主要人流路线，避免人流相互交叉和干扰。

（5）总服务台和楼梯间、电梯间位置应明显。总服务台应满足旅客登记、结账和问讯等基本空间要求。

(6) 门厅设计需满足建筑设计防火要求。门厅平面实例如图 7 - 87 所示。

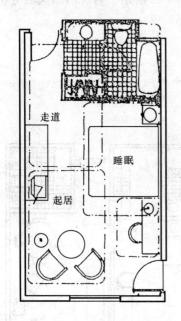

图 7 - 83   客房活动区域分析

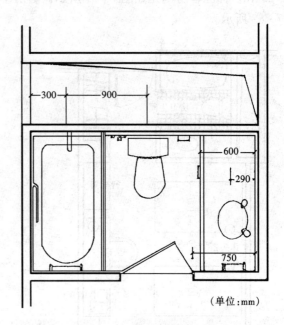

（单位:mm）

图 7 - 84   卫生间设备示意

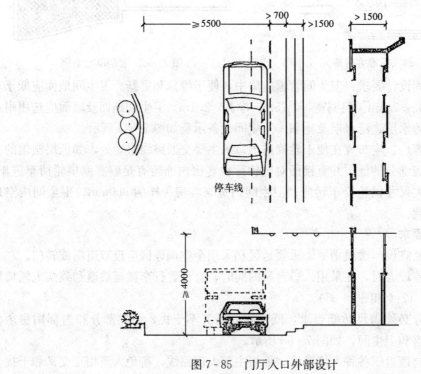

图 7 - 85   门厅入口外部设计

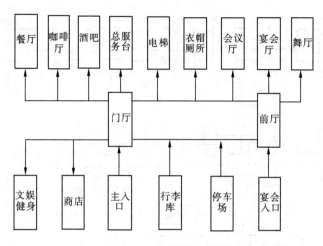

图 7-86 门厅的功能关系

六、餐饮部分设计要点

（一）餐厅部分

（1）餐厅分为对内与对外两种。对外营业餐厅应有单独的对外出入口、衣帽间和卫生间。

（2）餐厅必须紧靠厨房，以利于提高效率及服务质量。

（3）顾客入座路线和服务员路线应尽量避免重叠。

（4）餐饮空间中桌椅组合形式应多样化，以满足不同顾客的要求。

（5）备餐间出入口要隐蔽，顾客的视线应有遮挡，同时避免厨房气味进入餐厅。

（6）餐厅座位数：一、二、三级旅馆建筑不应少于床位数的 80%；四级不应少于 60%；五、六级不应少于 40%。

（二）厨房部分

（1）位置。当餐厅对外营业或厨房以煤为燃料，又无专用电梯时，厨房一般设于底层位于主群体下风向处。厨房尽量避免位于旅馆中心部位，而应位于外墙附近，便于货物进出和通风排气。

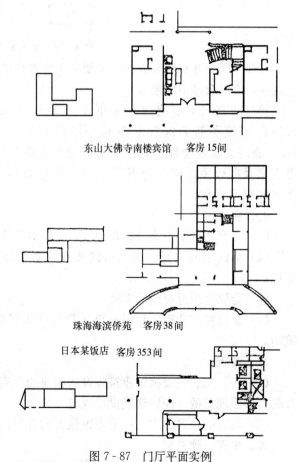

东山大佛寺南楼宾馆　客房 15 间

珠海海滨侨苑　客房 38 间

日本某饭店　客房 353 间

图 7-87 门厅平面实例

厨房与餐厅最好在同层，如必须分层设置，不宜超过一层，用垂直升降机运输。

（2）设计要求。主副食制作流程如图 7-88 所示。厨房空间组合和布置要满足工艺流程要求，尽量缩短交通运输和操作路线，避免往返交错，宜布置在同一平面上。

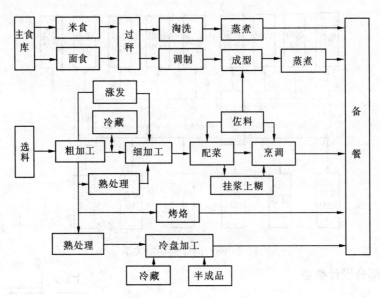

图 7-88　主副食制作流程

　　各部分既要互相联系方便，又要避免生食和熟食、干食和湿食、净物与脏物之间的交错与混杂，满足食品卫生要求。

　　厨房净高（梁底高度）不低于 2.8m，隔墙不低于 2m；对外通道上的门宽小于 1.1m，高度不低于 2.2m，其他分隔门宽高度不小于 0.9m；厨房内部通道不得小于 1m，通道上应避免设台阶。厨房应合理组织排气和补风。在厨房适当增设职工洗手间、更衣室及办公室。厨房与餐厅连接，尽量做到出入口分设，使送盘与收盘分道，并避免气味窜入餐厅。

七、会议室

（1）大型会议室不应设在客房层，以免对客房的安静及安全造成影响；

（2）会议室的位置、出入口的选择应避免使用时外部人流与旅馆内部客流路线相互干扰；

（3）会议室附近应设卫生间；

（4）会议室多功能使用时应能灵活分隔为可独立使用的空间，且应有相应的设施和贮藏间。

八、商店

（1）一、二、三级旅馆建筑应设有相应的商店；四、五、六级旅馆建筑应设小卖部。设计时可参照现行的《商店建筑设计规范》执行；

（2）商店的位置、出入口应考虑旅客的方便，并避免噪声对客房造成干扰。

九、美容、理发室

（1）一、二级旅馆建筑应设美容室和理发室；三、四级旅馆建筑应设理发室；

（2）美容、理发室应分设男女两部，并妥善安排作业路线。

十、康乐设施

（1）康乐设施应根据旅馆要求和实际需要设置；

（2）康乐设施的位置应满足使用及管理方面的要求，在位置上应与客房部分有所隔离，避免对客房部分产生噪声干扰；

（3）一、二级旅馆建筑宜设游泳池、蒸汽浴池及健身房等。

十一、后勤服务用房

（一）洗衣房

（1）各级旅馆应根据条件和需要设置洗衣房；

（2）洗衣房的平面布置应分设工作人员出入口、污衣入口及洁衣出口，并避开主要客流路线；

（3）洗衣房的面积应按洗衣内容、服务范围及设备能力确定。

（二）设备用房

（1）旅馆应根据需要设置有关给排水、空调、冷冻、锅炉、热力、煤气、备用发电、变配电、防灾中心等机房，并应根据需要设机修、木工、电工等维修用房；

（2）设备用房应首先考虑利用旅馆附近已建成的各种市政设施，或与附近建筑联合修建；

（3）各种设备用房的位置应接近服务负荷中心。运行、管理、维修应方便、安全，并避免其噪声和震动对其他部分的干扰；

（4）设备用房应考虑安装和检修大型设备的水平通道和垂直通道。

（三）库房

（1）主要由家具、器皿、纺织品、日用品及消耗品等库房组成；

（2）库房的位置应考虑收运、储存、发放等管理工作的安全与方便；

（3）库房面积应根据市场供应、消费储存周期等实际需要确定。

（四）职工用房

（1）职工用房包括行政办公、职工食堂、更衣室、浴室、医务室、自行车存放处等内容，并应根据旅馆的实际需要设置；

（2）职工用房的位置及出入口应避免职工人流与旅客人流相互交叉、混杂。

后勤服务实例如图 7 - 89 所示。

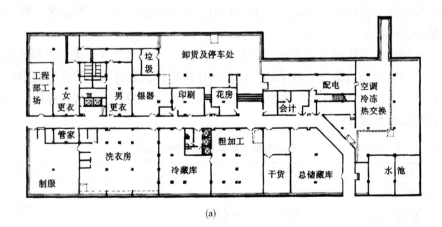

(a)

图 7 - 89 后勤服务用房实例（一）

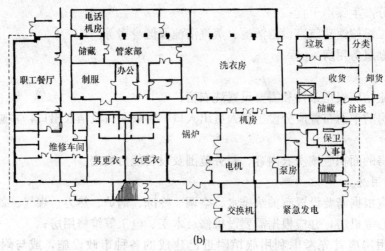

(b)

图 7 - 89 后勤服务用房实例（二）
(a) 杭州 黄龙饭店；(b) 美国 海特摄政旅馆

第四节 商店建筑设计

一、商店建筑的类型、规模与组成

商店建筑可分为百货商店和商场、菜市场以及各种专业商店三类，如粮店、中西药店、书店、土产商店、日杂商店、钟表店、眼镜店、鞋帽店等等。

按照建筑面积大小，各类商店可分为三种规模：

大型商场：>15000m²；

中型商场：3000~15000m²；

小型商场：<3000m²。

按照使用功能，各类商店一般由三个部分组成：营业部分、仓储部分和辅助部分。

营业部分包括营业厅及顾客服务用房，仓储部分包括储存库房（总库、分库及散仓）及管理用房，辅助部分包括办公用房、职工福利用房及各种设备用房、车库等。各部分组成及功能关系见图 7 - 90。

由于各种规模的商店经营方式及进货渠道不同，上述三部分占有建筑面积的比例也不相同，如大中型商店的商品多为自行采购及外部协作进货，需要有较大的仓储面积，小型商店多由批发站供货，同时也自采购一部分，因此仓储面积可小些。不同规模商店三个组成部分所占建筑面积之比见表 7 - 10。

表 7 - 10　　　　　　　　　　　商店各部分建筑面积分配比例

建筑面积（m²）	营业部分（%）	仓储部分（%）	辅助部分（%）
>15000	>34	<34	<32
3000~15000	>45	<30	<25
<3000	>55	<27	<18

在营业部分混有大量仓储面积时，可不专设仓储面积。也可把仓储及辅助部分设在基地外的另外场地。随着社会服务行业的发展，如城市设立集中商品调配库及社会服务设施的逐

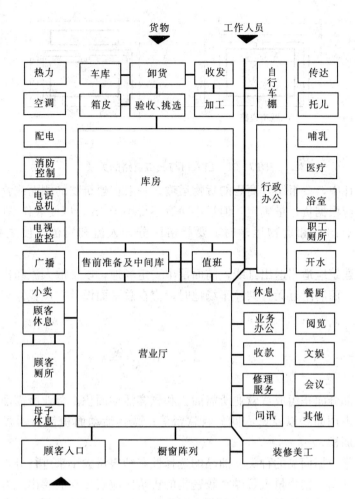

图 7-90　商店组成及功能关系图

渐发展和完善，可适当减小仓储及辅助部分面积的比例。

二、建筑用地与总平面设计

（一）基地选择

大中型商店是反映城市面貌、增加城市活力的重要因素，城市中大量人口为其吸引，因此，大中型商店应建在交通方便的城市商业区或主要道路的适当位置，并应有人流及货运通行的方便条件。居住小区内的商店主要为居民日常生活需要而设，其服务半径不宜超过300m，相当于步行 5~7 分钟的距离。

大中菜市场人流频繁，出入口应离城市干道交叉路口红线转弯起点不小于 70m 处。面宽狭窄、进深过大的地段不宜设置顾客量大的商店。某些火灾危险性较大的厂房、仓库及易燃、可燃材料堆场附近也不宜设置商店。

（二）总平面设计

大中型商店人流密集，在总平面布置中要首先组织好交通和安全疏散，以保证平时通畅，应急时不致发生事故。为此，大中型商店建筑应有不少于两个面的出入口与城市道路相连接，或基地有不少于 1/4 周长和建筑物不少于两个出入口与一边城市道路相连接。图7-91为出入口与城市道路的关系。

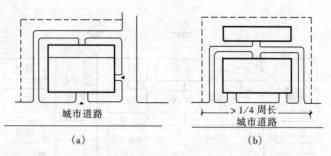

图 7-91　出入口与城市道路的关系

在总平面设计中，要组织好商店的货物运输，一般在建筑物的侧面或背面设置货物运输道路，道路宽度应根据货运量确定，但最小净宽不得小于 4m，以便兼作消防车道。

在组织交通、疏散和货物运输时，要严格区分开人流和货流，使之相互不交叉、不干扰。

大中型商店建筑应适当退出红线，前面留出一定场地，以集散人流和作为顾客购物活动前后的滞留场地。商店附近无公共停车场地时，应在总平面设计中设置停车场或在建筑物内设停车库。

三、营业部分

（一）营业厅

1. 营业厅的布置

营业厅由两部分面积组成：营业所需面积和顾客活动面积。营业所需面积包括柜台、货架及营业员活动占用面积以及试衣间、收款台等；顾客活动面积包括顾客购货、交通、休息、公用厕所等面积。

营业面积通常根据商品的种类、商品的选择性和销售量大小来进行分柜台、分区或分层布置。对于选择性弱、销售量大、顾客较密集的售货区应安排在底层出入方便的地段；选择性强及贵重商品应设在人流较少的地段或上部楼层；体积大而笨重的商品应设在底层或靠近仓库处，某些有联带营业习惯的商品应相邻布置。

营业厅内的主要设备是柜台及货架，其形式和尺寸与所售货物有密切关系，如日用品、布匹、蔬菜、肉类等的柜台都互不相同。常用柜台、货架及收款台尺寸及形式见图 7-92。

柜台与货架的布置形式可分为隔绝式、开敞式及混合式。隔绝式布置时顾客与商品不直接接触，而是通过售货员对商品进行选购 [图 7-93（a）]；开敞式布置允许顾客直接与商品接触、挑选 [图 7-93（b）]；混合式布置则部分商品开敞部分商品隔绝布置 [图 7-93（c）]。采用哪种布置要根据商品类型及经营特点而定。

顾客活动面积主要是柜台前的通道，其宽度应满足部分顾客在柜台前购货，部分顾客能往返通行。图 7-94（a）为顾客购货及通行所需基本宽度，图 7-94（b）、（c）为单侧柜台或双侧柜台时有顾客购货并有两股人流通行的通道宽度。通道所需宽度与柜台布置长度有关，较长的柜台布置必然引来较多的顾客流。因此，当柜台布置长度较短（小于 7.5m），柜台间通道可只考虑顾客购货宽度加往返各一股人流宽，当一侧或两侧柜台布置长度较长时（大于 7.5~15m），则应增设人流股数，各种柜台布置长度所需通道最小宽度，见图 7-94（d）。在菜市场，为避免菜篮子沾污他人的衣物，应适当增加通道宽度。

当柜台面向开敞楼梯时，柜台与楼梯之间的通道宽度应不小于 4m 或不小于楼梯间宽度

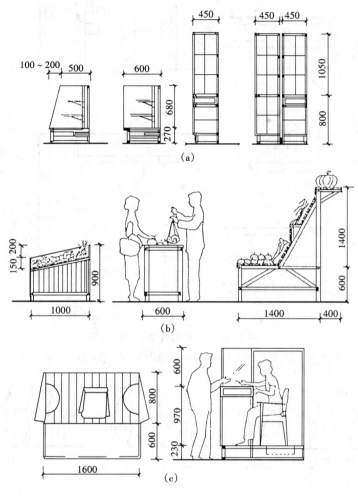

图 7-92　常用柜台、货架及收款台

[图 7-95（a）]，当柜台之间通道尽端为楼梯间时，通道宽度应不小于上下梯段宽度之和加 1m [图 7-95（b）]。

营业厅内柜台与货架的位置和内容应有可能随商业行情的需要而作适当的调整和挪动，即在布置上应具有一定的灵活性，这就要求选用适当的柱网尺寸。常用的柱网尺寸有 6m、7.5m、9m，分别适用于小型、中型及大型商店，其中 9m 柱网及 7.5m 柱网在室内布置上可具有较大的灵活性，能够满足商业上多功能的需要。某些综合性商业建筑为适应地下车库及其他用途的需要也可选用 7.2m 及 7.8m 柱网。多层住宅的底层商店，由于受上部住宅开间、进深的限制，一般采用 3.3～4.2m 柱距及 4.8～6m 柱跨。各种柱网下货柜与通道的布置见图 7-96。营业厅内的柱子应加以充分利用。可用装修材料如镜面玻璃等贴面以减小柱子的笨重感且可从镜面中反映出琳琅满目的商品和顾客流，以增加商业气氛；可在柱子周围设固定座椅供顾客休息；可利用柱子作商品陈列以及将柱子组织在柜台内（图 7-97）。

营业厅内可根据售货需要设置某些小间或场地，如出售服装的柜台较多时应设试衣室，出售钟表、乐器、电子产品的售货部可附设这些产品的修理部。修理部面积可按每一修理人

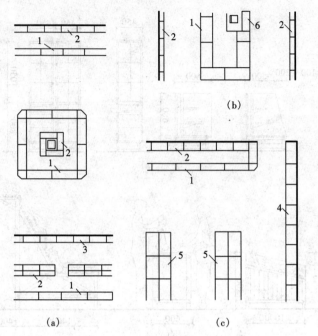

图 7 - 93　柜台与货架布置形式

1—柜台；2—货架；3—仓库货架；4—陈列架；5—陈列台；6—收款台

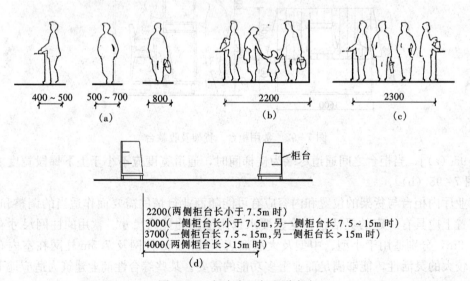

2200(两侧柜台长小于 7.5m 时)
3000(一侧柜台长小于 7.5m,另一侧柜台长 7.5～15m 时)
3700(一侧柜台长 7.5～15m,另一侧柜台长 >15m 时)
4000(两侧柜台长 >15m 时)

(d)

图 7 - 94　柜台布置与通道宽度

员 6m² 计。出售乐器和音响器材的售货部还宜设面积不小于 2m² 的试音室。

2. 营业厅面积指标

营业厅面积指标通常是按平均每一售货岗位占用面积（包含顾客占用面积）来确定的。由于商品类别的差异，不同类别商品售货位所需售货范围的大小是不同的，这主要取决于该类商品销售的繁忙程度及售货员所能照顾到的柜台长度。表 7 - 11 列出了常用商品的售货位范围。

表 7 - 11　　　　　　　　　　　工业制品类及食品类商品售货位范围

商 品 类 别		按 每 一 售 货 位		
		长度（m）	深度（m）	面积（m²）
工业制品类	日用百货、食品、西药、化妆品类	3～4	1.9～2.1	5.7～8.4
	针织品、衬衣、床上用品、儿童用品、文具、纸张、帽类	3.5～4.5	2.0～2.2	7.0～9.9
	绸呢布匹、服装、鞋类	4～5	2.1～2.4	8.4～12.0
	五金交电、建材、器皿、体育用品类	4～6	2.1～2.4	8.4～14.4
	家具、大型家用电器、车辆类	6～12	4.0	24～48
食品类	日常蔬菜类	2～3	3.3～4.0	6.6～12
	鲜肉、水产、禽蛋、豆制品、卤制熟食类	2～3	3.0～3.6	6.0～10.8
	油盐调料、干咸货、高档蔬菜、水果类	3～4	2～2.4	6.0～9.6
	糕点、糖果、烟、酒、茶、罐头类	3～4	1.9～2.1	5.7～8.4

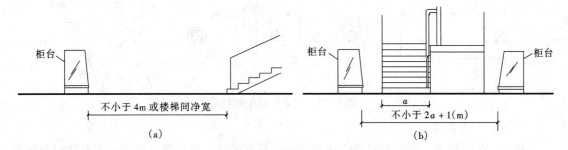

图 7 - 95　楼梯位置与通道宽度

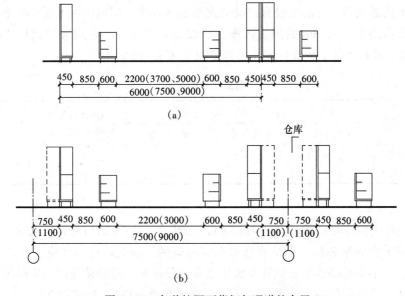

图 7 - 96　各种柱网下货柜与通道的布置

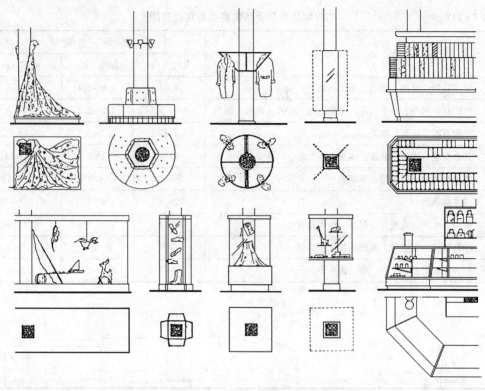

图 7-97 营业厅柱子的利用

3. 营业厅净高

营业厅净高指楼、地面至吊顶或楼板底面的垂直距离，它与营业厅的平面形状和通风方式有密切关系。利用天然采光和自然通风的营业厅，其净高按常用的进深与净高之比确定，进深愈大，净高也相应增大。采用空调时，规定净高不得小于3m，这时楼板至吊顶之间需设置断面较大的通风道，有的还设有自动灭火系统等管线，例如采用无梁楼板下平顶送风及侧向送风时需占用1.5~1.8m的风道高度，所以确定层高时，必须考虑到这些因素才能保证3m的净高。各种条件下营业厅最小净高要求见表7-12。

表 7-12　　　　　　　　　　　　　营业厅最小净高　　　　　　　　　　　　　（m）

通 风 方 式	自 然 通 风			机械排风及自然通风结合	系统空调
	单面开窗	前面敞开	前后开窗		
最大进深与净高比	2：1	2.5：1	4：1	5：1	不限
最 小 净 高	3.2	3.2	3.5	3.5	3.0

（二）自选营业厅

自选营业厅的特点是：商品开架，顾客自行选取，然后至出口处计价交款。自选方式可用小车装物或手提盛器装物，小车或盛器由商店提供。因此，自选厅应设有顾客衣物寄存处、进厅闸位、小车或盛器堆放位置及出厅收款包装位等。按照营业厅可容纳的顾客数，出厅位按每100人设收款包装台一个（包括0.6宽顾客通行口）。自选营业厅内，货架所占场地约为25%，其余大部分为通道。货架宽一般为0.4m，背靠背地成组排列，各组货架间为纵横顾客通道。当货架长度小于15m时，通道宽度可只考虑顾客取货活动所需宽度（约0.6~0.7m）加中间通行一股人流宽（手提盛器装货需0.7m，手推小车装货需0.8m）[图7-98（a）、（b）、（d）]；当货架长度大于15m时，则中间应增一股人流宽[图7-98（c）、（e）]。与货架垂直的横向通道，由于人流及小车汇合、转弯，故通道应适当加宽，各种条件下横向通道宽度见图7-98（e）。

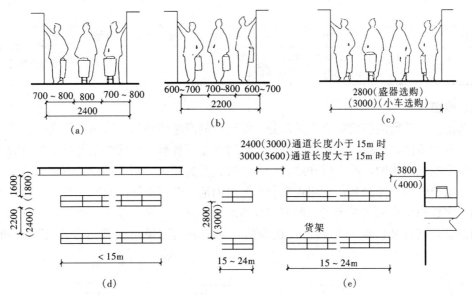

图7-98 自选营业厅通道宽度

（a）、（b）、（d）货架长度<15m时的通道宽；（c）、（e）货架长度>15m的通道宽

（括弧内尺寸为小车选购时用）

自选营业厅面积指标可按每一顾客1.35m² 计算，如用小车选购时应加大至每一顾客1.70m²。为加强对营业厅内的安全监护，每个面积超过1000m² 的营业厅宜设闭路电视监控装置。

四、顾客服务设施

大中型商店营业面积大，商品种类多，顾客滞留时间往往较长，因此，应设置为顾客服务的设施，如顾客休息场所、服务问讯台、公用电话间、公用卫生间等。

顾客休息场所可在营业厅内或附近辟出一定场地或专设休息室，其面积可按营业厅面积的1%~1.4%设置，如休息场所附设有小卖柜台，可再增加不大于15m² 的面积。

设置顾客休息场所是现代商业的重要标志。随着商品经济的发展、人民生活水平的提高，购物活动已成为人们日常生活中的重要组成部分，而且远超出了单纯的"所需购买"。人们在购物活动中需要消闲、休息、交往、获取信息，以得到心理上的满足，这就需要为顾客创造一个交往的环境。事实上，改善商业环境是提高经营效益和经济效益的有效手段。随着商业竞争的加剧，诱导、刺激人们的"激发性购买"已成为商业盈利的重要手段。因此，一些大型商店及商业中心常设置中庭、回廊等丰富多变的空间，并引入水池、喷泉、瀑布、绿化以及休息茶座、冷饮等，形成一个吸引人的商业环境。服务问讯台可方便顾客，同时也是宣传商品、引导顾客的有力措施。在多层营业厅或经营范围较广时，可将服务问讯台设在主要出入口附近。

大中型商店还应设顾客卫生间。卫生间应有良好的通风排气，厕所应设前室，有男女合用前室时应在各自出入口设视线遮挡设施。计算卫生间设备数可按男女顾客 1∶1 计，具体计算标准见表 7 - 13。

表 7 - 13   顾客用卫生设备计算标准

设备名称 设备数	大 便 器	小 便 器	污水池、洗脸盆
男 厕	每 100 人一个	每 100 人 2 个或 1.2m 长小便槽	每 6 个大便位设一个，不足时各设一个
女 厕	每 50 人一个 （总数内应有 1～2 个坐便）	—	

五、橱窗

外向橱窗是现代商店的重要组成部分。橱窗内的商品陈列与装潢是宣传商品、吸引和招揽顾客的有力手段，是商品的无声推销员。橱窗也是现代城市生活中不可缺少的点缀。橱窗可作成单个的或成片的，可作成开敞式、半开敞式及封闭式（图 7 - 99）。开敞式及半开敞式通风好，适于陈列大件商品；封闭式有利于橱窗内清洁及营业厅的空间完整，但要处理好通风散热。多数橱窗均采用封闭式。橱窗应有防晒、防眩光及防盗设施。长时间的日晒会损坏陈列的商品，南方地区应避免橱窗设在西向。橱窗可利用挑檐或其他方式遮阳（如图 7 - 100）。

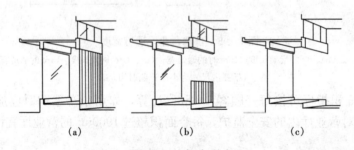

图 7 - 99 橱窗形式
(a) 封闭式；(b) 半开敞式；(c) 开敞式

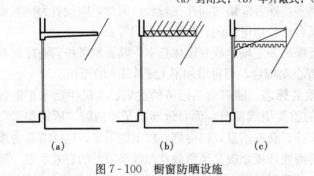

图 7 - 100 橱窗防晒设施

在橱窗设计时，还应尽量减弱或避免眩光。眩光的产生是由于白天橱窗内的亮度低于橱窗外的亮度，以致橱窗附近的物象反映到橱窗玻璃上，干扰了观众观看陈列商品的视线。避免眩光的方法有多种：可采用挑出雨棚，遮挡部分直射光，以减少橱窗外的亮度 [图 7 - 101 (a)]；也可在挑檐上增设橱窗采光窗，以便在减少橱窗外亮度的同时，增加橱窗内的亮度 [图 7 - 101 (b)]；可使橱窗玻璃向外倾斜一定角度，它可使物象反射到视点以外 [图 7 - 101 (c)]；此外，在人行道旁种树，以遮挡天空直射光，也可避免眩光 [图 7 - 101 (d)]。

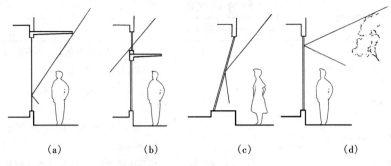

$$(a)\qquad(b)\qquad(c)\qquad(d)$$

图 7 - 101　橱窗防眩光措施

六、仓储部分

仓储部分包括供商品短期周转的存储库房（总库房、分部库房、散仓）和与出入库、销售有关的整理、加工和管理用房，其功能关系见图 7 - 102。

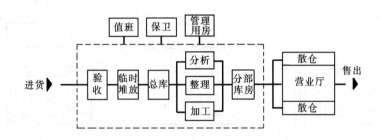

图 7 - 102　仓储部分功能关系

仓储部分应有独立的出入口和内部交通。库房面积和容量要与营业厅商品销售量相适应。由于商品种类繁多，其销售量大小各不相同，从而对相应库房面积的要求也不相同，因此，应根据商品类别来安排库房。各类商品的库房面积指标见表 7 - 14、表 7 - 15。库房布置形式可分为集中式、混合式及分散式。集中式库房系独立设置，其结构简单，管理方便，人流与货流互不交叉 [图 7 - 103 （a）]；分散式库房系分散在营业厅内各售货区，通常称散仓，使用较方便，但库房不能互相调节，且增加营业厅结构的复杂性 [图 7 - 103 （c）]；混合式可具有两者的优点，大、中型商店常采用 [图 7 - 103 （b）]。

表 7 - 14　　　　　　　　　　**工业制品类商品库房面积指标**

商 品 种 类	每个售货岗位配备（m²）
首饰、钟表、眼镜、高级工艺美术品类	3
衬衣、纺织品、帽类、毛皮、装饰用品、文具、照相光学器材类	6
包装食品、书籍、药品、绸呢布匹、电气（中小件类）	7
儿童用品、玩具、旅行用具、乐器、体育用品、电子产品、日用手工艺品类	8
油漆颜料、鞋类	10
服装类	11
五金玻璃、陶瓷用品类	13

表 7 - 15　食品类商品库房面积指标

商 品 种 类	每个售货岗位配备		说　　明
	常温（m²）	冷藏（m²）	
蔬菜类	14	—	北方地区储存过冬蔬菜，面积可适当加大
酱盐调料、干咸货、粮食制品类	10	—	储存时分堆放置、防串味
鲜肉、冻肉、包装肉类	2	4.5	低温冷藏面积每 m² 可存猪肉约800kg，或牛羊肉约700kg
水果、高档蔬菜、蛋类	10	4	冷藏面积每 m² 可存货（按容重不同）约500～600kg
鲜鱼及水产类	5	2.5	低温冷藏面积每 m² 可存货约95kg
卤制品、凉菜、乳制品类	2	2	均为熟食品，不和其他生鲜品混同储存
糖果、点心、包装食品、烟、酒、茶类	7		烟、茶量大时，均应设专间，并不与其他商品混同储存，防串味

注　1. 售货岗位数较少时，库房面积可较表内数值酌量增加；

　　2. 不设冷藏库时，可把冷藏面积加入常温储存面积内。

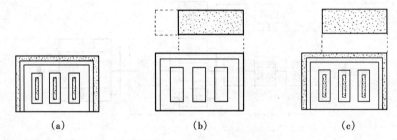

图 7 - 103　库房布置形式

(a) 集中式；(b) 混合式；(c) 分散式

　　根据商品特性，商品在库内可采用货架存放或堆垛。货架存放时，通常两架并靠布置，货架深一般 0.3～0.9m，高约 2m，借用小货梯取货时不宜高于 3m。商品堆垛时，堆垛宽为 0.6～1.8m，当库房较高时，可设夹层，以增加仓库容量。在设有货架时，库房净高应不低于 2.1m，设有夹层时，应不低于 4.6m，无固定堆放形式时应不低于 3m。

　　库内商品的存放应紧凑、有序，货架间通道宽度可参见图 7 - 104 及表 7 - 16。

表 7 - 16　库房内通道净宽度

通　道　位　置	净宽度（m）
货架或堆垛端部与墙面内的通风通道	＞0.30
平行的两组货架或堆垛间手携商品通道，按货架或堆垛宽度选择	0.70～1.25
与各货架或堆垛间通道相连的垂直通道，可通行轻便手推车	1.50～1.80

　　当库房是多层建筑时，应使库房与营业厅同层，若同层有困难需错层时，应使库房为营业厅层高的 1/2 或 2/3（图 7 - 105）。

　　库房建筑应符合防火规范的有关规定及满足防盗、防潮、通风、防晒、防鼠等要求。对于食品类库房，为防止商品之间串味、污染等影响，应分设库房或在库内采取有效的隔离措

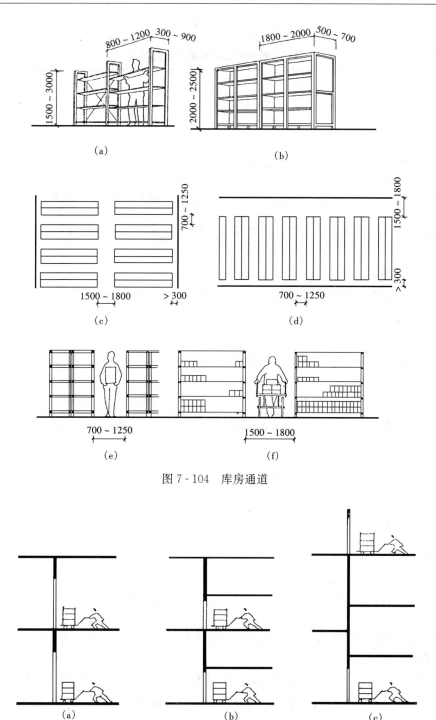

图 7-104　库房通道

图 7-105　库房与营业厅层高安排

施。地面及墙裙等应便于冲洗，严禁采用有毒和起化学反应的涂料。

七、辅助部分

辅助部分包括业务办公和职工福利用房以及各种设备用房和车库等。

办公用房和职工福利用房面积可按每一售货岗位 $3\sim3.5\mathrm{m}^2$ 计，其具体分项用房面积指标可参见表 7 - 17。

表 7 - 18

表 7 - 17　　　　　　　　　　办公业务和职工福利用房面积指标

名　　称	每一售货岗位需用面积（m²）	附　　注
办公业务用房	0.30～0.40	
职工学习、会议、机动用房	1.00～1.20	
职工存衣、贮物	0.30	宜分散各处设柜、架
食堂、厨房、开水间	1.00	
职工卫生间	0.20～0.30	
妇女哺乳室	0.20～0.30	按最大班女职工人数的 10%，每人 2.5m²

其他辅助用房可根据商店规模及具体需要确定。大中型商店其他辅助用房及使用面积可参考如下：

广播室、闭路电视控制室、消防控制中心各 10～20m²；

电话总机房按电话台数及选用机型为 10～50m²；

美工室：20～40m²；

医务室：20～30m²；

建筑、暖通、空调、水电等设备用房按照商店规模、设施标准，约占商店辅助部分建筑面积的 10%～20%。

商店职工中女职工数量较多，内部职工用卫生间可按男、女比例为 1：2 计算卫生设备数，具体标准见表 7 - 18。大中型商店可根据需要设集中浴室，面积可按每一定员 0.1m² 计算。

表 7 - 18　　　　　　　　　　商店内部用卫生间设备标准

卫生设备 / 房间名称	大　便　器	小　便　器	污水池、洗脸盆
男　　厕	每 50 人一个	每 50 人一个或 0.6m 长小便槽	—
女　　厕	每 30 人一个 （总数内应有 1～2 个坐便）	—	—
盥　洗　室	—	—	污水池一个 每 35 人设一洗脸盆

八、步行商业街

随着商品经济的发展，越来越多的城市新建和改建了一批步行商业街，以给城市居民创造一个舒适、安全和方便的购物活动环境。某些步行商业街的建设采用了以购物为中心，集"吃、喝、游、乐"于一体，空间变化丰富，建筑形式朴素多样，具有浓郁的生活气息（如图 7 - 106）。

在我国，古老城市较多，一些历史形成的商业街道两旁，店铺密集，门类齐全，商业气氛浓厚，是当地群众极愿光顾的地方。但这类街道往往比较狭窄，人车混杂，经常造成交通堵塞，很不安全。此外一些新建的商业街，缺乏对人的购物行为和心理的研究，忽视人们在商业行为中的观赏、消遣、休息、娱乐，交往等多种要求，空间环境单调、呆板，缺乏生

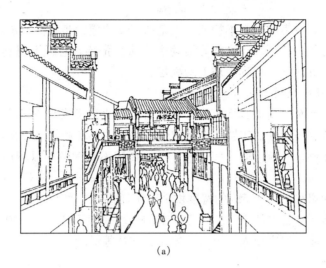

(a)

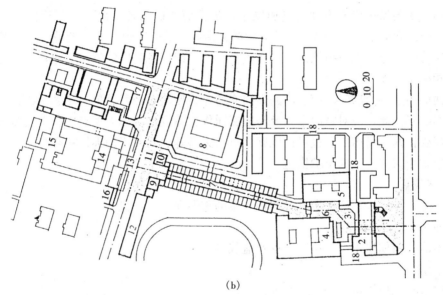

(b)

图 7 - 106　合肥市城隍庙步行商业街

1—入口广场；2—入口商场（白石斋）；3—内庭广场；4—西商场（徽光阁）；5—东商场
（九狮楼）；6—牌楼过街楼；7—庙前街商场；8—中心商场（庐阳宫）；9—茶馆（茗香轩）；
10—酒楼（醉月居）；11—庙前广场；12—银行；13—庙门；14—戏台；15—大殿；
16—邮电；17—风味小吃（百味园）；18—货运道

机。有的商业街的改建只限于门脸的翻新，高级装饰材料的堆砌和拼贴，没有在环境创造上下功夫。

步行商业街的建设应满足以下要求。

（一）内容综合化

步行商业街在以商业为主体的同时还应综合设置文化、娱乐、服务设施如小吃、茶馆、餐馆、说书、游艺、戏院、影院等，它们相互依存，共同满足人们的不同需要。

（二）步行化

步行化是步行商业街的最基本特征。无论新建或改建的步行商业街，必须做到街道内禁止车辆通行。步行化可使顾客在购物等活动中消除紧张感、心理上得到放松，在漫步浏览、休息、交往、购物等活动中得到心理上的满足。

（三）空间尺度和规模

新建步行商业街时，街道宽度应综合考虑街道与两旁建筑的空间尺度、购物环境和气氛的创造及绿化、休憩等设施的布置，以形成使人留连的环境和气氛。街道宽度与两旁建筑的高度应有适当的比例，一般可取 1∶1.2～1∶2。街道不宜太宽，以不拥挤且具亲密感为宜，常用宽度可 15～20m。

街道宽度内应留出不小于 5m 的宽度供消防车通行。

考虑到人们步行购物的特点，步行商业街的长度一般不宜大于 500m，在街道长度内可设置适当的小型广场，以方便人们逗留、休息、交往等活动。

（四）交通组织

步行商业街与城市应有方便的交通联系。步行商业街的各个出入口附近应设置停车场地。沿街道长度每间隔不大于 160m 处应设横穿街区的消防车道。原有商业街改为步行商业街时，还应使附近道路能负担该区段的车流量。要组织好各商店的货运交通，不得与步行购物的人群相交叉和相干扰。

街道两侧为多层商店时，商店内的竖向交通是否便捷对经营效果及顾客购物行为和心理具有直接影响。因此，应对竖向空间及竖向交通作整体设计。如大型商店应设机械化自动扶梯。根据需要，两侧商店之间也可设挑廊及过街天桥等，但封闭的天桥应在与建筑物连接的门洞处设置防止火灾蔓延的防护措施。

（五）环境设施

环境设施是形成步行商业街良好购物环境的重要保证，它包括：

1. 绿化设施

包括地面栽植如树木、花坛、草皮及盆栽等。

2. 卫生设施

包括饮水器、垃圾箱、公共厕所等。

3. 休息设施

包括座椅，凳子等。

4. 造景小品

包括水池、喷泉、雕塑、街灯、壁画、铺地等。

5. 信息设施

包括电话亭、指示牌等。

6. 管理设施

包括路标、车挡、交通指示牌、布告栏等。

当前，在城市中与室外步行商业街建设的同时，室内商业街及地下商业街的发展也十分迅速，它们可使人们在购物活动中不受气候影响。室内和地下商业街的设计更应注重环境的创造，如街道和庭院的组合，庭院空间的丰富多变和富有吸引力等。同时街道的采光、照明和通风、防火以及疏散、城市交通和货物运输等都要妥善加以组织。

第五节　博　览　建　筑

博览建筑主要是陈列和展览有关自然、历史、文化、艺术、科学、技术方面的实物或标本之用的公共建筑。它通过实物、照片、模型、电影、电视、广播等手段传递信息，促进发展与交流。

一、博览建筑的主要类型及基本内容

（一）博览建筑的主要类型

博览建筑总的来说，可分为如下类型：博物馆、美术馆、陈列馆、展览馆、纪念馆、水族馆、科技馆、文化馆、民俗馆、博览会、动物园、植物园、陵园、故居、遗址等。由于其藏品性质不同，陈列展出目的各异，建筑的规模、组成也有所侧重，有的已形成独自的设计体系。

（二）博览建筑的基本内容及作用

尽管博览建筑有许多类型，都有各自的特殊要求，但它们也都存在共性的东西。普通博览建筑一般包括下列基本组成部分：

1. 展览部分

包括室内展厅、讲解员工作室、室外陈列场地等。

2. 一般观众服务部分

包括传达室、售票室、门厅、小卖部、走道、楼梯或电梯、休息室、接待室、报告厅、卫生间等。

3. 库房部分

包括接纳、登记、编目整理、暂存库房、永久库房、特殊库房、消毒间等。有时为了专业研究的需要，藏品库还可对专业人员开放，供研究之用。这种库房就成为开架式的藏品库，附设有更衣、办公、化验、珍品库等房间。

4. 专业观众学习研究部分

包括图书资料室、学习研究室、摄影室、分析室、实验室及咨询、培训等。作为美术馆、艺术博物馆，还设有一定数量的工作室。

5. 办公后勤部分

包括馆长室、办公室、会议室、警卫室、厕所、电话总机室、消防控制室、录像监控室、空调机房、变配电室等。

6. 修复加工部分

包括各种技术用房、模型室、标本室、加工房、修复工场、文物复制、展品加工等。作为展览馆，其修复加工部分面积较小，多利用陈列室临时制作加工。

二、总体布局要求

（一）总体布局原则

博览建筑的藏品储存、陈列展出、科学研究、技术加工、群众服务、行政办公六个部分应具有明确的分区，视博览建筑的性质而各有侧重。一般陈列展出部分和群众服务部分为主要的部分，是博览建筑的主体，因此观众流线要尽量的短捷，容易接近，这一部分应临近基地的主要广场和道路。

藏品储存要有明确的运输路线，有单独出入口，不应与观众流线相交叉，免受干扰。必要时，可与技术加工材料运输路线结合考虑。同时应注意其与陈列展出部分的方便联系。朝向以北向为宜（使用空调的博览建筑可随意），或位于地下室。一般藏品储存在主体建筑地下室、底层、上层、或与陈列展出同层。个别博物馆对展品有特殊的要求，或面积较大，可设独立的藏品库。

科学研究与行政管理部分，工作人员进出流线，一般是围绕陈列展出与展品运输而进行的，特别是科学研究部分，还应有单独的进出口，使之与陈列、运输流线有明确的划分。

博览会建筑应按其不同的规模、性质及使用要求进行明确的分区。分区之前应先进行总体布局，而后选择不同的运输方式（高空、地下或平面交通），使各部分沟通。

（二）总体布局形式

1. 集中式布局

建筑各部分在水平方向展开，各部分有自己的出入口，利于各组成部分的安排和流线的组织；建筑易形成一定的规模，有助于加强建筑的表现；可根据地段特点与建筑的性质，组成对称或不对称的布局。如上海博物馆新馆（图7-107）。

2. 集团式布局

不同的博览建筑从总体上进行全面的安排，并考虑其间的呼应与相对关系；同时由于建筑的不断发展，各部分可联系为一个整体。如广州出口商品交易会（图7-108）。

3. 组群式布局

根据博览建筑和其他各部分的建筑面积，将建筑分为若干不同的单元或组群进行组织，而形成总体的气势和规模。如日本国立民族学博物馆（图7-109）。

4. 院落式布局

在总体上根据环境条件及绿化布置，建筑与环境相融合，构成了不同的院落形式，为观众创造出一个优美安静的参观环境。如韶山毛泽东旧居陈列馆（图7-110）。

5. 成片式布局

这类博览建筑将各部分组合为一体，在使用功能和形式上大体一致。一般大型的交易会、展览中心、展览馆等多采用这种布局方法。如大阪展览中心（图7-111）。

6. 滨水式布局

这类博览建筑，为利用一定的水面，如海产馆、水产馆、水族馆等，多滨临海湾水面进行修建，把水面作为展览陈列或训兽表演的一个组成部分，建筑平面组合较为开放自由。如日本自然水族馆"SeaZoo"（图7-112）。有时为达到一定的寓意，也利用海滨进行修建，如甲午海战纪念馆。

7. 埋藏式布局

系根据历史遗迹开挖现场的面积、范围，因地就势的进行覆盖，如西安兵马俑博物馆。

8. 街区式布局

当博览建筑内容较多，很难统一时，就需要采取街区式布局的方法，既有大的分区，又有相互的联系，使之在内容繁杂的情况下，达到一定的秩序。历届的世界博览会，为表现建筑不同的风格，都采用这种布局方式。

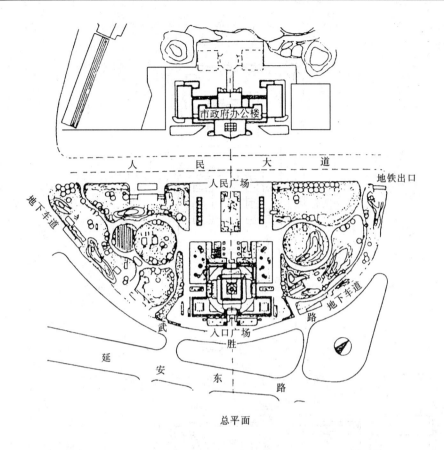

总平面

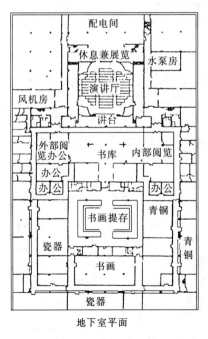

地下室平面

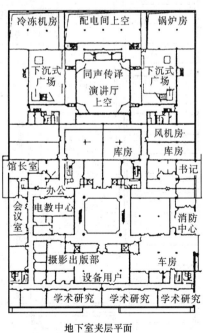

地下室夹层平面

图 7-107 上海博物馆新馆

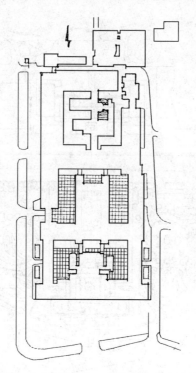

图 7 - 108　广州出口商品交易会总平面

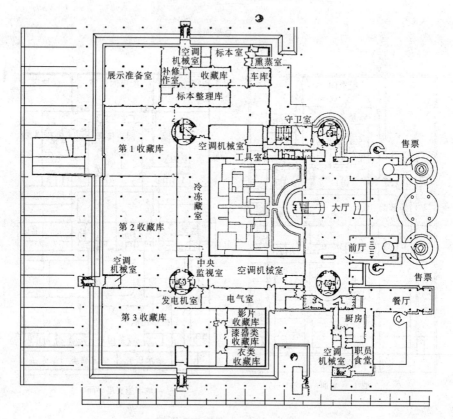

图 7 - 109　日本大阪国立民族学博物馆总平面

图 7-110　韶山毛泽东旧居陈列馆总平面
1—门厅；2—陈列室；3—庭院；4—水池

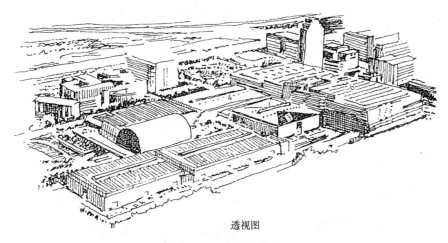

透视图

图 7-111　大阪展览中心

（三）总平面流线组织

总平面中流线主要有三条，即观众流线、展品流线和工作人员流线。三者应有明确区分，避免相互交叉和干扰，并力求紧凑合理，减少不必要的迂回。它们三者的关系可用图7-113 表示。

1. 观众流线

一般是以广场作为接纳人流的基点，然后分散进入各陈列室参观。另外，也可由广场进入门厅或序厅，然后再进入各个陈列部分。这时也可通过楼梯或自动扶梯进入不同层的展区。当建筑呈线形展开时，观众可以由广场先进入一个宽大的廊道，使人流分散后再进入不同的展区。进入门厅后，人流的行进有两种方式：一种是呈线形而左右展开，另一种是通过穿过式廊道联系不同的展厅。观众流线分析图见图 7-114。

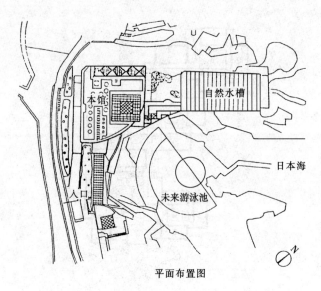

平面布置图

图 7 - 112 自然水族馆"SeaZoo"总平面布置

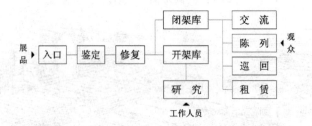

图 7 - 113 流线组织示意图

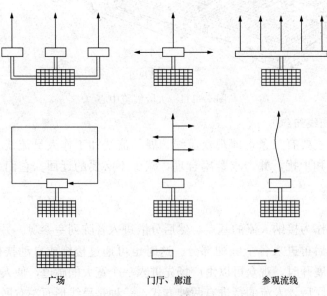

广场　　　　　门厅、廊道　　　　参观流线

图 7 - 114 观众人流分析图

2. 展品流线

展品流线应避免与观众流线交叉，并有单独入口。若也要由广场进入，展品运输流线宜设在观众流线外围。

一般博览建筑多在建筑的侧面或后面设置入口，作为展品的进出和加工制作的材料运输出入口。为考虑运输车辆的停放，应设置足够的停车场地。

3. 工作人员流线

关于工作人员与研究人员出入口，由于该部分层高较低且空间小，不宜与陈列展出空间并列，需要单独处理。如可在陈列室中设夹层，与观众共用门厅，内部再加以划分。

三、平面组合设计

（一）平面组合的基本原则

（1）平面组合中的核心问题是处理好流线、视线、光线问题。

（2）观众流线要求有连续性、顺序性、不重复、不交叉、不逆行、不堵塞、不漏看。

（3）观众流线要简洁流畅，人流分配要考虑集聚空间的面积大小，并有导向性。

（4）内部陈列空间应根据不同博览建筑的要求，决定恰当的空间尺度。

（5）观众流线在考虑顺序性的同时，还应有一定的灵活性，以满足观众不同的要求。

（6）观众流线、展品流线、工作人员流线三者应力求清晰，互不干扰。

（7）观众流线不宜过长，在适当的地段应分别设观众休息室和对外出入口。

（8）室内陈列与外部环境有良好的结合。

（9）建筑应布局紧凑，分区明确，一般博览建筑的陈列室应视为主体，位于最佳方位。

（二）博览建筑功能关系分析

博览建筑按不同的性质和规模，一般可分为六大组成部分：即藏品储存、科学研究、陈列展出、修复加工、群众服务、行政管理。这六大部分，按建筑的不同性质和规模各有不同的侧重。它们之间的相互关系可用简图表示（图7-115、图7-116、图7-117、图7-118）。

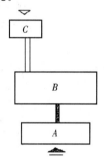

图 7-115　陈列室功能关系图

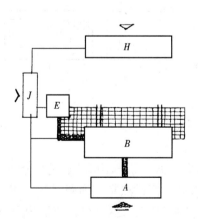

图 7-116　陈列馆、美术馆、纪念馆功能关系图

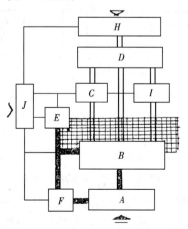

图 7-117　展览馆功能关系图

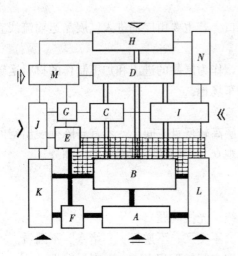

图 7-118 博物馆功能关系图
A—门厅；B—陈列；C—库房；D—藏品；
E—报告厅；F—服务；G—图书资料；
H—接纳登记；I—加工制作；J—办公；
K—专业陈列；L—临时陈列；
M—科研；N—技术

（三）平面流线及空间组合分析

1. 串联式平面组合

各陈列室首尾相接，顺序性强，观众由陈列室一端进口，另一端出口，连续参观。其优点是参观路线连续、紧凑，人流交叉少，不易造成流线的混乱、重复和漏看现象。但这种方式的缺点是参观路线不够灵活，不能进行有选择性的参观，不利于单独开放。另外，其建筑朝向的选择有一定局限，但可成片组织。

串联式平面的基本形式如图 7-119 所示。

2. 并联式平面组合

为考虑参观的连续性和选择性，以走道、过厅或廊子将各陈列室联系起来，使陈列室具有相对的独立性，便于各陈列室的单独开放或临时休整。串联式平面组合能将观众休息室结合起来加以组织，陈列室的大小和位置可以灵活处理。全馆参观流线可以分为若干单元，也可闭合连贯。

并联式平面组合基本形式如图 7-120 所示。

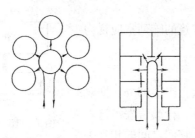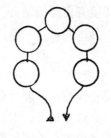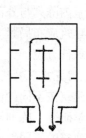

图 7-119　串联式平面组合基本形式

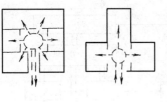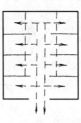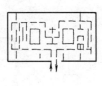

图 7-120　并联式平面组合基本形式

3. 大厅式平面组合

各陈列室利用一个大厅来进行组织，大厅内可以根据展品的不同特点进行分隔，灵活布置。观众参观可根据自己的需要，有选择的进行参观。其优点是交通路线短，建筑布局紧凑。当大厅过大时，各分隔部分可设单独的疏散口或休息室。这种形式一般适用于工业展览或博览会。另外，大厅的采光、通风、隔音都应采取相应的措施。

大厅式平面组合的基本形式如图 7-121 所示。

4. 放射式平面组合

各陈列室通过中央大厅或中厅联系，形成一个整体，所有人流都汇集于中央大厅进行分配、交换、休息。参观路线一般为双线陈列，中央大厅有一个总的出入口，在陈列室的尽端设置疏散口。此种平面组合形式的优点是观众可以根据需要，有选择的进行参观，各陈列室可以单独开放；陈列室的方位易于选择，采光通风容易解决。当展览馆的参观路线较长时，常采用这种布局方式，但因参观路线不连贯，参观者容易漏看。

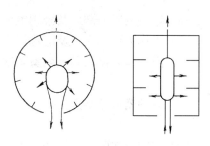

图 7 - 121　大厅式平面组合基本形式

放射式平面组合的基本形式如图 7 - 122 所示。

5. 并列式平面组合

并列式平面组合的人流组织是单向进行的，出入口分开设置，以免人流逆行。在人流线路上设置不同的陈列室，其体量、形状可根据需要进行变换。参观者可以自由选择展厅进行参观，有一定的灵活性。

并列式平面组合的基本形式如图 7 - 123 所示。

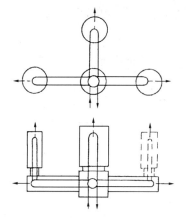

图 7 - 122　放射式平面组合基本形式

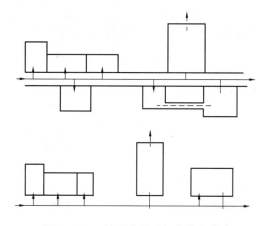

图 7 - 123　并列式平面组合基本形式

6. 螺旋式平面组合方式

螺旋式平面组合的人流线路，系按立体交叉进行组织。其优点是人流路线具有强烈的顺序性，根据人流路线可以从平面、自下而上或自上而下引导观众参观。它具有节约用地、布置紧凑的特点。如图 7 - 124 所示。

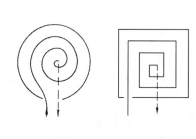

图 7 - 124　螺旋式平面组合基本形式

四、门厅设计要求

（1）合理组织各股人流，路线简洁通畅，避免重复交叉；

（2）垂直交通设施的布置应便于观众参观的连续性和顺序性；

（3）合理布置供观众休息、等候的空间；

（4）宜设问讯台、出售陈列印

刷品和纪念品的服务部以及公用电话等设施；

（5）工作人员出入口及运输展品的门厅应远离观众活动区布置；

（6）门厅应直接联系陈列室，空间宜开阔宽敞，有时可根据陈列室性质，布置说明、序言等。

五、陈列室设计要点

（一）设计要求

展厅应布置在醒目便捷的位置，以便参观者能顺利到达各展厅，人流组织合理，路线简洁，防止逆行和阻塞并合理安排观众休息地场所；根据陈列内容性质，满足不同的参观路线要求。展出有灵活性，观众可全部参观或局部参观。参观路线明确，自左至右；展厅工作人员的房间与展厅要联系方便，并与参观路线不交叉干扰。便于组织观众参观、净场和展品保卫工作。尽量争取好朝向，避免日晒。

（二）陈列室的平面形式

一般陈列室的平面多用矩形，个别的也有圆形、八角形及其他变形的平面。

1. 方形平面（图 7 - 125）

方形平面陈列容易布置，排列整齐，走道便捷，参观路线明确，灯光布置有利于组成天棚图案，以渲染展厅气氛，陈列形式也很丰富。但各边距离等长，靠角的部位采用自然采光时光线较弱，且角部易造成阻塞现象。

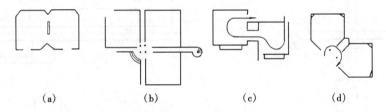

（a） （b） （c） （d）

图 7 - 125 方形陈列室的不同处理方法

（a）深圳博物馆；（b）德国蒙澄拉德巴赫市立博物馆；

（c）桂林博物馆；（d）法国现代艺术博物馆

2. 矩形平面（图 7 - 126）

陈列室采用矩形平面的较多，其主要原因是便于平面组织，陈列空间利用最为充分，走道通畅便捷，占用面积较少，陈列空间容易结合走道布置且陈列形式容易调整，布置结构也较为灵活。故大多数的博览建筑的陈列室多为矩形平面。

3. 角形陈列室

博览建筑的陈列室有时为适应地形或组织变化的需要，会将陈列室的平面作成各种变形。角形的平面有多种形式，常见的有三角形、六边形及八角形等。

三角形平面可利用角部布置一些景箱，以取得特殊效果，如美国国家美术馆东馆（图7 - 127），从其中可引申出梯形及菱形等平面形式。还可将若干个六角、八角形平面进行组合，组成一个较大的、灵活的平面。

4. 圆形陈列室

有些博览建筑的陈列室，如天象厅、气象馆、水族馆等多采用圆形平面。这种平面形式有利于组织参观流线及创造独特的建筑艺术效果。如图 7 - 128 为日本泽泻博物馆的圆形展厅。

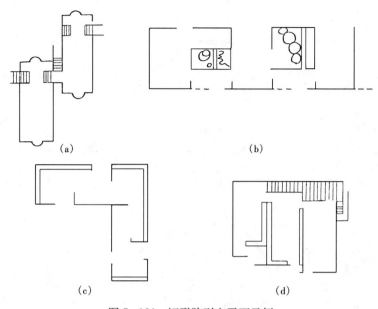

图 7 - 126　矩形陈列室平面示例

(a)（伊朗）德黑兰现代艺术博物馆；(b)（希腊）雅尼娜考古博物馆；

(c)（日）冈山美术馆；(d)（日）熊本县立美术馆

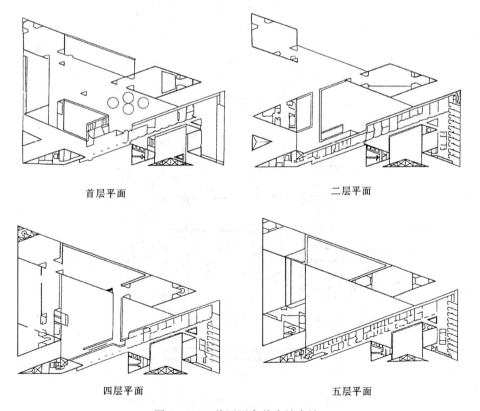

首层平面　　　　　　　　　　　　二层平面

四层平面　　　　　　　　　　　　五层平面

图 7 - 127　美国国家美术馆东馆

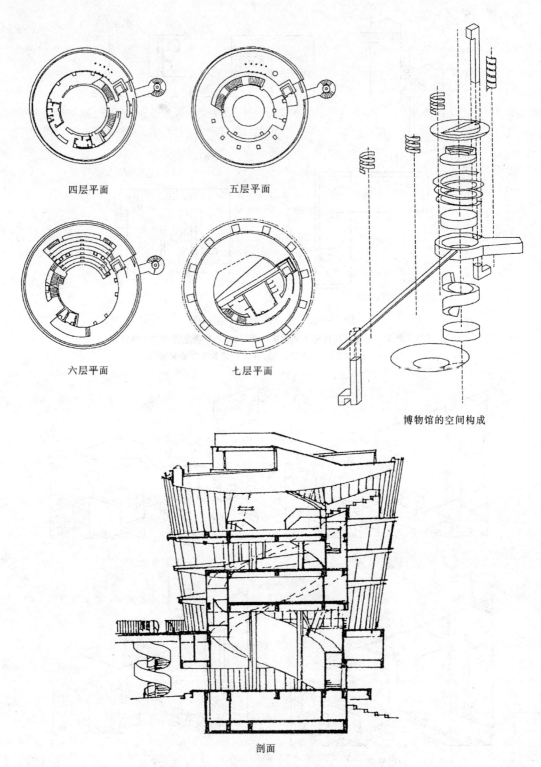

四层平面　　　　　　　　五层平面

六层平面　　　　　　　　七层平面

博物馆的空间构成

剖面

图 7 - 128　日本泽泻博物馆的圆形展厅

5. 自由式平面

有时为了适应环境或建筑自我表现的需要，采用各种自由式的平面。这种方式陈列布置灵活自由，室内外空间丰富多变，一些小型的博览建筑常采用这种方式。图 7-129 为自由式平面的日本福井美术馆。

（三）陈列布置与人流组织

陈列布置采用的方式，与陈列室的进深有关。根据陈列室不同的进深，要采用不同的陈列方式。一般分为单线、双线和复线三种。而大型的展品则需要在综合展览大厅或露天展场陈列。

1. 单线陈列

陈列室进深在 6m 左右时，由于人们观察展品需要一定的视距和交通面积，只能按单线顺序地进行参观。如果在陈列室内设置隔板，则陈列室进深应相应的扩大。这种陈列方式，适合于贯通式的平面组合。如图 7-130 为单线陈列布置简图。

2. 双线陈列

当陈列室的进深在 9m 以上时，应采用双线陈列。视陈列品的不同，布置时各有侧重。进深在 9m 左右时，陈列布置宜集中在一侧，另一侧做版面陈列或人流回流通路。陈列室在 12m 左右时，陈列室的两侧都可进行陈列布置。当陈列室进深在 15m 左右时，陈列室的两侧都要设置隔板。双线陈列方式，多在尽端式陈列室中采用。如陈列室过长，应设置相应的疏散口。如图 7-131 为双线陈列布置简图。

3. 复线陈列

陈列室进深为 18m 左右时，陈列布置可采用三线或四线的方式，有时也可采用观众自由选择参观对象的陈列布置方式，根据展品具体情况，进行合理的组织。通常具有陈列大厅或展览厅的博览建筑，由于大厅进深大，一般都采用复线陈列组织。如图 7-132 为复线陈列。

陈列室设计的进深根据博览建筑不同规模有很大差异，陈列布置与人流组织也多种多样。小的陈列室进深仅有 4m 左右，而大型陈列室，如山东省工业展览馆达到 30m，西安秦俑博物馆的大厅达到 72m。陈列室过深过宽，人流组织容易出现迂回交叉，同时增加了许多交通面积，这对于一般陈列室是不合适的。而大型的博览会，展品均在一个大厅中陈列布置，则可创出宏大的气氛，以吸引观众。

（四）陈列室入口与人流组织

陈列室入口的多少和位置，直接影响陈列室内的人流流向，根据其特点，人流线路有以下几种。

1. 回流线路

陈列室的出入口在同一位置，人流线路成回流线路。这种情况出入口最好在陈列室一端或中部，如设在一侧时，出入口应设在两个角部，以免产生人流聚集现象。如图 7-133 所示为回流线路。

2. 顺流线路

陈列室出入口分别在陈列室两翼，人流路线呈单向顺序组织，具有清晰的连续性。但在陈列布置时，对出入口的管理要有一定措施，避免人流的倒流和交叉，如图 7-134 所示为顺流线路。

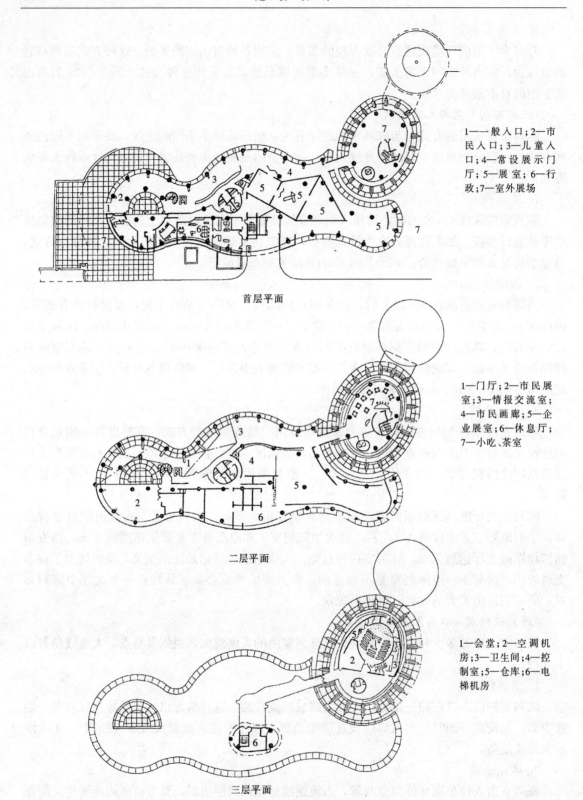

1——般入口;2—市民入口;3—儿童入口;4—常设展示门厅;5—展室;6—行政;7—室外展场

首层平面

1—门厅;2—市民展室;3—情报交流室;4—市民画廊;5—企业展室;6—休息厅;7—小吃、茶室

二层平面

1—会堂;2—空调机房;3—卫生间;4—控制室;5—仓库;6—电梯机房

三层平面

图 7-129　日本福井美术馆

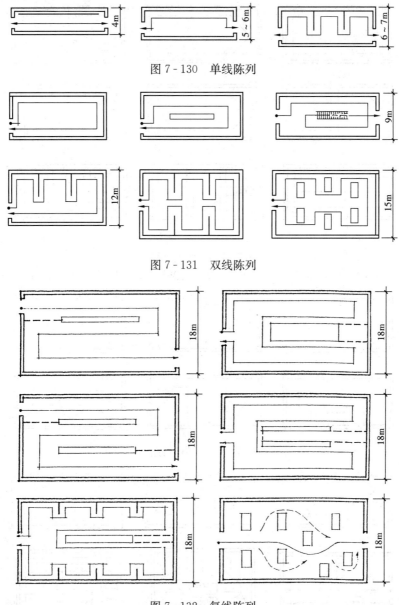

图 7 - 130　单线陈列

图 7 - 131　双线陈列

图 7 - 132　复线陈列

3. 渗流线路

如陈列室进深较大，或大厅中采用立体陈列或单元陈列方式，则人流线路不是单一的明晰线路，人流流向会产生多向的"渗流"现象，观众在前进过程中，可以自由选择参观对象。在陈列布置时，要有意识地放宽主导线路，对人流加以引导。如图 7 - 135 所示为渗流线路。

4. 紊流线路

在博览会中室内外陈列相结合的陈列以及商品陈列等，如出入口设置较多，人流线路会产生不定向的"紊流"现象。在这种情况下大多设置开敞式陈列室，室内外空间结合，出入口不加限定，可随意通过。这时常在陈列室中布置各种大小不同的隔间，彼此既分隔又联

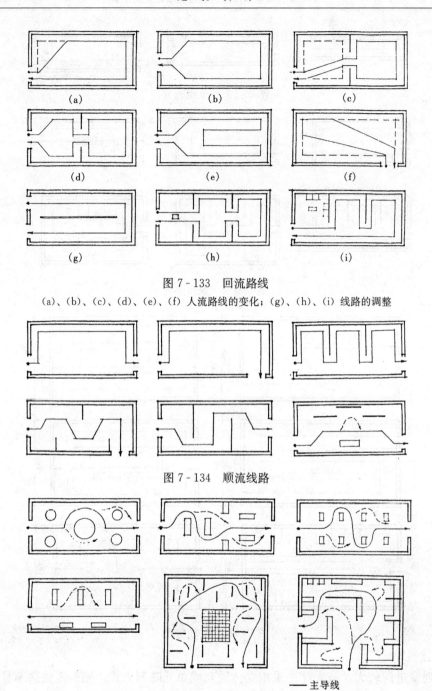

图 7-133 回流路线

(a)、(b)、(c)、(d)、(e)、(f) 人流路线的变化；(g)、(h)、(i) 线路的调整

图 7-134 顺流线路

——主导线
---自由选择路线

图 7-135 渗流线路

系。如图 7-136 所示为萦流线路。

（五）陈列室的空间划分

陈列室空间，从展品的陈列灵活性出发，最理想的是采用具有共融性的大空间。但由于受地形条件、结构材料及采光要求等条件的限制，往往需要有间隔墙或柱子，陈列室被分割为小的空间。

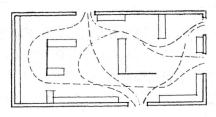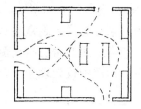

图 7-136 紊流线路

为便于展品陈列和人流组织，柱网的布置是非常重要的。当陈列室宽度超过 12m 时，需要柱子作为支撑点，一般多采用单排柱或多排柱。单排柱时，常偏于一侧，对单线人流组织较为理想，可以把人流通道和陈列区加以分开，既可避免交通人流与参观者相互干扰，又有效地利用了空间。若单排柱设于陈列室中央，多数情况下，中央用版面分隔形成复线陈列。若仍采用单线陈列，则空间的利用不够经济。

双排柱网中间开间应适当加大，对于人流组织、陈列布置、观众的观赏以及空间透视都会起到比较理想的效果，陈列室多采用这种方式。这种情况下，人流沿每边顺序参观较为有利，但往往容易出现左右迂回交叉的现象。但由于中央跨度大，人流有足够的集聚和周旋余地。

大型陈列室，有时有多排柱子，陈列布置与人流组织就较为复杂，一般不适合系列化陈列，多用于商品陈列、物资交流的陈列，人们可根据需要自由选择参观对象。

（六）展厅跨度、柱网、高度的确定

1. 跨度

与结构形式和陈列室布置有关，一般隔板长度为 4~8m，观众通道为 4~8m，跨度应不小于 7m。

2. 柱网

应满足陈列布置的灵活性，当双线布置时，进深应不等跨布置，开间一般不小于 7m。

3. 高度

应突出陈列内容，并保证室内通风，采光良好，净高一般在 5m 左右。

（七）展厅内的采光、照明

展厅内的光环境对展览的效果影响非常大。展览的内容不同，光线的方向、角度都要求不同。一般展厅内以人工照明为主，自然采光为辅。在建筑设计中要尽量避免或减轻眩光。当采用天然采光时，常用的采光形式主要有三种：侧窗采光、高侧窗采光和顶部采光。

1. 侧窗采光

这种采光方式处理简单，光线充足，能满足一般陈列展览的要求。其缺点是室内照度分布不匀，窗户占了墙面，展板布置不够灵活。同时，观众参观时多处于明处，易使视觉疲劳。为解决光线对视觉的不利影响，需对橱柜或版面进行一定的调整，以窗口至版面 30°～60° 较为理想，45°时最佳（图 7-137）。

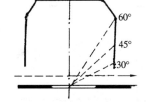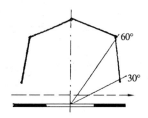

图 7-137 版面的调整

2. 高侧窗采光

是较为常用的采光方式。观众参观时处于暗处，展出效果较好，窗下墙空间可充分利用进行陈列布置。经常采用的做法有高侧窗、顶侧窗，有时可以加定向反射板，或使光线间接投射。高侧窗在博物馆中较为理想。常见的高侧窗剖面形式如图 7 - 138 所示。

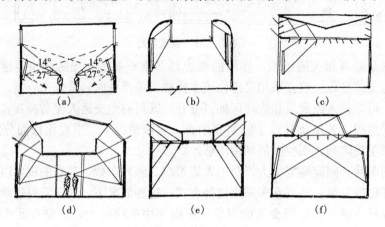

图 7 - 138　高侧窗剖面形式

(a) 投光角不少于 25°；(b) 间接光；(c) 定向反射；
(d) 人在暗处观看；(e) 折射光；(f) 顶窗投射光

3. 顶窗采光

室内光线均匀，不占墙面，墙面可充分利用，展品的立体感较强。单式顶窗光线直射，易产生眩光，故一般多采用复式顶窗，中设遮光屏板、折光板、半透明顶棚等予以调节，以免光线直射。如图 7 - 139 所示。

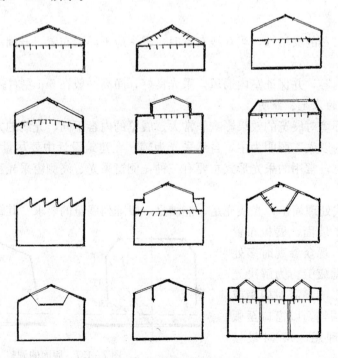

图 7 - 139　整块式顶窗剖面形式

六、藏、展品库房设计

（一）基本要求

博览建筑藏品的收集与储存，是博览建筑的活动基础，无论科学研究，还是对外展出都需要一定数量的藏品。

藏品的储存与保管，是博览建筑的重要环节，它涉及人类物质文化、精神文化、社会事件、社会现象的直观材料，储存时应按不同的要求，分门别类的加以保管，不能混淆。

藏品的储存与保管，应具有良好的环境条件，使藏品能完整无缺、不受损坏，保持其固有的物理、化学性能及工艺学上的性质，保持其原有的面貌。

藏品的储藏应具有防火、防盗、防潮、防虫、防鼠等条件。

在平面布置应靠近展品出入口及展厅。库房每间面积不宜小于 $50m^2$，其中应进行分架存放，空间净高以 $2.4\sim3m$ 为宜，最低不应低于 $2.2m$。应单独设门，有防火防盗分隔措施。宜向北布置，避免西晒，尽量少开窗，以免外界阳光入射和温湿度变化过大，其窗地比一般不超过 $1/20$。库房区面积约为展厅面积的 $1/10$。耐火等级不低于二级。

（二）库房的入库过程

藏品一般要通过运送车到达库房外，应有回车空间、卸货间、卸货平台、开包空间、照相、登记、验收、消毒、包装、编目、鉴定、制卡、进库，有时还需要修复（如出土文物）和装裱（如古字画），在藏品进入库房之前，要相应地附设各种房间。其规模的大小及具体要求因不同的博览建筑而有所区别。如图 7-140 所示。

（三）库房的分类

库房分收藏库、珍品库、辅助库房、材料库、复制品库等。博物馆的库房占总建筑面积的 $1/4$。建造历史较久的博物馆，其藏品收藏量大，收藏库有时占用很大的面积，必要时可单独设收藏库，成为一幢单独的建筑物。展览馆的展品因保存的时间短，具有周

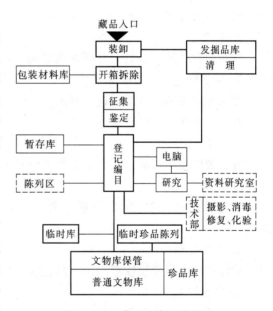

图 7-140　藏品入库工艺流程

期性，其库房面积较大，一般可利用陈列室临时储存，有时可直接附建于陈列室上下层或邻近。

七、观众服务用房设计要点

1. 报告厅、接待室

报告厅、接待室位置应靠近主要出入口。报告厅也直接对外开门，以便及时疏散人流。报告厅、接待室面积定额见表 7-19。

2. 卫生间

位置应与展厅、休息处联系方便，又要相对隐蔽些。应设前室防止异味窜入展厅。展区卫生间设置定额见表 7-20。

表 7-19 报告厅、接待室面积定额

规 模	报 告 厅		接待室面积（m²）
	座 位 数	每座占据面积（m²）	
大型馆	200	1.0～1.5	150
中型馆	100	0.5～1.0	100
小型馆	—	—	100

表 7-20 展览区卫生间设置定额

卫生间数量		卫 生 洁 具				服 务 区 域	
		大便器	小便器	洗脸盆	污水池	陈列室	层 数
男	1	2	4	1	1	1000m²	一层
女	1	2	—	1	1		

3. 休息处

可靠近展厅或门厅布置。

4. 售票处

应布置在主要入口处，方便参观者购票及入场参观。

5. 学习研究室、图书资料室

要求相对安静，可单独设对外出入口。

八、技术用房设计要求

1. 减菌消毒室

其位置应便于展品运送，有自然通风及采光。

2. 修理室

宜设在北向，且与库房及展厅联系方便。窗地面积比应不小于 1/4，有自然通风及采光。

3. 消防控制中心

应设在底层且靠近次要出入口的位置，以便与室外联系方便。

4. 监盗控制室

位置要求与展厅及保安办公、行政办公联系方便。

5. 装卸车间

要保证展品快速装卸及运送。

第六节 观 演 建 筑 设 计

一、剧场建筑

（一）剧场的类型与组成

1. 剧场的类型

（1）按照演出剧种，剧场可分为：

1）歌舞剧场：以演出歌剧、舞剧为主，演出时场面较大，演员人数多，演员活动范围

大，要求有较大的舞台平面尺寸和空间，允许观众视距稍远，观众厅容量也可较大。

2）话剧剧场：话剧演出比较接近生活实际，它主要靠演员的语言道白及表情神态来感染观众，因此，为使观众能看清演员的表情和动作，观众视距不宜过远，观众厅容量也不宜过大。

3）戏曲剧场：戏曲剧场演出京剧及各种地方戏。我国幅员辽阔，文化悠久，在历史的长河中，各地都形成了当地群众所喜闻乐见的地方戏曲。这些戏曲与京剧有共同的特点，即表演较程式化，服装、化妆色彩鲜艳，动作概括、洗炼、夸张、布景简单，属"写意式"，演出不需要较大的舞台，观众视距也不宜太远，观众厅容量也不宜太大。

4）其他剧场：其他剧场有专供音乐演奏的音乐厅，演出木偶、皮影的专用剧场，演唱评弹等的曲艺场，说书的书场以及杂技场、马戏场等。这些演出在演出规模上和观众厅容量上差异较大，在使用上各有特殊要求，设计时要分别予以满足。

（2）按照观众厅容量，剧场可分为：

1）特大型：观众厅容量在 1601 座以上；

2）大型：观众厅容量在 1201～1600 座；

3）中型：观众厅容量在 801～1200 座；

4）小型：观众厅容量在 300～800 座。

在确定规模时，要考虑剧场类型。话剧、戏曲剧场规模不宜超过 1200 座，歌舞剧场不宜超过 1800 座。

（3）按照质量标准，剧场可分为特等、甲等、乙等、丙等四个等级。特等剧场指代表国家级水平，其质量标准按具体情况确定，其他三个等级的剧场应按其质量标准设计和建造。不同等级的剧场的耐久年限和耐火等级见表 7-21。

表 7-21　　　　　　　　　不同等级剧场的耐久年限和耐火等级

等　　级	主体结构耐久年限	耐　火　等　级
甲　　等	100 年以上	不低于二级
乙　　等	50～100 年	不低于二级
丙　　等	25～50 年	不低于三级

2. 剧场的组成

剧场由观众使用部分、演出及演出准备部分以及管理、辅助部分等组成，各组成部分的内容因剧场规模、等级及演出剧种而异。

（1）观众使用部分：主要有观众厅、门厅、休息厅、存衣室、小卖部、厕所等。有的剧场还设有贵宾室及相应的辅助用房。

（2）演出及演出准备部分：演出部分有舞台（主台、侧台）、乐池及技术设备用房（灯光控制室、电声控制室、效果室等以及兼放映电影时需设置的放映机室、倒片室、电气室等）。

演出准备部分又称后台，包括化妆室、服装室、乐队休息室、候场室、小道具室、卫生间以及排练厅、美工室等。

（3）管理、辅助部分：管理部分有办公室、会议室、值班室、库房、售票室等。辅助部分有变配电室、锅炉房、空调机房等。

各组成部分及其功能关系见图 7 - 141。

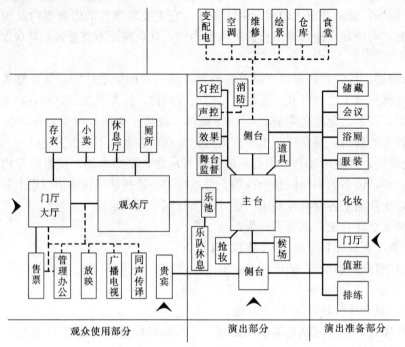

图 7 - 141　剧场组成及功能关系

（二）建筑用地与总平面设计

1. 建筑用地

剧场建筑用地应满足以下要求：

（1）应符合城市规划要求，合理布点，剧场建筑是一个城市或地区的文化、艺术活动中心和标志，对城市及地区面貌具有重要作用，在城市规划上应有其相应的重要位置，既要防止在城市中过于集中，又要为剧场创造一个良好的经营条件。

（2）要有良好的交通条件。剧场是人流量大而集中的场所，方便的交通和通畅的疏散十分重要。为此，剧场建筑至少要有一面临街或通向街道的空地。临街的道路宽度应不小于剧场安全出口的总宽 。

（3）要有较安静的环境。剧场要远离道路干线、铁路干线、噪音大的工厂以及飞机起落必经的空域，以避免各种噪声的影响和干扰。

2. 总平面设计

在确定的用地范围内，要作好剧场的总平面设计，以创造一个良好的环境。总平面设计中应处理好以下问题：

（1）功能分区明确。按照功能关系，剧场总平面可划分为三个区：观众活动区，演出活动区及辅助、设备用房区。观众活动区要解决好观众集散场地、车辆（汽车、自行车）停放场地以及适当的绿化美化设施；演出活动区主要为演员活动、布景道具的出入、演出人员食宿等用；辅助、设备用房区主要是设锅炉房、变电室、空调机房等。三部分应有明确的分区，互不相扰。

（2）组织好人流和货流。观众和演员、人流和布景运输及后勤运输要分流，观众进、散场路线应明确、短捷，在剧场的出入口前应留有足够的集散广场或疏散缓冲空间，并将这些用地与城市街道衔接，以保证观众迅速、安全地疏散。

（3）环境绿化和美化。要精心组织绿化、水面、室外照明、广告画牌、雕塑小品等，为观众创造良好的环境。在南方及有条件的地区，将室外庭园与建筑组织在一起，可丰富空间层次，美化建筑环境。

（三）观众厅设计

观众厅是观众观看演出的场所。设计观众厅就是要为观众创造一个看得清、听得好、集散安全、环境舒适的空间。这需要正确选择观众厅的平、剖面形式，妥善布置座位和通道，选择合适的内部装修，并解决好结构、照明、采暖、通风等技术问题。

1. 观众厅平、剖面形式

（1）观众厅平面形式：观众厅平面形式多采用规则的几何形，常用的有矩形、钟形、扇形、六角形、马蹄形及圆形等。

1）矩形平面：矩形平面形状规整、结构简单、施工方便，大厅内声音分布均匀，有效地利用侧墙面作声反射；但随着跨度增大，观众厅前部会出现前次反射声的空白区，同时，台口两侧会出现有效视角范围以外的偏座。跨度越大，偏座面积也随之增大。故矩形平面只适用跨度不大的中、小型剧场［图 7-142（a）］。

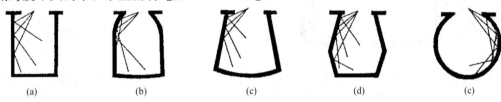

（a）　　　　　（b）　　　　　（c）　　　　　（d）　　　　　（c）

图 7-142　观众厅平面形式

2）钟形平面：钟形平面是矩形平面的改进。它将台口两旁的侧墙收拢，减少了两侧偏座，保留了矩形平面的其他优点，故应用很广。这种形式适用于中型剧场［图 7-142（b）］。

3）扇形平面：在相同的视距和视角条件下，扇形平面较矩形和钟形平面可得到更大的容量。但当侧墙与纵轴线夹角大于 10°时，两侧偏座增加，后部两角区将缺少反射声。因此，为保证视听效果，侧墙与纵轴线夹角不宜大于 10°。由于扇形平面前后跨度不同，结构与施工均较复杂［图 7-142（c）］。

4）六角形平面：将扇形平面切去后部两角即成六角形平面。它相当于取消了扇形平面后部的偏远座，因此，六角形平面具有较好的视听条件，但结构和施工也较复杂［图 7-142（d）］。

5）马蹄形及圆形平面：马蹄形平面与六角形平面相似，具有最佳的座位分布，无偏远座位。圆形平面则有少量偏座。这两种平面墙面呈弧形，声音沿墙面反射容易造成声场不均匀及形成声聚焦，因此，采用这两种平面时，应做仔细的声学设计和处理，防止出现声缺陷。这两种平面结构及施工均较复杂［图 7-142（e）］。

同等视距条件下各种平面形式的比较见图 7-143。

（2）观众厅剖面形式。按照有无楼座及楼座形式，观众厅剖面可分为以下形式：

1）无楼座：无楼座观众厅用于观众数量不大，一般在 1000 座以下。它结构简单、施工方便、造价较低，其地面可做成逐渐升起的曲线式，称为池座［图 7-144（a）］。当地面升起较高时，采用曲线式地面将会影响观众通行及座椅安装，这时应采用台阶式地面，称为散座 [图 7 - 144 (c)]。也可在观众厅前部做成曲线式，后部作成台阶式 [图 7 - 144 (b)]。散座式地面总的升起较高，采用时要注意利用地面升起后的下部空间，如用作前厅或某些辅助用房。若能利用地形高差，则会更经济。

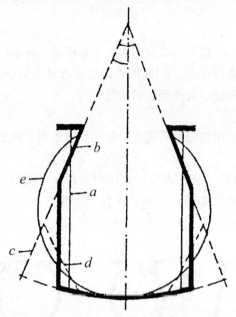

图 7 - 143　相同视距下各平面形式的比较

a—矩形平面；b—钟形平面；c—扇形平面；

d—六角形平面；e—圆形平面

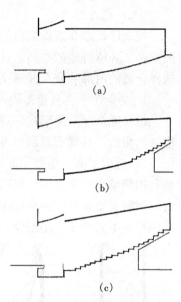

图 7 - 144　无楼座观众厅剖面

2）单层楼座：观众厅容量超过 1000 座时应考虑设置楼座。设楼座会增加观众厅高度，并增加结构和施工的复杂性，但它换取了合理的视距和不过多增加观众厅平面尺寸，故大、中型剧场多设有楼座，尤以单层楼座采用较为普遍。

3）多层楼座：即沿观众厅高度设置二、三层楼座。它使观众厅空间增高，观众俯角增大，结构、施工复杂，一般较少采用。

楼座的剖面形式如图 7 - 145 所示。

2. 观众厅座位排列

（1）座位排列方式：观众厅座位通常采用带靠背的固定座椅，其排列方式有短排法和长排法两种。

1）短排法：短排法是应用十分广泛的座位排列方法，它由 3~4 条纵走道和 2~3 条横走道组成人行疏散通道，走道之间安排座位（图 7 - 146）。

①走道宽度：观众厅内各走道宽度应满足前排观众距舞台前沿不小于 1.5m，有乐池时距乐池栏杆不小于 1m；中间横走道及中间纵走道不小于 1m；边走道不小于 0.8m，走道总宽度还应按照防火规范中每百人不小于 0.6m 的规定加以核算。纵走道坡度大于 1：10 时，地面应作防滑处理，坡度大于 1：6 时应作高度不大于 0.2m 的台阶。

②排数及座位连排数：为了方便通行及安全疏散，两横走道之间座位排数不应超过 20 排，靠后墙设置座位时，横走道与后墙之间不应超过 10 排。连排座位两侧有走道时，座位

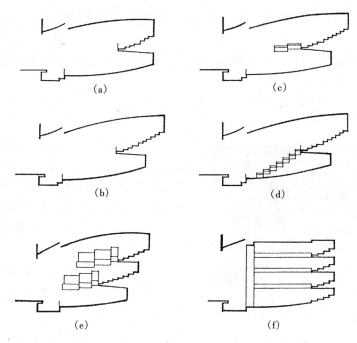

图 7-145 楼座剖面形式

连排数可不超过 22 个；一侧有走道时不超过 11 个，当超过上述限额时，每增加一个座位，排距应增大 25mm。

③排距与座位宽：座位排距应使坐着的观众前留有一定空间，以便其他观众能侧身出入。对硬座椅排距应不小于 0.78m，软座椅排距不小于 0.82m，台阶式地面的座椅排距应适当增大，以保证椅背到后面一排最突出部位的水平距离不小于 0.3m（图 7-147）。通常采用排距不小于 0.85~0.90m。

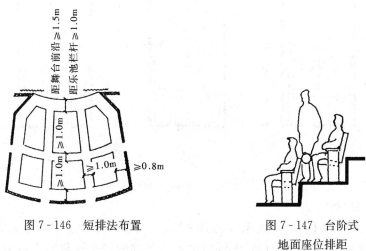

图 7-146 短排法布置

图 7-147 台阶式
地面座位排距

靠后墙设置座位时，池座及楼座最后一排座位排距应加大 0.12m 以上。

硬座座椅宽度不宜小于 0.48m，软座座椅宽度不小于 0.5m。

2）长排法：与短排法不同的是，长排法取消了中间的纵横走道，只设两侧边走道，从而使观众厅内部空间完整，并增加了较好视线范围的座位数，观众入场与疏散均通过侧厅与边走道以及在排距间进行。为此，长排法需加大排距，对硬座椅排距应不小于 0.9m，软座椅排距不小于 1.0m。

长排法座位连排数，当座位两侧有走道时不得多于 50 座，一侧有走道时不得多于 25 座。边走道宽度应不小于 1.2m。

长排法由于是从观众厅两侧组织观众出入和疏散，故应适当增设两侧的疏散门。这时应注意调整各出入口与侧厅的地面标高关系（参见图 7 - 148）。

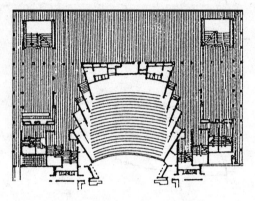

图 7 - 148　长排法布置

（2）座位排列曲率：为使观众尽可能面对舞台表演中心，减少观众在观看演出过程中头部转动幅度，在排列座位时应使每一横排面向舞台成一定曲率。曲率半径通常取 2 倍观众厅长度，或将曲率半径取在舞台后墙中心［图 7 - 149（a），（b）］。也可在中间横走道前后分别取不同的曲率半径或横走道前按曲率排列、横走道后按直线排列，形成靠近出口处走道变宽，有利于人流疏散［图 7 - 149（c）］。

（3）观众厅面积指标：观众厅每座面积是衡量观众厅设计是否经济、合理的一个指标。它受座位类型（硬、软座）、排列方式、排距大小以及走道面积等因素的影响，这些因素又与剧场等级密切相关。通常不同等级剧场观众厅面积指标为：

甲等剧场不小于 $0.7m^2/$座；乙等剧场不小于 $0.6m^2/$座；丙等剧场不小于 $0.55m^2/$座。

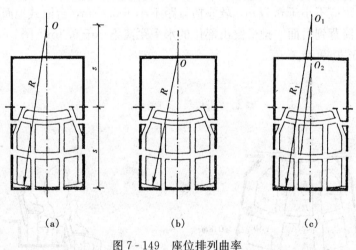

(a)　　　　　　　　　　(b)　　　　　　　　　　(c)

图 7 - 149　座位排列曲率

3. 观众厅视线设计

视线设计主要解决以下问题：确定合理视距和视角，计算地面升起，以保证观众看清、看好。

（1）视距：根据人眼生理特性，人眼能够看清景物的最小视角为 1′，因此把 1′ 看作人眼的最小明视角。一般演员的手指、眼、眉等约为 1cm 左右，据此可从下式得出观看演出的最远视距（图 7 - 150）。

$$tg1' = 1/s$$
$$S = 1/tg1' = 1/0.0003 = 3333.3 = 33.3m$$

考虑演出剧种的差异，最远视距可以允许有伸缩，如话剧和京剧演出，重在道白和表情，不宜大于28m；歌舞剧演出动作幅度大，以歌舞为主，可不大于33m；电影和音乐可不大于36~40m。

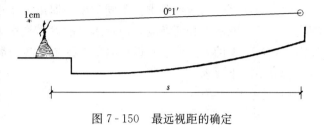

图 7-150　最远视距的确定

（2）视角。

1）水平视角：观众视线与舞台台口两侧边所构成的夹角为水平视角，水平视角应有一个合理的范围，以便在该范围内布置观众席。

人眼水平视野一般在30°~40°，转动眼球可达60°，当水平视角小于30°时，台口内外景物都将进入视野，这会影响观看演出的注意力。水平视角大于60°时，观众观看演出需要转动头部，故30°~60°是适宜的水平视角。但实际上人们观看演出时还是宁愿转动头部，以便离演员更近些，看得更清楚些。考虑到人头部转动的舒适角度是90°，故最前排观众水平视角宜控制在不超过120°（图7-151）。

2）水平控制角：从舞台天幕中心向台口两侧边连线所构成的夹角为水平控制角。用它可控制偏座，一般控制在40°~50°（图7-152）。但由于演出剧种繁多，各种演出的表演区和景深各异，各剧场台口、台深的差异也很大，故水平控制角只是个参考值。实际设计时应使所有观众能看到舞台表演区的全部，如条件限制，也应使最偏座位的观众能看到80%的表演区。

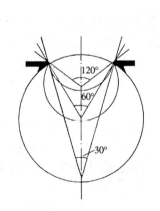

图 7-151　水平视角

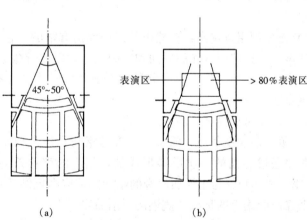

（a）　　　　　　　　（b）

图 7-152　水平控制角

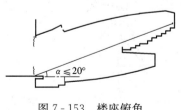

图 7-153　楼座俯角

3）俯角：楼座最后排观众视线与大幕在舞台面投影线中点的连线和舞台面所构成的夹角称俯角。从视角生理的特点来看，俯角超过30°时观众分析形状的能力迅速减弱，同时，俯角增大会使楼座座位升起过陡，观众上下出入都不安全。因此，楼座最后排观众俯角应不大于20°（如图7-153）。

4. 观众厅音质设计

观众厅音质好坏关系到剧场设计的成败，良好的观众厅音质对演员演出会起到鼓舞作用，观众能得到美的感受。

　　(1) 观众厅音质设计要求：不同类型的演出要求的音质标准是不同的，如话剧、电影、演讲需要足够的响度和清晰度，而音乐、歌舞需要声音丰满、融合；观众厅作多种用途时，还需满足声学上的多样要求。设计时要根据主要演出类型有所侧重。一般来说，观众厅音质设计应满足以下要求：

　　1) 足够的响度；

　　2) 较高的清晰度和适当的丰满度；

　　3) 无回声和聚焦等声缺陷；

　　4) 无噪声干扰。观众厅声音响度直接影响清晰度和其他听觉效果。响度下限水平取决于观众厅内的环境噪声，通常情况下观众厅内噪声约为 45dB 左右，当声响超过背景噪声 10dB 以上，演出声才不致被淹没，故厅内响度级应达 60~70dB。为此，应适当控制观众厅面积和容积，并设计合理的观众厅体型，以防止演出声响的过多衰减。

　　清晰度和丰满度与混响时间关系密切，过短的混响时间意味着厅内吸声量过大，声音减弱，从而影响清晰度；过长的混响时间会使声音含混不清。丰满度需要一定的混响时间，特别是低频声混响时间适当加长会使声音悦耳动听。

　　声缺陷与大厅体型有关，大厅体型设计不合理是声缺陷的主要根源。

　　噪声干扰来自环境噪声及设备噪声。环境噪声的解决有赖于合理选址及在总平面布置中避免噪声源或设声闸等措施；设备噪声的隔绝则需要采取一定的构造措施。

　　(2) 观众厅体型设计。观众厅体型设计的任务就是选择合理的平、剖面形式及设计厅内各局部墙面、顶棚的具体形式和尺寸，以得到一个能获得优良音质的观众厅体型。设计中应注意以下要求：

　　1) 充分利用直达声：自然声的声功率是有限的，在传播过程中衰减很快。为了充分利用直达声，应控制观众厅的平面和空间尺寸，以使听众尽量接近声源。舞台上自然声源高度较低，声音在传播过程中很容易被观众遮挡，且声音在掠射过观众头部时被大量吸收，因此，观众厅地面升起不宜太小，以防止直达声被遮挡和被掠射吸收。地面升起不仅可改善观众厅音质，又可提高观众的视线质量。

　　2) 争取前次反射声：前次反射声是指与直达声相差在 1/20s (50ms) 内的反射声。该反射声是通过界面的一次反射形成的，相应的声程差为不超过 1/20s×340m/s (声速) = 17m (图 7-154)。为了增加声音的亲切感，应多提供延时为 20~30ms 的反射声，这些反射声主要靠声源附近的顶棚及侧墙的反射获得。

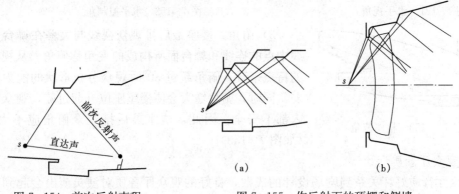

(a)　　　　　　　　　　(b)

图 7-154　前次反射声程　　　　　　　图 7-155　作反射面的顶棚和侧墙

台口附近的顶棚和侧墙只占整个顶棚和侧墙的一小部分，但可以向整个观众厅提供前次反射声。为此，台口上方顶棚不宜太高，两侧墙宜适当收拢（图7-155）。耳光室应作悬挑，以便利用下部侧墙向观众厅中部提供前次反射声；在面光开口处顶棚应作妥善处理，以防止声能消耗在面光开口中（图7-156）。

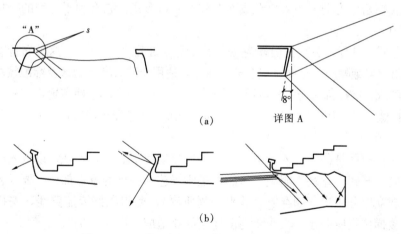

能提供前次反射声的反射面是很有限的。为了能为观众席多提供前次反射声，还可利用台口两侧墙厚做成8°左右的倾角〔图7-157（a）〕及利用挑台栏板、侧包厢栏板等作反射面〔图7-157（b）〕。

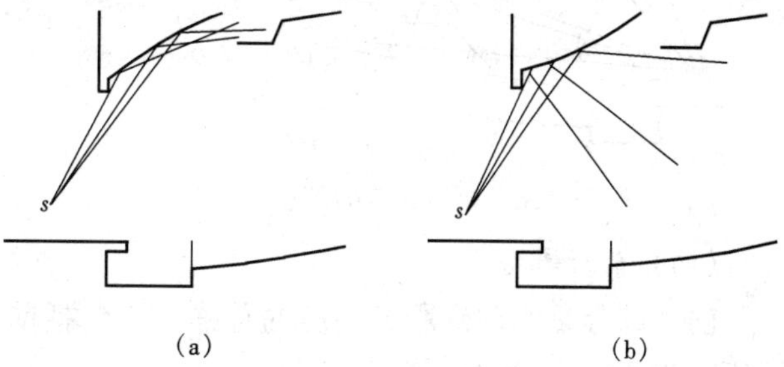

3）注意消除声缺陷：观众厅常遇到的声缺陷主要有回声及声聚焦。

图7-156　台口顶棚的处理

回声是由于直达声与反射声的时差超过50ms（或声程差大于17m）而形成的。容易产生回声的部位有台口处顶棚、楼座及池座后墙和挑台栏板等处（图7-158）。这些部位处理不当就有可能使观众席听到回声，故台口处顶棚净高不宜太大，对观众厅和楼座后墙及栏板可适当调整倾角，或作吸声处理，或作扩散处理，以消除回声。

图7-157　利用台口墙厚及挑台挡板作反射面

声聚焦是由于观众厅天棚或墙面采用了较大曲率而造成的声缺陷（图7-159）。消除声聚焦的办法是在曲面上作声扩散处理，最好是在设计时采用曲率较小的曲面。一般宜采用曲率半径大于大厅净高的2倍以上。

4）适当的声扩散处理：对观众厅内表面作适当的声扩散处理，可使声场分布均匀，使声音的增长与衰减都均匀，并使观众听到的声音有如来自四面八方，从而增加声音的立体感。

声扩散处理的办法是在顶棚及侧墙上设置声扩散体，扩散体作成几何多面体，如椎面体、棱柱体等。用于顶棚的声扩散体常用悬吊的预制石膏水泥或钢丝网水泥多面体，侧墙可用砖砌或预制水泥块做成各种形式的多面体。

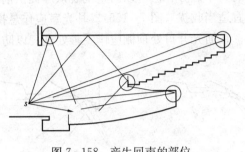

图 7-158 产生回声的部位

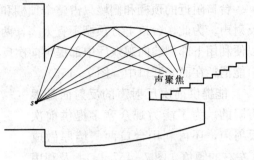

声聚焦

图 7-159 声聚焦的产生

（四）前厅部分

前厅部分是为观众服务用房的总称，它包括前厅、休息厅、存衣处、小卖部、引水处、厕所、售票室、贵宾室等。

1. 前厅部分的布置方式

按照前厅部分与观众厅的相对关系，可布置成前接式、侧接式、全包式及庭院式等多种方式。采用哪种方式要根据剧场总的布置及场地与环境条件而定。

（1）前接式：前厅部分紧靠观众厅后墙布置 [图 7-160（a）]。这种方式实用紧凑，人流路线顺畅、短捷，节省面积，但观众厅两侧对外开门容易受到周围噪声影响。

（2）侧接式：前厅部分从一侧面或相邻两面与观众厅连接 [图 7-160（b）]。这种布置适合从侧面或转角作为剧场的入口形成不对称的入口形式。它有利于造型的变化，但出入口人流比较集中。

（3）全包式：前厅部分从三面环绕观众厅布置 [图 7-160（c）]。这种布置有利于观众厅的隔热、保温及隔绝噪声，且便于观众分散休息，适用于北方寒冷地区及标准较高的剧场。

（4）庭院式：前厅部分与室外庭院结合 [图 7-160（d）]。这种布置将室外庭院组织在一起，活泼、自然，可增加建筑空间的层次，有利于观众休息和环境美化，较适合于南方地区。

2. 前厅、休息厅

（1）前厅：前厅是剧场的入口中心，也是人流集散中心，它给观众以进入剧场后的第一印象。前厅应当开阔、宽敞、明亮、华丽，是剧场艺术处理的重点部位。要妥善组织前厅空间，安排好观众服务用房（如存衣、饮水、厕所等）；要组织好人流路线，安排好设在前厅内的楼梯。楼梯位置应明显，大小要与前厅空间相适应（图 7-161）。

在设有楼座的剧场，前厅可处理成多种空间形式，尤以各种形式的通厅结合设置各种夹层、回廊。它可使前厅空间丰富、生动。这些夹层和回廊既是联系通道，又是观众流连、休息的场所，与大厅共同形成一个共享空间。

当观众厅池座和楼座的后墙在同一垂直面时，前厅可有较完整的空间。根据空间大小，厅内可设或不设柱列，空间也可高可低，可设或不设夹层。

当楼座的一部分深入前厅，这时楼座后墙由前厅内的柱列支撑，楼座下的部分空间可作夹层（图 7-162、图 7-163）。楼座后部较大时也可利用后座部分下面的空间做前厅的主要空间，而将夹层做在相反的入口一侧（图 7-164）。

夹层临空的一侧可做成直线形、曲线形或其他形式的边界。上下夹层的楼梯位置、形式也可有各种变化（图 7-165）。

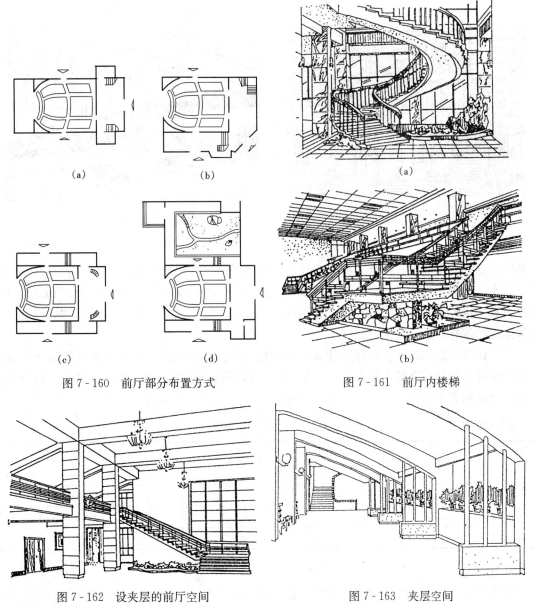

图 7 - 160 前厅部分布置方式

图 7 - 161 前厅内楼梯

图 7 - 162 设夹层的前厅空间

图 7 - 163 夹层空间

前厅中由于结构需要而设的柱列是前后空间组成中不可忽视的内容，应对其柱距、尺度、上下比例及柱面装修等做仔细推敲。前厅各部装修（如墙面、地面、顶棚等）、色彩、吊灯、壁画、门窗帘以及引入室内的绿化、水面、雕塑、小品等都要作统一考虑，以创造整体、和谐、优美的内部空间环境。

（2）休息厅：休息厅是演出前

图 7 - 164 夹层设于入口一侧的大厅空间

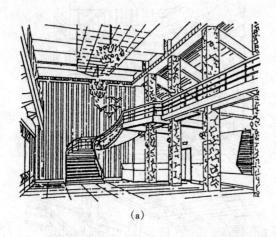
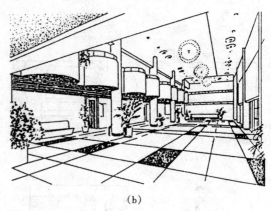

（a）　　　　　　　　　　　　　　　　（b）

图 7 - 165　夹层栏杆（板）形式

及幕间休息供观众等候、休息、社交的场所。休息厅的位置要便于观众出入；与观众服务用房（饮水、小卖、厕所等）要有方便的联系；休息厅应当有良好的天然采光和自然通风。厅内可设置一定数量的坐椅、沙发等。有条件时，可将休息厅与室外庭院、绿化等结合，形成内外连通的休息环境。

（3）休息厅面积指标：前厅、休息厅面积根据剧场等级而定。前厅和休息厅也可合设，以形成集散人流与观众休息相结合的集中大厅；还可兼做其他用途，如举办展览、舞会等。各面积指标见表 7 - 22。

表 7 - 22　　　　　　　　　　　前厅、休息厅面积指标　　　　　　　　　　（m²/座）

名　称	剧场等级	甲　　等	乙　　等	丙　　等
前　　厅		.≥0.3	≥0.2	≥0.12
休　息　厅		≥0.3	≥0.2	≥0.12
前厅、休息厅合一		≥0.5	≥0.3	≥0.15

3. 售票处

售票处可在前厅或剧场建筑外独立设置。独立设置时，一般设在围墙大门旁或一角。设在前厅时，其售票窗口直接对外，内部设门与前厅相通。这种布置内部联系和管理方便，但入场观众与购票、等候人流相混，外部秩序较乱。而独立售票室对外管理方便，入场观众与售票人流不相混，但内部联系较不方便。独立售票室应设工作人员休息室，并在售票口前留出观众排队等候的面积，以免影响公共交通（图 7 - 166）。

4. 观众用厕所

观众用厕所常设在前厅或休息厅附近，其位置既要便于寻找，又要适当隐蔽。也可利用前厅部分的地下层，以充分利用观众厅地面升坡后的地下空间，或将厕所独立建在剧场建筑附近，并用通廊相连。采用哪种布置形式依具体情况而定。厕所应设前室，厕所门不得直接开向观众厅，室内应有良好的天然采光和自然通风。设楼座时，应为楼座观众分设厕所。

使用厕所的观众男女比例可按 1：1，其卫生器具使用标准见表 7 - 23。

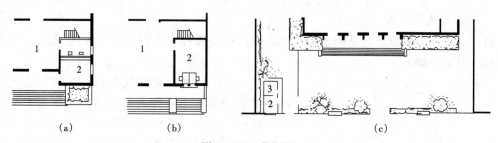

图 7 - 166　售票处

1—大厅；2—售票处；3—休息室

表 7 - 23　　　　　　　　　观众用厕所卫生器具使用标准

类别 卫生器具	男	女
大 便 器	每 100 座一个	每 40 座一个
小 便 器	每 40 座一个（折合 0.6m 长小便槽）	—
洗 手 盆	每 150 座 一 个	

5. 其他用房

剧场应设吸烟室，面积可按每座不少于 $0.07m^2$，但总面积不少于 $40m^2$；设有存衣处、小卖部或冷饮部时面积应不小于每座 $0.04m^2$。贵宾室的设置应根据剧场等级及具体需要而定。布置应紧凑，位置宜靠近观众厅前部，并设单独对外出入口。

（五）舞台部分

1. 舞台类型

剧场舞台可分为两类：箱形舞台和开敞式舞台（伸出式舞台、岛式舞台等），如图7 - 167。

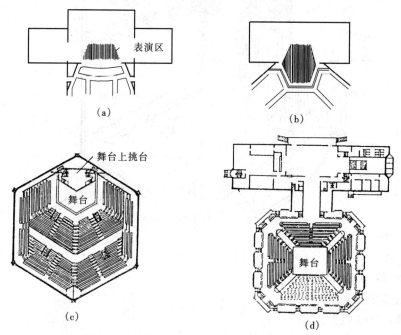

图 7 - 167　舞台类型

（a）箱形舞台；（b）、（c）伸出式舞台；（d）岛式舞台

2. 舞台组成及要求

目前，我国大多数剧场还都采用箱形舞台，箱形舞台由主台（基本台）、侧台、后舞台等组成（图7-168）。

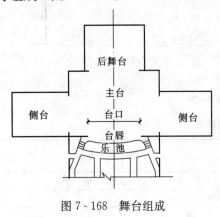

图7-168　舞台组成

（1）主台。主台又称基本台，是演员演出场地和主要活动场地。主台大小应与剧场等级、演出剧种、观众厅容量、舞台设备等相适应。主台上部设有栅顶，下部根据需要可设台仓，中间沿高度方向设有多层工作天桥，以及悬吊景片的吊杆、供演出用的大量灯具等。主台面向观众设有台口，舞台地面伸出台口部分是台唇，台唇下常设有乐池（图7-169）。

1）主台基本尺寸。

①台深。台深由以下部分组成（图7-170）：

台口深：小型剧场只设一道大幕时约需0.3m，大、中型剧场设三组幕（大幕、檐幕、纱幕）时，约需0.6m，设置假台口时需1.4~1.6m。

表演区：表演区所需深度与演出剧种有关。

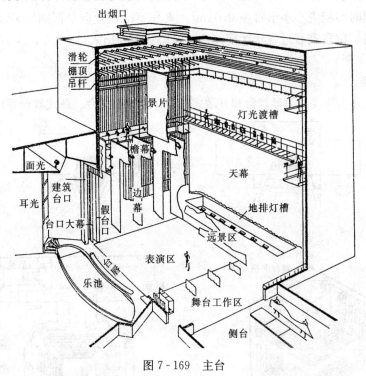

图7-169　主台

京剧、话剧：6~10m。

歌剧、歌舞剧：6~12m。

大型芭蕾：15m以上。

中远景区：为布景区，约需3~5m。

天幕幻灯区：用幻灯向天幕投射背景画面，约需3~4m。

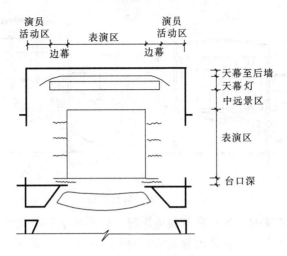

图7-170　舞台平面尺寸的确定

天幕至舞后后墙：需0.9~1.0m，为通行用。

②台宽。

表演区：京剧、话剧需10~14m，大型歌舞需14 m以上。

侧幕：需3 m左右，遮挡观众视线用。

演员活动区：需3~4m。

单式吊杆装置所需宽度：需0.6m。

不同类型及规模的剧场主台平面尺寸可参照表7-24选用。

表7-24　　　　　　　　　　　　主 台 平 面 尺 寸　　　　　　　　　　　　（m）

剧　　种	观众厅容量（座）	宽	进　　深
歌舞剧	1200~1400	24~27	15~21
	1401~1600	27~30	18~21
	1601~1800	30~33	21~24
话　剧	500~800	18~21	12~15
	801~1000	21~24	15~18
	1001~1200	24~27	15~18
戏　曲	500~800	15~18	10~12
	801~1000	18~21	12~15
	1001~1200	21~24	15~18

③舞台净高。

舞台净高指舞台面到栅顶下皮或屋架下弦的高度。它应满足两个方面的要求，一是提升高度的要求，即能把相当于台口高的幕布和软景提升到台口上方；另一是视线遮挡的要求，即提升上去的软景要不被前排观众看见，这就要求主台高度应不小于台口高的2倍加不少于2m［图7-171（a）］。若主台高度能达到台口高度的2.5~3倍，可将檐幕沿舞台纵深斜向梯形布置，以获得开阔的场景［图7-171（b）］。

2）台口。台口尺寸应与演出剧种和剧场规模相适应。通常，台口宽度应不小于表演区

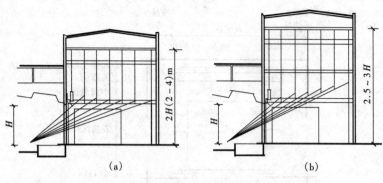

图 7 - 171 舞台高度

宽,并不小于观众厅宽度的一半;在兼放电影时,应不小于银幕宽度。

台口高与吊景尺寸有关。立体硬景最大高度约 6~7m,银幕高一般不超过 6m。在有楼座时,台口高度应使楼座最后排观众能看到天幕高度的 2/3 以上。

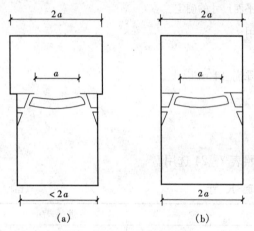

图 7 - 172 台口宽度要求

确定台口尺寸时还应注意台口与主台、观众厅宽度的关系,最好使主台宽度大于观众厅宽度。要注意台口本身的高宽比例,要设法减少台口的镜框感,如取消台口四周繁琐的装饰和线条,减少台口与其他墙面和云棚的色彩反差等。台口尺寸如图 7 - 172 所示。

3)台唇。舞台延伸出大幕以外的部分称台唇,它用于演出,是演员报幕、谢幕、换幕时的场地。台唇应有一定的宽度,通常台唇边沿至台口线(台口内侧墙或柱边线)的距离应不小于 1.2m,台唇场做成弧形外沿外线舒展流畅,两侧端设有 0.8~1.0m 宽的台阶,供上、下舞台用。如图 7 - 173 所示。

4)台仓。舞台地面下加以利用的空间为台仓。台仓可用作表演特技效果、改善音质、做储藏空间以及通行风道、管道等。机械化舞台必须设台仓,转台、升降台等机械设备都设在台仓内,电动大幕及防火幕机房也常设在台仓内。

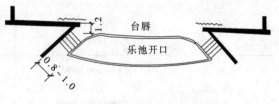

图 7 - 173 台唇

(2)侧台。侧台也称副台,供存放布景、道具及迁换布景用。景片可搭在侧台内的车台上,换景时推向主台,以加快换景速度。

根据舞台规模及场地环境,侧台可设在主台前部的一侧或两侧,两侧设台使用方便,换景时上、下景片互不干扰。

侧台总面积应不小于主台面积的 1/3,其宽度应较主台台口宽 1~2m,深度应不小于表演区深,一般可为主台深的 1/2~2/3。为便于拼装景片,侧台净高应不低于 7m,考虑靠搭景片出入方便,通向主台的侧台口净高应不低于 6m。设有车台时,侧台面积除满足车台停放外，还应有存放和迁换景片的工作面积，侧台口净宽应不小于车台总宽加1.2m。侧台口最好设防火幕，利用防火幕可防止侧台拼装布景对演出的影响，同时可缩小舞台空间，减少演员声能损失，防止火灾蔓延。

侧台应设有对外大门，以通行布景、道具等。门外应设装卸平台，平台与汽车箱底板同高（距地1m左右），以便汽车停靠。大门净宽应不小于2.4m，净高不小于3.6m。也可在大门外设坡道，便于汽车直接开入侧台。这时大门宽应不小于3.5m，高不小于4.5m。外门应不透光，寒冷地区应保温。侧台布置如图7-174所示。

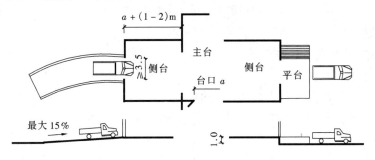

图7-174　侧台

（3）后舞台。后舞台用于延伸景区和表演区，需要时可在后舞台假设背景灯光或用放映机投向天幕，平时存放布景或做排练厅。

后舞台宽度应不小于主台台口宽，深度不小于宽度的一半。后舞台在国外剧场应用较广。随着舞台布景及灯光技术的发展，后舞台的作用已逐渐减小，我国多数剧场无后舞台。后舞台布置如图7-175所示。

3. 乐池

乐池位于舞台与观众之间低于舞台面的凹池中，供演出时乐队伴奏及合唱、伴唱用。

乐池的大小取决于乐队及合唱队的规模。乐队及合唱队的规模又取决于演出剧种及剧目的需要。

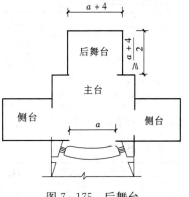

图7-175　后舞台

按剖面形式，乐池可做成开敞式或半开敞式。开敞式乐池的上部开口宽与底部宽相近，故乐池深可不受台唇影响，乐池能较好地传出音响，但这种形式将加大前排观众的视距及增加观众厅长度。半开敞式乐池为部分开敞，部分伸入台唇下部，其开敞部分的开口应不小于底部宽度的2/3且不小于3m，以保证音响能顺利传出。伸入台唇下面的部分，净高应不低于1.8m，且底面距舞台面不宜大于2.2m。这种形式对观众厅长度增加不多，但应用较广。乐池形式如图7-176所示。

4. 舞台机械设备和设施

舞台机械设备是提高演出效率和加强演出效果的重要保证。舞台机械设备分为台上机械设备（假台口、吊杆等）和台面机械设备（车台、转台、升降台等）。台上机械设备的安装、操纵和维护需要由天桥、栅顶等设施予以保证。它们是舞台设计的重要组成部分。在剧场建筑设计之前应由有关专业人员先做出舞台部分工艺设计，以便与建筑设计相配合。

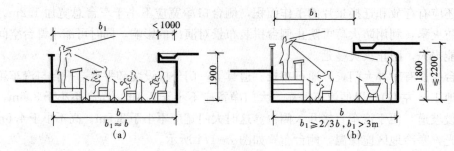

图 7-176　乐池形式

二、电影院

(一) 电影院的组成、规模和等级

1. 电影院的基本组成

包括一个或数个观众厅和以此为核心的门厅、休息厅、放映机房，另外还有办公、美工、厕所、空调机房等附属房间，以及录像厅等多种经营用房。其组成及功能关系如图7-177所示。

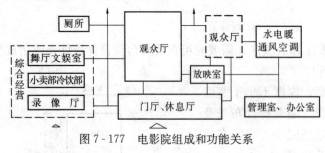

图 7-177　电影院组成和功能关系

2. 电影院的规模

电影院的规模根据座位数的多少可分为四级：

(1) 特大型：1201座以上；

(2) 大型：801～1200 座；

(3) 中型：501～800 座；

(4) 小型：500 座以下。

3. 电影院的等级

电影院建筑的质量标准可分为特、甲、乙、丙四等。特等电影院有特殊的重要性，其要求根据具体情况另定。甲、乙、丙等电影院的综合要求见表7-25。

表 7-25　　　　　　　　　　电 影 院 等 级

等　级	主体结构耐久年限	耐火等级	视 听 设 施	通风和空调设施
甲　等	100 年以上	一、二级	放映 70/35mm 立体声影片	应有全空调设施
乙　等	50～100 年	二 级	放映 35mm 立体声影片	空调或机械通风
丙　等	25～50 年以下	三 级	放映 35mm 单声道影片	机械通风，中小型也可自然通风

注　1. 其他卫生设备、装修、座椅等也应与相应的等级匹配。

　　2. 以上等级标准是建筑标准，着重土建与设施方面，而在电影工艺（视点、视距、视角等）方面的要求则另见[7]。各地电影公司在经营管理上另有等级标准。

(二) 电影院的设计要点

(1) 电影院属公共集会类建筑，首先应保证安全、卫生，严格执行《建筑设计防火规范》，务使疏散畅通、观众人流与内部工作流线划分明确。

(2) 规划及选址中，应结合城镇交通、商业网点、文化设施等因素综合考虑。观众厅容量宜以中型为主；当建筑规模较大时，也可分设若干个大小不一的观众厅，同时放映不同的电影。

(3) 在布置平面与组织空间时，应以观众厅为核心，合理布置门厅、休息厅、放映机房、疏散通道、过渡空间以及其他文娱游憩设施。剖面设计要结合平面，着重解决好观众厅的视、听条件及地面坡度以及疏散路线的高差，创造舒适而有观赏价值的室内空间。

（4）立面造型及室内装修不仅要有娱乐气氛，也应反映文化建筑的特色。

（三）电影院总平面设计

1. 总平面设计的基本原则

（1）专业电影院的选址应从属于当地的城镇建设规划，兼顾人口密度、组成及服务半径，合理布点。甲等电影院应作为所在城市的重点文化设施，置于城市主要地段。乙、丙等电影院也应便于为所在城区服务。

（2）专业电影院总平面应功能分区明确，观众流线（车流、人流）、内部路线（工艺和管理）明确便捷、互不干扰；充分满足防火疏散的要求；另外，还应满足卫生、排水、降噪和美化环境的要求，并应考据足够的停车面积。

（3）大型和特大型电影院的观众厅不宜设在三层及以上的楼层内。

（4）独建专业电影院主体建筑及其附属用房的建筑密度宜为 25%～50%（不包括工作人员的福利区）；较小的密度可以获得较好的日照、通风、绿化和休息条件。

（5）电影院主要入口前道路红线宽度：中小型应不小于 8m；大型应不小于 12m；特大型应不小于 15m。且道路通行宽度不得小于通向此路安全出口宽度的总和。

（6）电影院主要入口前从红线至墙基的集散空地面积，中小型应按 0.2m²/座计，大型及特大型除按此值外，深度应不小于 10m，二者取较大值（座位数取观众厅满座人数）。当散场人流的部分或全部仍需经主入口一侧离去，则入口空地须留足相应的疏散宽度。

多厅电影院可能有一个以上的入口空地，应按实际人流分配情况计算面积。

除场地特别宽敞外，一般不宜将主入口置于交通繁忙的十字路口。

（7）除主入口外，中小型电影院至少应有另一侧临空（内院或道路）。大型、特大型至少有两侧临空或三侧临空。出入场人流应尽量互不交叉。与其他建筑连接处应用防火墙隔开。临空处与其他建筑的距离宜从防火、卫生和舒适角度考虑，条件差时也必须满足防火间距。如图 7-178 所示。

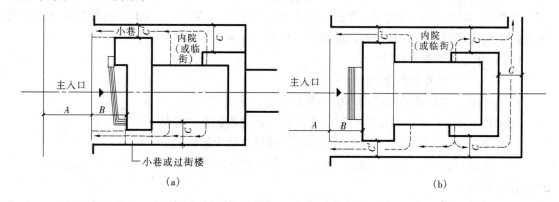

图 7-178　电影院平面总平面布置图
（a）两侧临空；（b）三侧临空
$A \geq 15m$（特大型）$B \geq 10m$（大型、特大型）
$A \geq 12m$（大　型）$C >$ 防火间距
$A \geq 8m$（中、小型）$C' \geq 3.5m$（消防道净宽）

（8）通风或空调、冷冻机房可独立设置，也可接在电影院主体的后侧面，或置于观众厅、门厅的地下室内。采暖地区的锅炉房多单独设置，以减少对电影院的污染和干扰。

（9）以上情况一般适用于独建电影院或独立的多厅式电影院。若合建于其他建筑之内（如大型商场的底层或楼层），仍应从属于该建筑物的总平面要求和防火疏散要求（如电梯、楼梯、自动消防等），以确保迅速、安全疏散至室外或其他防火分区内。

（四）前厅部分

1. 门厅、休息厅

（1）面积和人数计算：根据等级标准，一般在 $0.1\sim0.7m^2$/座幅度内。面积可综合计算，灵活调配。

（2）设计要点：进出交通方便，人流分配合理。如人流经门厅疏散，则应另加疏散宽度，出入分设大门。

（3）适当布置座椅，供部分观众休息。

（4）布置宣传栏、电影广告、画展、交通标志等。

（5）布置售票处及小卖部。

（6）以门厅、休息厅为中心，将观众厅的池座、楼座、放映机房等主要空间联系起来，发挥纽带作用。

（7）有条件时，宜在门厅与观众之间设置一个遮光、隔声闸或过厅，作为过渡空间，稍稍缓冲以后进场。

（8）门厅、休息厅不要设计得过分高大，宜高低变化有致，富有层次。

（9）门厅、休息厅开间一般为 $3.6\sim4.8m$；进深为 $5.1\sim8.4m$（主跨）；层高为 $4.2\sim8.4m$。

门厅、休息厅常见的布置方式如图 7-179 所示。

2. 售票处

售票处一般分为：独建于场址入口处的售票室或厅；在主体建筑内辟一售票间，窗口向室外，上置雨棚，见图 7-180（a）；在主体建筑内专设售票厅，或将窗口开向门厅的售票间，见图 7-180（b）；设岛式、半岛式售票亭，见图 7-180（c）、（d）。售票处应考虑人流通畅，不与入场的人流发生交叉，并设一定的等候面积。

（五）电影院观众厅设计

1. 观众厅平面基本类型

（1）矩形：体形及结构简单，中小型电影院经常采用。

（2）钟形 1：是最为常见的平面形式，近年有缩短加宽的趋势。

（3）钟形 2：又称楔形，与钟形 1 相比，钟形 2 的容量较大。

（4）扇形（底边直线时为梯形）：也是电影院观众厅常用的平面形式，其容量较大，平面利用系数高。

（5）其他：除上述常用平面形式外，有时也根据具体情况采用一些其他平面形式的观众厅，如六角形、八角形、卵形、方形、圆形等。如图 7-181 所示。

2. 电影院平面组合及观众流线

电影院因规模、等级、位置及环境不同，观众厅与门厅、休息厅等公共空间可组合成多种平面，应视具体情况采用。观众出入场应明确便捷，且其他活动人流互不干扰。电影院平

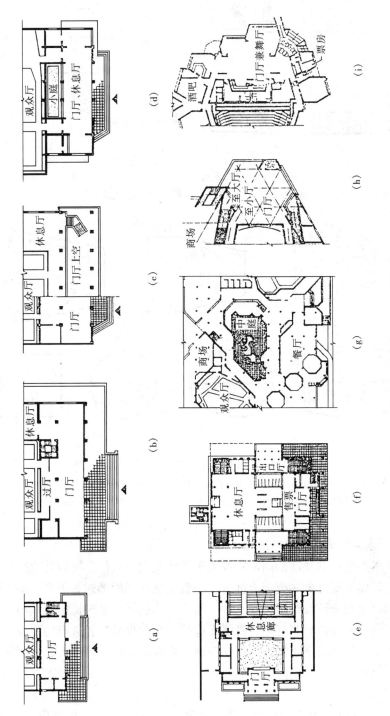

图 7 - 179 门厅、休息厅常见布置方式

（a）常见简单门厅，只起交通作用；（b）门厅延伸为休息厅，并有遮光过厅，几个厅的高度可不同；（c）门厅为两层高或一层半高，由夹层进入楼厅或散座。夹层可在一、二或三、四侧，形成走马廊；（d）横向入场，适于宽而浅的场址。观众厅座位及走道布置应与横向入场的通道相配。（e）庭园式门厅、休息廊（浙江嘉善西塘镇电影院）；（f）下进式门厅、休息厅（匈牙利布达佩斯电影院），门厅、休息厅、出入口均在楼下，观众厅覆盖其上；（g）中庭式门厅、休息厅（杭州市文化中心），中庭地面下沉，一、二、三层各项活动均绕中庭；（h）异形柱网门厅（成都西南影都）；（i）自由式门厅（英国伦敦喜林郡郡文化中心）

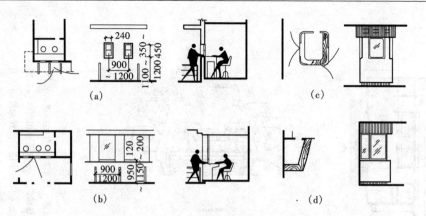

图 7 - 180　售票处

(a) 室外售票口；(b) 室内售票口；(c) 岛式售票亭；(d) 半岛式售票亭

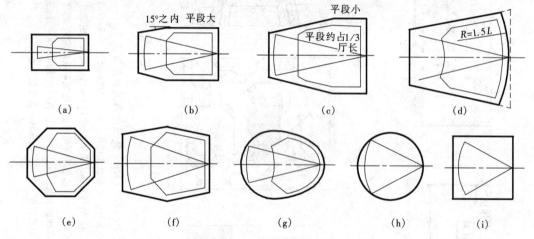

图 7 - 181　一般观众厅平面

注　e、f的偏座较少；g的座席均在优良视区；h、i是近年大视野电影的产物；圆形、卵形、八角形须加强吸声处理。

　　(a) 矩形；(b) 钟形1；(c) 钟形2；(d) 扇形；(e) 八角形；(f) 六角形；(g) 卵形；(h) 圆形；(i) 方形

面组合示例见图 7 - 182。

　　3. 观众厅剖面基本类型及观众流线组织

　　(1) 观众厅剖面基本类型：观众厅剖面形式取决于放映及视线条件，特别是地面升坡等因素。剖面设计是电影院体型设计的主要组成部分。一般观众厅剖面形式如图 7 - 183 所示。

　　(2) 观众厅剖面组合及观众流线组织：观众厅、门厅、休息厅、放映机房及其相互交通关系可产生多种剖面组合，标高也相当复杂。视线无遮挡，影像少畸变和进出场交通流畅是剖面设计的重点。现代电影的视野逐步加大，促使观众厅宽度增加、银幕更大、地面坡度更陡。电影院剖面组合示例如图 7 - 184 所示。

　　4. 观众厅的安全要求

　　(1) 观众厅池座及 50 人以上的楼座至少设两个安全出口（太平门），位置应均匀分布。每一出口平均疏散人数不应超过 250 人。在候场放映制度下，入场门不应作为太平门。

　　(2) 出入口应设事故照明，"太平门"字样应为绿底白字。门宽至少 1.4m，外开，安装安全门闩，严禁上锁。

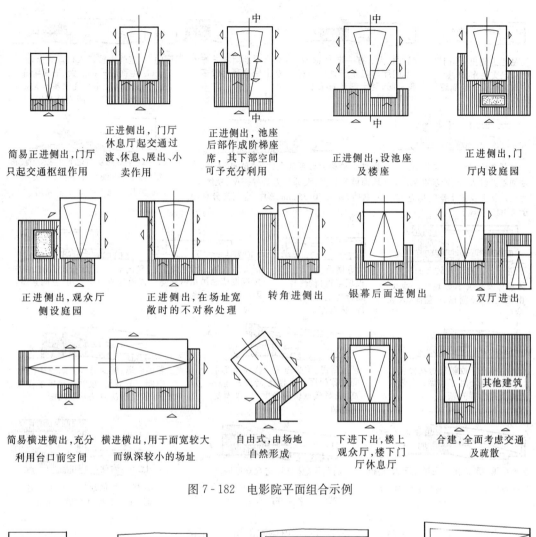

图 7-182　电影院平面组合示例

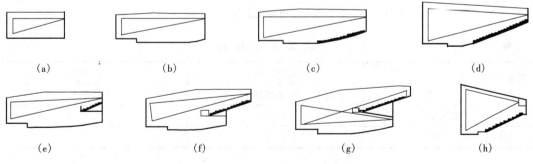

图 7-183　一般观众厅剖面

(a) 平地；(b) 小坡；(c) 散座 1；(d) 散座 2；(e) 小楼座；(f) 大楼座 1；(g) 大楼座 2；(h) 陡坡

（3）安全出口门外不应立即设踏步，门内应有适当的宽裕。门、疏散通道、楼梯各自的宽度见表 7-26。

（4）观众厅内纵横走道，应按该厅总座位数每百人 0.6m 计算总宽度，再将总宽度被几个纵走道除，其位置应均匀分布。短排法纵走道宽度应至少 1m，边走道宽度应至少 0.6m；主要横走道宽度应与由纵走道人流来的人数相适应，且其可通行的净宽应不小于 1.2m。

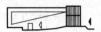
简易正进侧出。小门厅只起交通作用,缺少休息面积。地面坡升小。

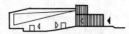
门厅稍大,有一定休息面积。门厅与观众厅之间有过渡空间,利于遮光隔噪声和丰富空间。

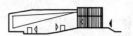
观众厅地面坡升加大,门厅的楼上空间利用较多。

室外大楼梯入口。观众厅地面坡升再加大,形成阶梯座席(散座),视线基本无遮挡。下部空间充分利用。

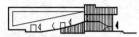
大楼梯置于室内,形成装饰。地面坡升较大,视线基本无遮挡。楼上及地下空间均充分利用。

门厅主楼梯上行至观众席的"猫洞"入场。地面坡升更大,大部分为阶梯座席,视线全无遮挡,放映70/35 mm影片。空间充分利用。

门厅延伸至观众席之下,形成阶梯座席及大坡升,视线全无遮挡,放映70/35 mm影片。地下空间充分利用。

下进下出。底层有较大的门厅、休息厅及文娱小卖场所。观众由下上行,经侧廊或"猫洞"入观众厅。

横进横出(或后出)。根据场地情况,在观众厅的侧向设门厅、休息厅。

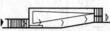
银幕后入场。因地形自然坡度或悬吊结构等原因而由银幕后经其两侧入场。

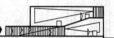
竖向双厅。门厅分配人流,斜向楼板为两个厅共用,空间紧凑。

悬挑小楼座。放映机房在楼座后上方,楼座增加了座席,也带来结构及声学等问题。

悬挑后退,挑少退多。楼座下部空间用作门厅。入楼座后部升起较高,常导致放映俯角太大,画面变形加剧。

悬挑后退,挑少退多,此例楼座下空间充分利用,放映机房置于楼座下,较易解决放映角度问题。

悬挑后退,挑多退少。在楼座等大、映距等长条件下,可使池座容纳较多座席。

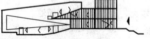
将门厅、休息厅与观众厅脱开,中置庭园、廊道等。可使前后干扰较小,平面开敞舒展。

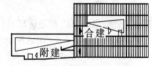
合建于其他建筑之内或附建后,须着重处理疏散与消防。

图 7 - 184　电影院剖面组合示例

表 7 - 26 　　　　　　　　　　　　疏 散 宽 度 指 标

宽度（m）	≤2500 座	≤1200 座
百 人	一、二级耐火	三级耐火
平坡地面	0.65	0.85
阶 梯	0.75	1.0

（5）短排法两个横走道之间不宜超过 20 排,靠后墙无横走道时,后墙与前一横走道之间不宜超过 10 排,长排法不受此限。阶梯座席死胡同纵走道不宜超过 8 排。

（6）单面走道座数减半。靠后墙的最后排距宜增大 120mm;阶梯座席排距也应适当增大。软硬椅扶手中距至少 480～500mm。

5. 观众厅的座席范围及座席、走道布置

（1）观众厅的座席范围:确定座席范围及设计地面坡升实际上是水平及垂直方向的视线设计。合理的座位布置主要由疏散及视听工艺要求所决定。座席太偏则画面变形大,太近看则画面粗糙不适，太远则看不清细部，而水平视角过小则失去或削弱临场感，故座席以中间偏前较好，如图 7-185 所示。

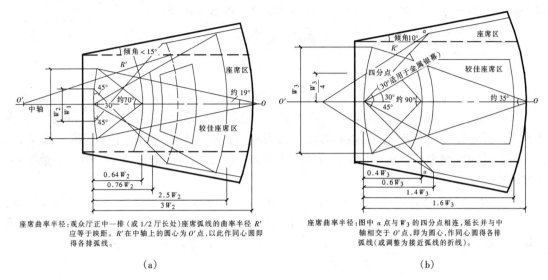

座席曲率半径：观众厅正中一排（或 1/2 厅长处）座席弧线的曲率半径 R' 应等于映距。R' 在中轴上的圆心为 O' 点，以此作同心圆即得各排弧线。

（a）

座席曲率半径：图中 a 点与 W_3 的四分点相连，延长并与中轴相交于 O' 点，即为圆心，作同心圆得各排弧线（或调整为接近弧线的折线）。

（b）

图 7-185　观众厅座席范围

（a）35mm 影片的观众厅座席范围；（b）10mm 影片的观众厅座席范围

（2）座席、走道布置：应根据安全、方便和优良视区多放席位的原则进行分区和走道布置。每排椅背线可为直线、曲线、折线或混用。常见座席、走道布置如图 7-186 所示。

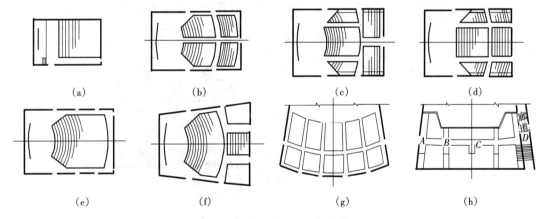

图 7-186　常见座席及走道布置

（a）小厅单侧入，无横走道；（b）一中间纵走道，二边走道，有横走道；（c）前二后一纵走道，边座少时可不设边走道；（d）二纵走道，边座少时可不设边走道；（e）长排法，排距大，门多，无横走道；（f）前部长排法；（g）多走道；（h）楼座走道，A、B、C、D 为可供选择的入口处

6. 观众厅声学设计要点

（1）电影还声系统及扬声器的分布应确保还声质量，即达到原录制的音质效果。多声道立体声扬声器的布置，应达到立体声、环绕声的声学效果。

（2）银幕离最后一排观众距离不应超过 40m。

（3）正确选择和设计观众厅混响时间。

（4）银幕区尽可能减小空间，要达到好的声学效果尽可能不设楼座，如果要设楼座，要尽可能敞开楼座口，并宜尽可能浅一些，保证直达声的效果。

（5）观众厅的声学布置，应达到观众席的任何座位都不出现回声、颤动回声及声聚焦等声学缺陷。多声道立体声的观众厅应防止侧向环境扬声器的颤动回声。

（6）减小外界及内部设备的噪声对观众厅的影响。

7. 观众厅视线设计

（1）视线标准与地面升起高度。

1）地面升起高度取决于视点 s 的高度、视线升起值（视高差）c、排距 d、最小视距 L。70mm 影片的 c 值标准应达到每排 $c=120$mm 或稍大，即视线无遮挡。35mm 影片也宜达到或接近此标准，座席后区可按具体情况适当降低标准，但任何情况下不应低于隔排 $c=120$mm，此时座席中区的座椅应错位排列。地面坡度 >1/8 时（或放宽至 1/6）应做阶梯，走道坡度 >1/10 时应做防滑处理。

2）人眼至其头顶距离"δ"的统计值为 120mm，后排观众的视线与前观众眼睛之间的视高差为 c，若能达到 $c>\delta$，则无遮挡，若 $c<\delta$，则有不同程度的遮挡。视线、坡升与遮挡示意，如图 7-187 所示。

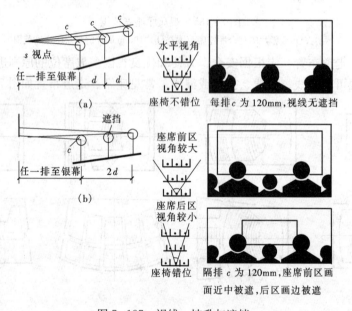

图 7-187　视线、坡升与遮挡

（本节无需分析 c 的其他中间值如 80、100mm 等）

（a）视线无遮挡（每排 $c=120$mm）；（b）视线遮挡分析（隔排 $c=120$mm）

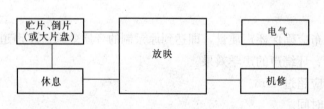

图 7-188　放映技术用房的组成

（六）放映机房

1. 组 成

放映机房一般由放映、倒片、配电及扩音部分组成。有时根据需要，可增设机修室、休息室和专用厕所等。放映技术用房的组成及相互关系如图 7-188 所示。

2. 一般要求

（1）放映机房的防火等级不应低于二级。

（2）放映机房至少应有一扇宽度不小于 0.9m 的外开门通至疏散通道，经专用楼梯至室外或室内易疏散处，并宜与门厅、休息厅相连。

（3）放映机房的装饰应有利于清洁和吸声。

放映机房合于一室的常用平、剖面形式如图 7-189 所示。

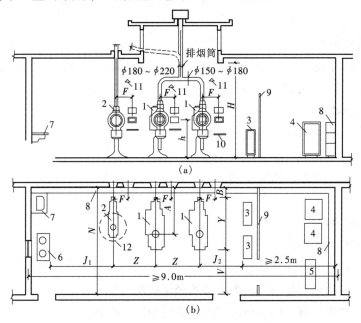

图 7-189　放映机房合于一室的平、剖面示例

（a）剖面；（b）平面

1—放映机；2—幻灯机；3—扩音机；4—整流器；5—配电箱；6—倒片台；
7—水池；8—壁柜式线槽；9—铁丝网隔断；10—防火毯；11—壁灯；12—大片盘

表 7-27　　　　　　　　　　　　　排 距 及 每 排 座 数

排距（mm）		双面走道每排最多座席数	
硬　　椅	软　　椅	硬　　椅	软　　椅
750	/	≤22	/
800	800	≤24	≤22
850	850	≤26	≤24
900	900	≤28（~50 *）	≤26（50 *）
/	≥950	/	≤28（50 *）

注　表中 * 号为长排法允许座数。

附录1 住宅设计任务书

一、建设基地条件

本住宅拟建于我国北方地区某居住小区内，地势平坦，交通便利，周围服务及市政设施较完备。

二、建筑设计条件

每户建筑面积分别为：80平方米、100平方米、120平方米、160平方米。户型自定。建筑层数不超过6层，结构形式为砖混结构。

三、建筑设计要求

1. 四种不同面积户型任意组成一栋楼，绘制其底层、标准层、顶层、屋面和地下室平面图。

2. 标准层层高2.8米，顶层层高3米，地下室层高2.2米，按六层绘制剖面图（剖楼梯间）。

3. 绘制四向立面图。

4. 绘制外墙身大样图。

5. 绘制模拟住宅室外环境彩色效果图。

6. 建筑设计说明书（包括门窗表及建筑做法说明）。

7. 平面布置紧凑合理，功能分区明确，流线短捷、顺畅。

8. 满足城市规划及相关法规、规范的要求。

四、建筑设计成果

平面图、立面图、剖面图1：100。

大样图1：50。

彩色效果图（A1图幅）。

附录2 某高校附属小学设计任务书

一、基地条件

基地位于某高校内部的西北侧，具体环境状况详见地形图。

二、城市规划要求

1. 建筑物范围不超过建筑控制线，或适当后退，学校入口应避开主要车行道并在入口前有适当的缓冲。

2. 建筑层数不超过4层，结构形式为砖混或框架结构。

三、建筑设计要求

校园内建筑面积要求如下：

总平面图 1:1000

房间名称	间数	使用面积 m²/间
1 普通教室	18	52~62
2 音乐教室	2	67
3 乐器室	2	18
4 自然教室	1	80
5 仪器准备室	1	36
6 合班教室	1	150
7 放映器材	1	21
8 藏书室	1	60
9 学生阅览室	1	80
10 教师阅览室（兼会议室）	1	60
11 计算机实验室	1	80
12 准备室	1	18
13 美术教室	1	80
14 教具室	1	36
15 书法教室	1	80

16	语言教室	1	80
17	准备室	1	18
18	科技活动	2	36
19	体育器材及办公、更衣	1	72
20	学生厕所、饮水	1	105（总共）
21	党政办公、广播社团	7	18
22	教学办公	8	18
23	修理间	1	28
24	传达值班	1	22
25	单身宿舍	1	42
26	总务库	3	18
27	教工厕所	1	28
合　计			2372~2552

门厅、休息厅、走廊、楼梯间等交通、半室内活动空间面积另计。教工食堂及浴室不再单独设置。总建筑面积不得超过 3400m²。

平面布置分区明确，功能合理，并在使用上有一定灵活性，建筑形象应考虑地段环境特点，适合其性格特征，活泼新颖。

校园内应布置运动场（考虑 200m 环道）、球类场地、健身场地和低年级游戏区，以及种植试验园。

四、设计成果

1. 平面图、立面图、剖面图 1：200；总平面图 1：500；教室布置平面 1：50（要求有相应视线分析）；透视图、功能分析图、设计说明。

2. 图幅：550×800。

3. 图纸表现全部水彩渲染，可考虑借助工作模型辅助设计构思及成果表达。

附录3　小型百货商场设计任务书

一、建设基地条件

基地位于某中等城市主干道和居住区道路的交汇处，基地东北侧是小区会所，西、北侧为住宅区。

二、城市规划要求

拟建商场应为多层框架结构建筑，要求沿主干道退道路红线 15 米，沿居住区道路退道路红线 10 米，商场沿主干道及居住区道路均应设置顾客出入口，商场运货车辆应由次要道路出入，基地内应适当安排汽车及自行车停车位，商场应设置货物及内部工作人员出入口，并应有相应的停车场地。商场建筑应与现有建筑环境相协调，考虑与基地北侧住宅楼的日照间距，同时尽量减少对周围居住建筑的影响。

三、建筑组成及其设计要求

1. 总建筑面积：3300 平方米（方案建筑面积允许误差 5%）。

2. 营业厅部分：

营业厅　1600 平方米，柱网尺寸应兼顾封闭（柜台）式售货及开敞式售货的需要。

顾客休息处　30 平方米。

顾客卫生间　60 平方米（分设男女卫生间）。

清洁用具间　40 平方米，每层设一处。

3. 仓储部分：

周转仓库　380 平方米（集中设置）。

管理室　　20 平方米（一间）。

货梯一部，供楼层间货物运输使用。并于室外设置供汽车停靠的卸货平台一处（电梯井按 3×3 米设置）。

4. 办公部分：

管理办公　　共 200 平方米，要求相对独立。

柜台办公　　共 100 平方米，要求邻近相关营业部分布置。

卫生间　　　60 平方米（分设男女卫生间）。

5. 快餐部分：约 200 平方米。

6. 楼梯间及其他交通面积：按需要设置，营业厅不设电梯、自动扶梯。

四、设计成果

1. 总平面　比例尺 1∶500，要求基地的场地环境设计，包括绿化、停车场地、铺装地面、车行道路等内容，并应标明台阶、坡道、卸货平台等。

2. 各层平面　比例尺 1∶200，要求注明房间名称，柱网尺寸。总平面的环境设计内容亦可结合底层平面图表达。

3. 立面、剖面　比例尺 1∶200，剖面要求表达出梁柱结构体系，并准备表达出可见线，标注标高。

4. 室内外彩色效果图。

5. 图纸尺寸 A1。

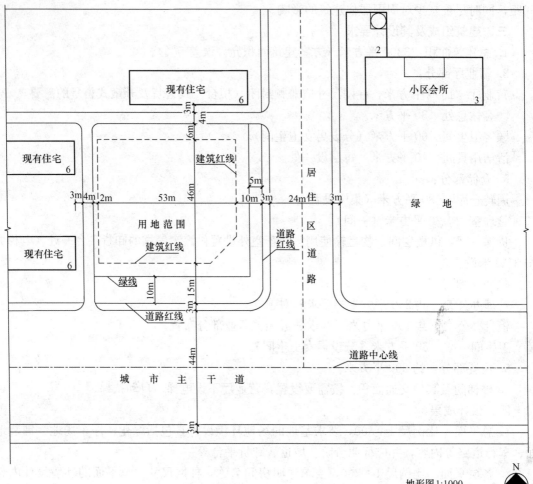

现有住宅　6

现有住宅　6

现有住宅　6

现有住宅　6

小区会所　3

2

建筑红线

用 地 范 围

建筑红线

绿线

道路红线

道路
红线

建筑红线

居 住 区 道 路

绿 地

道路中心线

城 市 主 干 道

3m 4m 2m　　53m　　46m　　10m 3m　　24m　　3m

16m

46m

10m

15m

44m

3m

3m

4m

5m

3m

3m

地形图1:1000

N

参 考 文 献

[1] 张振安. 建筑概论. 郑州：黄河水利出版社，1999.

[2] 天津大学. 公共建筑设计原理. 北京：中国建筑工业出版社，1981.

[3] 侯幼彬. 中国建筑美学. 哈尔滨：黑龙江科学技术出版社，1997.

[4] 中国大百科全书编辑委员会，中国大百科全书出版社编辑部. 中国大百科全书——建筑、园林、城市规划. 北京：中国大百科全书出版社，1988.

[5] 中国建筑史编写组. 中国建筑史. 3版. 北京：中国建筑工业出版社，1993.

[6] 陈志华. 外国建筑史. 2版. 北京：中国建筑工业出版社，1997.

[7] 同济大学，清华大学，东南大学，等. 外国近现代建筑史. 2版. 北京：中国建筑工业出版社，1979.

[8] 罗小未，蔡琬英. 外国建筑历史图说. 上海：同济大学出版社，1986.

[9] 沃特金. 西方建筑史. 傅景川，等译. 长春：吉林人民出版社，2004.

[10] 武克基，广士奎. 房屋建筑学. 银川：宁夏人民出版社，1986.

[11] 布正伟. 建筑的结构构思与设计技巧. 天津：天津科学技术出版社，1986.

[12] 彭一刚. 创意与表现. 哈尔滨：黑龙江科学技术出版社，1994.

[13] 南京工学院建筑系. 中国建筑史图集. 南京：南京工学院印刷厂印刷，1978.

[14] 黎志涛. 建筑设计方法入门. 北京：中国建筑工业出版社，1996.

[15] 黎志涛. 快速建筑设计方法入门. 北京：中国建筑工业出版社，1999.

[16] 沈福煦. 建筑方案设计. 上海：同济大学出版社，1999.

[17] 田学哲. 建筑初步. 北京：中国建筑工业出版社，1999.

[18] 徐卫国. 快速建筑设计方法. 北京：中国建筑工业出版社，2001.

[19] 清华大学建筑系制图组. 建筑制图与识图. 北京：中国建筑工业出版社，1982.

[20] 乐荷卿. 土木建筑制图. 武汉：武汉工业大学出版社，1995.

[21] 侯爱民. 建筑工程制图及计算机绘图. 北京：国防工业出版社，2001.

[22] 彭一刚. 建筑空间组合论. 北京：中国建筑工业出版社，1983.

[23] 沈福煦. 建筑设计手法. 上海：同济大学出版社，1999.

[24] 刘阳，苗方. 建筑空间设计. 上海：同济大学出版社，2001.

[25] 徐岩，等. 建筑群体设计. 上海：同济大学出版社，2000.

[26] 钦DK. 建筑：形式·空间和秩序. 邹德侬，方千里，译. 北京：中国建筑工业出版社，1986.

[27] 彭一刚. 中国古典园林分析. 北京：中国建筑工业出版社，1986.

[28] 史春珊，孙清军. 建筑造型与装饰艺术. 沈阳：辽宁科学技术出版社，1988.

[29] 石铁矛，蔡强. 构成与建筑. 西安：陕西人民美术出版社，1992.

[30] 张文忠. 公共建筑设计原理. 2版. 北京：中国建筑工业出版社，2001.

[31] 陈宗晖，陈秉钊. 建筑设计初步. 北京：中国建筑工业出版社，1982.

[32] 清华大学建筑学院. 建筑设计的生态策略. 北京：中国计划出版社，2001.

[33] 鲁一平. 建筑设计. 北京：中国建筑工业出版社，1992.

[34] 田学哲. 建筑初步. 2版. 北京：中国建筑工业出版社，2001.

[35] 余卓群. 博览建筑设计手册. 北京：中国建筑工业出版社，2001.

[36] 袁齐家. 民用建筑设计. 北京：冶金工业出版社，1994.

[37] 王庭熙. 建筑师简明手册. 北京：中国建筑工业出版社，1995.

［38］朱昌廉. 住宅建筑设计原理. 北京：中国建筑工业出版社，1999.

［39］滕新乐. 注册建筑师考试手册. 2 版. 北京：山东科学技术出版社，2003.

［40］本书编辑委员会. 建筑设计资料集. 2 版. 北京：中国建筑工业出版社，1994.

［41］哈姆林. 建筑形式美的原则. 邹德侬，译. 北京：中国建筑工业出版社，1986.